普通高等院校数学类课程教材

复变函数·积分变换及其应用学习指导

主　编　沈小芳

华中科技大学出版社
中国·武汉

图书在版编目(CIP)数据

复变函数·积分变换及其应用学习指导/沈小芳主编.—武汉:华中科技大学出版社,2020.7
ISBN 978-7-5680-6276-3

Ⅰ.①复… Ⅱ.①沈… Ⅲ.①复变函数-高等学校-教学参考资料 ②积分变换-高等学校-教学参考资料 Ⅳ.①O174.5 ②O177.6

中国版本图书馆 CIP 数据核字(2020)第 125104 号

复变函数·积分变换及其应用学习指导　　　　　　　　　　　沈小芳　主编
Fubian Hanshu · Jifen Bianhuan Ji Qi Yingyong Xuexi Zhidao

策划编辑:谢燕群
责任编辑:谢燕群　李　昊
封面设计:原色设计
责任校对:张会军
责任监印:徐　露
出版发行:华中科技大学出版社(中国·武汉)　　　电话:(027)81321913
　　　　　武汉市东湖新技术开发区华工科技园　　邮编:430223
录　　排:武汉市洪山区佳年华文印部
印　　刷:武汉市洪林印务有限公司
开　　本:710mm×1000mm　1/16
印　　张:15.75
字　　数:325 千字
版　　次:2020 年 7 月第 1 版第 1 次印刷
定　　价:38.80 元

前　　言

　　"复变函数与积分变换"是高等院校的一门重要的数学基础课,它的理论和方法在自然科学和工程技术中有着广泛的应用,是工程技术人员常用的数学工具。当前信息产业迅猛发展,越来越多从事信息行业的人需要这方面的基础知识。因此,学好复变函数与积分变换课程,理解并领会本课程的理论,熟悉并掌握本课程的基本方法对于在校大学生和科学技术工作者是十分必要的。

　　根据我们多年的教学经验,为了有效地帮助广大读者正确理解和掌握本课程的基本理论与方法,增强分析问题与解决问题的能力,同时也为了读者在较少的学时中掌握好所学知识、扩大课堂信息量、提高学习效率,我们编写了这本学习辅导书。在编写这本学习指导时,我们注意了以下几点。

　　(1)既注重基本概念、基本理论的理解,又充分考虑内容的启发性和训练功能。

　　(2)既保持知识点的相对完整性和深度,又力求深入浅出、循序渐进,便于读者自学。

　　(3)既注意解题方法的全面性和创新性,又尽量与实变函数相关内容衔接。复变函数是实变函数在复数领域内的推广和发展,有许多相似之处,但又有许多不同之处,尤其是在解题技巧和方法上。我们在指出它们共性的同时,着力揭示它们的区别,并注意分析产生这些区别的原因,以便读者进一步加深对复变函数中新概念、新理论、新方法的理解与认识。

　　本书根据教材《复变函数·积分变换及其应用》编写,章节是按照配套教材的章节顺序编排,每章均设计了四个板块,即内容提要、疑难解析、典型例题、教材习题全解。

　　(1)内容提要:对各章中重要概念、理论和方法进行较为系统的小结,突出必须掌握的内容,使读者在原有基础上加深对各章内容的理解。

　　(2)疑难解析:这部分内容是根据编者多年的教学经验,针对读者在理解概念和掌握方法中容易误解、容易出错的疑难问题进行解答分析。其中包括对一些重要概念和理论的深入理解,常见错误的剖析以及解题方法和解题思路的小结等,使读者尽可能消除疑虑、解决困难。

　　(3)典型例题:精选一些具有代表性的例题进行了详细的分析及解答,这些例题涉及内容广、类型多、技巧性强,旨在使广大读者在阅读时能举一反三、触类旁通,开拓解题思路,提高解题能力,更好地掌握复变函数与积分变换的基本内容和解题方法。

（4）教材习题全解：对教材《复变函数·积分变换及其应用》全部课后习题做出解答，其中部分习题给出了几种解法，并视需要作适当的评述。

全书内容丰富、语言流畅，便于自学，是读者学习复变函数与积分变换的有力助手。本书可供广大学习复变函数与积分变换的高等院校、成人教育的学生参考，也可供有关教师和科技工作者参考。

由于编者水平有限，不妥和错误之处在所难免，恳请读者与同行批评指正。

编　者

2020 年 7 月

目　　录

第1章 复数及其几何属性

1.1 内 容 提 要

1.1.1 复数及其表示

1. 复数与共轭复数

定义 1.1 设 x, y 为实数,则称形如 $z = x + \mathrm{i}y$ 的数为复数,其中 i 为虚数单位,且规定 $\mathrm{i}^2 = -1$. 称 x 为复数的实部,记为 $\mathrm{Re}z$;称 y 为复数的虚部,记为 $\mathrm{Im}z$.

定义 1.2 设 $z = x + \mathrm{i}y$,则称 $\bar{z} = x - \mathrm{i}y$ 为 z 的共轭复数.

2. 复数的坐标表示

每个复数 $z = x + \mathrm{i}y$ 确定平面上一个坐标为 (x, y) 的点,反之亦然. 这意味着复数集与平面上的点之间存在一一对应的关系.

3. 复数的向量表示

记复数 $z = x + \mathrm{i}y$ 在平面上确定的点为 P,原点为 O,则复数 z 对应向量 $\overrightarrow{OP}$. 我们称向量 $\overrightarrow{OP}$ 为复数 z 的向量表示式.

向量 $\overrightarrow{OP}$ 的长度称为复数 z 的模,记为 $|z|$.

向量 $\overrightarrow{OP}$ 与实轴正方向之间的夹角 θ 称为复数 z 的辐角,记为 $\mathrm{Arg}z$. 称满足条件 $-\pi < \theta \leqslant \pi$ 的 θ 为辐角主值,记为 $\arg z$,从而

$$\mathrm{Arg}z = \arg z + 2k\pi \quad (k = 0, \pm 1, \pm 2, \cdots).$$

注 1. 辐角主值与辐角是不同的,$\arg z$ 是单值的,且 $-\pi < \arg z \leqslant \pi$;而 z 的辐角 $\mathrm{Arg}z$ 是无穷多值的.

注 2. 当 $z = 0$ 时,$|\arg z| = 0$;而辐角不确定.

注 3. 辐角主值 $\arg z$ 的求法:

$$\arg z = \begin{cases} \arctan \dfrac{y}{x} & (z \text{ 在第一、四象限内}), \\[2mm] \dfrac{\pi}{2} & (z \text{ 在虚轴正半轴上}), \\[2mm] \pi + \arctan \dfrac{y}{x} & (z \text{ 在第二象限内}), \\[2mm] -\pi + \arctan \dfrac{y}{x} & (z \text{ 在第三象限内}), \\[2mm] -\dfrac{\pi}{2} & (z \text{ 在虚轴负半轴上}). \end{cases}$$

4. 复数的三角表示

称 $z=r(\cos\theta+\mathrm{i}\sin\theta)$ 为复数的三角表示式,其中 r 为 z 的模, θ 为 z 的辐角.

5. 复数的指数表示

称 $z=r\mathrm{e}^{\mathrm{i}\theta}$ 为复数的指数表示式,其中 r 为 z 的模, θ 为 z 的辐角.

1.1.2 复数的运算

1. 利用复数的坐标表示法

设 $z_1=x_1+\mathrm{i}y_1,z_2=x_2+\mathrm{i}y_2$,则

(1) 加法和减法: $z_1\pm z_2=(x_1\pm x_2)+\mathrm{i}(y_1\pm y_2)$.

(2) 乘法: $z_1\cdot z_2=(x_1+\mathrm{i}y_1)(x_2+\mathrm{i}y_2)=(x_1x_2-y_1y_2)+\mathrm{i}(x_1y_2+x_2y_1)$.

(3) 除法:

$$\frac{z_1}{z_2}=\frac{x_1+\mathrm{i}y_1}{x_2+\mathrm{i}y_2}=\frac{(x_1+\mathrm{i}y_1)(x_2-\mathrm{i}y_2)}{(x_2+\mathrm{i}y_2)(x_2-\mathrm{i}y_2)}=\frac{x_1x_2+y_1y_2}{x_2^2+y_2^2}+\mathrm{i}\frac{x_2y_1-x_1y_2}{x_2^2+y_2^2}.$$

2. 利用复数的三角表示法

(1) 乘法和除法. 设 $z_1=r_1(\cos\theta_1+\mathrm{i}\sin\theta_1),z_2=r_2(\cos\theta_2+\mathrm{i}\sin\theta_2)$,则

$$z_1\cdot z_2=r_1\cdot r_2[\cos(\theta_1+\theta_2)+\mathrm{i}\sin(\theta_1+\theta_2)],$$

$$\frac{z_1}{z_2}=\frac{r_1}{r_2}[\cos(\theta_1-\theta_2)+\mathrm{i}\sin(\theta_1-\theta_2)].$$

(2) 乘方和开方. 设 $z=r(\cos\theta+\mathrm{i}\sin\theta),n$ 为自然数,则

$$z^n=r^n[\cos(n\theta)+\mathrm{i}\sin(n\theta)],$$

$$\omega=\sqrt[n]{z}=r^{\frac{1}{n}}\left(\cos\frac{\theta+2k\pi}{n}+\mathrm{i}\sin\frac{\theta+2k\pi}{n}\right)\quad(k=0,1,2,\cdots,n-1).$$

3. 共轭运算

(1) $\overline{z_1+z_2}=\overline{z_1}+\overline{z_2}$;

(2) $\overline{z_1\cdot z_2}=\overline{z_1}\cdot\overline{z_2}$;

(3) $\overline{\left(\dfrac{z_1}{z_2}\right)}=\dfrac{\overline{z_1}}{\overline{z_2}}$;

(4) $\overline{(\overline{z})}=z$;

(5) $z\cdot\overline{z}=(\mathrm{Re}z)^2+(\mathrm{Im}z)^2=|z|^2$;

(6) $z+\overline{z}=2\mathrm{Re}z$;

(7) $z-\overline{z}=2\mathrm{i}\mathrm{Im}z$.

1.1.3 平面点集的一般概念

1. 点 z_0 的邻域

设 z_0 是复平面上的一点, δ 为任一正数,集合 $\{z\,|\,|z-z_0|<\delta\}$,称为 z_0 的 δ 邻

域,而集合 $\{z \mid 0 < |z-z_0| < \delta\}$,称为 z_0 的 δ 去心邻域.

2. 区域

如果非空点集 D 具有下列两个性质:

(1) D 是开集,即 D 中任意一点至少存在一个邻域,该邻域内的点全部属于 D;

(2) D 是连通集,即 D 中任意两点都可以用一条完全属于 D 的折线连接起来.

则称 D 为区域.亦即连通的开集称为区域,区域 D 加上 D 的边界 C 称为闭域,记为

$$\overline{D} = C + D.$$

如果区域 D 可以包含在一个以圆点为中心的圆内,则称 D 为有界区域,否则称为无界区域.

注:区域是开集,闭区域是闭集,除了全平面既是区域又是闭区域这一特例外,区域与闭区域是两种不同的点集,且闭区域并非区域.

3. 连续曲线

设函数 $x = x(t)$,$y = y(t)$ 是定义在 $\alpha \leqslant t \leqslant \beta$ 上的两个连续的实变函数,将由方程 $z(t) = x(t) + iy(t)$ $(\alpha \leqslant t \leqslant \beta)$ 所确定的平面点集称为 z 平面上的一条连续曲线.

4. 简单曲线

一条连续曲线 $C: z = z(t)$ $(a \leqslant t \leqslant b)$,对于满足 $a \leqslant t_1 \leqslant b$,$a \leqslant t_2 \leqslant b$ 条件的 t_1 与 t_2,当 $t_1 \neq t_2$ 时,有 $z(t_1) \neq z(t_2)$,则称该连续曲线是一条简单曲线;如果 $z(a) = z(b)$,则称这条曲线为简单闭曲线.

5. 单连通区域与多连通区域

设 D 是一区域,如果 D 内任意一条简单闭曲线的内部仍都属于 D,则称 D 为单连通区域,而非单连通的区域称为多连通区域.

1.1.4　常用平面曲线的复数表示

常用平面曲线的复数表示形式有如下几种:

(1) $z(t) = z_1 + (z_2 - z_1)t$ $(0 \leqslant t \leqslant 1)$ 表示过点 z_1,z_2 的直线段;

(2) $|z - z_0| = R$,$z = z_0 + Re^{i\theta}$ $(0 \leqslant \theta \leqslant 2\pi)$ 均表示以 z_0 为圆心,R 为半径的圆周;

(3) $\arg z = \theta$ 表示以原点为起点,与 Ox 轴正方向夹角为 θ 的一条射线;

(4) $|z - z_1| = |z - z_2|$ 表示连接 z_1,z_2 两点的垂直平分线;

(5) $\mathrm{Re}z = a$ 表示平行于虚轴的直线,其中 $\mathrm{Re}z = 0$ 表示虚轴;

(6) $\mathrm{Im}z = b$ 表示平行于实轴的直线,其中 $\mathrm{Im}z = 0$ 表示实轴.

1.2　疑　难　解　析

问题 1　怎样确定辐角主值 $\arg z$?

答 如图 1.1 所示,一个复数 $z \neq 0$ 的辐角 $\theta = \arg z = \arctan \dfrac{y}{x}$ 是以正实轴为始边, $\overrightarrow{OP}$ 为终边的角, θ 是多值的,而 z 的辐角主值满足 $-\pi < \arg z \leqslant \pi$, $\arg z$ 用 $\arctan \dfrac{y}{x}$ 的主值 $\arctan \dfrac{y}{x}$ 来表示时有以下关系:

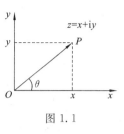

图 1.1

$$
\arg z = \begin{cases}
\arctan \dfrac{y}{x} & (z \text{ 在第一、四象限内}), \\[2mm]
\dfrac{\pi}{2} & (z \text{ 在虚轴正半轴上}), \\[2mm]
\pi + \arctan \dfrac{y}{x} & (z \text{ 在第二象限内}), \\[2mm]
-\pi + \arctan \dfrac{y}{x} & (z \text{ 在第三象限内}), \\[2mm]
-\dfrac{\pi}{2} & (z \text{ 在虚轴负半轴上});
\end{cases}
\quad \text{其中} -\dfrac{\pi}{2} < \arctan \dfrac{y}{x} < \dfrac{\pi}{2}.
$$

说明:当 z 在第二象限时,设 $\theta = \arg z$,则 $\dfrac{\pi}{2} < \theta < \pi \Rightarrow -\dfrac{\pi}{2} < \theta - \pi < 0$, $\tan(\theta - \pi) = -\tan(\pi - \theta) = \tan\theta = \dfrac{y}{x} \Rightarrow \theta - \pi = \arctan \dfrac{y}{x} \Rightarrow \theta = \pi + \arctan \dfrac{y}{x}$. 同理可得,当 z 在第三象限时, $\theta = -\pi + \arctan \dfrac{y}{x}$.

问题 2 复数可以用向量表示,是否可以认为复数的运算与向量的运算是相同的?

答 不可以. 两者之间有相同之处,也有不同之处. 如:复数运算与向量运算有相同的加法运算和数乘运算,但是复数运算有乘法、除法、乘幂和方根,向量则没有,而向量运算有数量积、向量积和混合积,复数却没有.

1.3 典 型 例 题

例 1.3.1 求复数 $-1-i$ 与 $-1+3i$ 的辐角及其主值.

解 由于 $-1-i$ 在第三象限,因此

$$
\arg(-1-i) = -\pi + \arctan \dfrac{-1}{-1} = -\pi + \dfrac{\pi}{4} = -\dfrac{3}{4}\pi,
$$

$$
\operatorname{Arg}(-1-i) = \arg(-1-i) + 2k\pi = -\dfrac{3}{4}\pi + 2k\pi, \quad k = 0, \pm 1, \pm 2, \cdots.
$$

由于 $-1+3i$ 在第二象限,因此

$$\arg(-1+3i)=\pi+\arctan\frac{3}{-1}=\pi+\arctan(-3),$$

$$\mathrm{Arg}(-1+3i)=\arg(-1+3i)+2k\pi=\pi+\arctan(-3)+2k\pi$$

$$=\arctan(-3)+(2k+1)\pi,\quad k=0,\pm1,\pm2,\cdots.$$

例 1.3.2　试确定 $\dfrac{z+2}{z-1}$ 的实部和虚部.

分析　考虑 $z=x+iy$，将其代入原式. 先将分子、分母分别分成实部和虚部，然后利用平方差公式将分母化为实数.

解

$$\frac{z+2}{z-1}=\frac{(x+2)+iy}{(x-1)+iy}=\frac{(x+2)+iy}{(x-1)+iy}\cdot\frac{(x-1)-iy}{(x-1)-iy}$$

$$=\frac{(x+2)(x-1)+y^2+i[y(x-1)-y(x+2)]}{(x-1)^2+y^2},$$

因此

$$\mathrm{Re}\left(\frac{z+2}{z-1}\right)=\frac{x^2+x-2+y^2}{(x-1)^2+y^2},$$

$$\mathrm{Im}\left(\frac{z+2}{z-1}\right)=\frac{-3y}{(x-1)^2+y^2}.$$

例 1.3.3　把复数 $z=1+\sin\alpha+i\cos\alpha,\ -\pi<\alpha<-\dfrac{\pi}{2}$ 化为三角表示式与指数表示式，并求 z 的辐角主值.

解

$$z=1+\sin\alpha+i\cos\alpha$$

$$=1+\cos\left(\frac{\pi}{2}-\alpha\right)+i\sin\left(\frac{\pi}{2}-\alpha\right)$$

$$=2\cos^2\left(\frac{\pi}{4}-\frac{\alpha}{2}\right)+i2\sin\left(\frac{\pi}{4}-\frac{\alpha}{2}\right)\cos\left(\frac{\pi}{4}-\frac{\alpha}{2}\right)$$

$$=2\cos\left(\frac{\pi}{4}-\frac{\alpha}{2}\right)\left[\cos\left(\frac{\pi}{4}-\frac{\alpha}{2}\right)+i\sin\left(\frac{\pi}{4}-\frac{\alpha}{2}\right)\right],$$

因为 $-\pi<\alpha<-\dfrac{\pi}{2}$，所以 $\dfrac{\pi}{2}<\dfrac{\pi}{4}-\dfrac{\alpha}{2}<\dfrac{3\pi}{4}$，因此

$$\cos\left(\frac{\pi}{4}-\frac{\alpha}{2}\right)<0.$$

故

$$r=|z|=-2\cos\left(\frac{\pi}{4}-\frac{\alpha}{2}\right).$$

由于

$$-\cos\left(\frac{\pi}{4}-\frac{\alpha}{2}\right)=\cos\left(\pi+\frac{\pi}{4}-\frac{\alpha}{2}\right)=\cos\left(\frac{5\pi}{4}-\frac{\alpha}{2}\right),$$

$$-\sin\left(\frac{\pi}{4}-\frac{\alpha}{2}\right)=\sin\left(\pi+\frac{\pi}{4}-\frac{\alpha}{2}\right)=\sin\left(\frac{5\pi}{4}-\frac{\alpha}{2}\right),$$

从而得 z 的三角表示式：

$$z = -2\cos\left(\frac{\pi}{4} - \frac{\alpha}{2}\right)\left[\cos\left(\frac{5\pi}{4} - \frac{\alpha}{2}\right) + i\sin\left(\frac{5\pi}{4} - \frac{\alpha}{2}\right)\right],$$

及指数表示式：

$$z = -2\cos\left(\frac{\pi}{4} - \frac{\alpha}{2}\right)e^{i\left(\frac{5\pi}{4} - \frac{\alpha}{2}\right)}.$$

注意，这里的辐角 $\theta = \frac{5\pi}{4} - \frac{\alpha}{2}$ 不是主值，因为

$$\frac{3\pi}{2} < \frac{5\pi}{4} - \frac{\alpha}{2} < \frac{7}{4}\pi,$$

但它只能与主值相差一个 2π 的整数倍，从上式容易看出，如果不等式的每项各加 (-2π)，得

$$-\frac{\pi}{2} < -\frac{3\pi}{4} - \frac{\alpha}{2} < -\frac{\pi}{4}.$$

这个 $-\frac{3\pi}{4} - \frac{\alpha}{2}$ 就符合关于主值的要求了. 因此 $\arg z = -\left(\frac{3\pi}{4} + \frac{\alpha}{2}\right)$.

如果 θ 取主值，那么 z 的三角表示式与指数表示式分别为

$$z = -2\cos\left(\frac{\pi}{4} - \frac{\alpha}{2}\right)\left[\cos\left(\frac{3\pi}{4} + \frac{\alpha}{2}\right) - i\sin\left(\frac{3\pi}{4} + \frac{\alpha}{2}\right)\right],$$

$$z = -2\cos\left(\frac{\pi}{4} - \frac{\alpha}{2}\right)e^{-i\left(\frac{3\pi}{4} + \frac{\alpha}{2}\right)}.$$

例 1. 3. 4 计算 $\left(\dfrac{1+\sqrt{3}i}{1-\sqrt{3}i}\right)^{10}$ 的值.

解 先把括号中的复数化成三角形式：

$$1+\sqrt{3}i = 2\left(\cos\frac{\pi}{3} + i\sin\frac{\pi}{3}\right), \quad 1-\sqrt{3}i = 2\left[\cos\left(-\frac{\pi}{3}\right) + i\sin\left(-\frac{\pi}{3}\right)\right].$$

再由复数的除法和求乘幂的方法，可得

$$\frac{1+\sqrt{3}i}{1-\sqrt{3}i} = \frac{2\left(\cos\frac{\pi}{3} + i\sin\frac{\pi}{3}\right)}{2\left[\cos\left(-\frac{\pi}{3}\right) + i\sin\left(-\frac{\pi}{3}\right)\right]} = \cos\frac{2}{3}\pi + i\sin\frac{2}{3}\pi,$$

$$\left(\frac{1+\sqrt{3}i}{1-\sqrt{3}i}\right)^{10} = \left(\cos\frac{2}{3}\pi + i\sin\frac{2}{3}\pi\right)^{10} = \cos\frac{20}{3}\pi + i\sin\frac{20}{3}\pi = -\frac{1}{2} + \frac{\sqrt{3}}{2}i.$$

例 1. 3. 5 证明 $|1 - \overline{z_1}z_2|^2 - |z_1 - z_2|^2 = (1 - |z_1|^2)(1 - |z_2|^2)$.

证 如果将 z 写成 $x + iy$ 形式代入后化简会很烦琐，可以利用公式 $|z|^2 = z \cdot \overline{z}$ 来证明.

$$|1 - \overline{z_1}z_2|^2 - |z_1 - z_2|^2 = (1 - \overline{z_1}z_2)\overline{(1 - \overline{z_1}z_2)} - (z_1 - z_2)\overline{(z_1 - z_2)}$$

$$= (1 - \overline{z_1}z_2)(1 - z_1\overline{z_2}) - (z_1 - z_2)(\overline{z_1} - \overline{z_2})$$

$$= 1 - \overline{z_1} z_2 - z_1 \overline{z_2} + |z_1|^2 |z_2|^2$$
$$- (|z_1|^2 - \overline{z_1} z_2 - z_1 \overline{z_2} + |z_2|^2)$$
$$= (1 - |z_1|^2)(1 - |z_2|^2).$$

例 1.3.6 满足下列条件的点集是什么？如果是区域，它是单连通区域还是多连通区域？

(1) $\mathrm{Im}(z - 4\mathrm{i}) = 2$；

(2) $|z - \mathrm{i}| \leqslant |2 + \mathrm{i}|$；

(3) $\arg(z - \mathrm{i}) = \dfrac{\pi}{4}$；

(4) $|z + 2| - |z - 2| > 1$；

(5) $\left| \dfrac{z - 1}{z + 1} \right| \leqslant 2$；

(6) $0 < \arg \dfrac{z - 1}{z + 1} < \dfrac{\pi}{6}$.

解 此类题目先看能否由等式或不等式直接找出 z 所构成的点集；若不能，则可以用代数的方法令 $z = x + \mathrm{i}y$，将不等式转化为 x, y 之间的关系式再确定.

(1) 令 $z = x + \mathrm{i}y$，则 $\mathrm{Im}(z - 4\mathrm{i}) = \mathrm{Im}(x + \mathrm{i}y - 4\mathrm{i}) = y - 4 = 2 \Rightarrow y = 6$.

故轨迹是一条平行于 Ox 轴的直线，如图 1.2 所示.

(2) $|z - \mathrm{i}| \leqslant |2 + \mathrm{i}|$ 可以化简为 $|z - \mathrm{i}| \leqslant \sqrt{5}$，可以直接看出满足条件的所有点 z 组成的轨迹是以点 i 为圆心，$\sqrt{5}$ 为半径的闭圆盘，这是一个单连通的闭区域，如图 1.3 所示.

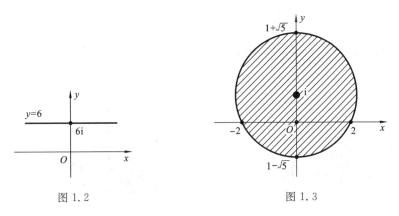

图 1.2

图 1.3

(3) 满足上式的所有点 z 组成的集是以 i 为端点，1 为斜率的半射线（不包括端点 i，见图 1.4），它不是区域.

(4) 令 $z = x + \mathrm{i}y$，则该式变为 $\sqrt{(x + 2)^2 + y^2} - \sqrt{(x - 2)^2 + y^2} > 1$，整理得

$$4x^2 - \frac{4}{15} y^2 > 1.$$

所以点 z 的取值范围是双曲线 $4x^2 - \dfrac{4}{15} y^2 = 1$ 的内部区域，这是一个无界单连通区域，如图 1.5 所示.

（5）原式可化为 $|z-1| \leqslant 2|z+1|$，令 $z=x+iy$，由此可得

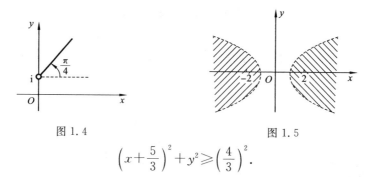

图 1.4　　　　　　　　　图 1.5

$$\left(x+\frac{5}{3}\right)^2+y^2 \geqslant \left(\frac{4}{3}\right)^2.$$

因此满足条件的所有点 z 组成的集是以 $\left(-\dfrac{5}{3},0\right)$ 为圆心，$\dfrac{4}{3}$ 为半径的圆盘外所有点的集合（见图 1.6），它是闭区域.

（6）令 $z=x+iy$，则 $\dfrac{z-1}{z+1}=\dfrac{x^2+y^2-1+2yi}{(x+1)^2+y^2}$，因为 $0<\arg\dfrac{z-1}{z+1}<\dfrac{\pi}{6}$，所以有 $x^2+y^2-1>0,2y>0$ 以及 $0<\dfrac{2y}{x^2+y^2-1}<\tan\dfrac{\pi}{6}=\dfrac{\sqrt{3}}{3}$，化简可得

$$\begin{cases} x^2+y^2>1, \\ y>0, \\ x^2+(y-\sqrt{3})^2>4. \end{cases}$$

故所求区域是上半平面内圆周 $x^2+(y-\sqrt{3})^2=4$ 的外部，这是无界单连通区域，如图 1.7 所示.

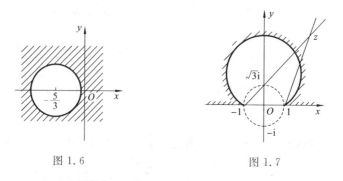

图 1.6　　　　　　　　　图 1.7

1.4　教材习题全解

练习题 1.1

1. 求下列复数的实部、虚部、共轭复数、模与主辐角.

(1) $\dfrac{1}{3+2i}$;　　　(2) $\dfrac{(3+4i)(2-5i)}{2i}$;　　　(3) $(\sqrt{2}-i)^3$.

解　(1) 令 $z_1=\dfrac{1}{3+2i}$,则

$$z_1=\dfrac{3-2i}{(3+2i)(3-2i)}=\dfrac{1}{13}(3-2i).$$

所以

$$\mathrm{Re}z_1=\dfrac{3}{13},\quad \mathrm{Im}z_1=-\dfrac{2}{13},$$

$$\overline{z_1}=\dfrac{1}{13}(3+2i),\quad |z_1|=\sqrt{\left(\dfrac{3}{13}\right)^2+\left(\dfrac{-2}{13}\right)^2}=\dfrac{\sqrt{13}}{13},$$

$$\arg z_1=\arctan\left(\dfrac{-2}{3}\right)=-\arctan\dfrac{2}{3}.$$

(2) 令 $z_2=\dfrac{(3+4i)(2-5i)}{2i}$,则

$$z_2=\dfrac{(3+4i)(2-5i)(-2i)}{2i(-2i)}=\dfrac{(26-7i)(-2i)}{4}=\dfrac{-7-26i}{2}=-\dfrac{7}{2}-13i.$$

所以

$$\mathrm{Re}z_2=-\dfrac{7}{2},\quad \mathrm{Im}z_2=-13,$$

$$\overline{z_2}=-\dfrac{7}{2}+13i,\quad |z_2|=\sqrt{\left(-\dfrac{7}{2}\right)^2+(-13)^2}=\dfrac{5\sqrt{29}}{2},$$

$$\arg z_2=\arctan\dfrac{26}{7}-\pi.$$

(3) 令 $z_3=(\sqrt{2}-i)^3$,则

$$z_3=(\sqrt{2}-i)^2(\sqrt{2}-i)=(1-2\sqrt{2}i)(\sqrt{2}-i)=-\sqrt{2}-5i.$$

所以

$$\mathrm{Re}z_3=-\sqrt{2},\quad \mathrm{Im}z_3=-5,$$

$$\overline{z_3}=-\sqrt{2}+5i,\quad |z_3|=\sqrt{(-\sqrt{2})^2+(-5)^2}=3\sqrt{3},$$

$$\arg z_3=\arctan\dfrac{-5}{-\sqrt{2}}-\pi=\arctan\dfrac{5\sqrt{2}}{2}-\pi.$$

2. 化简下列各式.

(1) $1+i+i^2+i^3+i^4+i^5$;　　　(2) $\dfrac{1}{i}-\dfrac{3i}{1-i}$;　　　(3) $\dfrac{1-2i}{3-4i}+\dfrac{2-i}{5i}$.

解　(1) $1+i+i^2+i^3+i^4+i^5=1+i-1-i+1+i=1+i$.

(2) $\dfrac{1}{i}-\dfrac{3i}{1-i}=-i-\dfrac{3i(1+i)}{(1-i)(1+i)}=-i-\dfrac{3}{2}i+\dfrac{3}{2}=\dfrac{3}{2}-\dfrac{5}{2}i.$

(3) $\dfrac{1-2i}{3-4i}+\dfrac{2-i}{5i}=\dfrac{(1-2i)(3+4i)}{(3-4i)(3+4i)}+\dfrac{(2-i)(-5i)}{25}$

$=\dfrac{11-2i}{25}+\dfrac{-10i-5}{25}=\dfrac{6-12i}{25}.$

3. 设 $(1+2i)x+(3-5i)y=1-3i$,求实数 x、y.

解 令左式 $=x+3y+(2x-5y)i=1-3i.$

比较左右两边可得

$$\begin{cases} x+3y=1, \\ 2x-5y=-3. \end{cases}$$

解得

$$\begin{cases} x=-\dfrac{4}{11}, \\ y=\dfrac{5}{11}. \end{cases}$$

4. 将下列复数转换为三角式和指数式.

(1) -1;　　　　(2) $-1-\sqrt{3}i$;　　　　(3) $1-i$.

解 (1) 由于　　　　$|-1|=1,\quad \arg(-1)=\pi,$

故　　　　　　　　　$-1=\cos\pi+i\sin\pi=e^{i\pi}.$

(2) 由于　　　$|-1-\sqrt{3}i|=2,\quad \arg(-1-\sqrt{3}i)=-\dfrac{2\pi}{3},$

故　　　　$-1-\sqrt{3}i=2\left[\cos\left(-\dfrac{2\pi}{3}\right)+i\sin\left(-\dfrac{2\pi}{3}\right)\right]=2e^{-\frac{2\pi}{3}i}.$

(3) 由于　　　$|1-i|=\sqrt{2},\quad \arg(1-i)=-\dfrac{\pi}{4},$

故　　　$1-i=\sqrt{2}\left(\cos-\dfrac{\pi}{4}+i\sin-\dfrac{\pi}{4}\right)=\sqrt{2}e^{-\frac{\pi}{4}i}.$

5. 计算下列各式.

(1) $(\sqrt{3}-i)^5$;　　(2) $(1+i)^{-6}$;　　(3) $\sqrt[3]{1-i}$;　　(4) $\sqrt{1-\sqrt{3}i}$.

解 (1) 由于　　　$\sqrt{3}-i=2\left[\cos\left(\dfrac{-\pi}{6}\right)+i\sin\left(\dfrac{-\pi}{6}\right)\right],$

故　　　$(\sqrt{3}-i)^5=2^5\left[\cos\left(\dfrac{-5\pi}{6}\right)+i\sin\left(\dfrac{-5\pi}{6}\right)\right]$

$=32\left(-\dfrac{\sqrt{3}}{2}-\dfrac{1}{2}i\right)=-16\sqrt{3}-16i.$

(2) 由于　　　　　$1+i=\sqrt{2}\left(\cos\dfrac{\pi}{4}+i\sin\dfrac{\pi}{4}\right),$

故　　　$(1+i)^{-6}=(\sqrt{2})^{-6}\left(\cos\dfrac{-6\pi}{4}+i\sin\dfrac{-6\pi}{4}\right)=\dfrac{1}{8}i.$

（3）由于
$$1-i=\sqrt{2}\left(\cos\frac{-\pi}{4}+i\sin\frac{-\pi}{4}\right),$$

故
$$\sqrt[3]{1-i}=\sqrt[6]{2}\left(\cos\frac{8k\pi-\pi}{12}+i\sin\frac{8k\pi-\pi}{12}\right),\quad k=0,1,2.$$

（4）由于
$$1-\sqrt{3}i=2\left(\cos\frac{-\pi}{3}+i\sin\frac{-\pi}{3}\right),$$

故
$$\sqrt{1-\sqrt{3}i}=\sqrt{2}\left(\cos\frac{6k\pi-\pi}{6}+i\sin\frac{6k\pi-\pi}{6}\right),\quad k=0,1.$$

练习题 1.2

1. 指出下列方程表示的曲线.

（1）$\mathrm{Im}z=2\mathrm{Re}z$；　　　（2）$\arg z=\dfrac{\pi}{4}$；　　　（3）$|z-3|+|z+3|=10$.

解　（1）设 $z=x+iy$，则方程可化为 $y=2x$，故 $\mathrm{Im}z=2\mathrm{Re}z$ 表示直线 $y=2x$.

（2）设 $z=x+iy$，则 $\tan(\arg z)=\tan\dfrac{\pi}{4}=\dfrac{y}{x}=1$，且 $x>0,y>0$，故 $\arg z=\dfrac{\pi}{4}$ 表示射线 $y=x(x>0)$.

（3）设 $z=x+iy$，则方程可化为
$$\sqrt{(x-3)^2+y^2}+\sqrt{(x+3)^2+y^2}=10.$$
化简上式得 $\dfrac{x^2}{25}+\dfrac{y^2}{16}=1$，故 $|z-3|+|z+3|=10$ 表示椭圆 $\dfrac{x^2}{25}+\dfrac{y^2}{16}=1$.

2. 指出下列参数方程表示的曲线.

（1）$z=t+\dfrac{i}{t}$；　　　　　　（2）$z=1-i+2e^{it}$.

解　（1）设 $z=x+iy$，则 $x=t,y=\dfrac{1}{t}$，所以 $xy=1$，故 $z=t+\dfrac{i}{t}$ 表示双曲线 $xy=1$.

（2）设 $z=x+iy$，则
$$x+iy=1-i+2e^{it}=1-i+2\cos t+i2\sin t.$$
所以，有
$$\begin{cases}x=1+2\cos t,\\ y=-1+2\sin t.\end{cases}$$
即方程可化为 $(x-1)^2+(y+1)^2=4$，故 $z=1-i+2e^{it}$ 表示圆周
$$(x-1)^2+(y+1)^2=4.$$

3. 画出下列不等式所确定的域，并指出这些区域是单连通域还是多连通域，是有界域还是无界域.

（1）$\dfrac{\pi}{4}<\arg z<\dfrac{\pi}{2}$；　　　（3）$1<\mathrm{Im}z<2$；　　　（3）$1<|z-i|<2$.

解 (1) 此不等式所确定的域如图 1.8(a)所示,此区域为无界单连通域.

(2) 此不等式所确定的域如图 1.8(b)所示,此区域为无界单连通域.

(3) 此不等式所确定的域如图 1.8(c)所示,此区域为有界多连通域.

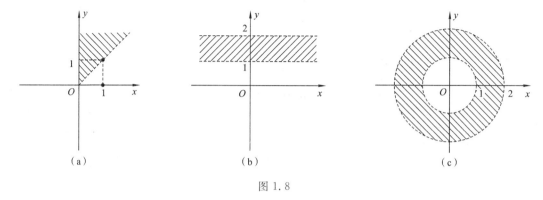

(a)　　　　　　　　　　(b)　　　　　　　　　　(c)

图 1.8

综合练习题 1

1. 求下列复数的实部、虚部、模、辐角主值及共轭复数.

(1) $\dfrac{1-i}{1+i}$;　　　　　　(2) $\dfrac{i}{(i-1)(i-2)}$;　　　　　　(3) $\dfrac{1-2i}{3-4i}-\dfrac{2-i}{5i}$;

(4) $(1+i)^{100}+(1-i)^{100}$;　　(5) $i^8-4i^{21}+i$;　　　　(6) $\left(\dfrac{1+\sqrt{3}i}{2}\right)^5$.

解 (1) 令 $z_1=\dfrac{1-i}{1+i}$,则

$$z_1=\frac{(1-i)^2}{2}=\frac{-2i}{2}=-i.$$

故　　　　　$\mathrm{Re}z_1=0,\quad \mathrm{Im}z_1=-1,\quad |z_1|=1,\quad \arg z_1=-\dfrac{\pi}{2},\quad \overline{z_1}=i.$

(2) 令 $z_2=\dfrac{i}{(i-1)(i-2)}$,则

$$z_2=\frac{i}{1-3i}=\frac{i(1+3i)}{10}=-\frac{3}{10}+\frac{1}{10}i.$$

故　　　　　$\mathrm{Re}z_2=-\dfrac{3}{10},\quad \mathrm{Im}z_2=\dfrac{1}{10},\quad |z_2|=\dfrac{\sqrt{10}}{10},$

$$\arg z_2=\pi-\arctan\frac{1}{3},\quad \overline{z_2}=-\frac{3}{10}-\frac{1}{10}i.$$

(3) 令 $z_3=\dfrac{1-2i}{3-4i}-\dfrac{2-i}{5i}$,则

$$z_3 = \frac{(1-2i)(3+4i)}{25} - \frac{(2-i)(-5i)}{25} = \frac{11-2i+10i+5}{25} = \frac{16+8i}{25} = \frac{16}{25} + \frac{8}{25}i.$$

故
$$\mathrm{Re}z_3 = \frac{16}{25}, \quad \mathrm{Im}z_3 = \frac{8}{25}, \quad |z| = \sqrt{\left(\frac{16}{25}\right)^2 + \left(\frac{8}{25}\right)^2} = \frac{8}{25}\sqrt{5},$$
$$\arg z_3 = \arctan \frac{1}{2}, \quad \overline{z_3} = \frac{16}{25} - \frac{8}{25}i.$$

(4) 令 $z_4 = (1+i)^{100} + (1-i)^{100}$,因为

$$1+i = \sqrt{2}\left(\cos \frac{\pi}{4} + i\sin \frac{\pi}{4}\right), \quad 1-i = \sqrt{2}\left(\cos \frac{-\pi}{4} + i\sin \frac{-\pi}{4}\right),$$

所以

$$z_4 = \left[\sqrt{2}\left(\cos \frac{\pi}{4} + i\sin \frac{\pi}{4}\right)\right]^{100} + \left[\sqrt{2}\left(\cos \frac{-\pi}{4} + i\sin \frac{-\pi}{4}\right)\right]^{100}$$
$$= 2^{50}(\cos 25\pi + i\sin 25\pi) + 2^{50}\left[\cos(-25\pi) + i\sin(-25\pi)\right]$$
$$= (-2^{50}) + (-2^{50}) = -2^{51}.$$

故
$$\mathrm{Re}z_4 = -2^{51}, \quad \mathrm{Im}z_4 = 0, \quad |z_4| = 2^{51}, \quad \arg z_4 = \pi, \quad \overline{z_4} = -2^{51}.$$

(5) 令 $z_5 = i^8 - 4i^{21} + i$,因为 $i^2 = -1$,所以

$$z_5 = (i^2)^4 - 4(i^2)^{10} \cdot i + i = 1 - 4i + i = 1 - 3i.$$

故
$$\mathrm{Re}z_5 = 1, \quad \mathrm{Im}z_5 = -3, \quad |z_5| = \sqrt{1^2 + (-3)^2} = \sqrt{10},$$
$$\arg z_5 = \arctan \frac{-3}{1} = -\arctan 3, \quad \overline{z} = 1 + 3i.$$

(6) 令 $z_6 = \left(\frac{1+\sqrt{3}i}{2}\right)^5$,因为 $\frac{1+\sqrt{3}i}{2} = \cos \frac{\pi}{3} + i\sin \frac{\pi}{3}$,所以

$$z_6 = \left(\cos \frac{\pi}{3} + i\sin \frac{\pi}{3}\right)^5 = \cos \frac{5\pi}{3} + i\sin \frac{5\pi}{3} = \frac{1}{2} - \frac{\sqrt{3}}{2}i.$$

故
$$\mathrm{Re}z_6 = \frac{1}{2}, \quad \mathrm{Im}z_6 = -\frac{\sqrt{3}}{2}, \quad |z_6| = \sqrt{\left(\frac{1}{2}\right)^2 + \left(-\frac{\sqrt{3}}{2}\right)^2} = 1,$$
$$\arg z_6 = \arctan(-\sqrt{3}) = -\frac{\pi}{3}, \quad \overline{z_6} = \frac{1}{2} + \frac{\sqrt{3}}{2}i.$$

2. 求下列复数的值,并写出其三角式及指数式.

(1) $(2-3i)(-2+i)$;　(2) $\dfrac{(\cos 5\theta + i\sin 5\theta)^2}{(\cos 3\theta - i\sin 3\theta)^3}$;　(3) $\dfrac{1 - i\tan\theta}{1 + i\tan\theta}\left(0 < \theta < \dfrac{\pi}{2}\right)$.

解　(1) $(2-3i)(-2+i) = -4+2i+6i-3i^2 = -1+8i$,因为 $|-1+8i| = \sqrt{65}$,
其对应点在第二象限,所以 $\arg(-1+8i) = \pi - \arctan 8$,故其三角式及指数式如下:

$$(2-3i)(-2+i) = -1+8i = \sqrt{65}\left[\cos(\pi - \arctan 8) + i\sin(\pi - \arctan 8)\right]$$
$$= \sqrt{65}\exp\left[i(\pi - \arctan 8)\right].$$

(2) $\dfrac{(\cos5\theta+\mathrm{i}\sin5\theta)^2}{(\cos3\theta-\mathrm{i}\sin3\theta)^3}=\dfrac{\cos10\theta+\mathrm{i}\sin10\theta}{\cos(-9\theta)+\mathrm{i}\sin(-9\theta)}=\cos19\theta+\mathrm{i}\sin19\theta=\mathrm{e}^{\mathrm{i}\cdot19\theta}.$

(3) $\dfrac{1-\mathrm{i}\tan\theta}{1+\mathrm{i}\tan\theta}=\dfrac{1-\mathrm{i}\dfrac{\sin\theta}{\cos\theta}}{1+\mathrm{i}\dfrac{\sin\theta}{\cos\theta}}=\dfrac{\cos\theta-\mathrm{i}\sin\theta}{\cos\theta+\mathrm{i}\sin\theta}=\dfrac{\cos(-\theta)+\mathrm{i}\sin(-\theta)}{\cos\theta+\mathrm{i}\sin\theta}$

$$=\cos(-2\theta)+\mathrm{i}\sin(-2\theta)=\mathrm{e}^{-\mathrm{i}\cdot2\theta}.$$

3. 求下列复数的值.

(1) $(1-\mathrm{i})^4$;　　(2) $(\sqrt{3}-\mathrm{i})^{12}$;　　(3) $\sqrt{1+\mathrm{i}}$;　　(4) $\sqrt[5]{1}$;　　(5) $\sqrt[6]{64}$.

解　(1) 因为　　　　　$1-\mathrm{i}=\sqrt{2}\left(\cos\dfrac{-\pi}{4}+\mathrm{i}\sin\dfrac{-\pi}{4}\right),$

所以　　　　　　$(1-\mathrm{i})^4=(\sqrt{2})^4\cos(-\pi)+\mathrm{i}\sin(-\pi)=-4.$

(2) 因为　　　　　$\sqrt{3}-\mathrm{i}=2\left(\cos\dfrac{-\pi}{6}+\mathrm{i}\sin\dfrac{-\pi}{6}\right),$

所以　　　　　$(\sqrt{3}-\mathrm{i})^{12}=2^{12}\left[\cos(-2\pi)+\mathrm{i}\sin(-2\pi)\right]=2^{12}.$

(3) 因为　　　　　$1+\mathrm{i}=\sqrt{2}\left(\cos\dfrac{\pi}{4}+\mathrm{i}\sin\dfrac{\pi}{4}\right),$

所以　　$\sqrt{1+\mathrm{i}}=\sqrt[4]{2}\left[\cos\left(\dfrac{\pi}{8}+k\pi\right)+\mathrm{i}\sin\left(\dfrac{\pi}{8}+k\pi\right)\right],\quad k=0,1.$

(4) 因为　　　　　$1=\cos0+\mathrm{i}\sin0,$

所以　　　　　$\sqrt[5]{1}=\cos\dfrac{2}{5}k\pi+\mathrm{i}\sin\dfrac{2}{5}k\pi,\quad k=0,1,2,3,4.$

(5) 因为　　　　　$64=2^6(\cos0+\mathrm{i}\sin0),$

所以　　$\sqrt[6]{64}=2\cos\left(\dfrac{1}{3}k\pi+\mathrm{i}\sin\dfrac{1}{3}k\pi\right),\quad k=0,1,2,3,4,5.$

4. 证明:$|z_1+z_2|^2+|z_1-z_2|^2=2(|z_1|^2+|z_2|^2)$,并说明其几何意义.

证　$|z_1+z_2|^2+|z_1-z_2|^2=(z_1+z_2)\overline{(z_1+z_2)}+(z_1-z_2)\overline{(z_1-z_2)}$

$\qquad=(z_1+z_2)(\overline{z_1}+\overline{z_2})+(z_1-z_2)(\overline{z_1}-\overline{z_2})$

$\qquad=z_1\overline{z_1}+z_1\overline{z_2}+z_2\overline{z_1}+z_2\overline{z_2}+z_1\overline{z_1}-z_1\overline{z_2}$

$\qquad\quad-z_2\overline{z_1}+z_2\overline{z_2}$

$\qquad=2(z_1\overline{z_1}+z_2\overline{z_2})$

$\qquad=2(|z_1|^2+|z_2|^2).$

几何意义:将 z_1,z_2 对应复平面上以原点为始点的两个矢量,该等式表明,平行四边形两条对角线的长度平方和等于四边长度平方和,如图1.9所示.

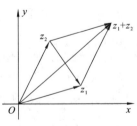

图 1.9

5. 设 ω 是 1 的 n 次根,且 $\omega\neq1$,试证:ω 满足方程 $1+z+z^2+\cdots+z^{n-1}=0.$

证 因为 ω 是 1 的 n 次根，所以 $\omega^n = 1$，则

$$\omega^n - 1 = 0,$$

即

$$(\omega - 1)(1 + \omega + \omega^2 + \cdots + \omega^{n-1}) = 0.$$

又 $\omega \neq 1$，故

$$1 + \omega + \omega^2 + \cdots + \omega^{n-1} = 0,$$

所以 ω 满足

$$1 + z + z^2 + \cdots + z^{n-1} = 0.$$

6. 设 $x^2 + x + 1 = 0$，试计算 $x^{11} + x^7 + x^3$ 的值.

解 由于方程 $x^2 + x + 1 = 0$ 有一对共轭复根，故 $x \neq 0$，所以由 $x^2 + x + 1 = 0$ 可得 $x + 1 + \dfrac{1}{x} = 0$，即 $x + \dfrac{1}{x} = -1$.

$$
\begin{aligned}
x^{11} + x^7 + x^3 &= x^7\left(x^4 + 1 + \frac{1}{x^4}\right) = x^7\left[\left(x^2 + \frac{1}{x^2}\right)^2 - 1\right] \\
&= x^7\left\{\left[\left(x + \frac{1}{x}\right)^2 - 2\right]^2 - 1\right\} \\
&= x^7\left\{\left[(-1)^2 - 2\right]^2 - 1\right\} = 0.
\end{aligned}
$$

7. 解下列方程.

(1) $z^2 - 3(1+\mathrm{i})z + 5\mathrm{i} = 0$;　　　　(2) $z^4 + a^4 = 0$ $(a > 0)$.

解 (1) 设 $z = x + \mathrm{i}y$（x, y 为实数），则

$$(x + \mathrm{i}y)^2 - 3(1 + \mathrm{i})(x + \mathrm{i}y) + 5\mathrm{i} = 0,$$

即

$$x^2 - y^2 - 3x + 3y + (2xy - 3y - 3x + 5)\mathrm{i} = 0.$$

所以有

$$
\begin{cases}
x^2 - y^2 - 3x + 3y = 0, & \text{①} \\
2xy - 3y - 3x + 5 = 0. & \text{②}
\end{cases}
$$

由②得

$$y = \frac{3x - 5}{2x - 3}. \qquad\qquad \text{③}$$

将③代入①，化简得

$$4x^4 - 12x^3 + 18x^2 - 30x + 20 = 0,$$

即

$$(4x^2 + 10)(x^2 - 3x + 2) = 0,$$

又 x 为实数，所以 $4x^2 + 10 \neq 0$，故 $x^2 - 3x + 2 = 0$，即 $x_1 = 2, x_2 = 1$，则方程组的解为

$$
\begin{cases}
x_1 = 2, \\
y_1 = 1;
\end{cases}
\quad
\begin{cases}
x_2 = 1, \\
y_2 = 2.
\end{cases}
$$

所以原方程的根为 $z_1 = 2 + \mathrm{i}, z_2 = 1 + 2\mathrm{i}$.

(2) $z^4 + a^4 = 0$ 可化为 $z^4 = -a^4$.

所以有

$$z = \sqrt[4]{-a^4} = a\sqrt[4]{-1} = a[\cos(\pi + 2k\pi) + \mathrm{i}\sin(\pi + 2k\pi)]^{\frac{1}{4}}$$

$$=a\left[\cos\left(\frac{\pi}{4}+\frac{k\pi}{2}\right)+i\sin\left(\frac{\pi}{4}+\frac{k\pi}{2}\right)\right],\quad k=0,1,2,3.$$

8. 解方程组 $\begin{cases} z_1+2z_2=1+i, \\ 3z_1+iz_2=2-3i. \end{cases}$

解

$$\begin{cases} z_1+2z_2=1+i, & ① \\ 3z_1+iz_2=2-3i. & ② \end{cases}$$

由①×3－②,得

$$z_2=\frac{1+6i}{6-i}=\frac{(1+6i)(6+i)}{37}=i.$$

将 $z_2=i$ 代入①,得

$$z_1=1-i.$$

所以原方程组解为

$$\begin{cases} z_1=1-i, \\ z_2=i. \end{cases}$$

9. 试用 $\sin\varphi$ 与 $\cos\varphi$ 表示 $\sin6\varphi$ 与 $\cos6\varphi$.

解 由德莫弗公式得

$$\begin{aligned}
\cos6\varphi+i\sin6\varphi &= (\cos\varphi+i\sin\varphi)^6=\cos^6\varphi+6i\cos^5\varphi\sin\varphi+15i^2\cos^4\varphi\sin^2\varphi \\
&\quad+20i^3\cos^3\varphi\sin^3\varphi+15i^4\cos^2\varphi\sin^4\varphi+6i^5\cos\varphi\sin^5\varphi+i^6\sin^6\varphi \\
&= (\cos^6\varphi-15\cos^4\varphi\sin^2\varphi+15\cos^2\varphi\sin^4\varphi-\sin^6\varphi) \\
&\quad+i(6\cos^5\varphi\sin\varphi-20\cos^3\varphi\sin^3\varphi+6\cos\varphi\sin^5\varphi).
\end{aligned}$$

比较左右两边得

$$\sin6\varphi=6\cos^5\varphi\sin\varphi-20\cos^3\varphi\sin^3\varphi+6\cos\varphi\sin^5\varphi,$$

$$\cos6\varphi=\cos^6\varphi-15\cos^4\varphi\sin^2\varphi+15\cos^2\varphi\sin^4\varphi-\sin^6\varphi.$$

10. 设复数 z_1,z_2,z_3 满足等式 $\dfrac{z_2-z_1}{z_3-z_1}=\dfrac{z_1-z_3}{z_2-z_3}$,试证: $|z_2-z_1|=|z_3-z_1|=|z_2-z_3|$.

证 利用比例式的性质有

$$\frac{z_2-z_1}{z_3-z_1}=\frac{z_1-z_3}{z_2-z_3}=\frac{(z_2-z_1)+(z_1-z_3)}{(z_3-z_1)+(z_2-z_3)}$$

$$=\frac{z_2-z_3}{z_2-z_1}=\frac{z_3-z_2}{z_1-z_2}.$$

所以条件对于 z_1、z_2、z_3 是对称的.考虑对应点 z_1、z_2、z_3 组成的三角形,由上式可知:(z_3-z_1) 转到 (z_2-z_1) 方向的转角等于 (z_2-z_3) 转到 (z_1-z_3) 方向的转角(见图1.10),由于这两个旋转为顺时针方向,所以两个转

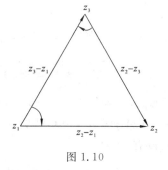

图 1.10

角分别为 $-\angle z_1, -\angle z_3$，所以 $\angle z_1 = \angle z_3$. 同理可得 $\angle z_1 = \angle z_2 = \angle z_3$，所以三角形三边相等，即

$$|z_2 - z_1| = |z_3 - z_2| = |z_2 - z_3|.$$

11. 求下列方程所表示的曲线（其中 t 为实参数）.

(1) $z = (1+\mathrm{i})t$；

(2) $z = a\cos t + \mathrm{i}b\sin t\,(a>0, b>0$ 为实常数）；

(3) $z = t + \dfrac{\mathrm{i}}{t}\ (t \neq 0)$；

(4) $z = r\mathrm{e}^{\mathrm{i}t} + a\,(r>0$ 为实常数，a 为复常数）.

解　(1) 设 $z = x+\mathrm{i}y$，则 $x+\mathrm{i}y = (1+\mathrm{i})t = t+\mathrm{i}t$，所以有 $x = y = t$，故该方程表示直线 $y = x$.

(2) 设 $z = x+\mathrm{i}y$，则 $x+\mathrm{i}y = a\cos t + \mathrm{i}\sin t$，所以有

$$\begin{cases} x = a\cos t, \\ y = b\sin t. \end{cases}$$

消去参数 t，即

$$\left(\frac{x}{a}\right)^2 + \left(\frac{y}{b}\right)^2 = \cos^2 t + \sin^2 t = 1.$$

故该方程表示椭圆 $\dfrac{x^2}{a^2} + \dfrac{y^2}{b^2} = 1$.

(3) 设 $z = x+\mathrm{i}y$，则 $x+\mathrm{i}y = t + \dfrac{\mathrm{i}}{t}$，消去参数 t 有 $y = \dfrac{1}{x}$，所以该方程表示等轴双曲线 $y = \dfrac{1}{x}$.

(4) 方程 $z = r\mathrm{e}^{\mathrm{i}t} + a$ 可化为

$$z - a = r\mathrm{e}^{\mathrm{i}t}.$$

上式两边同时取模长得

$$|z - a| = r.$$

所以该方程表示以 a 为圆心，r 为半径的圆周.

12. 求下列方程所表示的曲线.

(1) $\left|\dfrac{z-1}{z+2}\right| = 2$；　　　　　　(2) $\mathrm{Re}z^2 = a^2\,(a$ 为实常数）；

(3) $\left|\dfrac{z-a}{1-\bar{a}z}\right| = 1\,(|a|<1)$；　　(4) $z\bar{z} - \bar{a}z - a\bar{z} + a\bar{a} = b\bar{b}\,(a、b$ 为复常数）.

解　(1) 方程可化为 $|z-1| = 2|z+2|$，设 $z = x+\mathrm{i}y$，则有

$$(x-1)^2 + y^2 = 2[(x+2)^2 + y^2].$$

化简后配方得

$$(x+5)^2 + y^2 = 18.$$

所以该方程表示圆周$(x+5)^2+y^2=18$.

(2) 设 $z=x+iy$，则 $z^2=x^2-y^2+2ixy$，即有 $x^2-y^2=a^2$.

当 $a\neq0$ 时，方程表示双曲线 $x^2-y^2=a^2$，

当 $a=0$ 时，方程表示一对直线 $y=\pm x$.

(3) 由 $\left|\dfrac{z-a}{1-\bar{a}z}\right|=1$ 得

$$\frac{z-a}{1-\bar{a}z}\cdot\overline{\left(\frac{z-a}{1-\bar{a}z}\right)}=1,$$

即

$$\frac{z-a}{1-\bar{a}z}\cdot\frac{\bar{z}-\bar{a}}{1-a\bar{z}}=1.$$

所以有

$$(z-a)(\bar{z}-\bar{a})=(1-\bar{a}z)(1-a\bar{z}),$$

化简得

$$(|z|^2-1)(|a|^2-1)=0.$$

又因为 $|a|<1$，所以有 $|z|^2=1$.

故该方程表示单位圆周 $|z|^2=1$.

(4) 因为　$z\bar{z}-\bar{a}z-a\bar{z}+a\bar{a}=(z-a)(\bar{z}-\bar{a})=(z-a)\overline{(z-a)}$

$$=|z-a|^2=b\cdot\bar{b}=|b|^2,$$

所以方程化为 $|z-a|=|b|$，即该方程表示圆周 $|z-a|=|b|$.

13. 求下列不等式所表示的区域，并作图.

(1) $|z+i|<3$;　　　　　　　　(2) $|z-3-4i|\geqslant2$;

(3) $\dfrac{1}{2}<|2z-2i|\leqslant4$;　　　　(4) $\dfrac{\pi}{6}<\arg(z+2i)<\dfrac{\pi}{2}$ $(|z|>2)$;

(5) $-\dfrac{\pi}{4}<\arg\dfrac{z-i}{i}<\dfrac{\pi}{4}$;　　(6) $\text{Im}\,z\geqslant\dfrac{1}{2}$;

(7) $\left|\dfrac{z-3}{z-2}\right|\geqslant1$;　　　　　(8) $|z-2|+|z+2|<5$;

(9) $|z-2|-|z+2|>1$;　　　(10) $|z|+\text{Re}\,z\leqslant1$;

(11) $\left|\dfrac{z-a}{1-\bar{a}z}\right|<1$ $(|a|<1)$.

解　(1) 根据复数的几何意义可知，$|z+i|<3$ 表示以 $-i$ 为圆心，3 为半径的圆周内部区域(见图 1.11(a)).

(2) $|z-3-4i|\geqslant2$ 表示以 $(3+4i)$ 为圆心，2 为半径的圆周外部区域(见图 1.11(b)).

(3) 不等式可化为 $\dfrac{1}{4}<|z-i|\leqslant2$，其表示以 i 为中心的圆环(见图 1.12(a)).

(4) 设 $z=x+iy$，则 $z+2i=\dfrac{y+2}{x}$，所以 $\tan[\arg(z+2i)]=\dfrac{y+2}{x}$，由不等式可知

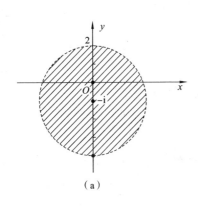

（a）

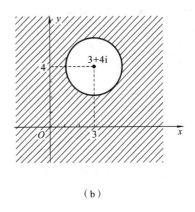

（b）

图 1.11

$$\begin{cases} \dfrac{y+2}{x} > \tan\dfrac{\pi}{6} = \dfrac{\sqrt{3}}{3}, \\ x > 0, \\ x^2 + y^2 > 2. \end{cases}$$

即

$$\begin{cases} y > \dfrac{\sqrt{3}}{3}x - 2, \\ x > 0, \\ x^2 + y^2 > 2. \end{cases}$$

故不等式表示以点 $-2i$ 为顶点,两边分别与正实轴成角度为 $\dfrac{\pi}{6}$ 和 $\dfrac{\pi}{2}$ 的角形域内部,

且以原点为中心、半径为 2 的圆外部分(见图 1.12(b)).

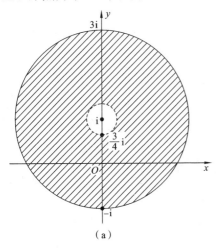

（a）

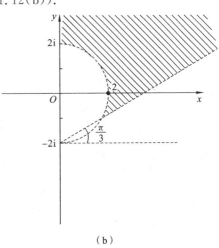

（b）

图 1.12

（5）设 $z=x+\mathrm{i}y$，则 $z-\mathrm{i}=x+(y-1)\mathrm{i}$，又因为

$$\arg\frac{z-\mathrm{i}}{\mathrm{i}}=\arg(z-\mathrm{i})-\arg\mathrm{i}=\arg(z-\mathrm{i})-\frac{\pi}{2},$$

所以代入不等式得

$$-\frac{\pi}{4}<\arg(z-\mathrm{i})-\frac{\pi}{2}<\frac{\pi}{4},$$

即

$$\frac{\pi}{4}<\arg(z-\mathrm{i})<\frac{3\pi}{4}.$$

故不等式表示以点 i 为顶点，两边分别与正实轴成角度为 $\frac{\pi}{4}$ 和 $\frac{3\pi}{4}$ 的角形域内部（见图 1.13(a)）.

（6）设 $z=x+\mathrm{i}y$，由不等式 $\mathrm{Im}\,z\geqslant\frac{1}{2}$ 可得

$$y\geqslant\frac{1}{2}.$$

故不等式表示直线 $y=\frac{1}{2}$ 的上半部分（见图 1.13(b)）.

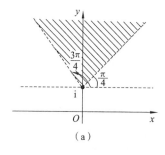

(a)

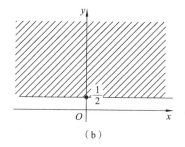

(b)

图 1.13

（7）不等式可化为 $|z-3|\geqslant|z-2|$.

设 $z=x+\mathrm{i}y$，则有

$$(x-3)^2+y^2\geqslant(x-2)^2+y^2,$$

即

$$x\leqslant\frac{5}{2}.$$

故不等式表示直线 $x=\frac{5}{2}$ 的左半部分（见图 1.14(a)）.

（8）设 $z=x+\mathrm{i}y$，代入不等式化简得

$$\frac{4x^2}{25}+\frac{4y^2}{9}<1.$$

故不等式表示以原点为中心，5 为长轴长，3 为短轴长，点 $(-2,0)$，$(2,0)$ 为焦点的椭圆内部（见图 1.14(b)）.

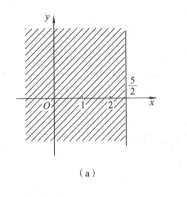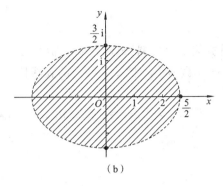

图 1.14

（9）设 $z=x+\mathrm{i}y$，代入不等式化简得

$$4x^2-\frac{4}{15}y^2>1.$$

又因为 $|z-2|-|z+2|>1$，即表示点 z 到 2 的距离大于到 -2 的距离，所以不等式表示双曲线的左边分支的内部（见图 1.15(a)）.

（10）设 $z=x+\mathrm{i}y$，代入不等式得

$$\sqrt{x^2+y^2}+x\leqslant1.$$

化简整理得

$$x\leqslant\frac{1}{2}-\frac{1}{2}y^2.$$

所以不等式表示以 x 轴为对称轴，以点 $\left(\dfrac{1}{2},0\right)$ 为顶点，开口向左的抛物线内部（见图 1.15(b)）.

（11）由第 12-(3) 题可知，不等式可化为

$$(|z|^2-1)(|a|^2-1)>0.$$

又 $|a|<1$，所以 $(|a|^2-1)<0$，由上式可得

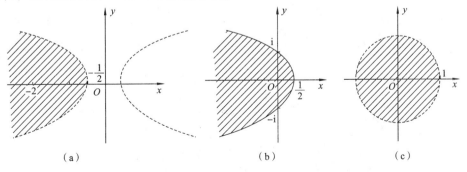

图 1.15

$$|z|^2 - 1 < 0,$$

即
$$|z| < 1.$$

故不等式表示单位圆 $|z| = 1$ 的内部(见图 1. 15(c)).

14. 函数 $\omega = z^2$ 把 z 平面上的直线段 $\mathrm{Re}z = 1$、$-1 \leqslant \mathrm{Im}z \leqslant 1$ 变成 ω 平面上的什么曲线?

解 设 $\omega = u + \mathrm{i}v, z = x + \mathrm{i}y$. 由 $\omega = z^2$ 得

$$u + \mathrm{i}v = x^2 - y^2 + \mathrm{i} \cdot 2xy.$$

即
$$\begin{cases} u = x^2 - y^2, \\ v = 2xy. \end{cases} \tag{1}$$

又 z 平面上的直线段可化为

$$\begin{cases} x = 1, \\ -1 \leqslant y \leqslant 1. \end{cases}$$

代入方程组(1)得

$$\begin{cases} u = 1 - y^2, \\ -1 \leqslant y = \dfrac{v}{2} \leqslant 1, \end{cases}$$

即
$$u = 1 - \frac{v^2}{4} \quad (-2 \leqslant v \leqslant 2).$$

故函数 $\omega = z^2$ 把 z 平面上的直线段 $\mathrm{Re}z = 1, -1 \leqslant \mathrm{Im}z \leqslant 1$ 变成 ω 平面上的抛物线段 $u = 1 - \dfrac{v^2}{4}(-2 \leqslant v \leqslant 2)$.

第2章 复变函数及其导数、积分

2.1 内容提要

2.1.1 复变函数的概念

定义 2.1 设有一复数点集 D，如果对于 D 中的每一个复数 z，按照某种对应法则，总有一个或多个确定的复数 ω 与之对应，则称复数 ω 是复数 z 的复变函数，记为 $\omega = f(z)$，D 称为这个函数的定义域，全体函数值组成的集合称为值域.

注 1. 实变函数是单值函数，而复变函数有单值函数和多值函数之分.

注 2. 复变函数 $\omega = f(z)$ 是从 z 平面到 ω 平面的一个映射.

注 3. 设 $z = x + iy$，则 $\omega = f(z) = u + iv = u(x,y) + iv(x,y)$，复变函数 $\omega = f(z)$ 对应着两个二元实变函数，即

$$u = u(x,y), \quad v = v(x,y).$$

可以将对复变函数的研究转化为对两个二元实变函数的研究.

2.1.2 初等复变函数

1. 指数函数

定义 2.2 设复数 $z = x + iy$，则定义指数函数 e^z 为

$$e^z = e^{x+iy} = e^x(\cos y + i\sin y) \tag{2-1}$$

(1) 指数函数 e^z 在整个复平面都有定义，且 $e^z \neq 0$.

(2) $|e^z| = e^x$，$\text{Arg}(e^z) = y + 2k\pi$（$k$ 为任意整数）.

(3) 加法定理：对任意 z_1, z_2 有

$$e^{z_1+z_2} = e^{z_1} \cdot e^{z_2} \tag{2-2}$$

(4) e^z 是以 $2\pi i$ 为周期的周期函数，即

$$e^{z+2\pi i} = e^z \tag{2-3}$$

一般地，$e^{z+2k\pi i} = e^z$，其中 k 为任意整数.

2. 对数函数

定义 2.3 指数函数 $z = e^{\omega}(z \neq 0)$ 的反函数，称为对数函数，记为

$$\omega = \ln z \tag{2-4}$$

(1) 计算公式.

① $\ln z = \ln|z| + i\mathrm{Arg}z = \ln|z| + i(\arg z + 2k\pi)$ (k 为任意整数).

② $\ln z$ 的主值 $\ln z = \ln|z| + i\arg z$.

③ $\ln z = \ln z + 2k\pi i$.

(2) 对数函数的性质,即

$$\ln(z_1 z_2) = \ln z_1 + \ln z_2, \quad \ln\left(\frac{z_1}{z_2}\right) = \ln z_1 - \ln z_2.$$

3. 幂函数

定义 2.4 设 $\omega = z^\alpha = e^{\alpha \ln z}$ $(z \neq 0)$ 为幂函数,其中 α 是一个复常数.

注:(1) 幂函数是指数函数与对数函数的复合函数.

(2) z^α 是无穷多值函数,而 z^n 是单值函数,$z^{\frac{1}{n}}$ 是 n 值函数.

4. 三角函数

定义 2.5 复变数 z 的正弦函数与余弦函数分别为

$$\sin z = \frac{e^{iz} - e^{-iz}}{2i}, \quad \cos z = \frac{e^{iz} + e^{-iz}}{2}.$$

(1) 对于任何复数 z,$e^{iz} = \cos z + i\sin z$ 都成立.

(2) $\sin z$ 和 $\cos z$ 都是以 2π 为周期的周期函数,即

$$\sin(z + 2\pi) = \sin z, \quad \cos(z + 2\pi) = \cos z.$$

(3) $\sin z$ 是奇函数,$\cos z$ 是偶函数,即

$$\sin(-z) = -\sin z, \quad \cos(-z) = \cos z.$$

(4) $\sin^2 z + \cos^2 z = 1$, $\sin\left(z + \dfrac{\pi}{2}\right) = \cos z$,

$$\cos\left(z + \frac{\pi}{2}\right) = -\sin z, \quad \sin(z_1 + z_2) = \sin z_1 \cos z_2 + \cos z_1 \sin z_2$$

$$\cos(z_1 + z_2) = \cos z_1 \cos z_2 - \sin z_1 \sin z_2.$$

(5) $|\sin z|$ 和 $|\cos z|$ 都是无界的.

(6) $\tan z = \dfrac{\sin z}{\cos z}$, $\cot z = \dfrac{\cos z}{\sin z}$, $\sec z = \dfrac{1}{\cos z}$, $\csc z = \dfrac{1}{\sin z}$.

5. 双曲函数

定义 2.6 复变数 z 的双曲正弦函数与双曲余弦函数分别为

$$\mathrm{sh}z = \frac{e^z - e^{-z}}{2}, \quad \mathrm{ch}z = \frac{e^z + e^{-z}}{2}.$$

(1) 解析性:$\mathrm{sh}z$,$\mathrm{ch}z$ 在复平面上处处解析,且 $(\mathrm{sh}z)' = \mathrm{ch}z$,$(\mathrm{ch}z)' = \mathrm{sh}z$.

(2) 周期性:$\mathrm{sh}z$ 和 $\mathrm{ch}z$ 都是以虚周期 $2\pi i$ 为周期的周期函数.

(3) 双曲函数与三角函数的关系密切,且下面公式成立:

$$\mathrm{th}z = \frac{\mathrm{sh}z}{\mathrm{ch}z}; \quad \mathrm{cth}z = \frac{\mathrm{ch}z}{\mathrm{sh}z};$$

$$\text{sh}(iy) = i\sin y; \quad \text{ch}(iy) = \cos y;$$
$$\sin(iy) = i\text{sh}y; \quad \cos(iy) = \text{ch}y;$$
$$\cos(x+iy) = \cos x\text{ch}y - i\sin x\text{sh}y;$$
$$\sin(x+iy) = \sin x\text{ch}y + i\cos x\text{sh}y;$$
$$\text{ch}(x+iy) = \text{ch}x\cos y + i\text{sh}x\sin y;$$
$$\text{sh}(x+iy) = \text{sh}x\cos y + i\text{ch}x\sin y.$$

6. 反三角函数与反双曲函数

三角函数的反函数称为反三角函数;双曲函数的反函数称为反双曲函数.

反正弦函数:$\arcsin z = -i\ln(iz \pm \sqrt{1-z^2})$;

反余弦函数:$\arccos z = -i\ln(iz \pm \sqrt{z^2-1})$;

反正切函数:$\arctan z = -\dfrac{i}{2}\ln\dfrac{1+iz}{1-iz}$ $(z \neq \pm i)$;

反双曲正弦函数:$\text{arsh}z = \ln(z + \sqrt{z^2+1})$;

反双曲余弦函数:$\text{arch}z = \ln(z + \sqrt{z^2-1})$;

反双曲正切函数:$\text{arcth}z = \dfrac{1}{2}\ln\dfrac{1+z}{1-z}$.

上述函数都是无穷多值函数.

2.1.3 复变函数的极限与连续性

定义 2.7 设函数 $f(z)$ 在 z_0 的去心邻域 $0 < |z-z_0| < \rho$ 内有定义,如果对于任意 $\varepsilon > 0$,存在正数 $\delta > 0$,使得当 $0 < |z-z_0| < \delta(\delta \leqslant \rho)$ 时,恒有 $|f(z)-a| < \varepsilon$,则称当 z 趋于 z_0 时,$f(z)$ 的极限值为 a,记为 $\lim\limits_{z \to z_0} f(z) = a$,或 $f(z) \to a(z \to z_0)$.

定义 2.8 设函数 $f(z)$ 在区域 D 上有定义,$z_0 \in D$,如果 $\lim\limits_{z \to z_0} f(z) = f(z_0)$,则称函数 $f(z)$ 在点 z_0 处连续;如果函数 $f(z)$ 在区域 D 上每一点都连续,则称函数 $f(z)$ 在区域 D 内连续.

定理 2.1 设 $f(z) = u(x,y) + iv(x,y)$,$a = u_0 + iv_0$,$z_0 = x_0 + iy_0$,则 $\lim\limits_{z \to z_0} f(z) = a$ 的充要条件是 $\lim\limits_{\substack{x \to x_0 \\ y \to y_0}} u(x,y) = u_0$,$\lim\limits_{\substack{x \to x_0 \\ y \to y_0}} v(x,y) = v_0$.

定理 2.2 函数 $f(z) = u(x,y) + iv(x,y)$ 在点 $z_0 = x_0 + iy_0$ 处连续的充要条件是实部 $u = u(x,y)$ 和虚部 $v = v(x,y)$ 均在点 (x_0,y_0) 处连续.

注 1. 讨论复变函数 $\lim\limits_{z \to z_0} f(z)$ 的极限时,要求 z 在 z_0 的邻域内从任意方向沿任何曲线以任何方式趋于 z_0 时,$f(z)$ 都要趋于同一个常数,才能说该极限存在.

注 2. 由定理 2.1 和定理 2.2 知,讨论复变函数的极限和连续时,可以转化为研究两个二元实变函数的极限和连续问题.

2.1.4 复变函数的导数

1. 导数的定义

定义 2.9 设函数 $\omega = f(z)$ 在点 z_0 的某邻域内有定义，$z_0 + \Delta z$ 是邻域内任一点，$\Delta \omega = f(z_0 + \Delta z) - f(z_0)$，如果

$$\lim_{\Delta z \to 0} \frac{\Delta \omega}{\Delta z} = \lim_{\Delta z \to 0} \frac{f(z_0 + \Delta z) - f(z_0)}{\Delta z} \tag{2-5}$$

存在有限的极限值 A，则称 $f(z)$ 在点 z_0 处可导，记为 $f'(z_0)$ 或 $\left. \dfrac{\mathrm{d}\omega}{\mathrm{d}z} \right|_{z=z_0}$，即

$$f'(z_0) = \lim_{\Delta z \to 0} \frac{f(z_0 + \Delta z) - f(z_0)}{\Delta z} \tag{2-6}$$

或

$$\Delta \omega = f'(z_0) \Delta z + o(|\Delta z|) \quad (\Delta z \to 0) \tag{2-7}$$

故也称 $f(z)$ 在点 z_0 处可微.

注：定义中 $\Delta z \to 0$ 表示 Δz 以任意方式趋于零.

2. 复变函数可导与连续的关系

与实变函数类似，如果函数 $f(z)$ 在点 z_0 处可导，那么 $f(z)$ 在点 z_0 处必连续；反之，如果函数 $f(z)$ 在 z_0 处连续，$f(z)$ 在 z_0 处未必可导. 在实变函数中要构造一个处处连续又处处不可导的函数并非易事，而在复变函数中，处处连续又处处不可导的函数几乎随手可得，如 $f(z) = \bar{z}$ 和 $f(z) = 2x + \mathrm{i}y$. 这是因为复变函数对可导的要求比实变函数的要求高，复变函数可导要求无论沿何种路径变化极限都要存在且相等，显然比实变函数对导数的存在要求高.

3. 求导规则

(1) $(C)' = 0$，其中 C 是复常数.

(2) $(z^n)' = nz^{n-1}$，其中 n 为正整数.

(3) $[f(z) \pm g(z)]' = f'(z) \pm g'(z)$.

(4) $[f(z) \cdot g(z)]' = f'(z)g(z) + f(z)g'(z)$.

(5) $\left[\dfrac{f(z)}{g(z)} \right]' = \dfrac{1}{g^2(z)} [f'(z)g(z) - f(z)g'(z)]$，其中 $g(z) \neq 0$.

(6) $\{f[g(z)]\}' = f'(\omega) \cdot g'(z)$，其中 $\omega = g(z)$.

(7) $f'(z) = \dfrac{1}{\varphi'(\omega)}$，其中 $\omega = f(z)$ 和 $z = \varphi(\omega)$ 是两个互为反函数的单值函数，且 $\varphi'(\omega) \neq 0$.

2.1.5 复变函数积分的定义与性质

1. 复变函数积分的定义

定义 2.10 设函数 $\omega = f(z)$ 在区域 D 内有定义，C 为 D 内以 A 为起点，B 为终

点的一条有向光滑曲线,如图 2.1 所示,用分点 $A = z_0, z_1,$ $z_2, \cdots, z_{k-1}, z_k, \cdots, z_n = B$,把曲线 C 任意分成 n 个弧段 $\overparen{z_{k-1}z_k}(k = 1, 2, \cdots, n)$,在每个弧段 $\overparen{z_{k-1}z_k}$ 上任取一点 $\xi_k (k = 1, 2, \cdots, n)$ 并取和

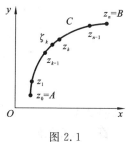

图 2.1

$$S_n = \sum_{k=1}^{n} f(\xi_k)(z_k - z_{k-1}) = \sum_{k=1}^{n} f(\xi_k)\Delta z_k$$

当 n 无限增加,且最大弧段 $\overparen{z_{k-1}z_k}$ 的长度 λ 趋于零时,若 S_n 都有唯一的极限,那么称这个极限值为复变函数 $f(z)$ 沿曲线 C 的积分,记为

$$\int_C f(z)\mathrm{d}z = \lim_{\lambda \to 0} \sum_{k=1}^{n} f(\xi_k)\Delta z_k \tag{2-8}$$

如果 C 是闭曲线,那么沿该闭曲线的积分记作 $\oint_C f(z)\mathrm{d}z$.

2. 复变函数积分的性质

(1) $\int_C kf(z)\mathrm{d}z = k\int_C f(z)\mathrm{d}z$ (k 为常数).

(2) $\int_C f(z)\mathrm{d}z = -\int_{C^-} f(z)\mathrm{d}z$.

(3) $\int_C [f(z) \pm g(z)]\mathrm{d}z = \int_C f(z)\mathrm{d}z \pm \int_C g(z)\mathrm{d}z$.

(4) $\int_C f(z)\mathrm{d}z = \int_{C_1} f(z)\mathrm{d}z + \int_{C_2} f(z)\mathrm{d}z + \cdots + \int_{C_n} f(z)\mathrm{d}z$,其中 C 是由逐段光滑曲线 $C_1, C_2, \cdots, C_n$ 顺序连接而成的.

(5) 积分估值式:设曲线 C 的长度为 L,函数 $f(z)$ 在 C 上满足 $|f(z)| \leqslant M$,那么

$$\left| \int_C f(z)\mathrm{d}z \right| \leqslant \int_C |f(z)| \, \mathrm{d}s \leqslant ML \tag{2-9}$$

2.1.6 复变函数积分的计算方法

(1) 若函数 $f(z) = u(x, y) + \mathrm{i}v(x, y)$ 沿光滑曲线 C 连续,则 $f(z)$ 必沿 C 可积,且有

$$\int_C f(z)\mathrm{d}z = \int_C u\mathrm{d}x - v\mathrm{d}y + \mathrm{i}\int_C v\mathrm{d}x + u\mathrm{d}y \tag{2-10}$$

(2) 若沿光滑曲线 C 的参数方程为 $z(t) = x(t) + \mathrm{i}y(t)$,$\alpha \leqslant t \leqslant \beta$,$\alpha, \beta$ 分别对应起点 A、终点 B,则

$$\int_C f(z)\mathrm{d}z = \int_\alpha^\beta f[z(t)]z'(t)\mathrm{d}t \tag{2-11}$$

(3) 一个重要的常用的积分

$$\int_{|z-z_0|=r} \frac{\mathrm{d}z}{(z-z_0)^n} = \begin{cases} 2\pi\mathrm{i}, & n=1, \\ 0, & n\neq 1 \end{cases} \quad (n\ \text{为整数}) \tag{2-12}$$

2.2 疑难解析

问题 1 函数、映射和变换是否为同一概念?

答 三者是同一概念,且有本质区别.函数、映射和变换强调的都是变量之间的对应关系.只是函数往往是就数的对应而言,映射或变换往往是就点的对应而言.在复变函数中,我们把它们都看作 z 平面上的集合 G 与 ω 平面上的集合 G^* 之间的一种对应关系.

问题 2 复变函数 $\omega=f(z)$ 的导数定义与一元实函数 $y=f(x)$ 的导数定义在要求上有什么不同?

答 二者在定义的形式与求导公式、求导法则上都完全相同.但是由于极限的要求不同,在复变函数 $\omega=f(z)$ 的导数定义中,$\Delta z\to 0$ 的方式是任意的;而在一元实函数导数的定义中,$\Delta x\to 0$ 的方式要简单得多.所以,复变函数在一点可导的条件更为严格,从而复变函数的导数具有不少特殊的性质.

问题 3 复变指数函数与实变指数函数的区别有哪些?

答 由于 $\mathrm{e}^z=\mathrm{e}^{x+\mathrm{i}y}=\mathrm{e}^x(\cos y+\mathrm{i}\sin y)$,其区别为

(1) $\mathrm{e}^z\neq 0$,而 $\mathrm{e}^x>0$;

(2) $\mathrm{e}^z=\mathrm{e}^{z+2k\pi\mathrm{i}}$ 是以 $2k\pi\mathrm{i}$ 为周期的周期函数,而 e^x 不是周期函数;

(3) e^z 没有乘幂的意义,而 e^x 可以视为 e 的 x 次幂.

问题 4 怎样区分 e 的 z 次幂与 e^z?

答 由定义知,e^z 没有乘幂的意义,它是单值的,为了叙述方便,本问题中记 $\mathrm{e}^z=\exp z$;而 e 的 z 次幂是一个多值函数,为了区别,记为 $[\mathrm{e}^z]$.

$$[\mathrm{e}^z]=\exp(z\ln\mathrm{e})=\exp\{z[\ln\mathrm{e}+\mathrm{i}(0+2k\pi)]\}$$
$$=\exp[z(1+2k\pi\mathrm{i})]=\exp z\cdot\exp(2k\pi\mathrm{i})$$

当 $k=0$ 或 $k\neq 0$,z 为整数时,$[\mathrm{e}^z]=\exp z$.

当 $k\neq 0$,z 为有理数时,$[\mathrm{e}^z]$ 与 $\exp z$ 的模相等,辐角不同.

当 $k\neq 0$,z 为无理数时,$[\mathrm{e}^z]$ 与 $\exp z$ 的模相等,辐角不同.

当 $k\neq 0$,z 为纯虚数时,$[\mathrm{e}^z]$ 与 $\exp z$ 的模不等,辐角相同.

当 $k\neq 0$,z 为复数时,两者模一般不等,辐角一般也不同.

问题 5 复变对数函数与实对数函数的区别有哪些?

答 因为 $\ln z=\ln z+2k\pi\mathrm{i}$,所以其区别有以下几点.

(1) $\ln z$ 是多值函数,$\ln x$ 是单值函数.

(2) $\ln(z_1 \cdot z_2) = \ln z_1 + \ln z_2$，$\ln\left(\dfrac{z_1}{z_2}\right) = \ln z_1 - \ln z_2$，虽然与实对数函数运算法则相同，但其意义不同，复变对数函数这时的意义是全体值的相等，而不是对应分支的相等.

(3) $\ln z^n \neq n \ln z$，$\ln \sqrt[n]{z} \neq \dfrac{1}{n} \ln z$，例如：对 $\ln z^2$，当 $z = r \mathrm{e}^{\mathrm{i}\theta}$ 时，$z^2 = r^2 \mathrm{e}^{\mathrm{i}\theta}$，

$$\ln z^2 = \ln r^2 + \mathrm{i}(2\theta + 2m\pi), \quad m = 0, \pm 1, \cdots$$
$$2\ln z = 2\ln r + \mathrm{i}(2\theta + 4k\pi), \quad k = 0, \pm 1, \cdots$$

(4) $\ln z$ 的定义域为除零之外的全体复数，而 $\ln x$ 的定义域是 $x > 0$.

问题 6　为什么 $|\sin z| \leqslant 1$ 与 $|\cos z| \leqslant 1$ 在复数范围内不再成立？

答　因为 $\sin z = \dfrac{1}{2\mathrm{i}}(\mathrm{e}^{\mathrm{i}z} - \mathrm{e}^{-\mathrm{i}z})$，所以

$$|\sin z| = \left|\frac{\mathrm{e}^{\mathrm{i}z} - \mathrm{e}^{-\mathrm{i}z}}{2\mathrm{i}}\right| = \frac{1}{2}|\mathrm{e}^{\mathrm{i}z} - \mathrm{e}^{-\mathrm{i}z}| \geqslant \frac{1}{2}||\mathrm{e}^{\mathrm{i}z}| - |\mathrm{e}^{-\mathrm{i}z}|| = \frac{1}{2}|\mathrm{e}^{-y} - \mathrm{e}^{y}|.$$

当 $y \to +\infty$ 时，$\mathrm{e}^{-y} \to 0$，$\mathrm{e}^{y} \to +\infty$，所以 $|\sin z| \leqslant 1$ 不再成立. 同理可证，不再有 $|\cos z| \leqslant 1$.

又　　　　　　$\sin z = \sin(x + \mathrm{i}y) = \sin x \operatorname{ch} y + \mathrm{i}\cos x \operatorname{sh} y,$

而　　　　　$\operatorname{ch} y = \dfrac{1}{2}(\mathrm{e}^{y} + \mathrm{e}^{-y}), \quad \operatorname{sh} y = \dfrac{1}{2}(\mathrm{e}^{y} - \mathrm{e}^{-y}),$

当 $y \to \infty$ 时，$|\operatorname{ch} y| \to \infty$ 且 $|\operatorname{sh} y| \to \infty$，所以 $|\sin z| \leqslant 1$ 不再成立.

问题 7　复变函数的积分是否就是二元实变函数的第二类曲线积分？

答　不能这样说. 两种积分的定义和性质确实有许多相同之处，但又有许多不同点. 从定义来看，两种积分虽然都是"和式的极限"，但其式结构却不尽相同.

设 $f(z) = u(x,y) + \mathrm{i}v(x,y)$，$\boldsymbol{A}(x,y) = P(x,y)\boldsymbol{i} + Q(x,y)\boldsymbol{j}$，则复变函数的积分为

$$\begin{aligned}
\int_C f(z)\mathrm{d}z &= \lim_{\lambda \to 0}\sum_{k=1}^{n} f(\xi_k)\Delta z_k = \lim_{\lambda \to 0}\sum_{k=1}^{n}[u(\xi_k,\eta_k) + \mathrm{i}v(\xi_k,\eta_k)](\Delta x_k + \mathrm{i}\Delta y_k) \\
&= \lim_{\lambda \to 0}\left\{\sum_{k=1}^{n}[u(\xi_k,\eta_k)\Delta x_k - v(\xi_k,\eta_k)\Delta y_k] + \mathrm{i}[v(\xi_k,\eta_k)\Delta x_k + u(\xi_k,\eta_k)\Delta y_k]\right\} \\
&= \int_C u(x,y)\mathrm{d}x - v(x,y)\mathrm{d}y + \mathrm{i}\int_C v(x,y)\mathrm{d}x + u(x,y)\mathrm{d}y.
\end{aligned}$$

第二类曲线积分为

$$\begin{aligned}
\int_C \boldsymbol{A}(x,y)\mathrm{d}\boldsymbol{r} &= \lim_{\lambda \to 0}\sum_{k=1}^{n}[P(\xi_k,\eta_k)\boldsymbol{i} + Q(\xi_k,\eta_k)\boldsymbol{j}](\Delta x_k\boldsymbol{i} + \Delta y_k\boldsymbol{j}) \\
&= \lim_{\lambda \to 0}\sum_{k=1}^{n}[P(\xi_k,\eta_k)\Delta x_k + Q(\xi_k,\eta_k)\Delta y_k] \\
&= \int_C P(x,y)\mathrm{d}x + Q(x,y)\mathrm{d}y.
\end{aligned}$$

比较上述两式可知,复变函数的积分中每一项都是两个复数的乘积,而第二类曲线积分中每一项都是两个向量的数量积.之前我们曾指出,复数的乘法与向量的乘法是不同的,向量的乘法有数量积和向量积两种,它们都不同于复数的乘法.因此,虽然两种积分的和式结构形式上都是乘积,但它们的含义却有重要差异,两种积分不能等同.

2.3　典　型　例　题

例 2.3.1　函数 $\omega=\dfrac{1}{z}$ 将 z 平面上的曲线 $\mathrm{Re}z=2$ 映射成 ω 平面上的什么曲线?

解　欲求 z 平面上已知曲线在映射 $\omega=\dfrac{1}{z}$ 下的像曲线方程,即求变量 u,v 之间的函数关系.可以先求出 $\omega=f(z)$ 的实部 $u(x,y)$ 和虚部 $v(x,y)$,将它们与所给的曲线方程联立起来,消去 x,y,则可以求得曲线在 ω 平面上的像曲线方程.设

$$z=x+\mathrm{i}y,\quad \omega=\frac{1}{z}=\frac{1}{x+\mathrm{i}y}=\frac{x-\mathrm{i}y}{x^2+y^2}=u+\mathrm{i}v.$$

比较实部、虚部可得 $u(x,y)=\dfrac{x}{x^2+y^2}$,$v(x,y)=\dfrac{-y}{x^2+y^2}$,又 $\mathrm{Re}z=2$ 即 $x=2$,将其代入 $u(x,y)$ 和 $v(x,y)$ 中,可得

$$u(x,y)=\frac{2}{4+y^2},\quad v(x,y)=\frac{-y}{4+y^2}.$$

将两式平方后相加后可得

$$u^2+v^2=\left(\frac{2}{4+y^2}\right)^2+\left(\frac{-y}{4+y^2}\right)^2=\frac{1}{4+y^2}=\frac{1}{2}\cdot\frac{2}{4+y^2}=\frac{1}{2}u,$$

即

$$\left(u-\frac{1}{4}\right)^2+v^2=\frac{1}{16}.$$

综上,映射 $\omega=\dfrac{1}{z}$ 将 $\mathrm{Re}z=2$ 映射为 ω 平面上的圆周 $\left(u-\dfrac{1}{4}\right)^2+v^2=\dfrac{1}{16}$,如图2.2所示.

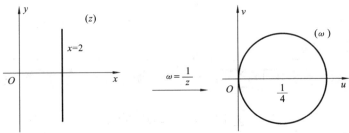

图 2.2

例 2.3.2 函数 $\omega=\mathrm{i}z$ 将圆周 $|z-1|=1$ 映射成怎样的曲线?

解 如果采用例 2.3.1 的解题方法解题则比较复杂,我们可以直接利用复数乘法的几何意义.

由于 $\omega=\mathrm{i}z=\mathrm{e}^{\frac{\pi}{2}\mathrm{i}} \cdot z$,因此像曲线上的点是由原曲线上的点沿逆时针方向旋转 $\frac{\pi}{2}$ 得到的,其模不变.如图 2.3 所示.

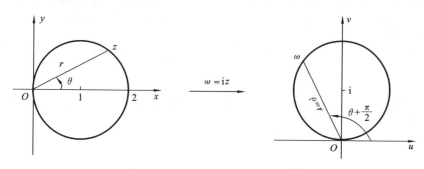

图 2.3

例 2.3.3 设 $f(z)=\dfrac{z}{\bar{z}}(z\neq 0)$,试证当 $z\to 0$ 时,$f(z)$ 的极限不存在.

证 令 $f(z)=u+\mathrm{i}v$,$z=x+\mathrm{i}y$,则 $f(z)=\dfrac{z}{\bar{z}}=\dfrac{x+\mathrm{i}y}{x-\mathrm{i}y}=\dfrac{(x^2-y^2)+2xy\mathrm{i}}{x^2+y^2}$,令

$$u(x,y)=\frac{x^2-y^2}{x^2+y^2}, \quad v(x,y)=\frac{2xy}{x^2+y^2}.$$

现在讨论函数 $v(x,y)$,当 $(x,y)\to(0,0)$ 时的极限.不难看出,当点 (x,y) 沿直线 $y=kx$ 趋于 $(0,0)$ 时,有

$$v(x,y)=\frac{2xy}{x^2+y^2}\to\frac{2k^2}{1+k^2}$$

随 k 变化,故二重极限 $\lim\limits_{\substack{x\to 0 \\ y\to 0}}v(x,y)$ 不存在,从而当 $z\to 0$ 时,$f(z)$ 的极限不存在.

例 2.3.4 试证 $\arg z$ 在原点与负实轴上不连续.

证 令 $f(z)=\arg z$,由于 $f(0)$ 无定义,所以 $f(z)=\arg z$ 在原点不连续.设 $z_0\neq 0$ 为负实轴上任意一点,则 $f(z_0)=\arg z_0=\pi$,如图 2.4 所示.不难看出,当 z 从上半平面趋于 z_0 时,$f(z)=\arg z\to\pi$,即

$$\lim_{\substack{z\to z_0 \\ \mathrm{Im}z>0}}f(z)=\lim_{\substack{z\to z_0 \\ \mathrm{Im}z>0}}\arg z=\pi.$$

当 z 从下半平面趋于 z_0 时,$f(z)=\arg z\to-\pi$,即

$$\lim_{\substack{z\to z_0 \\ \mathrm{Im}z<0}}f(z)=\lim_{\substack{z\to z_0 \\ \mathrm{Im}z<0}}\arg z=-\pi.$$

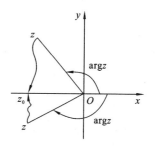

图 2.4

故 $\lim\limits_{z\to z_0}f(z)$ 不存在，$f(z)$ 在点 z_0 不连续，再由 z_0 的任意性可知结论成立.

例 2.3.5 计算积分 $\int_C \mathrm{e}^{|z|^2}\mathrm{Re}z\mathrm{d}z$，其中 C 为从 0 到 $1+\mathrm{i}$ 的直线段.

解 被积函数不是解析函数，可以利用复变函数积分的基本计算方法求该积分值.

方法 1. C 的方程为 $y=x$，设 $z=x+\mathrm{i}y,f(z)=u(x,y)+\mathrm{i}v(x,y)$，则
$$\mathrm{e}^{|z|^2}\mathrm{Re}z=x\mathrm{e}^{x^2+y^2},\quad u(x,y)=x\mathrm{e}^{x^2+y^2},\quad v(x,y)=0.$$

由
$$\int_C f(z)\mathrm{d}z=\int_C u\mathrm{d}x-v\mathrm{d}y+\mathrm{i}\int_C v\mathrm{d}x+u\mathrm{d}y$$

可得
$$\int_C \mathrm{e}^{|z|^2}\mathrm{Re}z\mathrm{d}z=\int_C x\mathrm{e}^{x^2+y^2}\mathrm{d}x+\mathrm{i}\int_C x\mathrm{e}^{x^2+y^2}\mathrm{d}y=\int_0^1 x\mathrm{e}^{2x^2}\mathrm{d}x+\mathrm{i}\int_0^1 x\mathrm{e}^{2x^2}\mathrm{d}x$$
$$=(1+\mathrm{i})\cdot\frac{1}{4}\mathrm{e}^{2x^2}\Big|_0^1=\frac{1}{4}(\mathrm{e}^2-1)(1+\mathrm{i}).$$

方法 2. C 的参数方程为 $z=(1+\mathrm{i})t(0\leqslant t\leqslant 1)$，所以
$$\int_C \mathrm{e}^{|z|^2}\mathrm{Re}z\mathrm{d}z=\int_0^1 \mathrm{e}^{2t^2}\cdot t(1+\mathrm{i})\mathrm{d}t=\frac{1}{4}(1+\mathrm{i})\mathrm{e}^{2t^2}\Big|_0^1=\frac{1}{4}(\mathrm{e}^2-1)(1+\mathrm{i}).$$

注：例 3.1 中，由于被积函数的实部与虚部都不复杂，C 的方程也很简单，因此上述两种方法都可以用. 但如果被积函数的实部与虚部较为复杂，而积分路径用参数方程表示更为简单，则第二种方法要好用一些.

例 2.3.6 计算积分 $\oint_C \dfrac{z}{\bar{z}}\mathrm{d}z$，其中 C 为半圆环区域的正向边界，如图 2.5 所示.

解 本题要将积分路径分为四段，应用复变函数积分的性质，有
$$\oint_C \frac{z}{\bar{z}}\mathrm{d}z=\oint_{C_1}\frac{z}{\bar{z}}\mathrm{d}z+\oint_{C_2}\frac{z}{\bar{z}}\mathrm{d}z+\oint_{C_3}\frac{z}{\bar{z}}\mathrm{d}z+\oint_{C_4}\frac{z}{\bar{z}}\mathrm{d}z.$$

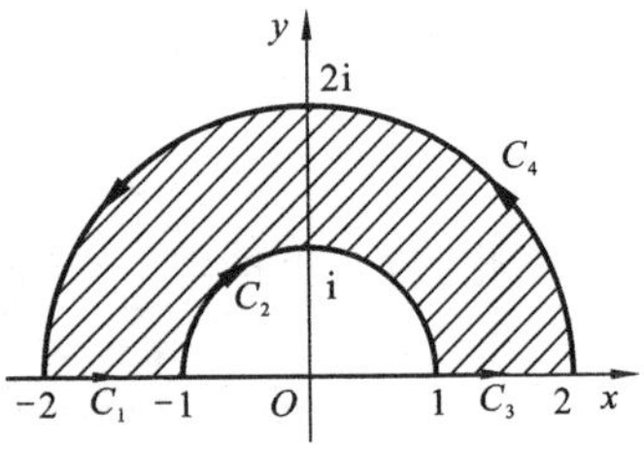

写出四条曲线的参数方程，即

$C_1:z=t(-2\leqslant t\leqslant -1);\quad C_2:z=\mathrm{e}^{\mathrm{i}\theta}(\theta:\pi\to 0);$

$C_3:z=t(1\leqslant t\leqslant 2);\quad C_4:z=2\mathrm{e}^{\mathrm{i}\theta}(\theta:0\to\pi).$

图 2.5

从而有
$$\oint_C \frac{z}{\bar{z}}\mathrm{d}z=\oint_{C_1}\frac{z}{\bar{z}}\mathrm{d}z+\oint_{C_2}\frac{z}{\bar{z}}\mathrm{d}z+\oint_{C_3}\frac{z}{\bar{z}}\mathrm{d}z+\oint_{C_4}\frac{z}{\bar{z}}\mathrm{d}z$$
$$=\int_{-2}^{-1}\frac{t}{t}\mathrm{d}t+\int_\pi^0 \frac{\mathrm{e}^{\mathrm{i}\theta}}{\mathrm{e}^{-\mathrm{i}\theta}}\mathrm{i}\mathrm{e}^{\mathrm{i}\theta}\mathrm{d}\theta+\int_1^2 \frac{t}{t}\mathrm{d}t+\int_0^\pi \frac{2\mathrm{e}^{\mathrm{i}\theta}}{2\mathrm{e}^{-\mathrm{i}\theta}}2\mathrm{i}\mathrm{e}^{\mathrm{i}\theta}\mathrm{d}\theta$$
$$=1+\frac{2}{3}+1-\frac{4}{3}=\frac{4}{3}.$$

例 2.3.7 证明 $\left|\int_C \dfrac{z+1}{z-1}\mathrm{d}z\right|\leqslant 8\pi$，其中 C 为圆周 $|z-1|=2$.

证 积分路径为以点 $(1,0)$ 为圆心，2 为半径的圆周，在 C 上，有

$$|f(z)| = \left|\frac{z+1}{z-1}\right| = \frac{|z-1+2|}{|z-1|} \leqslant \frac{|z-1|+2}{|z-1|} = \frac{2+2}{2} = 2 = M.$$

C 的长度 $L = 2\pi \cdot 2 = 4\pi$，由积分估值式，有

$$\left|\int_C \frac{z+1}{z-1}dz\right| \leqslant \int_C \left|\frac{z+1}{z-1}\right|ds \leqslant ML = 2 \cdot 4\pi = 8\pi.$$

例 2.3.8 利用 $\oint_c \frac{dz}{z+2} = 0, C: |z| = 1.$ 证明：$\int_0^\pi \frac{1+2\cos\theta}{5+4\cos\theta}d\theta = 0.$

证 闭曲线 C 的参数方程为：$z = e^{i\theta}, -\pi \leqslant \theta \leqslant \pi$，则

$$\oint_c \frac{dz}{z+2} = \int_{-\pi}^\pi \frac{1}{e^{i\theta}+2} \cdot ie^{i\theta}d\theta = \int_{-\pi}^\pi \frac{i(\cos\theta + i\sin\theta)}{\cos\theta + i\sin\theta + 2}d\theta$$

$$= \int_{-\pi}^\pi \frac{i(\cos\theta + i\sin\theta)(\cos\theta + 2 - i\sin\theta)}{(\cos\theta + 2)^2 + \sin^2\theta}d\theta$$

$$= -2\int_{-\pi}^\pi \frac{\sin\theta}{5 + 4\cos\theta}d\theta + i\int_{-\pi}^\pi \frac{1 + 2\cos\theta}{5 + 4\cos\theta}d\theta$$

$$= 2i\int_0^\pi \frac{1 + 2\cos\theta}{5 + 4\cos\theta}d\theta.$$

又 $\oint_c \frac{dz}{z+2} = 0$，两者比较可得 $\int_0^\pi \frac{1 + 2\cos\theta}{5 + 4\cos\theta}d\theta = 0.$

例 2.3.9 计算下列函数值.

(1) $\ln(1+i)$;   (2) $\ln(3-\sqrt{3}i)$;   (3) $\ln(e^i)$;   (4) $\ln(ie)$.

解 (1) $\ln(1+i)$ 是多值的，所以

$$\ln(1+i) = \frac{1}{2}\ln 2 + i\left(\frac{\pi}{4} + 2k\pi\right), \quad k = 0, \pm 1, \cdots.$$

(2) $\ln(3 - \sqrt{3}i)$ 是 $\ln(3 - \sqrt{3}i)$ 的主值，所以

$$\ln(3 - \sqrt{3}i) = \ln 2\sqrt{3} - i\frac{\pi}{6}.$$

(3) $\ln(e^i)$ 是 $\ln(e^i)$ 的主值，所以

$$\ln(e^i) = \ln 1 + i \arg e^i = i.$$

(4) $\ln(ie)$ 是 $\ln(ie)$ 的主值，所以

$$\ln(ie) = \ln|ie| + i\arg(ie) = 1 + \frac{\pi}{2}i.$$

例 2.3.10 求下列复数的辐角主值.

(1) e^{2+i};   (2) e^{-3-4i};   (3) $e^{i\alpha} - e^{i\beta}(0 \leqslant \alpha < \beta < 2\pi)$.

解 因为 $e^{x+iy} = e^x(\cos y + i\sin y)$，所以 $\text{Arg}e^z = y + 2k\pi$，而 $-\pi \leqslant \arg z < \pi$.

(1) 因为 $\text{Arg}e^{2+i} = 1 + 2k\pi$，所以 $\arg e^{2+i} = 1.$

(2) 因为 $\text{Arg}e^{-3-4i} = -4 + 2k\pi$，且 $-3\pi < -4 < -\pi$，所以 $\arg e^{-3-4i} = -4 + 2\pi.$

(3) 因为

$$e^{i\alpha} - e^{i\beta} = 2\sin\frac{\alpha-\beta}{2}\left(\cos\frac{\pi+\alpha+\beta}{2} + i\sin\frac{\pi+\alpha+\beta}{2}\right)$$

且 $0 \leqslant \alpha < \beta < 2\pi, \sin\frac{\alpha-\beta}{2} > 0$，所以

$$\mathrm{Arg}(e^{i\alpha} - e^{i\beta}) = \frac{\pi+\alpha+\beta}{2} + 2k\pi.$$

当 $\alpha+\beta \leqslant \pi$ 时，$\arg(e^{i\alpha} - e^{i\beta}) = \frac{\pi+\alpha+\beta}{2}$；

当 $\alpha+\beta > \pi$ 时，$\arg(e^{i\alpha} - e^{i\beta}) = \frac{\pi+\alpha+\beta}{2} - 2\pi = \frac{\alpha+\beta-3\pi}{2}$.

例 2.3.11 计算下列函数值.

(1) z^i；　　　　(2) $z^{\frac{3}{4}}$；　　　　(3) z^π.

解 (1) $z^i = e^{i\ln z} = e^{i(\ln|z| + i\arg z + 2k\pi)} = e^{i\ln|z|}e^{-(\arg z + 2k\pi)}$，$k = 0, \pm1, \cdots$.

(2) $z^{\frac{3}{4}} = e^{\frac{3}{4}\ln z} = e^{\frac{3}{4}\ln|z|}e^{3i(\arg z + 2k\pi)/4} = \sqrt[4]{|z|^3}\,e^{3i(\arg z + 2k\pi)/4}$，$k = 0, \pm1, \pm2, \cdots$.

(3) $z^\pi = e^{\pi\ln z} = e^{\pi(\ln|z| + i\arg z + 2k\pi i)} = |z|^\pi e^{i(\arg z + 2k\pi)}$，$k = 0, \pm1, \pm2, \cdots$.

例 2.3.12 计算下列函数值.

(1) i^i；　　　　　　(2) $(1+i)^{1-i}$；　　　　　　(3) 2^{1+i}.

解 (1) $i^i = e^{i\ln i} = e^{i\left[\ln 1 + i\left(\frac{\pi}{2} + 2k\pi\right)\right]} = e^{-\left(\frac{\pi}{2} + 2k\pi\right)}$，$k = 0, \pm1, \pm2, \cdots$.

(2) $(1+i)^{1-i} = e^{(1-i)\ln(1+i)} = e^{(1+i)\left[\ln\sqrt{2} + i\left(\frac{\pi}{4} + 2k\pi\right)\right]} = e^{\left(\ln\sqrt{2} + \frac{\pi}{4} + 2k\pi\right) + i\left(\frac{\pi}{4} + 2k\pi - \ln\sqrt{2}\right)}$

$$= \sqrt{2}\,e^{\frac{\pi}{4} + 2k\pi}\left[\cos\left(\frac{\pi}{4} - \ln\sqrt{2}\right) + i\sin\left(\frac{\pi}{4} - \ln\sqrt{2}\right)\right],$$

$$k = 0, \pm1, \cdots.$$

(3) $2^{1+i} = e^{(1+i)\ln 2} = e^{(1+i)(\ln 2 + 2k\pi i)} = e^{(\ln 2 - 2k\pi) + i(\ln 2 + 2k\pi)}$

$$= 2e^{-2k\pi}(\cos\ln 2 + i\sin\ln 2), k = 0, \pm1, \cdots.$$

例 2.3.13 试求下列函数的周期.

(1) $e^{\frac{z}{5}}$；　　　　　　(2) $\sin 5z$.

解 (1) 因为 e^ω 的周期是 $2\pi i$，即 $e^{\omega+2\pi i} = e^\omega$，所以 $e^{\frac{z}{5} + 2\pi i} = e^{\frac{z}{5}}$.

又 $e^{\frac{z}{5} + 2\pi i} = e^{(z + 10\pi i)/5} = e^{\frac{z}{5}}$，故 $e^{\frac{z}{5}}$ 的周期为 $10\pi i$.

(2) 因为 $\sin\omega$ 的周期为 2π，即 $\sin(\omega + 2\pi) = \sin\omega$，所以 $\sin(5z + 2\pi) = \sin 5z$.

又 $\sin(5z + 2\pi) = \sin 5\left(z + \frac{2}{5}\pi\right) = \sin 5z$，故 $\sin 5z$ 的周期为 $\frac{2}{5}\pi$.

例 2.3.14 求下列函数值.

(1) $\cos(\pi + 5i)$；　　(2) $\sin(1+i)$；　　(3) $\arctan(2+3i)$；　　(4) $\arcsin i$.

解 (1) $\cos(\pi + 5i) = \frac{1}{2}\left[e^{i(\pi+5i)} + e^{-i(\pi+5i)}\right] = \frac{1}{2}(e^{-5}e^{i\pi} + e^5 e^{-i\pi})$

$$= \frac{1}{2} \left[e^{-5} (\cos\pi + i\sin\pi) + e^5 (\cos\pi - i\sin\pi) \right]$$

$$= -\frac{1}{2} (e^{-5} + e^5).$$

(2) $\sin(1+i) = \frac{1}{2i} \left[e^{i(1+i)} - e^{-i(1+i)} \right] = \frac{1}{2i} \left[e^{-1} e^i - e e^{-i} \right]$

$$= -\frac{i}{2} \left[e^{-1} (\cos 1 + i\sin 1) - e (\cos 1 - i\sin 1) \right]$$

$$= \frac{1}{2} \left[\sin 1 (e^{-1} + e) + i\cos 1 (e - e^{-1}) \right].$$

(3) $\arctan(2+3i) = \frac{1}{2i} \ln \frac{1 + i(2+3i)}{1 - i(2+3i)} = \frac{1}{2i} \ln \frac{-3+i}{5}$

$$= \frac{1}{2i} \left[\ln \sqrt{\frac{2}{5}} + i \left(\pi - \arctan \frac{1}{3} + 2k\pi \right) \right]$$

$$= \left[\left(k + \frac{1}{2} \right) \pi - \frac{1}{2} \arctan \frac{1}{3} \right] - \frac{i}{4} \ln \frac{2}{5}, \quad k = 0, \pm 1, \cdots.$$

(4) $\arcsin i = -i\ln(i^2 \pm \sqrt{1-i^2}) = -i\ln(-1 \pm \sqrt{2})$

$$= \begin{cases} -i \left[\ln(\sqrt{2}+1) + i(\pi + 2k\pi) \right], \\ -i \left[\ln(\sqrt{2}-1) + i \cdot 2k\pi \right], \end{cases} \quad k = 0, \pm 1, \cdots.$$

2.4　教材习题全解

练习题 2.1

1. 求复变函数 $\omega = z^3$ 对应的两个二元实变函数 $u = u(x,y)$，$v = v(x,y)$.

解 设 $\omega = u + iv$，$z = x + iy$，则由 $\omega = z^3$ 得

$$u + iv = (x+iy)^3 = x^3 + i \cdot 3x^2 y - 3xy^2 - iy^3 = (x^3 - 3xy^2) + i(3x^2 y - y^3).$$

所以

$$u = x^3 - 3xy^2, \quad v = 3x^2 y - y^3.$$

2. 求函数 $f(z) = e^{\frac{z}{5}}$ 的周期.

解 由指数函数的周期性得

$$e^{\frac{z}{5} + 2k\pi i} = e^{\frac{z}{5}} \quad (k \text{ 为整数}),$$

即

$$e^{\frac{z + 10k\pi i}{5}} = e^{\frac{z}{5}}.$$

根据周期函数的定义：若 $f(z+T) = f(z)$，则 T 为 $f(z)$ 的周期. 故由上式知，$f(z) = e^{\frac{z}{5}}$ 的周期为 $10k\pi i$.

3. 计算下列各值.

(1) $\mathrm{e}^{1-\frac{\pi}{2}\mathrm{i}}$；　　　　(2) $\mathrm{e}^{3+4\mathrm{i}}$；　　　　(3) $\ln(3-\sqrt{3}\mathrm{i})$；　　　　(4) $\ln(-3+4\mathrm{i})$；

(5) $(-3)^{\sqrt{5}}$；　　(6) 3^{i}；　　　　(7) $\cos(\pi+5\mathrm{i})$；　　　　(8) $\sin(1-5\mathrm{i})$．

解　(1) $\mathrm{e}^{1-\frac{\pi}{2}\mathrm{i}}=\mathrm{e}\left(\cos\dfrac{-\pi}{2}+\mathrm{i}\sin\dfrac{-\pi}{2}\right)=-\mathrm{i}\mathrm{e}$．

(2) $\mathrm{e}^{3+4\mathrm{i}}=\mathrm{e}^3(\cos4+\mathrm{i}\sin4)$．

(3) 因为 $|3-\sqrt{3}\mathrm{i}|=\sqrt{9+3}=\sqrt{12}=2\sqrt{3}$，$\arg(3-\sqrt{3}\mathrm{i})=-\arctan\dfrac{\sqrt{3}}{3}=-\dfrac{\pi}{6}$．

所以

$$\ln(3-\sqrt{3}\mathrm{i})=\ln2\sqrt{3}+\mathrm{i}\left(2k\pi-\dfrac{\pi}{6}\right)\quad(k\text{ 为整数})．$$

(4) 因为 $|-3+4\mathrm{i}|=5$，且 $(-3+4\mathrm{i})$ 为第二象限的复数点，故

$$\arg(-3+4\mathrm{i})=\pi-\arctan\dfrac{4}{3}．$$

所以

$$\ln(-3+4\mathrm{i})=\ln5+\mathrm{i}\left(2k\pi+\pi-\arctan\dfrac{4}{3}\right)\quad(k\text{ 为整数})．$$

(5) $(-3)^{\sqrt{5}}=\mathrm{e}^{\sqrt{5}\ln(-3)}=\mathrm{e}^{\sqrt{5}(\ln3+\mathrm{i}\cdot2k\pi+\pi\mathrm{i})}=\mathrm{e}^{\sqrt{5}\ln3}\mathrm{e}^{\sqrt{5}(2k+1)\pi\mathrm{i}}$

$\qquad=3^{\sqrt{5}}\left[\cos\sqrt{5}(2k+1)\pi+\mathrm{i}\sin\sqrt{5}(2k+1)\pi\right]\quad(k\text{ 为整数})．$

(6) $3^{\mathrm{i}}=\mathrm{e}^{\mathrm{i}\ln3}=\mathrm{e}^{\mathrm{i}(\ln3+\mathrm{i}\cdot2k\pi)}=\mathrm{e}^{\mathrm{i}\ln3}\mathrm{e}^{-2k\pi}$

$\qquad=\mathrm{e}^{-2k\pi}\left[\cos(\ln3)+\mathrm{i}\sin(\ln3)\right]\quad(k\text{ 为整数})．$

(7) $\cos(\pi+5\mathrm{i})=\dfrac{1}{2}\left[\mathrm{e}^{\mathrm{i}(\pi+5\mathrm{i})}+\mathrm{e}^{-\mathrm{i}(\pi+5\mathrm{i})}\right]=\dfrac{1}{2}(\mathrm{e}^{\mathrm{i}\pi-5}+\mathrm{e}^{-\mathrm{i}\pi+5})$

$\qquad=\dfrac{1}{2}\left[\mathrm{e}^{-5}(\cos\pi+\mathrm{i}\sin\pi)+\mathrm{e}^5(\cos\pi-\mathrm{i}\sin\pi)\right]$

$\qquad=\dfrac{1}{2}(-\mathrm{e}^{-5}-\mathrm{e}^5)=-\dfrac{1}{2}(\mathrm{e}^5+\mathrm{e}^{-5})．$

(8) $\sin(1-5\mathrm{i})=\dfrac{1}{2\mathrm{i}}\left[\mathrm{e}^{\mathrm{i}(1-5\mathrm{i})}-\mathrm{e}^{-\mathrm{i}(1-5\mathrm{i})}\right]=\dfrac{1}{2\mathrm{i}}(\mathrm{e}^{\mathrm{i}+5}-\mathrm{e}^{-\mathrm{i}-5})$

$\qquad=\dfrac{1}{2\mathrm{i}}\left[\mathrm{e}^5(\cos1+\mathrm{i}\sin1)-\mathrm{e}^{-5}(\cos1-\mathrm{i}\sin1)\right]$

$\qquad=\dfrac{1}{2}\left[\mathrm{e}^5(\sin1-\mathrm{i}\cos1)-\mathrm{e}^{-5}(-\sin1-\mathrm{i}\cos1)\right]$

$\qquad=\dfrac{1}{2}\left[(\mathrm{e}^5+\mathrm{e}^{-5})\sin1-\mathrm{i}(\mathrm{e}^5-\mathrm{e}^{-5})\cos1\right]$

$\qquad=\dfrac{\mathrm{e}^5+\mathrm{e}^{-5}}{2}\sin1-\mathrm{i}\cdot\dfrac{\mathrm{e}^5-\mathrm{e}^{-5}}{2}\cos1．$

4. 解下列方程.

(1) $e^z = -2$;　　　　　(2) $\ln z = \dfrac{\pi}{2}i$;　　　　　(3) $\cos z = 2$.

解　(1) 方程两边取对数得

$$z = \ln(-2) = \ln 2 + i(\pi + 2k\pi) \quad (k \text{ 为整数}).$$

(2) 方程两边取指数得

$$z = e^{\frac{\pi}{2}i} = \cos\frac{\pi}{2} + i\sin\frac{\pi}{2} = i.$$

(3) 方程两边取反余弦函数得

$$z = \text{Arccos} 2 = -i \cdot \ln(2+\sqrt{3}) = -i[\ln(2+\sqrt{3}) + 2k\pi i]$$

$$= 2k\pi + i \cdot \ln(2+\sqrt{3}) \quad (k \text{ 为整数}).$$

练习题 2.2

1. 证明定理 2.2 和定理 2.3.

教材定理 2.2.

如果 $\lim\limits_{z \to z_0} f(z) = A, \lim\limits_{z \to z_0}(z) = B$;那么

(1) $\lim\limits_{z \to z_0}[f(z) \pm g(z)] = A \pm B$;

(2) $\lim\limits_{z \to z_0} f(z)g(z) = AB$;

(3) $\lim\limits_{z \to z_0} \dfrac{f(z)}{g(z)} = \dfrac{A}{B} \quad (B \neq 0)$.

证　(1) 任取 $\varepsilon > 0$,由 $\lim\limits_{z \to z_0} f(z) = A, \lim\limits_{z \to z_0} g(z) = B$,

所以存在 $\delta_1 > 0$,使得对满足 $0 < |z - z_0| < \delta_1$ 的一切 z,总有 $|f(z) - A| < \dfrac{\varepsilon}{2}$;存

在 $\delta_2 > 0$,使得对满足 $0 < |z - z_0| < \delta_2$ 的一切 z,总有 $|g(z) - B| < \dfrac{\varepsilon}{2}$. 取 $\delta = \min\{\delta_1,$

$\delta_2\}$,则只要 z 满足 $0 < |z - z_0| < \delta$,总有

$$|[f(z) \pm g(z)] - [A \pm B]| = |[f(z) - A] \pm [g(z) - B]| \leqslant |f(z) - A| + |g(z) - B|$$

$$< \frac{\varepsilon}{2} + \frac{\varepsilon}{2} = \varepsilon.$$

综上,有 $\lim\limits_{z \to z_0}[f(z) \pm g(z)] = A \pm B$.

(2) 因为 $\lim\limits_{z \to z_0} g(z) = B$,所以取 ε_0 为 1 时,存在 δ_1,使得对满足 $0 < |z - z_0| < \delta_1$ 的

所有 z,总有 $|g(z) - B| < 1$ 成立. 从而

$$|g(z)| = |[g(z) - B] + B| \leqslant |g(z) - B| + |B| < |B| + 1.$$

任取 $\varepsilon > 0$,因为 $\lim\limits_{z \to z_0} f(z) = A, \lim\limits_{z \to z_0} g(z) = B$,所以存在 $\delta_2 > 0$,使得满足 $0 < |z - z_0|$

$<\delta_2$ 的所有 z,有 $|f(z)-A|<\dfrac{\varepsilon}{|A|+|B|+1}$;存在 $\delta_3>0$,使得对满足 $0<|z-z_0|<\delta_3$ 的所有 z,有

$$|g(z)-B|<\frac{\varepsilon}{|A|+|B|+1}.$$

取 $\delta=\min\{\delta_1,\delta_2,\delta_3\}$,则只要 z 满足 $0<|z-z_0|<\delta$,总有

$$|f(z)g(z)-AB|=|f(z)g(z)-Ag(z)+Ag(z)-AB|$$
$$\leqslant|f(z)-A||g(z)|+|A||g(z)-B|$$
$$<\frac{\varepsilon}{|A|+|B|+1}(|B|+1)+|A|\frac{\varepsilon}{|A|+|B|+1}=\varepsilon.$$

综上,有 $\lim\limits_{z\to z_0}f(z)g(z)=AB.$

(3) 因为 $\lim\limits_{z\to z_0}g(z)=B$ 且 $B\neq 0$,取 $\varepsilon_0=\dfrac{1}{2}|B|$,则存在 $\delta_1>0$,使得对一切满足 $0<|z-z_0|<\delta_1$ 的 z,总有

$$|g(z)-B|<\frac{1}{2}|B|,从而 |g(z)|>|B|-\frac{1}{2}|B|=\frac{1}{2}|B|.$$

对任意 $\varepsilon>0$,因 $\lim\limits_{z\to z_0}f(z)=A$,$\lim\limits_{z\to z_0}g(z)=B$,所以存在 $\delta_2>0$,使得对满足 $0<|z-z_0|<\delta_2$ 的一切 z,总有

$$|f(z)-A|<\frac{|B|^2}{4|B|}\varepsilon;$$

存在 $\delta_3>0$,使得对满足 $0<|z-z_0|<\delta_3$ 的一切 z,总有

$$|g(z)-B|<\frac{|B|^2}{4|A|}\varepsilon.$$

取 $\delta=\min\{\delta_1,\delta_2,\delta_3\}$,则只要 z 满足 $0<|z-z_0|<\delta$,总有

$$\left|\frac{f(z)}{g(z)}-\frac{A}{B}\right|=\left|\frac{Bf(z)-BA+BA-Ag(z)}{Bg(z)}\right|=\frac{|B[f(z)-A]-A[g(z)-B]|}{|B||g(z)|}$$

$$\leqslant\frac{|B||f(z)-A|+|A||g(z)-B|}{|B||g(z)|}<\frac{|B|\cdot\dfrac{|B|^2}{4|B|}\varepsilon+|A|\dfrac{|B|^2}{4|A|}\varepsilon}{|B|\cdot\dfrac{1}{2}|B|}$$

$$=\frac{1}{2}\varepsilon+\frac{1}{2}\varepsilon=\varepsilon.$$

所以 $\lim\limits_{z\to z_0}\dfrac{f(z)}{g(z)}=\dfrac{A}{B}.$

教材定理 2.3.

函数 $f(z)=u(x,y)+\mathrm{i}v(x,y)$ 在点 $z_0=x_0+\mathrm{i}y_0$ 处连续的充要条件是:$u(x,y)$ 和 $v(x,y)$ 在 (x_0,y_0) 连续.

证　$f(z)$在$z_0=x_0+\mathrm{i}y_0$处连续$\Leftrightarrow f(z_0)=\lim\limits_{z\to z_0}f(z)$

$$\Leftrightarrow u(x_0,y_0)+\mathrm{i}v(x_0,y_0)=\lim\limits_{z\to z_0}f(z)$$

$$\Leftrightarrow \lim\limits_{\substack{x\to x_0\\y\to y_0}}u(x,y)=u(x_0,y_0),\ \lim\limits_{\substack{x\to x_0\\y\to y_0}}v(x,y)=v(x_0,y_0)$$

$$\Leftrightarrow u(x,y)、v(x,y)在(x_0,y_0)处连续.$$

2. 证明$\lim\limits_{z\to 0}\dfrac{1}{2\mathrm{i}}\left(\dfrac{z}{\bar z}-\dfrac{\bar z}{z}\right)$不存在.

证　设$z=x+\mathrm{i}y$，则$\bar z=x-\mathrm{i}y$.

$$f(z)=\frac{1}{2\mathrm{i}}\left(\frac{z}{\bar z}-\frac{\bar z}{z}\right)=\frac{1}{2\mathrm{i}}\left(\frac{z^2-\bar z^2}{z\bar z}\right)=\frac{1}{2\mathrm{i}}\frac{(x+\mathrm{i}y^2)-(x-\mathrm{i}y)^2}{x^2+y^2}=\frac{2xy}{x^2+y^2}.$$

当z沿$y=kx$趋于0时，有

$$\lim\limits_{\substack{z\to0\\y=kx}}f(z)=\lim\limits_{\substack{x\to0\\y=kx}}\frac{2xy}{x^2+y^2}=\lim\limits_{x\to0}\frac{2kx^2}{x^2+k^2x^2}=\frac{2k}{1+k^2}.$$

上述极限与k有关，当k变化时也变化，如$k=\pm1$时，$\dfrac{2k}{1+k^2}=\pm1$. 故当$z\to0$时，$f(z)$的极限不存在.

注：本方法仅能用以证明极限不存在，不能用来证明极限的存在性.

3. 讨论函数$f(z)=z^{-n}$（n为正整数）的连续性.

解　设$f(z)=u+\mathrm{i}v,z=r(\cos\theta+\mathrm{i}\sin\theta)$（$r,\theta$为实变量），则

$$f(z)=u+\mathrm{i}v=z^{-n}=r^{-n}\left[\cos(-n\theta)+\mathrm{i}\sin(-n\theta)\right],$$

即

$$u=\frac{1}{r^n}\cos(-n\theta)=\frac{1}{r^n}\cos n\theta,$$

$$v=\frac{1}{r^n}\sin(-n\theta)=-\frac{1}{r^n}\sin n\theta.$$

显然，实函数u,v在$r\neq0$的区域内是连续的，所以由教材中定理2.3可知：$f(z)$在$z\neq0$的区域内是连续的.

4. 证明函数$f(z)=x+2y\mathrm{i}$在复平面内处处连续但处处不可导.

证　因为$x,2y$在复平面内处处连续，由教材中定理2.3可知$f(z)=x+2y\mathrm{i}$在复平面内处处连续.

下面证明可导性，因为

$$\lim\limits_{\Delta z\to0}\frac{f(z+\Delta z)-f(z)}{\Delta z}=\lim\limits_{\Delta z\to0}\frac{x+\Delta x+2\mathrm{i}(y+\Delta y)-x-\mathrm{i}2y}{\Delta z}$$

$$=\lim\limits_{\Delta z\to0}\frac{\Delta x+2\Delta y\mathrm{i}}{\Delta x+\mathrm{i}\Delta y}.$$

先令$z+\Delta z$沿平行于x轴的方向趋近于z，此时$\Delta y=0$，因而

$$\lim\limits_{\Delta z\to0}\frac{\Delta x+2\Delta y\mathrm{i}}{\Delta x+\mathrm{i}\Delta y}=\lim\limits_{\Delta x\to0}\frac{\Delta x}{\Delta x}=1.$$

再令 $z+\Delta z$ 沿着平行于 y 轴的方向趋近于 z,此时 $\Delta x=0$,故极限

$$\lim_{\Delta z \to 0}\frac{\Delta x+2\Delta y\mathrm{i}}{\Delta x+\mathrm{i}\Delta y}=\lim_{\Delta y \to 0}\frac{2\Delta y\mathrm{i}}{\Delta y\mathrm{i}}=2.$$

所以函数 $f(z)=x+2y\mathrm{i}$ 在复平面上处处不可导.

5. 求函数 $f(z)=\dfrac{2z^5-z+3}{4z^2+1}$ 的导数.

解　函数 $f(z)$ 为有理分式函数,由教材中定理 2.6 可知,$f(z)$ 在分母 $4z^2+1\neq0$ 的范围内是可导的,可直接用求导法则,即当 $z\neq\pm\dfrac{1}{2}\mathrm{i}$ 时,有

$$
\begin{aligned}
f'(z)&=\frac{(2z^5-z+3)'(4z^2+1)-(4z^2+1)'(2z^5-z+3)}{(4z^2+1)^2}\\
&=\frac{(10z^4-1)(4z^2+1)-8z(2z^5-z+3)}{(4z^2+1)^2}\\
&=\frac{24z^6-10z^4+4z^2-24z-1}{(4z^2+1)^2}.
\end{aligned}
$$

练习题 2.3

1. 计算 $I=\displaystyle\int_C|z|^2\mathrm{d}z$,其中积分路径 C 如下.

(1) 由 $z=0$ 到 $z=1+\mathrm{i}$ 的直线段;

(2) 由 $z=0$ 到 $z=\mathrm{i}$ 再到 $z=1+\mathrm{i}$ 的折线段.

解　如图 2.6 所示.

(1) 曲线 C_1 的参数方程为 $z=(1+\mathrm{i})t,0\leqslant t\leqslant1$,此时 $|z|=|(1+\mathrm{i})t|=\sqrt{2}t,\mathrm{d}z=(1+\mathrm{i})\mathrm{d}t$,所以

$$
\begin{aligned}
I&=\int_0^1 2t^2(1+\mathrm{i})\mathrm{d}t=(1+\mathrm{i})\cdot\int_0^1 2t^2\mathrm{d}t\\
&=(1+\mathrm{i})\left.\frac{2}{3}t^3\right|_0^1=\frac{2}{3}(1+\mathrm{i}).
\end{aligned}
$$

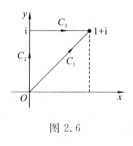

图 2.6

(2) 曲线 C_2 的参数方程为 $z=\mathrm{i}t(0\leqslant t\leqslant1)$,此时 $|z|=|\mathrm{i}t|=t,\mathrm{d}z=\mathrm{i}\mathrm{d}t$,曲线 C_3 的参数方程为 $z=t+\mathrm{i}(0\leqslant t\leqslant1)$,此时 $|z|=|t+\mathrm{i}|=\sqrt{t^2+1},\mathrm{d}z=\mathrm{d}t$,所以

$$
\begin{aligned}
I&=\int_C|z|^2\mathrm{d}z=\int_{C_2}|z|^2\mathrm{d}z+\int_{C_3}|z|^2\mathrm{d}z\\
&=\int_0^1 t^2\mathrm{i}\mathrm{d}t+\int_0^1(t^2+1)\mathrm{d}t\\
&=\mathrm{i}\cdot\left.\frac{1}{3}t^3\right|_0^1+\left.\left(\frac{1}{3}t^3+t\right)\right|_0^1=\frac{1}{3}\mathrm{i}+\frac{4}{3}.
\end{aligned}
$$

2. 计算下列积分,其中积分路径 C 是沿抛物线 $y=x^2$ 从 $z=0$ 到 $z=1+\mathrm{i}$ 的弧段.

(1) $\int_C (1-\bar{z}) \mathrm{d}z$；　　　　　　　(2) $\int_C (x+yi) \mathrm{d}z$.

解　积分路径 C 的参数方程为 $z=t+\mathrm{i}t^2 (0 \leqslant t \leqslant 1)$，则 $\mathrm{d}z=(1+2t\mathrm{i})\mathrm{d}t$.

(1) $\displaystyle\int_C (1-\bar{z})\mathrm{d}z = \int_0^1 (1-t+\mathrm{i}t^2)(1+2t\mathrm{i})\mathrm{d}t$

$$= \int_0^1 [1-t-2t^3+\mathrm{i}(2t-t^2)]\mathrm{d}t$$

$$= \left[t-\frac{t^2}{2}-\frac{2}{4}t^4+\mathrm{i}\left(t^2-\frac{1}{3}t^3\right)\right]\Big|_0^1 = \frac{2}{3}\mathrm{i}.$$

(2) $\displaystyle\int_C (x+yi)\mathrm{d}z = \int_0^1 (t+t^2\mathrm{i})(1+2t\mathrm{i})\mathrm{d}t$

$$= \int_0^1 [(t-2t^3)+\mathrm{i}\cdot 3t^2]\mathrm{d}t$$

$$= \left(\frac{1}{2}t^2-\frac{2}{4}t^4+\mathrm{i}t^3\right)\Big|_0^1 = \mathrm{i}.$$

3. 计算下列积分，其中 C 为圆周 $|z-1|=r$.

(1) $\displaystyle\oint_C (z-1)\mathrm{d}z$；　　(2) $\displaystyle\oint_C \frac{1}{z-1}\mathrm{d}z$；　　(3) $\displaystyle\oint_C \frac{1}{(z-1)^2}\mathrm{d}z$.

解　曲线 C 的参数表示为 $z=1+r\mathrm{e}^{\mathrm{i}\theta}(0 \leqslant \theta \leqslant 2\pi)$，则 $\mathrm{d}z=\mathrm{i}r\mathrm{e}^{\mathrm{i}\theta}\mathrm{d}\theta$.

(1) $\displaystyle\oint_C (z-1)\mathrm{d}z = \int_0^{2\pi} r\mathrm{e}^{\mathrm{i}\theta}\cdot \mathrm{i}r\mathrm{e}^{\mathrm{i}\theta}\mathrm{d}\theta = \mathrm{i}r^2\int_0^{2\pi}\mathrm{e}^{2\mathrm{i}\theta}\mathrm{d}\theta$

$$= \mathrm{i}r^2\int_0^{2\pi}(\cos 2\theta+\mathrm{i}\sin 2\theta)\mathrm{d}\theta$$

$$= \mathrm{i}r^2\left[\frac{1}{2}\sin 2\theta\Big|_0^{2\pi}+\mathrm{i}\left(-\frac{1}{2}\sin 2\theta\right)\Big|_0^{2\pi}\right] = 0.$$

(2) $\displaystyle\oint_C \frac{1}{z-1}\mathrm{d}z = \int_0^{2\pi}\frac{1}{r}\mathrm{e}^{-\mathrm{i}\theta}\cdot \mathrm{i}r\mathrm{e}^{\mathrm{i}\theta}\mathrm{d}\theta = \mathrm{i}\int_0^{2\pi}\mathrm{d}\theta = 2\pi\mathrm{i}.$

(3) $\displaystyle\oint_C \frac{1}{(z-1)^2}\mathrm{d}z = \int_0^{2\pi}\frac{1}{r^2}\mathrm{e}^{-2\mathrm{i}\theta}\cdot \mathrm{i}r\mathrm{e}^{\mathrm{i}\theta}\mathrm{d}\theta = \frac{\mathrm{i}}{r}\int_0^{2\pi}\mathrm{e}^{-\mathrm{i}\theta}\mathrm{d}\theta$

$$= \frac{\mathrm{i}}{r}\int_0^{2\pi}(\cos\theta-\mathrm{i}\sin\theta)\mathrm{d}\theta = \frac{\mathrm{i}}{r}(\sin\theta+\mathrm{i}\cos\theta)\Big|_0^{2\pi} = 0.$$

4. 试求积分 $\displaystyle\oint_C \mathrm{e}^{\mathrm{Re}z}\mathrm{d}z$ 绝对值的一个上界，其中曲线 C 为正向圆周 $|z|=2$.

解　曲线 C 的参数方程为 $z=2\mathrm{e}^{\mathrm{i}\theta}$，$0 \leqslant \theta \leqslant 2\pi$，长度 $L=4\pi$，在 C 上有

$$|\mathrm{e}^{\mathrm{Re}z}| = |\mathrm{e}^{2\cos\theta}| \leqslant \mathrm{e}^2.$$

所以，由积分不等式得

$$\left|\oint_C \mathrm{e}^{\mathrm{Re}z}\mathrm{d}z\right| \leqslant \mathrm{e}^2\cdot 4\pi = 4\pi\mathrm{e}^2.$$

综合练习题 2

1. 计算下列各值.

(1) $|e^{z^2}|$；   (2) $\text{Re}\,e^{\frac{1}{z}}$.

解 令 $z=x+iy$，则

(1) $z^2=(x+iy)^2=x^2-y^2+i\cdot 2xy$，由指数函数运算式知，$|e^{z^2}|=e^{x^2-y^2}$.

(2) $\dfrac{1}{z}=\dfrac{1}{x+iy}=\dfrac{x}{x^2+y^2}-i\cdot\dfrac{y}{x^2+y^2}$，由指数函数运算式知，

$$e^{\frac{1}{z}}=e^{\frac{x}{x^2+y^2}}\left(\cos\frac{y}{x^2+y^2}-i\sin\frac{y}{x^2+y^2}\right).$$

所以

$$\text{Re}\,e^{\frac{1}{z}}=e^{\frac{x}{x^2+y^2}}\cos\frac{y}{x^2+y^2}.$$

2. 计算下列各值.

(1) $1^{\sqrt{2}}$；   (2) i^i；   (3) $\cos i$.

解 (1) $1^{\sqrt{2}}=e^{\sqrt{2}\ln 1}=e^{\sqrt{2}(\ln 1+2k\pi i)}=e^{2\sqrt{2}k\pi i}$（$k$ 为整数）.

(2) $i^i=e^{i\ln i}=e^{i\left[\ln 1+i\left(\frac{\pi}{2}+2k\pi\right)\right]}=e^{-\left(\frac{\pi}{2}+2k\pi\right)}$（$k$ 为整数）.

(3) $\cos i=\dfrac{1}{2}(e+e^{-1})$.

3. 解下列方程.

(1) $e^z=\sqrt{3}+i$；   (2) $z^2+2iz-2=0$；   (3) $\tan z=-1$.

解 (1) 方程两边同时取对数函数得

$$z=\ln(\sqrt{3}+i)=\ln|\sqrt{3}+i|+i[\arg(\sqrt{3}+i)+2k\pi]$$

$$=\ln 2+i\left(\frac{\pi}{6}+2k\pi\right)\quad(k\text{ 为整数}).$$

(2) 令 $z=x+iy$，代入方程化简得

$$(x^2-y^2-2y-2)+i(2xy+2x)=0.$$

由上式可得

$$\begin{cases} x^2-y^2-2y-2=0, & \text{①} \\ 2x(y-1)=0. & \text{②} \end{cases}$$

由②得 $x=0$ 或 $y=-1$.

当 $x=0$ 时，代入①式得 $y^2+2y+2=0$ 无实数根，又 y 为实数，故此时方程无解.

当 $y=-1$ 时，代入①式得 $x^2-1=0$，则 $x=\pm 1$.

故原方程的解为 $z_1=1-i$，$z_2=-1-i$.

(3) 方程两边同时取反正切函数，得

$$z = \text{Arctan}(-1).$$

由反正切函数的表达式得

$$z = -\frac{i}{2}\ln\frac{i-(-1)}{i+(-1)} = -\frac{i}{2}\ln\frac{(i+1)^2}{2} = -\frac{i}{2}\ln i$$

$$= -\frac{i}{2}\left(\ln 1 + i\frac{\pi}{2} + 2k\pi i\right) = \frac{\pi}{4} + k\pi \quad (k \text{ 为整数}).$$

4. 求下列函数的极限.

(1) $\lim\limits_{z\to 3}\dfrac{z^2-2z-3}{z(z-3)}$；　　　　　　(2) $\lim\limits_{z\to 1}\dfrac{z\bar{z}+2z-\bar{z}-2}{z^2-1}$.

解　(1) $\lim\limits_{z\to 3}\dfrac{z^2-2z-3}{z(z-3)} = \lim\limits_{z\to 3}\dfrac{(z-3)(z+1)}{z(z-3)} = \lim\limits_{z\to 3}\dfrac{z+1}{z} = \dfrac{4}{3}$.

(2) $\lim\limits_{z\to 1}\dfrac{z\bar{z}+2z-\bar{z}-2}{z^2-1} = \lim\limits_{z\to 1}\dfrac{(z-1)(\bar{z}+2)}{(z-1)(z+1)} = \lim\limits_{z\to 1}\dfrac{\bar{z}+2}{z+1} = \dfrac{3}{2}$.

5. 已知函数 $f(z) = \dfrac{\ln\left(\frac{1}{2}+z^2\right)}{\sin\left(\frac{1+i}{4}\pi z\right)}$，求 $|f'(1-i)|$ 及 $\arg f'(1-i)$.

解　由导数的运算法则得

$$f'(z) = \frac{\frac{4z}{1+2z^2}\sin\left(\frac{1+i}{4}\pi z\right) - \frac{1+i}{4}\pi\cos\left(\frac{1+i}{4}\pi z\right)\cdot\ln\left(\frac{1}{2}+z^2\right)}{\sin^2\left(\frac{1+i}{4}\pi z\right)}.$$

所以

$$f'(ri) = \frac{4(1-i)}{1+2(1-i)^2} = \frac{4}{17}(5+3i).$$

故　　　　　　$|f'(1-i)| = \dfrac{4}{17}\sqrt{34}, \quad \arg f'(1-i) = \arctan\dfrac{3}{5}.$

6. 求下列函数的不连续点.

(1) $f(z) = \dfrac{e^z}{z^2(z^2+1)}$；　　　　(2) $f(z) = \dfrac{\sin z}{(z+1)^2(z^2+1)}$；

(3) $f(z) = \tan z$.

解　由函数连续性的运算法则,初等函数连续性在无定义点处.

(1) 分母不能为零,则 $z^2(z^2+1)\neq 0$,所以 $f(z)$ 的不连续点为 $z_1=0, z_2=i, z_3=-i$.

(2) 分母不能为零,则 $(z+1)^2(z^2+1)\neq 0$,所以 $f(z)$ 的不连续点为 $z_1=-1, z_2=i, z_3=-i$.

(3) $f(z)=\tan z$ 不连续点为 $z=k\pi+\dfrac{\pi}{2}, k$ 为整数.

7. 计算积分 $\displaystyle\int_C (x-y+\mathrm{i}x^2)\mathrm{d}z$，其中积分路径 C 如下.

(1) 从 $z=0$ 到 $z=1+\mathrm{i}$ 的直线段.

(2) 从 $z=0$ 到 $z=1$，再到 $z=1+\mathrm{i}$ 的折线段.

(3) 从 $z=0$ 到 $z=\mathrm{i}$，再到 $z=1+\mathrm{i}$ 的折线段.

解 (1) 从 $z=0$ 到 $z=1+\mathrm{i}$ 的直线段的参数方程，即

$$z=(1+\mathrm{i})t, \quad 0\leqslant t\leqslant 1.$$

则 $x=t, y=t, \mathrm{d}z=(1+\mathrm{i})\mathrm{d}t$，所以

$$\int_C (x-y+\mathrm{i}x^2)\mathrm{d}z = \int_0^1 (t-t+\mathrm{i}t^2)(1+\mathrm{i})\mathrm{d}t = (1+\mathrm{i})\mathrm{i}\int_0^1 t^2\mathrm{d}t$$

$$= (\mathrm{i}-1)\cdot\frac{1}{3}t^3\Big|_0^1 = \frac{1}{3}(\mathrm{i}-1).$$

(2) 从 $z=0$ 到 $z=1$ 直线段 C_1 参数方程为 $z=t(0\leqslant t\leqslant 1)$，由 $z=1$ 再到 $z=1+\mathrm{i}$ 直线段 C_2 参数方程为 $z=1+\mathrm{i}t(0\leqslant t\leqslant 1)$.

$$\int_C (x-y+\mathrm{i}x^2)\mathrm{d}z = \int_{C_1}(x-y+\mathrm{i}x^2)\mathrm{d}z + \int_{C_2}(x-y+\mathrm{i}x^2)\mathrm{d}z$$

$$= \int_0^1 (t+\mathrm{i}t^2)\mathrm{d}t + \int_0^1 (1-t+\mathrm{i})\cdot\mathrm{i}\mathrm{d}t$$

$$= \left(\frac{1}{2}t^2+\frac{1}{3}\mathrm{i}t^3\right)\Big|_0^1 + \mathrm{i}\left(t-\frac{1}{2}t^2+\mathrm{i}t\right)\Big|_0^1 = -\frac{1}{2}+\frac{5}{6}\mathrm{i}.$$

(3) 从 $z=0$ 到 $z=\mathrm{i}$ 的直线段 C_3 的参数方程为 $z=\mathrm{i}t(0\leqslant t\leqslant 1)$，由 $z=\mathrm{i}$ 到 $z=1+\mathrm{i}$ 的直线段 C_4 的参数方程为 $z=t+\mathrm{i}(0\leqslant t\leqslant 1)$.

$$\int_C (x-y+\mathrm{i}x^2)\mathrm{d}z = \int_{C_3}(x-y+\mathrm{i}x^2)\mathrm{d}z + \int_{C_4}(x-y+\mathrm{i}x^2)\mathrm{d}z$$

$$= \int_0^1 \mathrm{i}(-t)\mathrm{d}t + \int_0^1 (t-1+\mathrm{i}t^2)\mathrm{d}t = -\frac{1}{2}-\frac{1}{6}\mathrm{i}.$$

8. 计算积分 $\displaystyle\int_C \mathrm{Im}z\mathrm{d}z$，其中积分路线 C 如下.

(1) 自 0 到 $2+\mathrm{i}$ 的直线段.

(2) 自 0 到 2 沿实轴进行，再自 2 到 $2+\mathrm{i}$ 沿与虚轴平行的方向进行的折线.

解 (1) 自 0 到 $2+\mathrm{i}$ 的直线段的参数方程，即

$$z=(2+\mathrm{i})t, \quad 0\leqslant t\leqslant 1.$$

则 $\mathrm{Im}z=t, \mathrm{d}z=(2+\mathrm{i})\mathrm{d}t$，所以

$$\int_C \mathrm{Im}z\mathrm{d}z = \int_0^1 t(2+\mathrm{i})\mathrm{d}t = (2+\mathrm{i})\cdot\frac{1}{2}t^2\Big|_0^1 = 1+\frac{1}{2}\mathrm{i}.$$

(2) 自 0 到 2 沿实轴的直线段 C_1 表示为 $z=t(0\leqslant t\leqslant 2)$，自 2 到 $2+\mathrm{i}$ 沿与虚轴平行的方向的直线段 C_2 表示为 $z=2+\mathrm{i}t(0\leqslant t\leqslant 1)$.

则
$$\int_C \text{Im}z\mathrm{d}z = \int_{C_1} \text{Im}z\mathrm{d}z + \int_{C_2} \text{Im}z\mathrm{d}z$$
$$= \int_0^2 0\mathrm{d}t + \int_0^1 it\mathrm{d}t = \frac{1}{2}\mathrm{i}.$$

9. 计算积分 $\oint_C \dfrac{\overline{z}}{|z|}\mathrm{d}z$,其中积分路径 C 如下.

（1）正向圆周 $|z|=1$；   （2）正向圆周 $|z|=4$.

解 （1）正向圆周 $|z|=1$ 的参数方程为 $z=\mathrm{e}^{i\theta}(0\leqslant\theta\leqslant 2\pi)$,则 $\overline{z}=\mathrm{e}^{-i\theta}$,$\mathrm{d}z=\mathrm{i}\mathrm{e}^{i\theta}\mathrm{d}\theta$,故

$$\oint_C \frac{\overline{z}}{|z|}\mathrm{d}z = \int_0^{2\pi} \mathrm{e}^{-i\theta} \cdot \mathrm{i}\mathrm{e}^{i\theta}\mathrm{d}\theta = 2\pi\mathrm{i}.$$

（2）正向圆周 $|z|=4$ 的参数方程为 $z=4\mathrm{e}^{i\theta}(0\leqslant\theta\leqslant 2\pi)$,则 $\overline{z}=4\mathrm{e}^{-i\theta}$,$\mathrm{d}z=4\mathrm{i}\mathrm{e}^{i\theta}\mathrm{d}\theta$,故

$$\oint_C \frac{\overline{z}}{|z|}\mathrm{d}z = \frac{1}{4}\int_0^{2\pi} 4\mathrm{e}^{-i\theta} \cdot 4\mathrm{i}\mathrm{e}^{i\theta}\mathrm{d}\theta = 8\pi\mathrm{i}.$$

10. 利用积分不等式来证明.

（1）$\left| \displaystyle\int_{-i}^{i} (x^2 + \mathrm{i}y^2)\mathrm{d}z \right| \leqslant 2$,积分路线为自 $-\mathrm{i}$ 到 i 的直线段.

（2）$\left| \displaystyle\int_{-i}^{i} (x^2 + \mathrm{i}y^2)\mathrm{d}z \right| \leqslant \pi$,积分路线为连接 $-\mathrm{i}$ 与 i 且中心在原点的右半个圆周.

证 （1）积分路线为自 $-\mathrm{i}$ 到 i 的直线段参数方程为 $z=\mathrm{i}t(-1\leqslant t\leqslant 1)$,则 $|x^2 + y^2\mathrm{i}| = |\mathrm{i}t^2| \leqslant 1$,故

$$\left| \int_{-i}^{i} (x^2 + \mathrm{i}y^2)\mathrm{d}z \right| \leqslant \int_{-1}^{1} |\mathrm{i}t^2| \cdot |\mathrm{i}| \, \mathrm{d}t \leqslant \int_{-1}^{1} \mathrm{d}t = 2.$$

（2）积分路线的参数方程为 $z=\mathrm{e}^{i\theta}\left(-\dfrac{\pi}{2}\leqslant\theta\leqslant\dfrac{\pi}{2}\right)$,则 $x=\cos\theta$,$y=\sin\theta$,故

$$\int_{-i}^{i} (x^2 + \mathrm{i}y^2)\mathrm{d}z \Big| \leqslant 1 \cdot \int_{-\frac{\pi}{2}}^{\frac{\pi}{2}} |\mathrm{i} \cdot \mathrm{e}^{i\theta}| \, \mathrm{d}\theta = \int_{-\frac{\pi}{2}}^{\frac{\pi}{2}} \mathrm{d}\theta = \pi.$$

第3章 解析函数及其相关定理

3.1 内 容 提 要

3.1.1 解析函数

1. 解析函数的概念

定义 3.1 如果函数 $f(z)$ 在点 z_0 处及点 z_0 某个邻域内处处可导,则称函数 $f(z)$ 在点 z_0 处解析;如果 $f(z)$ 在区域 D 内每一点解析,则称 $f(z)$ 在区域 D 内解析,或者说 $f(z)$ 是区域 D 内的解析函数;如果 $f(z)$ 在 z_0 处不解析,则称 z_0 为 $f(z)$ 的奇点.

注 1. 由上述定义可以知道,函数 $f(z)$ 在点 z_0 处解析的条件比可导的要求高,如果 $f(z)$ 在 z_0 处解析,那么 $f(z)$ 在 z_0 处必可导;反过来不一定成立.所以 $f(z)$ 在 z_0 处可导与 $f(z)$ 在 z_0 处解析不等价.但是,$f(z)$ 是区域 D 内的解析函数与 $f(z)$ 是区域 D 内的可导是等价的.这两点请读者务必注意.

注 2. 由上述定义知,函数 $f(z)$ 在点 z_0 处解析是指 $f(z)$ 在 z_0 处及其邻域内处处可导,而邻域是一个区域,所以函数 $f(z)$ 在 z_0 处解析是指 $f(z)$ 在 z_0 某个邻域内解析,这说明解析总是与相伴区域密切联系的.

2. 解析函数的运算

解析函数的运算条件有以下两种.

(1) 在区域 D 内解析的两个函数的和、差、积、商(除去分母为零的点)在 D 内仍解析.

(2) 设函数 $h=g(z)$ 在 z 平面上的区域 D 内解析,函数 $\omega=f(h)$ 在 h 平面上的区域 G 内解析.如果对 D 内的每一点 z,函数 $g(z)$ 的对应值 h 都属于 G,那么复合函数 $\omega=f(g(z))$ 在 D 内解析.

注:上述(2)是一个定理,是判别函数是否解析的一种基本方法.

3. 函数解析的充分必要条件

1) 函数解析的充分必要条件

定理 3.1 函数 $f(z)=u(x,y)+iv(x,y)$ 在 $z=x+iy$ 可导的充分必要条件是:

(1) $u(x,y),v(x,y)$ 在点 (x,y) 处可微;

(2) $u(x,y),v(x,y)$ 满足柯西-黎曼(Cauchy-Riemann)方程(简称 C-R 方程)

$$\frac{\partial u}{\partial x} = \frac{\partial v}{\partial y}, \quad \frac{\partial u}{\partial y} = -\frac{\partial v}{\partial x} \tag{3-1}$$

当定理 3.1 的条件满足时,可以按下列公式计算 $f'(z)$,即

$$f'(z) = \frac{\partial u}{\partial x} + \mathrm{i}\frac{\partial v}{\partial x} = \frac{\partial v}{\partial y} + \mathrm{i}\frac{\partial v}{\partial x} = \frac{\partial u}{\partial x} - \mathrm{i}\frac{\partial u}{\partial y} = \frac{\partial v}{\partial y} - \mathrm{i}\frac{\partial u}{\partial y} \tag{3-2}$$

注:C-R 方程只是函数可导的必要条件而非充分条件.

定理 3.2　函数 $f(z) = u(x,y) + \mathrm{i}v(x,y)$ 在区域 D 内解析(即函数在区域 D 内可导)的充分必要条件是:函数 $u(x,y)$,$v(x,y)$ 在区域 D 内处处可微,而且满足 C-R 方程.

注 1. 上述这两个定理是本章的主要定理,这两个定理不仅提供判别函数 $f(z)$ 是否在某点可导,在区域 D 内是否解析的常用方法,而且给出了一个简洁的求导公式.是否满足 C-R 方程是定理的主要条件.对这两个定理要正确理解和使用.如果函数仅在某点满足定理中的两个条件,那么函数在该点可导,不能说函数在该点解析(因为在该点的邻域内函数不处处可导),且函数在复平面处处不解析;如果函数仅在曲线 C 上满足定理中的两个条件,那么函数在曲线 C 上可导,在复平面处处不解析;如果函数在区域 D 内处处满足定理中的两个条件,那么函数在区域 D 内处处可导、处处解析.

注 2. 求导公式(3-2)在函数可导情况下才成立.

2)两个推论

推论 3.1　如果函数 $f(z) = u(x,y) + \mathrm{i}v(x,y)$ 在区域 D 内有定义,在 D 内 $u(x,y)$ 和 $v(x,y)$ 的四个偏导数存在且连续,并且满足 C-R 方程,则函数 $f(z)$ 在区域 D 内解析.

推论 3.2　如果函数 $f(z)$ 在区域 D 内解析,且 $f'(z) = 0 (z \in D)$,那么在区域 D 内 $f(z)$ 是一个复常数.

注:因为函数 $f(z) = u(x,y) + \mathrm{i}v(x,y)$ 在区域 D 内解析,所以 $f'(z) = u_x + \mathrm{i}v_x = v_y - \mathrm{i}u_y = 0$,要证明函数 $f(z)$ 在区域 D 内是一个常数,只要证明 u_x,v_x,v_y,u_y 都等于零.

4. 判别函数解析的方法

(1)解析的充分必要条件.

(2)解析的运算法则.

(3)导数的定义.

注:实际问题中方法(1)和方法(2)是使用的主要方法.

3.1.2　初等函数的解析性

(1) e^z 在整个复平面处处解析,且有

$$(e^z)' = e^z.$$

（2）$\ln z$ 的各分支在除去原点与负实轴的复平面上解析，且有

$$(\ln z)' = \frac{1}{z}.$$

（3）z^a（α 为复常数）在除去原点与负实轴的复平面上解析，而 z^n（n 为正整数）在整个复平面上解析，且有

$$(z^a)' = \alpha z^{a-1}, \quad (z^n)' = n z^{n-1}.$$

（4）$\sin z$ 和 $\cos z$ 都在复平面上解析，且有

$$(\sin z)' = \cos z, \quad (\cos z)' = -\sin z,$$

$$(\tan z)' = \sec^2 z, \quad (\cot z)' = -\csc^2 z,$$

$$(\sec z)' = \sec z \tan z, \quad (\csc z)' = -\csc z \cot z.$$

3.1.3　柯西积分定理及其推论

1. 柯西积分定理

定理 3.3（柯西积分定理）　若函数 $f(z)$ 在单连通区域 D 内解析，C 为 D 内任意一条封闭曲线，则

$$\oint_C f(z)\mathrm{d}z = 0 \tag{3-3}$$

注：如果 C 是区域 D 的边界，函数 $f(z)$ 在 D 内解析，在闭区域 $\overline{D} = D + C$ 上连续，那么定理依然成立. 这时也称该定理为柯西-古萨定理.

推论 3.1　函数 $f(z)$ 在单连通区域 D 内解析，C 为 D 内任意一条封闭曲线，那么积分 $\int_C f(z)\mathrm{d}z$ 与路径无关，只与 C 的起点 z_0 与终点 z_1 有关，此时

$$\int_C f(z)\mathrm{d}z = \int_{z_0}^{z_1} f(z)\mathrm{d}z \tag{3-4}$$

2. 不定积分与原函数

定义 3.2　函数 $F(z)$ 在 D 内解析，且 $F'(z) = f(z)$，则称 $F(z)$ 为 $f(z)$ 在 D 内的一个原函数.

注 1. $F(z) = \int_{z_0}^z f(t)\mathrm{d}t$ 是 $f(z)$ 的一个原函数.

注 2. $f(z)$ 的任何两个原函数相差一个常数.

定义 3.3　函数 $f(z)$ 的全体原函数 $F(z) + C$ 称为 $f(z)$ 的不定积分，即

$$\int f(z)\mathrm{d}z = F(z) + C \tag{3-5}$$

定理 3.4　若函数 $f(z)$ 在单连通区域 D 内解析，$G(z)$ 为 $f(z)$ 的一个原函数，则

$$\int_{z_0}^{z_1} f(z)\mathrm{d}z = G(z_1) - G(z_0) \tag{3-6}$$

其中 z_0, z_1 为 D 内的点.

3. 复合闭路定理

定理 3.5（闭路变形原理）　设 C_1 与 C_2 是两条简单闭曲线, C_2 在 C_1 的内部. 函数 $f(z)$ 在 C_1 与 C_2 所围成的区域 D 内解析, 而在 $\overline{D} = D + C_1 + C_2^-$ 上连续, 如图 3.1 所示, 则

$$\int_{C_1} f(z)\mathrm{d}z = \int_{C_2} f(z)\mathrm{d}z \tag{3-7}$$

注：定理 3.5 说明, 在区域内的一个解析函数沿闭曲线的积分, 不因闭曲线在区域内作连续变形而改变它的值.

定理 3.6（复合闭路定理）　设 C 为多连通区域 D 内的一条简单闭曲线, $C_1, C_2, \cdots, C_n$ 是在 C 内部的简单闭曲线, 它们互不包含也互不相交, 且以 $C_1, C_2, \cdots, C_n, C$ 为边界的区域全包含于 D, 如图 3.2 所示, 如果函数 $f(z)$ 在 D 内解析, 则

(1) $\oint_C f(z)\mathrm{d}z = \sum_{k=1}^{n} \int_{C_k} f(z)\mathrm{d}z$, 其中 C 与 C_k 均取正方向；

(2) $\oint_\Gamma f(z)\mathrm{d}z = 0$, Γ 是由 C 与 C_k 组成的复合闭路, $\Gamma = C + C_1^- + C_2^- + \cdots + C_n^-$.

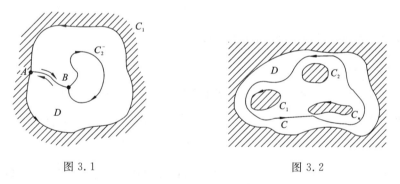

图 3.1　　　　　　　　　　　　　图 3.2

注：复合闭路定理是柯西积分定理在多连通区域的推广.

3.1.4　柯西积分公式与高阶导数公式

1. 柯西积分公式

定理 3.7　若函数 $f(z)$ 是区域 D 内的一个解析函数, C 为 D 内的任意一条正向简单闭曲线, C 的内部完全属于 D, z_0 为 C 内的任意一点, 则

$$f(z_0) = \frac{1}{2\pi\mathrm{i}} \oint_C \frac{f(z)}{z - z_0} \mathrm{d}z \tag{3-8}$$

式(3-8)称为柯西积分公式.

注 1. 式(3-8)反映了解析函数值之间很强的内在联系：函数 $f(z)$ 在曲线 C 内任

一点 z_0 的值 $f(z_0)$ 可以由 $f(z)$ 在边界曲线 C 上的值来决定. 这是实函数不具有的性质.

注 2. 柯西积分公式一般表示为

$$\oint_C \frac{f(z)}{z-z_0}\mathrm{d}z = 2\pi\mathrm{i}f(z_0) \tag{3-9}$$

式(3-9)可以用于积分的计算.

2. 高阶导数公式

定理 3.8 解析函数 $f(z)$ 的任意阶导数都是解析函数, $f(z)$ 的 n 阶导数为

$$f^n(z_0) = \frac{n!}{2\pi\mathrm{i}}\oint_C \frac{f(z)}{(z-z_0)^{n+1}}\mathrm{d}z \quad (n = 1,2,\cdots) \tag{3-10}$$

其中, C 为在函数 $f(z)$ 的解析区域 D 内绕 z_0 点的任何一条正向简单闭曲线. 式(3-10)称为解析函数的高阶导数公式.

注 1. 解析函数的任意阶导数仍然是解析函数, 若复变函数 $f(z)$ 在区域 D 内一阶可导, 则 $f(z)$ 在 D 内就无限阶可导, 实函数不具有这一性质.

注 2. 复变函数 $f(z)$ 的高阶导数公式一般表示为

$$\oint_C \frac{f(z)}{(z-z_0)^{n+1}}\mathrm{d}z = \frac{2\pi\mathrm{i}}{n!}f^n(z_0) \tag{3-11}$$

式(3-11)可以用于积分的计算, 通过求导来求积分.

3.1.5 解析函数与调和函数的关系

1. 调和函数的概念

定义 3.4 如果二元实函数 $\varphi(x,y)$ 在区域 D 内有二阶连续偏导数, 且满足拉普拉斯(Laplace)方程

$$\frac{\partial^2\varphi}{\partial x^2}+\frac{\partial^2\varphi}{\partial y^2}=0 \tag{3-12}$$

则称函数 $\varphi(x,y)$ 为区域 D 内的调和函数, 或者说函数 $\varphi(x,y)$ 在区域 D 内调和.

定理 3.9 设函数 $f(z)=u(x,y)+\mathrm{i}v(x,y)$ 在区域 D 内解析, 则函数 $f(z)$ 的实部 $u(x,y)$ 和虚部 $v(x,y)$ 都是区域 D 内的调和函数.

2. 共轭调和函数

定义 3.5 设函数 $\varphi(x,y)$ 及 $\psi(x,y)$ 均为区域 D 内的调和函数, 且满足 C-R 方程, 即

$$\frac{\partial\varphi}{\partial x}=\frac{\partial\psi}{\partial y}, \quad \frac{\partial\varphi}{\partial y}=-\frac{\partial\psi}{\partial x},$$

则称 $\psi(x,y)$ 是 $\varphi(x,y)$ 的共轭调和函数.

定理 3.10 复变函数 $f(z)=u(x,y)+\mathrm{i}v(x,y)$ 在区域 D 内解析的充分必要条件是: 在区域 D 内 $f(z)$ 的虚部 $v(x,y)$ 是实部 $u(x,y)$ 的共轭调和函数.

注:根据定理 3.10,可以利用一个调和函数和它的共轭调和函数做出一个解析函数.

3. 解析函数与调和函数的关系

由于共轭调和函数的这种关系,如果知道了解析函数实部和虚部其中的一个,则可以根据 C-R 方程求出另一个,通常有三种方法:偏积分法、线积分法和全微分法.

3.2 疑 难 解 析

问题 1 复变函数的连续、可导(可微)与函数解析之间有什么关系?

答 复变函数 $\omega = f(z)$ 定义在区域 D 内,函数 $f(z)$ 在一点 $z_0 \in D$ 处极限存在、连续、可导与可微之间的关系和一元实函数 $y = f(x)$ 在一点的对应概念之间的关系是完全一致的,即可导与可微等价;可导必连续,反之不成立;连续必有极限,反之不成立.

有极限而不连续的例子:$f(z) = \dfrac{z\mathrm{Re}z}{|z|}$ 在 $z = 0$ 处极限存在,极限值为 0,但函数 $f(z)$ 在 $z = 0$ 处不连续.

连续而不可导的例子:不难验证 $f(z) = \bar{z}, g(z) = x + \mathrm{i}2y$ 等函数都是连续而不可导的,而且它们在复平面上处处连续但处处不可导.这类函数在复变函数中几乎随处可见.

函数解析是复变函数中所特有的重要概念.函数 $\omega = f(z)$ 在 z_0 处解析不仅要求函数 $f(x)$ 在 z_0 处可导,而且要求函数 $f(z)$ 在 z_0 某邻域内可导.因此,函数 $f(z)$ 在 z_0 处解析必在 z_0 处可导,反之不成立.在一点可导但不解析的函数也很多,例如函数 $f(z) = z\mathrm{Re}z$ 在 $z = 0$ 处可导但不解析.

现用框图把上述关系简单的表示如下,如图 3.3 所示.

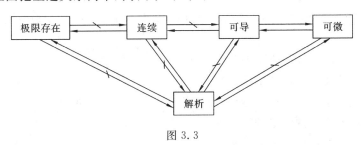

图 3.3

问题 2 一元实变函数定积分中的分部积分法与换元法在复变函数中成立吗?

答 在一定条件下成立,分别叙述如下.

分部积分法:设函数 $f(z)$ 与 $g(z)$ 在单连通区域 D 内解析,z_1, z_2 为 D 内两点,则

$$\int_{z_1}^{z_2} f(z) g'(z) \mathrm{d}z = f(z) g(z) \Big|_{z_1}^{z_2} - \int_{z_1}^{z_2} g(z) f'(z) \mathrm{d}z.$$

换元法:设函数 $\omega = f(z)$ 在 z 平面上区域 D 内解析,$f'(z) \neq 0$,并且函数 $f(z)$ 将 D 内的光滑曲线 C 映射成 ω 平面上区域 D^* 内的光滑曲线 Γ. 若 $\Phi(\omega)$ 是连续函数,则有换元公式

$$\int_{\Gamma} \Phi(\omega) \mathrm{d}\omega = \int_C \Phi[f(z)] f'(z) \mathrm{d}z.$$

若 $\Phi(\omega)$ 是解析函数,并且 D 与 D^* 都是单连通区域,则

$$\int_{\omega_1}^{\omega_2} \Phi(\omega) \mathrm{d}\omega = \int_{z_1}^{z_2} \Phi[f(z)] f'(z) \mathrm{d}z,$$

其中 $\omega_1 = f(z_1)$,$\omega_2 = f(z_2)$.

问题 3 应用柯西积分定理要注意什么?

答 应用柯西积分定理时要注意定理的条件,函数 $f(z)$ 应在单连通区域内解析,如果 $f(z)$ 不在单连通区域内解析,则定理的结论不成立. 例如 $f(z) = \dfrac{1}{z}$,在圆环域 $1 < |z| < 2$ 内解析,C 为该圆环域内以原点为圆心的正向圆周,但 $\oint_C \dfrac{1}{z} \mathrm{d}z = 2\pi \mathrm{i} \neq 0$.

问题 4 柯西积分定理的逆定理是否成立?

答 柯西积分定理的逆定理应表述为:若函数 $f(z)$ 沿单连通区域 D 内任何一条封闭曲线 C 的积分为零,即 $\oint_C f(z) \mathrm{d}z = 0$,则函数 $f(z)$ 为区域 D 内的解析函数. 在一般情况下,这个结论是不成立的. 例如 $f(z) = \dfrac{1}{z^2}$,对于区域 D 内任何一条封闭曲线 C,都有 $\oint_C \dfrac{1}{z^2} \mathrm{d}z = 0$,但是 $f(z) = \dfrac{1}{z^2}$ 在 $z = 0$ 点不解析.

如果再加上条件,函数 $f(z)$ 在单连通区域 D 内连续,则结论成立,这就是著名的摩勒拉定理.

问题 5 应用复合闭路定理要注意什么?

答 (1) 注意内外曲线的方向.

(2) 曲线必须是简单闭曲线(柯西积分定理只要求是闭曲线).

(3) 内部若干条曲线必须互不相交、互不包含.

(4) 全部曲线构成区域的边界.

(5) 函数 $f(z)$ 在区域 D 内解析.

仅当上述这些条件完全符合时,才可以应用复合闭路定理把沿区域外边界的回路积分,转化为沿区域内边界曲线的回路积分,利用一些已知结果使积分易于计算.

问题 6 计算复变函数积分有哪些方法?如何正确选择和应用?

答　计算复变函数积分的一般方法有以下几种.

(1) 若函数 $f(z) = u(x,y) + \mathrm{i}v(x,y)$ 沿光滑曲线 C 连续,则 $f(z)$ 必沿 C 可积,且有

$$\int_C f(z)\mathrm{d}z = \int_C u\,\mathrm{d}x - v\,\mathrm{d}y + \mathrm{i}\int_C v\,\mathrm{d}x + u\,\mathrm{d}y.$$

(2) 若沿光滑曲线 C 的参数方程为 $z(t) = x(t) + \mathrm{i}y(t)$,$\alpha \leqslant t \leqslant \beta$,$\alpha$、$\beta$ 分别对应起点 A、终点 B,则

$$\int_C f(z)\mathrm{d}z = \int_\alpha^\beta f[z(t)]z'(t)\mathrm{d}t.$$

(3) 一个重要的常用积分:

$$\int_{|z-z_0|=r} \frac{\mathrm{d}z}{(z-z_0)^n} = \begin{cases} 2\pi\mathrm{i}, & n=1, \\ 0, & n \neq 1. \end{cases}$$

(4) 若函数 $f(z)$ 在单连通区域 D 内解析,则积分与路径无关,设 $G(z)$ 为 $f(z)$ 的一个原函数,则

$$\int_{z_0}^{z_1} f(z)\mathrm{d}z = G(z_1) - G(z_0),$$

其中 z_0,z_1 为 D 内的点.

(5) 柯西积分定理:若函数 $f(z)$ 在单连通区域 D 内解析,C 为 D 内任意一条封闭曲线,则

$$\oint_C f(z)\mathrm{d}z = 0.$$

(6) 复合闭路定理:设 C 为多连通区域 D 内的一条简单闭曲线,$C_1, C_2, \cdots, C_n$ 是在 C 内部的简单闭曲线,它们互不包含也互不相交,且以 $C_1, C_2, \cdots, C_n, C$ 为边界的区域全包含于 D,如果 $f(z)$ 在 D 内解析,则

$$\oint_C f(z)\mathrm{d}z = \sum_{k=1}^n \int_{C_k} f(z)\mathrm{d}z,$$

其中 C 与 C_k 均取正方向.

(7) 柯西积分公式:若函数 $f(z)$ 是区域 D 内的一个解析函数,C 为 D 内的任意一条正向简单闭曲线,C 的内部完全属于 D,z_0 为 C 内的任意一点,则

$$\oint_C \frac{f(z)}{z-z_0}\mathrm{d}z = 2\pi\mathrm{i}f(z_0).$$

(8) 高阶导数公式:若函数 $f(z)$ 在区域 D 内解析,C 为 D 内绕 z_0 点的任何一条正向简单闭曲线,则

$$\oint_C \frac{f(z)}{(z-z_0)^{n+1}}\mathrm{d}z = \frac{2\pi\mathrm{i}}{n!}f^{(n)}(z_0).$$

(9) 留数定理(详见第 5 章).

在解题时,应当针对所给定的积分,恰当地选用上述这些方法,分析被积函数的

性质与积分路径的形式是正确选择和使用上述这些方法的关键.

① 被积函数不是解析函数,无论积分路径是封闭的还是非封闭的,只能选择计算积分的基本方法(1)或方法(2).若此时被积函数的实部与虚部不易求得,而积分路径的参数方程比较简单,则采用方法(2).

② 被积函数是解析函数(包括有有限个奇点的情形),且积分路径是封闭曲线,常以柯西积分定理(5)、复合闭路定理(6)为理论基础,以柯西积分公式(7)和高阶导数公式(8)等为主要工具.由于已给的被积函数往往形式多样,有时也较为复杂,所以常常不能直接套用某个公式就能解决问题,而要将被积函数作适当的变形,然后联合使用上述这些定理与公式方能奏效.

③ 被积函数在单连通区域解析,积分路径是非封闭曲线,积分路径的起点和终点在所论区域内,则可以设法先求出被积函数的原函数,利用牛顿-莱布尼兹公式(4),便可直接求得结果.

④ 被积函数是解析函数(包括有有限个奇点或无限个奇点的情形),积分路径是封闭曲线,但被积函数不能表示为柯西积分公式和高阶导数公式的形式,只能利用第5章中所介绍的留数定理(9).

3.3 典型例题

例 3.3.1 试讨论函数 $f(z) = \mathrm{Im}\, z$ 的可导性.

解 方法 1. 用导数定义来讨论.

$$\frac{\Delta\omega}{\Delta z} = \frac{f(z + \Delta z) - f(z)}{\Delta z} = \frac{\mathrm{Im}(z + \Delta z) - \mathrm{Im}\, z}{\Delta z}$$

$$= \frac{\mathrm{Im}\,\Delta z}{\Delta z} = \frac{\mathrm{Im}(\Delta x + \mathrm{i}\Delta y)}{\Delta x + \mathrm{i}\Delta y} = \frac{\Delta y}{\Delta x + \mathrm{i}\Delta y}.$$

当点沿平行于实轴的方向($\Delta y = 0$)而使 $\Delta z \to 0$ 时,

$$\lim_{\Delta z \to 0}\frac{\Delta\omega}{\Delta z} = \lim_{\Delta z \to 0}\frac{\Delta y}{\Delta x + \mathrm{i}\Delta y} = \lim_{\Delta z \to 0}\frac{0}{\Delta x} = 0.$$

当点沿平行于虚轴的方向($\Delta x = 0$)而使 $\Delta z \to 0$ 时,

$$\lim_{\Delta z \to 0}\frac{\Delta\omega}{\Delta z} = \lim_{\Delta z \to 0}\frac{\Delta y}{\Delta x + \mathrm{i}\Delta y} = \lim_{\Delta z \to 0}\frac{\Delta y}{\mathrm{i}\Delta y} = -\mathrm{i}.$$

因此,当点沿着不同方向而使 $\Delta z \to 0$ 时,$\dfrac{\Delta\omega}{\Delta z}$ 的极限不同,所以 $\lim\limits_{\Delta z \to 0}\dfrac{\Delta\omega}{\Delta z}$ 不存在. 因此,$f(z) = \mathrm{Im}\, z$ 在复平面上处处不可导,自然也处处不解析. 显然 $f(z) = \mathrm{Im}\, z$ 在复平面处处连续.

方法 2. 用 C-R 方程来研究.

设 $z = x + \mathrm{i}y$,则 $f(z) = \mathrm{Im}\, z = y$,所以

$$u=y,v=0,\quad \frac{\partial u}{\partial x}=0,\quad \frac{\partial u}{\partial y}=1,\quad \frac{\partial v}{\partial x}=0,\quad \frac{\partial v}{\partial y}=0.$$

因 $\dfrac{\partial u}{\partial y}\neq-\dfrac{\partial v}{\partial x}$，故函数 $f(z)=\mathrm{Im}\,z$ 在复平面上处处不可导.

注：比较上述两种方法，显然方法 2 比方法 1 要简洁得多，这也是实际问题中最常用的方法.

例 3.3.2　证明 $f(z)=\begin{cases}\dfrac{x^3(1+\mathrm{i})-y^3(1-\mathrm{i})}{x^2+y^2},&(z\neq0),\\[2mm]0,&(z=0)\end{cases}$

在 $z=0$ 处满足 C-R 方程，但不可导.

证　令 $f(z)=u+\mathrm{i}v$，则

$$u(x,y)=\begin{cases}\dfrac{x^3-y^3}{x^2+y^2},&(x,y)\neq(0,0),\\[2mm]0,&(x,y)=(0,0);\end{cases}$$

$$v(x,y)=\begin{cases}\dfrac{x^3+y^3}{x^2+y^2},&(x,y)\neq(0,0),\\[2mm]0,&(x,y)=(0,0).\end{cases}$$

因为

$$u_x(0,0)=\lim_{x\to0}\frac{u(x,0)-u(0,0)}{x-0}=\lim_{x\to0}\frac{x^3}{x^3}=1,$$
$$u_y(0,0)=\lim_{y\to0}\frac{u(0,y)-u(0,0)}{y-0}=\lim_{y\to0}\frac{-y^3}{y^3}=-1.$$

同理可得

$$v_x(0,0)=1,\quad v_y(0,0)=1.$$

所以

$$u_x(0,0)=v_y(0,0),\quad u_y(0,0)=-v_x(0,0),$$

即 $f(z)$ 在 $z=0$ 处满足 C-R 方程.但当 z 沿直线 $y=kx$ 趋于零时，有

$$\frac{f(z)-f(0)}{z-0}=\frac{x^3-y^3+\mathrm{i}(x^3+y^3)}{(x+\mathrm{i}y)(x^2+y^2)}\to\frac{1-k^3+\mathrm{i}(1+k^2)}{(1+\mathrm{i}k)(1+k^2)}$$

随 k 变化.故 $f(z)$ 在 $z=0$ 处不可导.

注：例 3.3.2 说明 C-R 方程是可导的必要条件而非充分条件.

例 3.3.3　判断下列函数何处可导，何处解析，并在可导或解析处分别求出其导数.

（1）$f(z)=(x^2-y^2-x)+\mathrm{i}(2xy-y^2)$；

（2）$f(z)=\bar{z}z^2$；

（3）$f(z)=\dfrac{x+y}{x^2+y^2}+\mathrm{i}\,\dfrac{x-y}{x^2+y^2}$.

解 (1) 令 $u(x,y)=x^2-y^2-x, v(x,y)=2xy-y^2$,则有

$$\frac{\partial u}{\partial x}=2x-1, \quad \frac{\partial u}{\partial y}=-2y,$$

$$\frac{\partial v}{\partial x}=2y, \quad \frac{\partial v}{\partial y}=2x-2y.$$

上述这四个偏导数处处连续,但是仅当 $y=\frac{1}{2}$ 时,它们才满足 C-R 方程,所以 $f(z)$ 仅

在直线 $y=\frac{1}{2}$ 上可导,在复平面内处处不解析. 在 $y=\frac{1}{2}$ 上有

$$f'(z)\big|_{y=\frac{1}{2}}=(u_x+iv_x)\big|_{y=\frac{1}{2}}=(2x-1+2yi)\big|_{y=\frac{1}{2}}=2x-1+i.$$

(2) 此题也可以将 $f(z)$ 表示为 $f(z)=u+iv$ 的形式,如同(1)题用充分必要条件来判定. 但我们知道 $\varphi(z)=z^2$ 是复平面内处处可导(解析)的函数,$\psi(z)=\bar{z}$ 是处处不可导(不解析)的函数,它们的乘积在 $\varphi(z)\neq0$ 处必不可导(不解析). 在 $z=0$ 处,由于

$$f'(0)=\lim_{z\to0}\frac{\bar{z}z^2-0}{z}=\lim_{z\to0}\bar{z}z=0.$$

因此,$f(z)$ 在 $z=0$ 处可导,在复平面处处不解析.

(3) 因为 $$f(z)=\frac{(x-iy)+i(x-iy)}{x^2+y^2}=\frac{(1+i)\bar{z}}{z\bar{z}}=\frac{1+i}{z}.$$

所以,除 $z=0$ 外,$f(z)$ 处处可导,从而处处解析,且

$$f'(z)=\left(\frac{1+i}{z}\right)'=-\frac{1+i}{z^2} \quad (z\neq0).$$

例 3.3.4 设 $f(z)=a\ln(x^2+y^2)+i\arctan\frac{y}{x}$ 在 $x>0$ 解析,试确定 a 的值.

解 因为 $$u(x,y)=a\ln(x^2+y^2), \quad v(x,y)=\arctan\frac{y}{x},$$

$$\frac{\partial u}{\partial x}=\frac{2ax}{x^2+y^2}, \quad \frac{\partial u}{\partial y}=\frac{2ay}{x^2+y^2},$$

$$\frac{\partial v}{\partial x}=\frac{1}{1+\left(\frac{y}{x}\right)^2}\cdot\left(-\frac{y}{x^2}\right)=\frac{-y}{x^2+y^2}, \quad \frac{\partial v}{\partial y}=\frac{1}{1+\left(\frac{y}{x}\right)^2}\cdot\frac{1}{x}=\frac{x}{x^2+y^2}$$

要满足 C-R 方程,必须

$$\frac{2ax}{x^2+y^2}=\frac{x}{x^2+y^2}, \quad \frac{2ay}{x^2+y^2}=\frac{y}{x^2+y^2}.$$

所以 $a=\frac{1}{2}$.

例 3.3.5 若函数 $f(z)$ 在上半复平面解析,试证函数 $\overline{f(\bar{z})}$ 在下半复平面也解析.

分析　证明函数 $\overline{f(\bar{z})}$ 在下半复平面解析,可以利用充要条件,也可以利用定义,证明函数 $\overline{f(\bar{z})}$ 在下半复平面处处可导.

证　方法 1. 用充要条件. 设 $f(z)=u(x,y)+\mathrm{i}v(x,y)$,则

$$\overline{f(\bar{z})}=u(x,-y)-\mathrm{i}v(x,-y)=\varphi(x,y)+\mathrm{i}\psi(x,y).$$

由已知 $f(z)$ 在上半复平面 $(y>0)$ 内解析,故 $u(x,y),v(x,y)$ 在 $y>0$ 可微,且满足 C-R 方程,则有

$$\frac{\partial u}{\partial x}=\frac{\partial v}{\partial y},\quad \frac{\partial u}{\partial y}=-\frac{\partial v}{\partial x}. \tag{1}$$

又由于 $\varphi(x,y)=u(x,-y)$,$\psi(x,y)=-v(x,-y)$,得

$$\frac{\partial \varphi}{\partial x}=\frac{\partial u(x,-y)}{\partial x},\quad \frac{\partial \varphi}{\partial y}=\frac{\partial u(x,-y)}{\partial y},$$

$$\frac{\partial \psi}{\partial x}=-\frac{\partial v(x,-y)}{\partial x},\quad \frac{\partial \psi}{\partial y}=\frac{\partial v(x,-y)}{\partial y}.$$

由式(1)有

$$\frac{\partial \varphi}{\partial x}\overset{(-y>0)}{=\!=\!=}\frac{\partial \psi}{\partial y},\quad \frac{\partial \varphi}{\partial y}\overset{(-y>0)}{=\!=\!=}-\frac{\partial \psi}{\partial x}.$$

由此可知 $\varphi(x,y),\psi(x,y)$ 在 $y<0$ 内可微,所以 $\overline{f(\bar{z})}$ 在下半复平面内解析.

方法 2. 根据导数定义,设 z_0,z 分别为下半复平面内的定点及动点,因为

$$\lim_{z\to z_0}\frac{\overline{f(\bar{z})}-\overline{f(\bar{z}_0)}}{z-z_0}=\overline{\left(\lim_{\bar{z}\to\bar{z}_0}\frac{f(\bar{z})-f(\bar{z}_0)}{\bar{z}-\bar{z}_0}\right)}=\overline{f'(\bar{z}_0)}.$$

所以由导数的定义可知,$\overline{f(\bar{z})}$ 在点 z_0 可导,再根据 z_0 的任意性,函数 $\overline{f(\bar{z})}$ 在下半复平面处处可导,因此处处解析.

例 3.3.6　设函数 $f(z)$ 在区域 D 内解析,试证明在区域 D 内下列条件是彼此等价的(即互为充要条件).

(1) $f(z)\equiv$ 常数;　　　　(2) $f'(z)\equiv0$;　　　　(3) $\mathrm{Re}f(z)\equiv$ 常数;

(4) $\mathrm{Im}f(z)\equiv$ 常数;　　(5) $\overline{f(z)}$ 解析;　　　(6) $|f(z)|\equiv$ 常数.

证　按 $(1)\Rightarrow(2)\Rightarrow(3)\Rightarrow(4)\Rightarrow(5)\Rightarrow(6)\Rightarrow(1)$ 的顺序证明.

$(1)\Rightarrow(2)$　显然,$f(z)=C\Rightarrow f'(z)=0$.

$(2)\Rightarrow(3)$　设 $f'(z)=0,z\in D$. 因为 $f(z)$ 在区域 D 内解析,对任意 $z\in D$,有

$$f'(z)=\frac{\partial u}{\partial x}+\mathrm{i}\frac{\partial v}{\partial x}=\frac{\partial v}{\partial y}-\mathrm{i}\frac{\partial u}{\partial y}=0.$$

于是对任意 $z\in D$,有

$$\frac{\partial u}{\partial x}=\frac{\partial u}{\partial y}=0.$$

所以,$u(x,y)=C$(常数),即 $\mathrm{Re}[f(z)]=C$(常数).

(3)⇒(4)　设 $f(z)=u(x,y)+\mathrm{i}v(x,y)$，$\mathrm{Re}f(z)=C$（常数）. 即 $u=C$，因为函数 $f(z)$ 在区域 D 内解析，所以

$$\frac{\partial v}{\partial y}=\frac{\partial u}{\partial x}=0,\quad \frac{\partial v}{\partial x}=-\frac{\partial u}{\partial y}=0.$$

因此 $v(x,y)=C$，即 $\mathrm{Im}f(z)=C$（常数）.

(4)⇒(5)　若 $\mathrm{Im}f(z)=C$，$f(z)=u+\mathrm{i}C$，$\overline{f(z)}=u-\mathrm{i}C$，因为函数 $f(z)$ 在区域 D 内解析，所以

$$\frac{\partial u}{\partial x}=\frac{\partial v}{\partial y}=\frac{\partial C}{\partial y}=0,\quad \frac{\partial u}{\partial y}=-\frac{\partial v}{\partial x}=-\frac{\partial C}{\partial x}=0,$$

即

$$\frac{\partial u}{\partial x}=\frac{\partial(-v)}{\partial y},\quad \frac{\partial u}{\partial y}=-\frac{\partial(-v)}{\partial x}.$$

因此，函数 $\overline{f(z)}$ 在区域 D 内解析.

(5)⇒(6)　设 $g(z)=\overline{f(z)}$ 在区域 D 内解析，$\overline{f(z)}=u-\mathrm{i}v$，由 C-R 方程条件，得

$$\frac{\partial u}{\partial x}=-\frac{\partial v}{\partial y},\quad \frac{\partial u}{\partial y}=\frac{\partial v}{\partial x}. \tag{1}$$

又因为函数 $f(z)$ 在区域 D 内解析，所以

$$\frac{\partial u}{\partial x}=\frac{\partial v}{\partial y},\quad \frac{\partial u}{\partial y}=-\frac{\partial v}{\partial x}. \tag{2}$$

由式(1)、式(2)得 $-\dfrac{\partial v}{\partial y}=\dfrac{\partial v}{\partial y},\dfrac{\partial v}{\partial x}=-\dfrac{\partial v}{\partial x}$，所以 $\dfrac{\partial v}{\partial x}=\dfrac{\partial v}{\partial y}=0$，因此 $v\equiv C_2$.

由式(1)得 $\dfrac{\partial u}{\partial x}=\dfrac{\partial u}{\partial y}=0$，因此 $u=C_1$. 所以

$$|f(z)|=|C_1+\mathrm{i}C_2|=常数.$$

(6)⇒(1)　设 $|f(z)|=\sqrt{C}$，$z\in D$，所以在区域 D 内，$u^2+v^2=C$.

若 $C=0$，则 $u=v=0$，$f(z)=0$，结论成立.

若 $C\neq0$，将 $u^2+v^2=C$ 的两边分别对 x,y 求偏导数，得

$$2u\frac{\partial u}{\partial x}+2v\frac{\partial v}{\partial x}=0, \tag{3}$$

$$2u\frac{\partial u}{\partial y}+2v\frac{\partial v}{\partial y}=0. \tag{4}$$

由于函数 $f(z)$ 在区域 D 内解析，故有

$$\frac{\partial u}{\partial x}=\frac{\partial v}{\partial y},\quad \frac{\partial u}{\partial y}=-\frac{\partial v}{\partial x}.$$

代入式(4)得

$$2v\frac{\partial u}{\partial x}-2u\frac{\partial v}{\partial x}=0. \tag{5}$$

联立式(3)、式(5)解方程组,得 $\dfrac{\partial u}{\partial x}=0,\dfrac{\partial v}{\partial x}=0$,由此立即可得

$$\frac{\partial u}{\partial y}=\frac{\partial v}{\partial y}=0.$$

所以 $u=C_1,v=C_2(C_1,C_2$ 为常数),即 $f(z)=C_1+\mathrm{i}C_2$.

例 3.3.7 已知 $u(x,y)=x^2-y^2$,求 $v(x,y)$,使函数 $f(z)=u+\mathrm{i}v$ 在复平面解析.

解 因为

$$\frac{\partial u}{\partial x}=2x,\quad \frac{\partial^2 u}{\partial x^2}=2;\quad \frac{\partial u}{\partial y}=-2y,\quad \frac{\partial^2 u}{\partial y^2}=-2.$$

所以

$$\frac{\partial^2 u}{\partial x^2}+\frac{\partial^2 u}{\partial y^2}=2-2=0.$$

从而 u 是全平面上的调和函数.

方法 1. 线积分法. 取 $(x_0,y_0)=(0,0)$,则

$$v(x,y)=\int_0^x 0\mathrm{d}x+\int_0^y 2x\mathrm{d}y+C=2xy+C.$$

方法 2. 全微分法. 由 C-R 方程条件,得

$$\mathrm{d}v=-\frac{\partial u}{\partial y}\mathrm{d}x+\frac{\partial u}{\partial x}\mathrm{d}y=2y\mathrm{d}x+2x\mathrm{d}y=\mathrm{d}(2xy).$$

所以 $v=2xy+C$.

方法 3. 偏积分法. 因为 $\dfrac{\partial v}{\partial x}=-\dfrac{\partial u}{\partial y}=2y$,两边对 x 积分,得

$$v=2xy+\varphi(y).$$

两边对 y 求导,得

$$\frac{\partial v}{\partial y}=2x+\varphi'(y).$$

但 $\dfrac{\partial v}{\partial y}=\dfrac{\partial u}{\partial x}=2x$,所以 $\varphi'(y)=0,\varphi(y)=C$,故

$$v=2xy+C.$$

于是

$$f(z)=x^2-y^2+\mathrm{i}(2xy+C)=(x+\mathrm{i}y)^2+\mathrm{i}C=z^2+\mathrm{i}C.$$

故函数 $f(z)$ 在复平面上解析.

例 3.3.8 已知调和函数 $u(x,y)=x^2-y^2+xy$,试求其共轭调和函数 $v(x,y)$ 及解析函数 $f(z)=u(x,y)+\mathrm{i}v(x,y)$.

解 利用 C-R 方程,得

$$\frac{\partial v}{\partial x}=-\frac{\partial u}{\partial y}=-(-2y+x)=2y-x.$$

所以

$$v = \int (2y - x)\mathrm{d}x = 2xy - \frac{x^2}{2} + g(y).$$

有

$$\frac{\partial v}{\partial y} = 2x + g'(y),$$

又

$$\frac{\partial v}{\partial y} = \frac{\partial u}{\partial x} = 2x + y.$$

比较上述两式可得: $2x + g'(y) = 2x + y$, 故 $g'(y) = y$, 有

$$g(y) = \int y\mathrm{d}y = \frac{y^2}{2} + C.$$

因此

$$v = 2xy - \frac{x^2}{2} + \frac{y^2}{2} + C \ (C \text{ 为任意常数}).$$

因而得到解析函数,即

$$f(z) = u(x,y) + iv(x,y) = (x^2 - y^2 + xy) + i\left(2xy - \frac{x^2}{2} + \frac{y^2}{2}\right) + iC$$

$$= (x^2 + 2ixy - y^2) - \frac{i}{2}(x^2 + 2ixy - y^2) + iC = \frac{z^2}{2}(2 - i) + iC.$$

例 3.3.9 已知 $u + v = (x - y)(x^2 + 4xy + y^2) - 2(x + y)$,试确定解析函数 $f(z) = u + iv$.

分析 由题意知,必有 v 为 u 的共轭调和函数. 将 u, v 满足的关系式分别对 x, y 求一阶偏导数,然后结合 C-R 方程,求出 u, v 即可.

解 因为

$$u_x + v_x = (x^2 + 4xy + y^2) + (x - y)(2x + 4y) - 2,$$

$$u_y + v_y = -(x^2 + 4xy + y^2) + (x - y)(4x + 2y) - 2$$

且 $u_x = v_y, u_y = -v_x$,所以上述两式分别相加减,可得

$$v_y = 3x^2 - 3y^2 - 2, \tag{1}$$

$$v_x = 6xy. \tag{2}$$

由式(1)得

$$v = \int (3x^2 - 3y^2 - 2)\mathrm{d}y = 3x^2y - y^3 - 2y + g(x).$$

代入式(2),得 $6xy + g'(x) = 6xy$,可以推出 $g(x) = C$(实常数). 因此

$$v(x,y) = 3x^2y - y^3 - 2y + C,$$

$$u(x,y) = (x - y)(x^2 + 4xy + y^2) - 2(x + y) - v(x,y) = x^3 - 3xy^2 - 2x - C$$

所确定的解析函数 $f(z) = u + iv$ 为

$$f(z) = (x^3 - 3xy^2 - 2x - C) + i(3x^2y - y^3 - 2y + C) = z^3 - 2z + k,$$

$$k = (-1 + i)C \quad (C \text{ 为任意常数}).$$

例 3.3.10　计算积分 $\int_C z\sin z\,dz$，其中 C 为从 0 到 i 的任意路径.

解　被积函数 $z\sin z$ 在复平面上处处解析，故积分与路径无关，只要求出一个原函数，用公式便可以解决. 由分部积分法

$$\int_C z\sin z\,dz = \int_0^i z\sin z\,dz = \int_0^i z\,d(-\cos z) = (-z\cos z + \sin z)\Big|_0^i = -i\cos i + \sin i.$$

例 3.3.11　不经过计算，直接验证下列积分值为零.

(1) $\oint_C \dfrac{1}{z-2}dz$，C 是正向圆周 $|z|=1$；

(2) $\oint_C z\mathrm{e}^z dz$，C 是正向圆周 $|z|=1$；

(3) $\oint_C \dfrac{dz}{z^2+2z+4}$，$C$ 是正向圆周 $|z|=1$；

(4) $\oint_{C_1+C_2} \dfrac{\mathrm{e}^z\cos z}{z^{100}}dz$，$C_1：|z|=3$ 的正方向，$C_2：|z|=1$ 的负方向.

解　(1) 被积函数有一个奇点 $z=2$，但不在 C 内，故被积函数在 C 内解析，由柯西积分定理，直接可得

$$\oint_C \frac{1}{z-2}dz = 0.$$

(2) 被积函数在整个复平面解析，当然在 C 内解析，由柯西积分定理，直接可得

$$\oint_C z\mathrm{e}^z dz = 0.$$

(3) 被积函数 $f(z)=\dfrac{1}{z^2+2z+4}=\dfrac{1}{(z+1)^2+3}$，$z=-1\pm\sqrt{3}\mathrm{i}$ 是 $f(z)$ 的奇点，但均不在 C 内，故被积函数在 C 内解析，由柯西积分定理，直接可得

$$\oint_C \frac{dz}{z^2+2z+4} = 0.$$

(4) 被积函数的奇点为 $z=0$，以 C_1，C_2 为边界的区域是一个多连通区域 $1\leqslant |z|\leqslant 3$，$z=0$ 不在其中，即被积函数在该多连通区域内处处解析，由复合闭路定理，直接可得

$$\oint_{C_1+C_2} \frac{\mathrm{e}^z\cos z}{z^{100}}dz = 0.$$

例 3.3.12　下面的推演是否正确？如果不正确，请给出正确答案.

$$\oint_{|z|=\frac{3}{2}} \frac{1}{z(z-1)}dz = \oint_{|z|=\frac{3}{2}} \frac{\frac{1}{z}}{z-1}dz = 2\pi\mathrm{i}\cdot\frac{1}{z}\Big|_{z=1} = 2\pi\mathrm{i}.$$

解　不正确. 此题的推演意在应用柯西积分公式，但应用柯西积分公式时必须满足使该公式成立的条件，即要求公式中的 $f(z)$ 在 C 内处处解析. 由于上述推演过程

中，$f(z)=\dfrac{1}{z}$ 在圆周 $|z|=\dfrac{3}{2}$ 中心 $z=0$ 处不解析，因此产生了错误. 同样，若改用以下的解法也是错误的，即

$$\oint_{|z|=\frac{3}{2}} \frac{1}{z(z-1)}\mathrm{d}z = \oint_{|z|=\frac{3}{2}} \frac{\frac{1}{z-1}}{z}\mathrm{d}z = 2\pi\mathrm{i} \cdot \frac{1}{z-1}\bigg|_{z=0} = -2\pi\mathrm{i}.$$

正确的解法是

$$\oint_{|z|=\frac{3}{2}} \frac{1}{z(z-1)}\mathrm{d}z = \oint_{|z|=\frac{3}{2}} \frac{1}{z-1}\mathrm{d}z - \oint_{|z|=\frac{3}{2}} \frac{1}{z}\mathrm{d}z = 2\pi\mathrm{i} - 2\pi\mathrm{i} = 0.$$

例 3.3.13 计算下列积分.

(1) $\displaystyle\oint_C \frac{\mathrm{d}z}{z^2-a^2}$，$C: |z-a|=a$;   (2) $\displaystyle\oint_C \frac{\mathrm{d}z}{(z^2+1)(z^2+4)}$，$C: |z|=\dfrac{3}{2}$;

(3) $\displaystyle\oint_C \frac{\mathrm{e}^z}{\left(z+\dfrac{\pi}{2}\mathrm{i}\right)^4}\mathrm{d}z$，$C: |z|=3$;   (4) $\displaystyle\oint_C \frac{\cos z}{z\left(z-\dfrac{\pi}{2}\right)^3}\mathrm{d}z$，$C: \left|z-\dfrac{\pi}{2}\right|=\dfrac{1}{4}$.

解 (1) 被积函数有两个奇点 $z=\pm a$，只有 $z=a$ 在 C 内，由柯西积分公式，有

$$\oint_C \frac{\mathrm{d}z}{z^2-a^2} = \oint_C \frac{1}{z+a} \cdot \frac{1}{z-a}\mathrm{d}z = \oint_C \frac{\frac{1}{z+a}}{z-a}\mathrm{d}z = 2\pi\mathrm{i} \cdot \frac{1}{z+a}\bigg|_{z=a} = \frac{\pi\mathrm{i}}{a}.$$

(2) 被积函数有四个奇点 $z=\pm\mathrm{i}$，$z=\pm 2\mathrm{i}$，只有 $z=\pm\mathrm{i}$ 在 C 内，分解后应用柯西积分公式，有

$$\oint_C \frac{\mathrm{d}z}{(z^2+1)(z^2+4)} = \frac{1}{2\mathrm{i}}\oint_C \left[\frac{1}{(z-\mathrm{i})(z^2+4)} - \frac{1}{(z+\mathrm{i})(z^2+4)} \right]\mathrm{d}z$$

$$= \frac{1}{2\mathrm{i}}\left[\oint_C \frac{\frac{1}{z^2+4}}{z-\mathrm{i}}\mathrm{d}z - \oint_C \frac{\frac{1}{z^2+4}}{z+\mathrm{i}}\mathrm{d}z \right]$$

$$= \frac{1}{2\mathrm{i}}\left[2\pi\mathrm{i} \cdot \frac{1}{z^2+4}\bigg|_{z=\mathrm{i}} - 2\pi\mathrm{i} \cdot \frac{1}{z^2+4}\bigg|_{z=-\mathrm{i}} \right] = 0.$$

(3) 被积函数有唯一奇点 $z=-\dfrac{\pi\mathrm{i}}{2}$ 在 C 内，由高阶导数公式，有

$$\oint_C \frac{\mathrm{e}^z}{\left(z+\dfrac{\pi}{2}\mathrm{i}\right)^4}\mathrm{d}z = \oint_C \frac{\mathrm{e}^z}{\left[z-\left(-\dfrac{\pi}{2}\mathrm{i}\right)\right]^4}\mathrm{d}z = \frac{2\pi\mathrm{i}}{3!}(\mathrm{e}^z)'''\bigg|_{z=-\frac{\pi}{2}\mathrm{i}} = \frac{\pi}{3}.$$

(4) 被积函数有奇点 $z=\dfrac{\pi}{2}$ 在 C 内，由高阶导数公式，有

$$\oint_C \frac{\cos z}{z\left(z-\dfrac{\pi}{2}\right)^3}\mathrm{d}z = \oint_C \frac{\frac{\cos z}{z}}{\left(z-\dfrac{\pi}{2}\right)^3}\mathrm{d}z = \frac{2\pi\mathrm{i}}{2!}\left(\frac{\cos z}{z}\right)''\bigg|_{z=\frac{\pi}{2}} = \frac{8\mathrm{i}}{\pi}.$$

例 3.3.14　(1) 计算积分 $\oint_C \dfrac{2z-1}{z^2-z}\mathrm{d}z$，其中 C 为包含 0 与 1 的任意正向简单闭曲线；

(2) 计算积分 $\oint_C \dfrac{2z+3}{z(z^2+1)}\mathrm{d}z$，其中 $C: \left| z-\dfrac{\mathrm{i}}{2} \right| = 1$．

解　(1) 被积函数在 C 围成的区域 D 内有两个不解析点 $z=0, z=1$，为此，在 D 内作两个互不相交、互不包含的小圆，$C_1: |z-0|=r_1$，$C_2: |z-1|=r_2$，如图 3.4 所示，由复合闭路定理，有

$$\oint_C \frac{2z-1}{z^2-z}\mathrm{d}z = \oint_{C_1} \frac{2z-1}{z^2-z}\mathrm{d}z + \oint_{C_2} \frac{2z-1}{z^2-z}\mathrm{d}z$$

$$= \oint_{C_1} \left(\frac{1}{z} + \frac{1}{z-1} \right)\mathrm{d}z + \oint_{C_2} \left(\frac{1}{z} + \frac{1}{z-1} \right)\mathrm{d}z$$

$$= \oint_{C_1} \frac{1}{z}\mathrm{d}z + \oint_{C_1} \frac{1}{z-1}\mathrm{d}z + \oint_{C_2} \frac{1}{z}\mathrm{d}z + \oint_{C_2} \frac{1}{z-1}\mathrm{d}z$$

$$= 2\pi\mathrm{i} + 0 + 0 + 2\pi\mathrm{i} = 4\pi\mathrm{i}.$$

(2) 被积函数有三个奇点，$z=0, z=\pm\mathrm{i}$，在 C 围成的区域 D 内只有两个不解析点 $z=0, z=\mathrm{i}$，为此，在 D 内作两个互不相交、互不包含的小圆，$C_1: |z-0|=r_1$，$C_2: |z-\mathrm{i}|=r_2$，如图 3.5 所示，由复合闭路定理，有

$$\oint_C \frac{2z+3}{z(z^2+1)}\mathrm{d}z = \oint_{C_1} \frac{2z+3}{z(z^2+1)}\mathrm{d}z + \oint_{C_2} \frac{2z+3}{z(z^2+1)}\mathrm{d}z$$

$$= \oint_{C_1} \frac{\dfrac{2z+3}{z^2+1}}{z}\mathrm{d}z + \oint_{C_2} \frac{\dfrac{2z+3}{z(z+\mathrm{i})}}{z-\mathrm{i}}\mathrm{d}z$$

$$= 2\pi\mathrm{i} \cdot \frac{2z+3}{z^2+1}\bigg|_{z=0} + 2\pi\mathrm{i} \cdot \frac{2z+3}{z(z+\mathrm{i})}\bigg|_{z=\mathrm{i}}$$

$$= 2\pi\mathrm{i} \cdot 3 + 2\pi\mathrm{i} \cdot \frac{2\mathrm{i}+3}{\mathrm{i} \cdot 2\mathrm{i}} = \left(\frac{3}{2} - \mathrm{i} \right)2\pi\mathrm{i}.$$

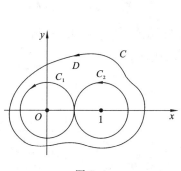

图 3.4

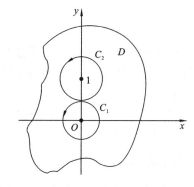

图 3.5

注:上述两道题都是复合闭路定理的应用.在求解过程中,(1)的被积函数用因式分解的方法,而(2)的被积函数由于采用因式分解不是很容易,则直接用了柯西积分公式.故在解题的过程中要具体问题具体分析,选择更好的方法.

例 3.3.15 计算积分 $\oint_C \dfrac{|\,dz\,|}{|\,z-1\,|^2}$,$C$:$|\,z\,|=2$.

解 此题的关键是去掉绝对值号.由于被积函数中 $|\,z-1\,|^2=(z-1)\overline{(z-1)}$,则设 C 的参数方程为 $z=2e^{i\theta}$,$0\leqslant\theta\leqslant2\pi$,则 $dz=2ie^{i\theta}d\theta$,故

$$|\,dz\,|=|\,2ie^{i\theta}d\theta\,|=2d\theta=-2i\cdot\frac{2ie^{i\theta}d\theta}{2e^{i\theta}}=-2i\cdot\frac{dz}{z}.$$

所以

$$
\begin{aligned}
\oint_C \frac{|\,dz\,|}{|\,z-1\,|^2} &= \oint_C \frac{-2i\dfrac{dz}{z}}{(z-1)\overline{(z-1)}} = -2i\oint_C \frac{dz}{z(|\,z\,|^2-z-\bar{z}+1)} \\
&= 2i\oint_C \frac{dz}{z^2-5z+4} = \frac{2}{3}i\left(\oint_C \frac{1}{z-4}dz - \oint_C \frac{1}{z-1}dz\right) \\
&= \frac{2}{3}i(0-2\pi i) = \frac{4}{3}\pi.
\end{aligned}
$$

例 3.3.16 求积分 $\oint_C \dfrac{e^z}{z(1-z)^3}dz$ 的值,其中 C 为不经过 0 与 1 的光滑闭曲线.

解 (1)若封闭曲线 C 既不包含 0 也不包含 1,则被积函数在 C 所围成的区域内解析,由柯西积分定理,有

$$\oint_C \frac{e^z}{z(1-z)^3}dz = 0.$$

(2)若封闭曲线 C 包含 0 但不包含 1,则被积函数在 C 所围成的区域内有一个不解析点 $z=0$,如图 3.6 所示,由柯西积分公式,有

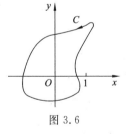

图 3.6

$$\oint_C \frac{e^z}{z(1-z)^3}dz = \oint_C \frac{\dfrac{e^z}{(1-z)^3}}{z}dz = 2\pi i\cdot\frac{e^z}{(1-z)^3}\bigg|_{z=0} = 2\pi i.$$

(3)若封闭曲线 C 包含 1 但不包含 0,则被积函数在 C 所围成的区域内有一个不解析点 $z=1$,如图 3.7 所示,由高阶导数公式,有

$$
\begin{aligned}
\oint_C \frac{e^z}{z(1-z)^3}dz &= \oint_C \frac{-\dfrac{e^z}{z}}{(z-1)^3}dz = \frac{2\pi i}{2!}\left(-\frac{e^z}{z}\right)''\bigg|_{z=1} \\
&= -e\pi i.
\end{aligned}
$$

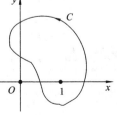

图 3.7

(4)若封闭曲线 C 既包含 0 也包含 1,则被积函数在 C 所围成的区域内有两个不解析点 $z=0$,$z=1$,在区域内作两个互不相交、互不包含的小圆 C_1:$|\,z-0\,|=r_1$,C_2:$|\,z-1\,|=$

r_2,如图 3.8 所示,根据复合闭路定理,有

$$\oint_c \frac{e^z}{z(1-z)^3}dz = \oint_{C_1} \frac{e^z}{z(1-z)^3}dz$$
$$+ \oint_{C_2} \frac{e^z}{z(1-z)^3}dz.$$

则 $\oint_{C_1} \dfrac{e^z}{z(1-z)^3}dz$ 即为(2)的结果 $2\pi i$,$\oint_{C_2} \dfrac{e^z}{z(1-z)^3}dz$

即为(3)的结果 $-e\pi i$,所以

$$\oint_c \frac{e^z}{z(1-z)^3}dz = \oint_{C_1} \frac{e^z}{z(1-z)^3}dz + \oint_{C_2} \frac{e^z}{z(1-z)^3}dz$$
$$= 2\pi i - e\pi i = (2-e)\pi i.$$

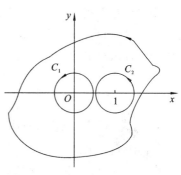

图 3.8

例 3.3.17　求积分 $I = \oint_c \dfrac{1}{z^3(z+1)(z-2)}dz$ 的值,其中 C 为 $|z|=r, r \neq 1, 2$.

解　(1) 当 $0 < r < 1$ 时,在 C 围成的区域内只有一个奇点 $z=0$,可以用高阶导数公式得到结果,即

$$I = \oint_c \frac{1}{z^3(z+1)(z-2)}dz = \oint_c \frac{\frac{1}{(z+1)(z-2)}}{z^3}dz$$
$$= \frac{2\pi i}{2!}\left(\frac{1}{(z+1)(z-2)}\right)''\bigg|_{z=0} = \frac{2\pi i}{2!} \cdot \frac{6z^2-6z+6}{(z^2-z-2)^3}\bigg|_{z=0} = -\frac{3}{4}\pi i.$$

(2) 当 $1 < r < 2$ 时,在 C 围成的区域内有两个奇点 $z=0, z=-1$,为此,在区域内作两个互不相交、互不包含的小圆,$C_1 : |z-0| = r_1$,$C_2 : |z-(-1)| = r_2$,如图 3.9 所示,根据复合闭路定理,有

$$I = \oint_{C_1} \frac{1}{z^3(z+1)(z-2)}dz + \oint_{C_2} \frac{1}{z^3(z+1)(z-2)}dz$$
$$= I_1 + I_2,$$

其中,I_1 可以由(1)直接得到,I_2 可以用柯西积分公式得到,即

$$I_1 = -\frac{3}{4}\pi i,$$

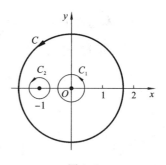

图 3.9

$$I_2 = \oint_{C_2} \frac{1}{z^3(z+1)(z-2)}dz = \oint_{C_2} \frac{\frac{1}{z^3(z-2)}}{z+1}dz = 2\pi i \frac{1}{z^3(z-2)}\bigg|_{z=-1} = \frac{2}{3}\pi i.$$

故

$$I = I_1 + I_2 = -\frac{3}{4}\pi i + \frac{2}{3}\pi i = -\frac{1}{12}\pi i.$$

(3) 当 $r > 2$ 时,在 C 围成的区域内有三个奇点 $z=0, z=-1, z=2$,为此,在区域

内作三个互不相交、互不包含的小圆 $C_1:|z-0|=r_1$，$C_2:|z-(-1)|=r_2$，$C_3:|z-2|=r_3$，如图 3.10 所示，根据复合闭路定理，有

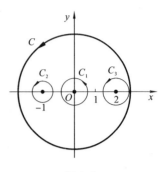

图 3.10

$$I=\oint_{C_1}\frac{1}{z^3(z+1)(z-2)}dz+\oint_{C_2}\frac{1}{z^3(z+1)(z-2)}dz$$

$$+\oint_{C_3}\frac{1}{z^3(z+1)(z-2)}dz$$

$$=I_1+I_2+I_3.$$

其中，I_1+I_2 可以由(2)直接得到，I_3 可以用柯西积分公式得到，即

$$I_1+I_2=-\frac{1}{12}\pi i,$$

$$I_3=\oint_{C_3}\frac{1}{z^3(z+1)(z-2)}dz=\oint_{C_3}\frac{\dfrac{1}{z^3(z+1)}}{z-2}dz=2\pi i\frac{1}{z^3(z+1)}\bigg|_{z=2}=\frac{\pi i}{12}.$$

故

$$I=I_1+I_2+I_3=-\frac{1}{12}\pi i+\frac{1}{12}\pi i=0.$$

例 3.3.18 设函数 $f(z)$ 在 $|z|\leqslant1$ 上解析，且在 $|z|=1$ 上，$|f(z)-z|\leqslant|z|$，证明 $\left|f'\left(\dfrac{1}{2}\right)\right|\leqslant8$.

证 本题要用到解析函数的高阶导数公式，$z=\dfrac{1}{2}$ 在 $|z|=1$ 内，可以取积分路径为 $|z|=1$. 由解析函数的高阶导数公式，有

$$f'\left(\frac{1}{2}\right)=\frac{1}{2\pi i}\oint_{|z|=1}\frac{f(z)}{\left(z-\dfrac{1}{2}\right)^2}dz,$$

$$\left|f'\left(\frac{1}{2}\right)\right|=\left|\frac{1}{2\pi i}\oint_{|z|=1}\frac{f(z)}{\left(z-\dfrac{1}{2}\right)^2}dz\right|=\left|\frac{1}{2\pi i}\oint_{|z|=1}\frac{f(z)-z+z}{\left(z-\dfrac{1}{2}\right)^2}dz\right|$$

$$\leqslant\frac{1}{|2\pi i|}\oint_{|z|=1}\frac{|f(z)-z|+|z|}{\left|\left(z-\dfrac{1}{2}\right)^2\right|}ds=\frac{1}{2\pi}\oint_{|z|=1}\frac{|f(z)-z|+|z|}{\left|z-\dfrac{1}{2}\right|^2}ds$$

$$\leqslant\frac{1}{2\pi}\oint_{|z|=1}\frac{2|z|}{\left|z-\dfrac{1}{2}\right|^2}ds\leqslant\frac{1}{2\pi}\cdot\frac{2}{\left(1-\dfrac{1}{2}\right)^2}\cdot2\pi=8.$$

例 3.3.19 设函数 $f(z)$ 与 $g(z)$ 在区域 D 内处处解析，C 为 D 内的任何一条简单闭曲线，C 的内部全含于区域 D，如果 $f(z)=g(z)$ 在 C 上所有的点处成立. 试证在 C 内所有的点处 $f(z)=g(z)$ 也成立.

证 我们知道柯西积分公式是指解析函数在曲线上任意点的值与沿曲线的积分

联系起来,所以在 C 上由 $f(z)=g(z)$ 推得 C 内 $f(z)=g(z)$ 也成立,可以利用柯西积分公式.设 $F(z)=f(z)-g(z)$,因为 $f(z),g(z)$ 在区域 D 内处处解析,所以 $F(z)$ 也在区域 D 内处处解析. $f(z)=g(z)$ 在 C 上所有的点处成立,故在 C 上 $F(z)=0$.对任意 z_0 在 C 内有

$$F(z_0)=\frac{1}{2\pi i}\oint_C\frac{F(z)}{z-z_0}\mathrm{d}z=0,$$

即 $f(z_0)=g(z_0)$,由 z_0 的任意性可知,在 C 内有 $f(z)=g(z)$.

3.4　教材习题全解

练习题 3.1

1. 求下列复变函数的导数.

(1) $f(z)=\dfrac{z^2+i}{\cos z}$;　　　　(2) $f(z)=\ln(z^2+1)$.

解　(1) $f'(z)=\dfrac{(z^2+i)'\cos z-(\cos z)'(z^2+i)}{\cos^2 z}=\dfrac{2z\cos z+\sin z(z^2+i)}{\cos^2 z}$.

(2) $f'(z)=\dfrac{1}{z^2+1}\cdot(z^2+1)'=\dfrac{2z}{z^2+1}$.

2. 证明函数 $f(z)=\sin x\cosh y+i\cos x\sinh y$ 在复平面上处处解析.

证　令 $u(x,y)=\sin x\cosh y,v(x,y)=\cos x\sinh y$,则

$$\frac{\partial u}{\partial x}=\cos x\cosh y,\quad\frac{\partial u}{\partial y}=\sin x\sinh y,$$

$$\frac{\partial v}{\partial x}=-\sin x\sinh y,\quad\frac{\partial v}{\partial y}=\cos x\cosh y.$$

显然,以上四个偏导数都连续,且满足 C-R 方程,故 $f(z)$ 在复平面上处处解析.

3. 判断下列函数在何处可导、何处解析.

(1) $f(z)=x^2+iy^2$;　　　　　　　　(2) $f(z)=xy^2-ix^2y$;

(3) $f(z)=x^3-3xy^2+i(3x^2y-y^3)$.

解　(1) 设 $u(x,y)=x^2,v(x,y)=y^2$,则

$$\frac{\partial u}{\partial x}=2x,\quad\frac{\partial u}{\partial y}=0,$$

$$\frac{\partial v}{\partial x}=0,\quad\frac{\partial v}{\partial y}=2y.$$

显然,以上四个偏导数在全平面上都连续,由 C-R 方程可得

$$\begin{cases}\dfrac{\partial u}{\partial x}=2x=\dfrac{\partial v}{\partial y}=2y,\\[2mm]\dfrac{\partial u}{\partial y}=-\dfrac{\partial v}{\partial x}=0.\end{cases}$$

解得 $x=y$，即 u,v 在 $y=x$ 直线上满足 C-R 方程，故 $f(z)$ 在 $y=x$ 上可导，且全平面内处处不解析.

（2）设 $u(x,y)=xy^2$，$v(x,y)=-x^2y$，则

$$\frac{\partial u}{\partial x}=y^2，\quad \frac{\partial u}{\partial y}=2xy，$$

$$\frac{\partial v}{\partial x}=-2xy，\quad \frac{\partial v}{\partial y}=-x^2.$$

显然，以上四个偏导数在全平面上处处连续，由 C-R 方程可得

$$\begin{cases} y^2=-x^2， & ① \\ 2xy=2xy. & ② \end{cases}$$

由②式恒成立，由①式得 $x=y=0$，故 u、v 在 $x=y=0$ 处满足 C-R 方程. 所以 $f(z)$ 在 $z=0$ 处可导，在全平面上处处不解析.

（3）设 $u(x,y)=x^3-3xy^2$，$v(x,y)=3x^2y-y^3$，则

$$\frac{\partial u}{\partial x}=3x^2-3y^2，\quad \frac{\partial u}{\partial y}=-6xy，$$

$$\frac{\partial v}{\partial x}=6xy，\quad \frac{\partial v}{\partial y}=3x^2-3y^2.$$

显然，以上四个偏导数在全平面上处处连续，且满足 C-R 方程，故 $f(z)$ 在全平面上处处可导，且处处解析.

4. 设函数 $f(z)=u+iv$ 在区域 D 内解析，且 $v=u^3$，证明 $f(z)$ 为常数.

证　因为 $f(z)$ 在区域 D 内解析，故有

$$u_x=v_y，\quad u_y=-v_x.$$

又因为 $v=u^3$，即 $v_y=3u^2u_y$，$v_x=3u^2u_x$，代入 C-R 方程得

$$\begin{cases} u_x=3u^2u_y， & ① \\ u_y=-3u^2u_x. & ② \end{cases}$$

将①除以②，得

$$\frac{u_x}{u_y}=-\frac{u_y}{u_x}，\quad 即 \quad u_x^2+u_y^2=0.$$

所以由上式得 $u_x=u_y=0$. 由此可知 u 为常数，又 $v=u^3$，故 v 也为常数，所以 $f(z)=u+iv$ 亦为常数.

练习题 3.2

1. 计算积分 $\oint_C \dfrac{1}{(z-1)(z+1)}\mathrm{d}z$，其中积分路径 C 如下.

（1）$|z|=\dfrac{1}{2}$；　　（2）$|z-1|=\dfrac{1}{2}$；　　（3）$|z+1|=\dfrac{1}{2}$；　　（4）$|z|=2.$

解　(1) 对曲线 $|z|=\dfrac{1}{2}$ 内的函数 $\dfrac{1}{(z-1)(z+1)}$ 解析,则有

$$\oint_C \frac{1}{(z-1)(z+1)}\mathrm{d}z = 0.$$

(2) 因为 $\dfrac{1}{(z-1)(z+1)}=\dfrac{1}{2}\left(\dfrac{1}{z-1}-\dfrac{1}{z+1}\right)$,所以有

$$\oint_C \frac{1}{(z-1)(z+1)}\mathrm{d}z = \frac{1}{2}\left(\oint_C \frac{1}{z-1}\mathrm{d}z - \oint_C \frac{1}{z+1}\mathrm{d}z\right)$$
$$= \frac{1}{2}(2\pi\mathrm{i}-0)=\pi\mathrm{i}.$$

(3) 同(2)中进行函数变形,则有

$$\oint_C \frac{1}{(z-1)(z+1)}\mathrm{d}z = \frac{1}{2}\left(\oint_C \frac{1}{z-1}\mathrm{d}z - \oint_C \frac{1}{z+1}\mathrm{d}z\right)$$
$$= \frac{1}{2}(0-2\pi\mathrm{i})=-\pi\mathrm{i}.$$

(4) 曲线 $|z|=2$ 中包含两个奇点 $z=\pm1$,所以由复合闭路定理可得

$$\oint_C \frac{1}{(z-1)(z+1)}\mathrm{d}z = \oint_{|z-1|=\frac{1}{2}} \frac{1}{(z-1)(z+1)}\mathrm{d}z + \oint_{|z+1|=\frac{1}{2}} \frac{1}{(z-1)(z+1)}\mathrm{d}z$$
$$= \pi\mathrm{i}-\pi\mathrm{i}=0.$$

2. 计算下列积分.

(1) $\displaystyle\int_0^1 z\cdot\sin z\,\mathrm{d}z$;　　　　　　　(2) $\displaystyle\int_0^{\mathrm{i}} (3\mathrm{e}^z+2z)\,\mathrm{d}z$.

解　(1) 因为函数 $z\cdot\sin z$ 在复平面内解析,所以有

$$\int_0^1 z\cdot\sin z\,\mathrm{d}z = -\int_0^1 z\,\mathrm{d}(\cos z) = -z\cos z\Big|_0^1 + \int_0^1 \cos z\,\mathrm{d}z$$
$$= -\cos 1 + \sin z\Big|_0^1 = \sin 1 - \cos 1.$$

(2) 因为 $(3\mathrm{e}^z+2z)$ 在复平面内解析,所以有

$$\int_0^{\mathrm{i}} (3\mathrm{e}^z+2z)\,\mathrm{d}z = (3\mathrm{e}^z+z^2)\Big|_0^{\mathrm{i}} = 3\mathrm{e}^{\mathrm{i}}-4.$$

3. 计算积分 $\displaystyle\oint_C \frac{1}{z-z_0}\mathrm{d}z$,其中积分路径 C 为不经过 z_0 的任意正向简单闭曲线.

解　(1) 当曲线 C 内包含点 z_0 时,由复合闭路定理得

$$\oint_C \frac{1}{z-z_0}\mathrm{d}z = \oint_{|z-z_0|=1} \frac{1}{z-z_0}\mathrm{d}z = 2\pi\mathrm{i}.$$

(2) 当曲线 C 内不包含点 z_0 时,则 $\dfrac{1}{z-z_0}$ 在曲线 C 内处处解析,由柯西积分定理得

$$\oint_C \frac{1}{z-z_0}\mathrm{d}z = 0.$$

练习题 3.3

1. 计算 $\oint_C \dfrac{\cos z}{z(z-\mathrm{i})}\mathrm{d}z$,其中积分曲线 C 分别为下列正向圆周.

(1) $|z-\mathrm{i}|=\dfrac{1}{2}$;　　(2) $|z|=\dfrac{1}{2}$;　　(3) $|z|=2$;　　(4) $|z-2|=1$.

解 (1)由柯西积分公式得

$$\oint_C \frac{\cos z}{z(z-\mathrm{i})}\mathrm{d}z = \oint_C \frac{\dfrac{\cos z}{z}}{z-\mathrm{i}}\mathrm{d}z = 2\pi\mathrm{i}\cdot\frac{\cos z}{z}\bigg|_{z=\mathrm{i}} = 2\pi\cos\mathrm{i}.$$

(2)由(1)同理可得

$$\oint_C \frac{\cos z}{z(z-\mathrm{i})}\mathrm{d}z = \oint_C \frac{\dfrac{\cos z}{z-\mathrm{i}}}{z}\mathrm{d}z = 2\pi\mathrm{i}\cdot\frac{\cos z}{z-\mathrm{i}}\bigg|_{z=0} = -2\pi.$$

(3)曲线 $|z|=2$ 中包含两个奇点,即 $z=0,z=\mathrm{i}$,故由复合闭路定理得

$$\oint_C \frac{\cos z}{z(z-\mathrm{i})}\mathrm{d}z = \oint_{|z|=\frac{1}{2}} \frac{\cos z}{z(z-\mathrm{i})}\mathrm{d}z + \oint_{|z-\mathrm{i}|=\frac{1}{2}} \frac{\cos z}{z(z-\mathrm{i})}\mathrm{d}z$$
$$= 2\pi\cos\mathrm{i} - 2\pi = 2\pi(\cos\mathrm{i}-1).$$

(4)由于曲线 $|z-2|=1$ 内被积函数 $\dfrac{\cos z}{z(z-\mathrm{i})}$ 处处解析,则由柯西积分定理得

$$\oint_C \frac{\cos z}{z(z-\mathrm{i})}\mathrm{d}z = 0.$$

2. 计算 $\oint_C \dfrac{\mathrm{e}^z}{z^2(z-\mathrm{i})^2}\mathrm{d}z$,其中积分曲线 C 分别为下列正向圆周.

(1) $|z-\mathrm{i}|=\dfrac{1}{2}$;　　(2) $|z|=\dfrac{1}{2}$;　　(3) $|z|=2$;　　(4) $|z-2|=1$.

解 (1)由高阶导数公式得

$$\oint_C \frac{\mathrm{e}^z}{z^2(z-\mathrm{i})^2}\mathrm{d}z = \oint_C \frac{\dfrac{\mathrm{e}^z}{z^2}}{(z-\mathrm{i})^2}\mathrm{d}z = \frac{2\pi\mathrm{i}}{1!}\cdot\left(\frac{\mathrm{e}^z}{z^2}\right)'\bigg|_{z=\mathrm{i}}$$
$$= 2\pi\mathrm{i}\cdot\frac{\mathrm{e}^z z - 2\mathrm{e}^z}{z^3}\bigg|_{z=\mathrm{i}} = -2\pi\mathrm{e}^{\mathrm{i}}(\mathrm{i}-2).$$

(2)由(1)同理可得

$$\oint_C \frac{\mathrm{e}^z}{z^2(z-\mathrm{i})^2}\mathrm{d}z = \oint_C \frac{\dfrac{\mathrm{e}^z}{(z-\mathrm{i})^2}}{z^2}\mathrm{d}z = 2\pi\mathrm{i}\left[\frac{\mathrm{e}^z}{(z-\mathrm{i})^2}\right]'\bigg|_{z=0}$$
$$= 2\pi\mathrm{i}\cdot\frac{\mathrm{e}^z(z-\mathrm{i})-2\mathrm{e}^z}{(z-\mathrm{i})^3}\bigg|_{z=0} = -2\pi(\mathrm{i}+2).$$

(3)曲线 $|z|=2$ 内包含两个奇点,即 $z=0,z=\mathrm{i}$,故由复合闭路定理有

$$\oint_C \frac{e^z}{z^2(z-i)^2}dz = \oint_{|z-i|=\frac{1}{2}} \frac{e^z}{z^2(z-i)^2}dz + \oint_{|z|=\frac{1}{2}} \frac{e^z}{z^2(z-i)^2}dz$$

$$= -2\pi e^i(i-2) - 2\pi(i+2).$$

（4）由于曲线 $|z-2|=1$ 内被积函数处处解析，则由柯西积分定理得

$$\oint_C \frac{e^z}{z^2(z-i)^2}dz = 0.$$

3. 计算 $\oint_C \frac{1}{z^2(z-1)(z+1)}dz$，其中积分曲线 C 为正向圆周 $|z|=2$.

解 曲线 $C:|z|=2$ 内包含三个奇点，即 $z=0,z=\pm1$，则

$$\oint_C \frac{1}{z^2(z-1)(z+1)}dz = \oint_{|z|=\frac{1}{2}} \frac{\frac{1}{(z-1)(z+1)}}{z^2}dz + \oint_{|z-1|=\frac{1}{2}} \frac{\frac{1}{z^2(z+1)}}{z-1}dz$$

$$+ \oint_{|z+1|=\frac{1}{2}} \frac{\frac{1}{z^2(z-1)}}{z+1}dz$$

$$= \frac{2\pi i}{1!}\left[\frac{1}{(z-1)(z+1)}\right]'\Big|_{z=0} + 2\pi i \cdot \frac{1}{z^2(z+1)}\Big|_{z=1}$$

$$+ 2\pi i \cdot \frac{1}{z^2(z-1)}\Big|_{z=-1}$$

$$= 0 + \pi i - \pi i = 0.$$

练习题 3.4

1. 设 u 为区域 D 内的调和函数，那么 $f(z) = \frac{\partial u}{\partial x} - \frac{\partial u}{\partial y}i$ 是否是 D 内的解析函数？为什么？

解 若 u 为区域 D 内的调和函数，则 $f(z) = \frac{\partial u}{\partial x} - \frac{\partial u}{\partial y}i$ 是 D 内的解析函数.

设 $\varphi(x,y) = \frac{\partial u}{\partial x}$，$\psi(x,y) = -\frac{\partial u}{\partial y}$. 因为 u 为区域 D 内的调和函数，所以有

$$\frac{\partial^2 u}{\partial x^2} + \frac{\partial^2 u}{\partial y^2} = 0, \qquad\qquad ①$$

且有 u 的二阶偏导数连续，故

$$\frac{\partial^2 u}{\partial x \partial y} = \frac{\partial^2 u}{\partial y \partial x}. \qquad\qquad ②$$

由①式可得

$$\frac{\partial^2 u}{\partial x^2} = -\frac{\partial^2 u}{\partial y^2}. \qquad\qquad ③$$

而 $\qquad \frac{\partial^2 u}{\partial x^2} = \frac{\partial \varphi}{\partial x}, \quad -\frac{\partial^2 u}{\partial y^2} = \frac{\partial \psi}{\partial y}, \quad \frac{\partial^2 u}{\partial x \partial y} = \frac{\partial \varphi}{\partial y}, \quad \frac{\partial^2 u}{\partial y \partial x} = -\frac{\partial \psi}{\partial x}.$

将上述关系代入②、③式,可得

$$\begin{cases} \dfrac{\partial \varphi}{\partial x} = \dfrac{\partial \psi}{\partial y}, \\ \dfrac{\partial \varphi}{\partial y} = -\dfrac{\partial \psi}{\partial x}. \end{cases}$$

所以 $f(z)$ 的实、虚函数满足 C-R 方程,且都可导.由解析的充要条件可知,$f(z)$ 在 D 内是解析函数.

2. 若 u 是 v 的共轭调和函数,则 v 是 u 的共轭调和函数吗?

解 若 u 是 v 的共轭调和函数,那么 v 不一定是 u 的共轭调和函数.例如,$2xy$ 是 x^2-y^2 的共轭调和函数,但 x^2-y^2 不是 $2xy$ 的共轭调和函数.

若 u 与 v 互为共轭调和函数,则 u、v 必为常数.证明如下.

u 与 v 互为共轭调和函数,则有下列两组 C-R 方程成立,即

$$\begin{cases} \dfrac{\partial u}{\partial x} = \dfrac{\partial v}{\partial y}, \\ \dfrac{\partial u}{\partial y} = -\dfrac{\partial v}{\partial x}; \end{cases} \qquad \begin{cases} \dfrac{\partial v}{\partial x} = \dfrac{\partial u}{\partial y}, \\ \dfrac{\partial v}{\partial y} = -\dfrac{\partial u}{\partial x}. \end{cases}$$

比较上述两组方程可得

$$\frac{\partial u}{\partial x} = \frac{\partial u}{\partial y} = \frac{\partial v}{\partial x} = \frac{\partial v}{\partial y} = 0.$$

故 u 与 v 为常数.

3. 设函数 $f(z)=u+vi$ 在区域 D 内解析,且 $u=xy$,求 $f(z)$.

解 $f(z)$ 在 D 内解析,所以有

$$f'(z) = \frac{\partial u}{\partial x} - \mathrm{i}\frac{\partial u}{\partial y} = y - \mathrm{i}x = -\mathrm{i}(x+\mathrm{i}y) = -\mathrm{i}z.$$

故 $$f(z) = \int (-\mathrm{i}z)\mathrm{d}z = -\frac{\mathrm{i}}{2}z^2 + C \quad (C \text{ 为复常数}).$$

4. 当 a、b、c 满足什么条件时,$u=ax^2+2bxy+cy^2$ 为调和函数?求出它的共轭调和函数.

解 因为 $\dfrac{\partial u}{\partial x}=2ax+2by, \dfrac{\partial u}{\partial y}=2bx+2cy,$

$$\frac{\partial^2 u}{\partial x^2} = 2a, \qquad \frac{\partial^2 u}{\partial y^2} = 2c.$$

又由 u 为调和函数可得 $a+c=0$.故当 $a+c=0$,b 为任意实数时,u 为调和函数.

设 v 是 u 的共轭调和函数,由 C-R 方程得

$$\frac{\partial u}{\partial x} = \frac{\partial v}{\partial y} = 2ax + 2by,$$

$$\frac{\partial u}{\partial y} = -\frac{\partial v}{\partial x} = 2bx + 2cy. \qquad \text{①}$$

故 $$v = \int (2ax + 2by)\mathrm{d}y = 2axy + by^2 + \varphi(x). \qquad ②$$

由①、②得

$$\frac{\partial v}{\partial x} = 2ay + \varphi'(x) = -2cy - 2bx.$$

因为 $a + c = 0$，所以比较上式得

$$\varphi'(x) = -2bx.$$

故 $$\varphi(x) = \int (-2bx)\mathrm{d}x = -bx^2 + D \quad (D \text{ 为任意实数}).$$

所以 $$v = 2axy + by^2 - bx^2 + D \quad (D \text{ 为任意实数}).$$

综合练习题 3

1. 讨论下列函数的可导性，并求出其导数.

(1) $\omega = (z-1)^n$；　　　　　　　(2) $\omega = \dfrac{1}{z^2 - 1}$；

(3) $\omega = \bar{z}$；　　　　　　　　　(4) $\omega = |z|^2 z$；

(5) $\omega = \dfrac{az+b}{cz+d}$ (c, d 中至少有一个不为零).

解 (1) 由导数定义知

$$\lim_{\Delta z \to 0} \frac{\Delta \omega}{\Delta z} = \lim_{\Delta z \to 0} \frac{f(z + \Delta z) - f(z)}{\Delta z} = \lim_{\Delta z \to 0} \frac{(z + \Delta z - 1)^n - (z-1)^n}{\Delta z}$$

$$= \lim_{\Delta z \to 0} \frac{\left[(z-1)^n + n \cdot (z-1)^{n-1} \Delta z + \cdots + \Delta z^n \right] - (z-1)^n}{\Delta z}$$

$$= \lim_{\Delta z \to 0} \left[n \cdot (z-1)^{n-1} + \mathrm{C}_n^2 (z-1)^{n-2} \Delta z + \cdots + \Delta z^{n-1} \right]$$

$$= n(z-1)^{n-1}.$$

故 $f(z)$ 在全平面内都可导，且 $f'(z) = n(z-1)^{n-1}$.

(2) 由导数的四则运算性质可知，$f(z)$ 在 $z \neq \pm 1$ 时是可导的，且

$$f'(z) = -\frac{2z}{(z^2 - 1)^2}.$$

(3) 设 $z = x + \mathrm{i}y$，则 $\omega = \bar{z} = x - \mathrm{i}y$，令

$$u = x, \quad v = -y.$$

则

$$\frac{\partial u}{\partial x} = 1, \quad \frac{\partial u}{\partial y} = 0,$$

$$\frac{\partial v}{\partial x} = 0, \quad \frac{\partial v}{\partial y} = -1.$$

故

$$\frac{\partial u}{\partial x} \neq \frac{\partial v}{\partial y}.$$

所以 $\omega = \bar{z}$ 在全平面处处不可导.

(4) 设 $z=x+\mathrm{i}y$,则
$$\omega=|z|^2 z=(x^2+y^2)(x+\mathrm{i}y)=(x^3+xy^2)+\mathrm{i}(x^2y+y^3),$$

令
$$u=x^3+xy^2,\quad v=x^2y+y^3.$$

则
$$\frac{\partial u}{\partial x}=3x^2+y^2,\quad \frac{\partial u}{\partial y}=2xy,$$

$$\frac{\partial v}{\partial x}=2xy,\quad \frac{\partial v}{\partial y}=x^2+3y^2.$$

显然,四个偏导数在全平面上是连续的,由 C-R 方程得
$$\begin{cases}3x^2+y^2=x^2+3y^2,\\2xy=-2xy.\end{cases}$$

解方程组得 $x=y=0$.

故 $f(z)$ 只在 $x=y=0$ 处可导,$f'(0)=\dfrac{\partial u}{\partial x}+\mathrm{i}\dfrac{\partial v}{\partial x}\Big|_{x=y=0}=0$.

(5) 函数 $(az+b),(cz+d)$ 在全平面上处处可导,由导数四则运算法则可得 $f(z)=\dfrac{az+b}{cz+d}$ 在 $z\neq-\dfrac{d}{c}$ 时是可导的,且

$$f'(z)=\frac{ad-bc}{(cz+d)^2}.$$

2. 试讨论下列函数的可导性与解析性,并在可导区域内求其导数.

(1) $\omega=1-z-2z^2$;   (2) $\omega=\dfrac{1}{z}$;

(3) $\omega=z\mathrm{Im}z-\mathrm{Re}z$;   (4) $\omega=|z|^2-\mathrm{i}\mathrm{Re}z^2$;

(5) $\omega=|z|$.

解 (1) $\omega=1-z-2z^2$ 为整式函数,故 ω 在全平面上处处可导,亦处处解析,且
$$f'(z)=-1-4z.$$

(2) $\omega=\dfrac{1}{z}$ 在 $z\neq0$ 时处处可导,故在 $z\neq0$ 时处处解析,且

$$f'(z)=-\frac{1}{z^2}.$$

(3) 令 $z=x+\mathrm{i}y$,则 $\omega=(x+\mathrm{i}y)y-x=xy-x+\mathrm{i}y^2$. 再令 $u=xy-x,v=y^2$,于是

$$\frac{\partial u}{\partial x}=y-1,\quad \frac{\partial u}{\partial y}=x,\quad \frac{\partial v}{\partial x}=0,\quad \frac{\partial v}{\partial y}=2y.$$

显然四个偏导数在全平面都连续,由 C-R 方程可得
$$\begin{cases}y-1=2y,\\x=0,\end{cases}$$

即
$$\begin{cases}x=0,\\y=-1.\end{cases}$$

故 u,v 在 $z=-\mathrm{i}$ 处满足 C-R 方程. 所以 $f(z)$ 在 $z=-\mathrm{i}$ 处可导, 处处不解析, 且

$$f'(-\mathrm{i})=\frac{\partial u}{\partial x}+\mathrm{i}\frac{\partial v}{\partial x}\bigg|_{\substack{x=0 \\ y=-1}}=(y-1)\bigg|_{\substack{x=0 \\ y=-1}}=-2.$$

（4）令 $z=x+\mathrm{i}y$, 则 $z^2=x^2-y^2+\mathrm{i}\cdot2xy$, 于是

$$\omega=|z|^2-\mathrm{i}\mathrm{Re}z^2=x^2+y^2-\mathrm{i}(x^2-y^2).$$

再设 $u=x^2+y^2,v=y^2-x^2$, 则有

$$\frac{\partial u}{\partial x}=2x,\quad \frac{\partial u}{\partial y}=2y,\quad \frac{\partial v}{\partial x}=-2x,\quad \frac{\partial v}{\partial y}=2y.$$

显然, 四个偏导数在全平面上处处连续, 由 C-R 方程得

$$\begin{cases}2x=2y, \\ 2y=2x.\end{cases}$$

解得 $y=x$.

所以函数在 $y=x$ 处满足 C-R 方程, 故 $f(z)$ 在直线 $y=x$ 处可导, 处处不解析, 且直线 $y=x$ 上的导数为

$$f'(z)=\frac{\partial u}{\partial x}+\mathrm{i}\frac{\partial v}{\partial x}=2x-\mathrm{i}\cdot2x=2x(1-\mathrm{i}).$$

（5）设 $z=x+\mathrm{i}y$, 则 $\omega=\sqrt{x^2+y^2}$. 再令 $u=\sqrt{x^2+y^2},v=0$.

于是有

$$\frac{\partial u}{\partial x}=\frac{x}{\sqrt{x^2+y^2}},\quad \frac{\partial u}{\partial y}=\frac{y}{\sqrt{x^2+y^2}},$$

$$\frac{\partial v}{\partial x}=0,\quad \frac{\partial v}{\partial y}=0.$$

由二元函数连续性可知 $\dfrac{\partial u}{\partial x}$、$\dfrac{\partial u}{\partial y}$ 在 $x^2+y^2\neq0$ 时是连续的, $\dfrac{\partial v}{\partial x}$, $\dfrac{\partial v}{\partial y}$ 在全平面上连续. 由 C-R 方程得

$$\begin{cases}\dfrac{x}{\sqrt{x^2+y^2}}=0, \\[2mm] \dfrac{y}{\sqrt{x^2+y^2}}=0.\end{cases}$$

解得 $x=y=0$.

故可导的两个条件不能同时成立. 所以 $f(z)$ 在全平面上处处不可导, 且处处不解析.

3. 试证明柯西-黎曼条件的极坐标形式为

$$\frac{\partial u}{\partial r}=\frac{1}{r}\frac{\partial v}{\partial \theta},\quad \frac{\partial v}{\partial r}=-\frac{1}{r}\frac{\partial u}{\partial \theta},$$

并由此验证 $\omega=z^n$ 为解析函数.

证　设 $z=x+\mathrm{i}y$, 则 $f(z)=u(x,y)+\mathrm{i}\cdot v(x,y)$, 直角坐标与极坐标有如下

关系：

$$x = r\cos\theta, \quad y = r\sin\theta.$$

代入 $f(z)$ 得

$$f(z) = u(r\cos\theta, r\sin\theta) + v(r\cos\theta, r\sin\theta).$$

由多元复合函数求导法则可知

$$\frac{\partial u}{\partial r} = \frac{\partial u}{\partial x} \cdot \frac{\partial x}{\partial r} + \frac{\partial u}{\partial y} \cdot \frac{\partial y}{\partial r} = \frac{\partial u}{\partial x}\cos\theta + \frac{\partial u}{\partial y}\sin\theta,$$

$$\frac{\partial v}{\partial \theta} = \frac{\partial v}{\partial x} \cdot \frac{\partial x}{\partial \theta} + \frac{\partial v}{\partial y} \cdot \frac{\partial y}{\partial \theta} = \frac{\partial v}{\partial x}(-r\sin\theta) + \frac{\partial v}{\partial y}r\cos\theta.$$

由 $\dfrac{\partial u}{\partial x} = \dfrac{\partial v}{\partial y}, \dfrac{\partial u}{\partial y} = -\dfrac{\partial v}{\partial x}$ 可得

$$\frac{\partial u}{\partial r} = \frac{\partial u}{\partial x}\cos\theta + \frac{\partial u}{\partial y}\sin\theta = \frac{\partial v}{\partial y}\cos\theta - \frac{\partial v}{\partial x}\sin\theta$$

$$= \frac{1}{r}\left[\frac{\partial v}{\partial x}(-r\sin\theta) + \frac{\partial v}{\partial y}r\cos\theta\right] = \frac{1}{r}\frac{\partial v}{\partial \theta}.$$

同理可证，$\dfrac{\partial v}{\partial r} = -\dfrac{1}{r}\dfrac{\partial u}{\partial \theta}$.

4. 设函数 $f(z) = my^3 + nx^2y + i(x^3 + lxy^2)$ 是全平面的解析函数，试求 l、m、n 的值.

解 令 $u(x,y) = my^3 + nx^2y, v(x,y) = x^3 + lxy^2$，则由函数解析可得

$$\frac{\partial u}{\partial x} = \frac{\partial v}{\partial y}, \quad \frac{\partial u}{\partial y} = -\frac{\partial v}{\partial x},$$

即

$$\begin{cases} 2nxy = 2lxy, \\ 3my^2 + nx^2 = -(3x^2 + ly^2). \end{cases}$$

比较方程组等式两边可得 $n = l = -3, m = 1$.

5. 计算积分 $\displaystyle\oint_c \frac{e^z}{z^2+1}dz$，其中积分路径 C 如下.

（1）正向圆周 $|z-i| = 1$；　　（2）正向圆周 $|z+i| = 1$；

（3）正向圆周 $|z| = 2$.

解 （1）由柯西积分公式得

$$\oint_c \frac{e^z}{z^2+1}dz = \oint_c \frac{e^z/(z+i)}{z-i}dz = 2\pi i \cdot \frac{e^z}{z+i}\bigg|_{z=i} = \pi e^i.$$

（2）$\displaystyle\oint_c \frac{e^z}{z^2+1}dz = \oint_c \frac{e^z/(z-i)}{z+i}dz = 2\pi i \cdot \frac{e^z}{z-i}\bigg|_{z=-i} = -\pi e^{-i}.$

（3）由多连通域柯西积分定理得

$$\oint_c \frac{e^z}{z^2+1}dz = \oint_{|z-i|=1} \frac{e^z}{z^2+1}dz + \oint_{|z+i|=1} \frac{e^z}{z^2+1}dz$$

$$= \pi e^i - \pi e^{-i} = 2\pi i \cdot \sin 1.$$

6. 计算下列积分.

(1) $\oint_C \dfrac{\sin z}{\left(z-\dfrac{\pi}{6}\right)^3}\mathrm{d}z$,其中积分路径 C 为正向圆周 $\left|z-\dfrac{\pi}{6}\right|=1$;

(2) $\oint_C \dfrac{\cos z}{z^2(z-1)}\mathrm{d}z$,其中积分路径 C 为正向圆周 $|z|=2$;

(3) $\oint_C \dfrac{\ln z}{(z-\mathrm{i})^3}\mathrm{d}z$,其中积分路径 C 为正向圆周 $|z-\mathrm{i}|=2$;

(4) $\oint_C \dfrac{\mathrm{e}^z\cos z}{z^2}\mathrm{d}z$,其中积分路径 C 为正向圆周 $|z|=1$.

解　(1) 由高阶导数公式得

$$\oint_C = \frac{\sin z}{\left(z-\dfrac{\pi}{6}\right)^3}\mathrm{d}z = \frac{2\pi\mathrm{i}}{2!}(\sin z)''\Big|_{z=\frac{\pi}{6}} = -\frac{\pi\mathrm{i}}{2}.$$

(2) 积分路径 C 内包含两个奇点,即 $z=0$,$z=1$,则

$$\oint_C \frac{\cos z}{z^2(z-1)}\mathrm{d}z = \oint_{|z|=\frac{1}{2}}\frac{\dfrac{\cos z}{z-1}}{z^2}\mathrm{d}z + \oint_{|z-1|=\frac{1}{2}}\frac{\dfrac{\cos z}{z^2}}{z-1}\mathrm{d}z$$

$$= 2\pi\mathrm{i}\left(\frac{\cos z}{z-1}\right)'\Big|_{z=0} + 2\pi\mathrm{i}\cdot\frac{\cos z}{z^2}\Big|_{z=1}$$

$$= -2\pi\mathrm{i} + 2\pi\mathrm{i}\cos 1 = 2\pi\mathrm{i}(\cos 1 - 1).$$

(3) 由高阶导数公式得

$$\oint_C \frac{\ln z}{(z-\mathrm{i})^3}\mathrm{d}z = \frac{2\pi\mathrm{i}}{2!}(\ln z)''\Big|_{z=\mathrm{i}} = \pi\mathrm{i}.$$

(4) 由高阶导数公式得

$$\oint_C \frac{\mathrm{e}^z\cos z}{z^2}\mathrm{d}z = 2\pi\mathrm{i}(\mathrm{e}^z\cos z)'\big|_{z=0} = 2\pi\mathrm{i}.$$

7. 计算积分 $\oint_C \dfrac{z^2+2z+3}{z^2(z-4)}\mathrm{d}z$,其中积分路径 C 如下.

(1) 正向圆周 $|z-1|=2$;　　　　(2) 正向圆周 $|z-2|=1$;

(3) 正向圆周 $|z-2|=3$;　　　　(4) 正向圆周 $|z-3|=2$.

解　(1) $\oint_C \dfrac{z^2+2z+3}{z^2(z-4)}\mathrm{d}z = \oint_C \dfrac{\dfrac{z^2+2z+3}{z-4}}{z^2}\mathrm{d}z = 2\pi\mathrm{i}\left(\dfrac{z^2+2z+3}{z-4}\right)'\Big|_{z=0} = -\dfrac{11}{8}\pi\mathrm{i}.$

(2) 在 $|z-2|=1$ 内被积函数处处解析,由柯西积分定理得

$$\oint_C \frac{z^2+2z+3}{z^2(z-4)}\mathrm{d}z = 0.$$

(3) 在 $|z-2|=3$ 内有两个奇点,即 $z=0$,$z=4$,故

$$\oint_C \frac{z^2 + 2z + 3}{z^2(z-4)}dz = \oint_{|z-1|=2} \frac{z^2 + 2z + 3}{z^2(z-4)}dz + \oint_{|z-4|=1} \frac{z^2 + 2z + 3}{z^2(z-4)}dz$$

$$= -\frac{11}{8}\pi i + \oint_{|z-4|=1} \frac{\dfrac{z^2 + 2z + 3}{z^2}}{z-4}dz$$

$$= -\frac{11}{8}\pi i + 2\pi i \cdot \frac{z^2 + 2z + 3}{z^2}\bigg|_{z=4}$$

$$= -\frac{11}{8}\pi i + \frac{27}{8}\pi i = 2\pi i.$$

(4) $\oint_C \dfrac{z^2 + 2z + 3}{z^2(z-4)}dz = \oint_C \dfrac{\dfrac{z^2 + 2z + 3}{z^2}}{z-4}dz = 2\pi i \cdot \dfrac{z^2 + 2z + 3}{z^2}\bigg|_{z=4} = \dfrac{27}{8}\pi i.$

8. 计算下列积分.

(1) $\oint_{|z|=2} \dfrac{2z-1}{z(z-1)}dz$;　　　　　　(2) $\oint_{|z|=\frac{3}{2}} \dfrac{dz}{(z^2+1)(z^2+4)}$;

(3) $\oint_{|z-i|=1} \dfrac{z^2}{(z^2+1)^2}dz$;　　　　　　(4) $\oint_{|z|=2} \dfrac{e^z}{z^4-1}dz$.

解　(1) $\oint_{|z|=2} \dfrac{2z-1}{z(z-1)}dz = \oint_{|z|=\frac{1}{4}} \dfrac{\dfrac{2z-1}{z-1}}{z}dz + \oint_{|z-1|=\frac{1}{4}} \dfrac{\dfrac{2z-1}{z}}{z-1}dz$

$$= 2\pi i \cdot \frac{2z-1}{z-1}\bigg|_{z=0} + 2\pi i \cdot \frac{2z-1}{z}\bigg|_{z=1}$$

$$= 2\pi i + 2\pi i = 4\pi i.$$

(2) $\oint_{|z|=\frac{3}{2}} \dfrac{dz}{(z^2+1)(z^2+4)} = \oint_{|z-i|=\frac{1}{2}} \dfrac{\dfrac{1}{(z+i)(z^2+4)}}{z-i}dz$

$$+ \oint_{|z+i|=\frac{1}{2}} \frac{\dfrac{1}{(z-i)(z^2+4)}}{z+i}dz$$

$$= 2\pi i \cdot \frac{1}{(z+i)(z^2+4)}\bigg|_{z=i}$$

$$+ 2\pi i \cdot \frac{1}{(z-i)(z^2+4)}\bigg|_{z=-i}$$

$$= \frac{\pi}{3} + \left(-\frac{\pi}{3}\right) = 0.$$

(3) $\oint_{|z-i|=1} \dfrac{z^2}{(z^2+1)^2}dz = \oint_{|z-i|=1} \dfrac{\dfrac{z^2}{(z+i)^2}}{(z-i)^2}dz = 2\pi i\left[\dfrac{z^2}{(z+i)^2}\right]'\bigg|_{z=i}$

$$= 2\pi i \cdot \frac{2z(z+i)^2 - 2(z+i)z^2}{(z+i)^4}\bigg|_{z=i} = 2\pi i \cdot \frac{-i}{4} = \frac{\pi}{2}.$$

$(4) \oint_{|z|=2} \dfrac{e^z}{z^4-1} dz = \oint_{|z-1|=\frac{1}{2}} \dfrac{\dfrac{e^z}{(z+1)(z^2+1)}}{z-1} dz + \oint_{|z+1|=\frac{1}{2}} \dfrac{\dfrac{e^z}{(z-1)(z^2+1)}}{z+1} dz$

$\qquad\qquad + \oint_{|z-i|=\frac{1}{2}} \dfrac{\dfrac{e^z}{(z^2-1)(z+i)}}{z-i} dz + \oint_{|z+i|=\frac{1}{2}} \dfrac{\dfrac{e^z}{(z^2-1)(z-i)}}{z+i} dz$

$\qquad\qquad = 2\pi i \cdot \dfrac{e^z}{(z+1)(z^2+1)} \Big|_{z=1} + 2\pi i \cdot \dfrac{e^z}{(z-1)(z^2+1)} \Big|_{z=-1}$

$\qquad\qquad + 2\pi i \cdot \dfrac{e^z}{(z^2-1)(z+i)} \Big|_{z=i} + 2\pi i \cdot \dfrac{e^z}{(z^2-1)(z-i)} \Big|_{z=-i}$

$\qquad\qquad = \dfrac{\pi i}{2} e - \dfrac{\pi i}{2} e^{-1} - \dfrac{\pi e^i}{2} + \dfrac{\pi}{2} e^{-i} = \dfrac{\pi}{2}(ie - ie^{-1} + e^{-i} - e^i).$

9. 计算下列积分.

$(1) \displaystyle\int_{-\pi i}^{\pi i} \sin^2 z\, dz;$ $\qquad\qquad (2) \displaystyle\int_{0}^{i} (z-1)e^{-z}\, dz.$

解 （1）、（2）中被积函数在全平面上处处解析，故可用牛顿-莱布尼兹公式.

$(1) \displaystyle\int_{-\pi i}^{\pi i} \sin^2 z\, dz = \int_{-\pi i}^{\pi i} \dfrac{1-\cos 2z}{2} dz = \int_{-\pi i}^{\pi i} \dfrac{1}{2} dz - \dfrac{1}{2} \int_{-\pi i}^{\pi i} \cos 2z\, dz$

$\qquad\qquad = \dfrac{1}{2} z \Big|_{-\pi i}^{\pi i} - \dfrac{1}{4} \sin 2z \Big|_{-\pi i}^{\pi i} = \pi i - \dfrac{1}{2} \sin(2\pi i).$

$(2) \displaystyle\int_{0}^{i} (z-1)e^{-z}\, dz = -\int_{0}^{i} (z-1) d(e^{-z}) = -e^{-z}(z-1) \Big|_{0}^{i} + \int_{0}^{i} e^{-z} \cdot d(z-1)$

$\qquad\qquad = -(e^{-i} \cdot i - e^{-i} + 1) + \int_{0}^{i} e^{-z} dz$

$\qquad\qquad = -(e^{-i} \cdot i - e^{-i} + 1) - e^{-z} \Big|_{0}^{i}$

$\qquad\qquad = -ie^{-i} + e^{-i} - 1 - (e^{-i} - 1) = -ie^{-i}$

$\qquad\qquad = -i(\cos 1 - i\sin 1) = -\sin 1 - i\cos 1.$

第4章 复变函数的级数

4.1 内 容 提 要

4.1.1 复数序列的极限

定义4.1 设 $\{z_n\}(n=1,2,\cdots)$ 为一复数数列,其中 $z_n=x_n+\mathrm{i}y_n$,又设 $z_0=x_0+\mathrm{i}y_0$ 为一确定的复数.如果任意给定的 $\varepsilon>0$,存在自然数 N,使当 $n>N$ 时,总有 $|z_n-z_0|<\varepsilon$ 成立,则称复数数列 $\{z_n\}$ 收敛于复数 z_0,或称 $\{z_n\}$ 以 z_0 为极限,记为

$$\lim_{n\to\infty}z_n=z_0 \quad 或 \quad z_n\to z_0(n\to\infty) \tag{4-1}$$

如果数列 $\{z_n\}$ 不收敛,则称 $\{z_n\}$ 发散,或者说 $\{z_n\}$ 是发散数列.

定理4.1 设 $z_0=x_0+\mathrm{i}y_0,z_n=x_n+\mathrm{i}y_n(n=0,1,2,\cdots)$,则 $\lim\limits_{n\to\infty}z_n=z_0$ 的充分必要条件是

$$\lim_{n\to\infty}x_n=x_0, \quad \lim_{n\to\infty}y_n=y_0 \tag{4-2}$$

注:关于两个实数列相应项的和、差、积、商(分母不为零)所成数列的极限的结果,可以推广到复数数列.

4.1.2 复数项级数

1. 复数项级数的定义

定义4.2 设 $\{z_n\}(n=1,2,\cdots)$ 为一复数数列,表达式

$$\sum_{n=1}^{\infty}z_n=z_1+z_2+\cdots+z_n+\cdots \tag{4-3}$$

称为复数项无穷级数.如果 $\{z_n\}$ 的部分和数列

$$S_n=z_1+z_2+\cdots+z_n \quad (n=1,2,3,\cdots)$$

有极限 $\lim\limits_{n\to\infty}S_n=S$(有限复数),则称级数(4-3)是收敛的,$S$ 称为该级数的和;如果 $\{S_n\}$ 没有极限,就称级数(4-3)是发散的.

由定理4.1可以得到下面的结论.

定理4.2 级数(4-3)收敛的充分必要条件是级数 $\sum\limits_{n=1}^{\infty}x_n$ 和级数 $\sum\limits_{n=1}^{\infty}y_n$ 都收敛.

注:定理4.2可以将复数项级数的收敛与发散问题转化为实数项级数的收敛与

发散问题.

定理 4.3　级数(4-3)收敛的必要条件是

$$\lim_{n \to \infty} z_n = \lim_{n \to \infty}(x_n + \mathrm{i}y_n) = 0 \tag{4-4}$$

2. 绝对收敛与条件收敛

定义 4.3　如果级数 $\sum\limits_{n=1}^{\infty} |z_n|$ 收敛，则称级数 $\sum\limits_{n=1}^{\infty} z_n$ 为绝对收敛；如果级数 $\sum\limits_{n=1}^{\infty} z_n$ 收敛，但级数 $\sum\limits_{n=1}^{\infty} |z_n|$ 发散，则称级数 $\sum\limits_{n=1}^{\infty} z_n$ 为条件收敛.

定理 4.4　如果级数 $\sum\limits_{n=1}^{\infty} |z_n|$ 收敛，则级数 $\sum\limits_{n=1}^{\infty} z_n$ 也收敛.

注：定理 4.4 告诉我们，绝对收敛的级数本身一定是收敛的. 但反过来，若级数 $\sum\limits_{n=1}^{\infty} z_n$ 收敛，级数 $\sum\limits_{n=1}^{\infty} |z_n|$ 却不一定收敛.

4.1.3　幂级数

1. 复变函数项的级数

定义 4.4　设 $\{f_n(z)\}(n=1,2,\cdots)$ 为区域 D 内的复变函数数列，则称

$$\sum_{n=1}^{\infty} f_n(z) = f_1(z) + f_2(z) + \cdots + f_n(z) + \cdots \tag{4-5}$$

为区域 D 内的复变函数项级数. 该级数前 n 项的和

$$S_n(z) = f_1(z) + f_2(z) + \cdots + f_n(z) \quad (n=1,2,3,\cdots) \tag{4-6}$$

称为复变函数项级数的部分和.

定义 4.5　若对于区域 D 内某一点 z_0，极限

$$\lim_{n \to \infty} S_n(z_0) = S(z_0)$$

存在，称复变函数项级数 $\sum\limits_{n=1}^{\infty} f_n(z)$ 在 z_0 收敛，其中 $S(z_0)$ 称为该级数的和. 若级数在区域 D 内处处收敛，则其和是 z 的函数 $S(z)$，$S(z)$ 称为复变函数项级数 $\sum\limits_{n=1}^{\infty} f_n(z)$ 的和函数.

2. 幂级数的定义

定义 4.6　形如

$$\sum_{n=0}^{\infty} C_n(z-z_0)^n = C_0 + C_1(z-z_0) + C_2(z-z_0)^2 + \cdots + C_n(z-z_0)^n + \cdots \tag{4-7}$$

的复变函数项级数称为幂级数，其中 $C_n(n=0,1,2,\cdots)$ 及 z_0 均为复常数.

3. 幂级数的收敛圆与收敛半径

1）阿贝尔（Abel）定理

定理 4.5 如果幂级数(4-7)在点 $z_1(z_1 \neq z_2)$ 处收敛，则幂级数(4-7)在圆域 $|z-z_0| < |z_1-z_0|$ 内绝对收敛；如果幂级数(4-7)在点 z_2 处发散，则幂级数(4-7)在圆域 $|z-z_0| > |z_2-z_0|$ 内发散.

2）收敛圆与收敛半径的定义

定义 4.7 若存在一个有限正数 R，使得 $\sum\limits_{n=0}^{\infty} C_n(z-z_0)^n$ 在 $|z-z_0| = R$ 内绝对收敛，在圆周 $|z-z_0| = R$ 的外部发散，则称 R 为该幂级数的收敛半径；圆周 $|z-z_0| = R$ 称为收敛圆.

3）收敛半径的求法

（1）比值法：若 $\lim\limits_{n \to \infty} \left| \dfrac{C_{n+1}}{C_n} \right| = \lambda$，则级数 $\sum\limits_{n=0}^{\infty} C_n(z-z_0)^n$ 的收敛半径 $R = \dfrac{1}{\lambda}$.

（2）根值法：若 $\lim\limits_{n \to \infty} \sqrt[n]{|C_n|} = \lambda$，则级数 $\sum\limits_{n=0}^{\infty} C_n(z-z_0)^n$ 的收敛半径 $R = \dfrac{1}{\lambda}$.

（3）在比值法或根值法中，当 $\lambda = 0$ 时，则 $R = \infty$；当 $\lambda = \infty$ 时，则 $R = 0$.

（4）设 $f(z)$ 为幂级数 $\sum\limits_{n=0}^{\infty} C_n(z-z_0)^n$ 的和函数，a 是 $f(z)$ 的奇点中距离 z_0 最近的一个奇点，则 $|z_0 - a| = R$ 即为 $\sum\limits_{n=0}^{\infty} C_n(z-z_0)^n$ 的收敛半径.

4. 幂级数的性质

复变函数幂级数也同实函数幂级数一样，在其收敛圆的内部有下列性质.

（1）幂级数的和函数 $f(z) = \sum\limits_{n=0}^{\infty} C_n(z-z_0)^n$ 在收敛圆的内部是一个解析函数.

（2）代数运算性质.

设复变函数项幂级数 $\sum\limits_{n=0}^{\infty} a_n z^n$ 与 $\sum\limits_{n=0}^{\infty} b_n z^n$ 的收敛半径分别为 R_1 与 R_2，令 $R = \min(R_1, R_2)$，则当 $|z| < R$ 时，

$$\sum_{n=0}^{\infty} (\alpha a_n \pm \beta b_n) z^n = \alpha \sum_{n=0}^{\infty} a_n z^n \pm \beta \sum_{n=0}^{\infty} b_n z^n \text{（线性运算）},$$

$$\left(\sum_{n=0}^{\infty} a_n z^n \right) \left(\sum_{n=0}^{\infty} b_n z^n \right) = \sum_{n=0}^{\infty} (a_n b_0 + a_{n-1} b_1 + \cdots + a_0 b_n) z^n \text{（乘积运算）}.$$

（3）复合运算性质.

设 $|\zeta| < r$，$f(\zeta) = \sum\limits_{n=0}^{\infty} a_n \zeta^n$，当 $|z| < R$ 时，$\zeta = g(z)$ 解析且 $|g(z)| < r$，则 $|z| < R$ 时，

$$f[g(z)] = \sum_{n=0}^{\infty} a_n [g(z)]^n.$$

（4）分析运算性质.

在收敛圆的内部,幂级数的和函数 $f(z) = \sum_{n=0}^{\infty} C_n (z - z_0)^n$ 是解析函数,且可以任意次的逐项求导、逐项积分.

4.1.4　泰勒级数

1. 泰勒(Taylor)定理

定理 4.6　设函数 $f(z)$ 在区域 D 内解析, z_0 为 D 内一点, R 为 z_0 到区域 D 的边界上各点的最短距离,则当 $|z - z_0| < R$ 时, $f(z)$ 可以展开为幂级数

$$f(z) = \sum_{n=0}^{\infty} C_n (z - z_0)^n \tag{4-8}$$

式(4-8)右端级数称为泰勒级数,其中

$$C_n = \frac{1}{n!} f^{(n)}(z_0), \quad n = 0, 1, 2, \cdots \tag{4-9}$$

也称为泰勒系数.

注 1. 函数在一点解析的充分必要条件是该函数在这点的邻域内可以展开为幂级数.

注 2. 任何解析函数展开成幂级数的结果就是泰勒级数,因而展开式(4-8)具有唯一性.

2. 求解析函数泰勒展开式的方法

（1）直接法:直接求出函数的各阶导数并把它们代入式(4-8),计算出泰勒系数.这种方法一般比较复杂.

（2）间接展开法:根据解析函数泰勒展开式的唯一性,利用一些已知函数的泰勒展开式,通过幂级数的代数运算、复合运算和分析运算的性质求出所给函数的泰勒展开式.

（3）几个常用初等函数的泰勒展开式:

$$e^z = 1 + z + \frac{z^2}{2!} + \frac{z^3}{3!} + \cdots + \frac{z^n}{n!} + \cdots, |z| < \infty \tag{4-10}$$

$$\sin z = z - \frac{z^3}{3!} + \frac{z^5}{5!} - \cdots + (-1)^n \frac{z^{2n+1}}{(2n+1)!} + \cdots, |z| < \infty \tag{4-11}$$

$$\cos z = 1 - \frac{z^2}{2!} + \frac{z^4}{4!} - \cdots + (-1)^n \frac{z^{2n}}{(2n)!} + \cdots, |z| < \infty \tag{4-12}$$

$$\frac{1}{1-z} = 1 + z + z^2 + \cdots + z^n + \cdots, |z| < 1 \tag{4-13}$$

4.1.5　洛朗级数

1. 双边幂级数

定义 4.8　含有正幂项与负幂项的级数

$$\sum_{n=-\infty}^{\infty} c_n (z - z_0)^n = \cdots + c_{-n}(z - z_0)^{-n} + \cdots + c_{-1}(z - z_0)^{-1} + c_0$$
$$+ c_1(z - z_0) + \cdots + c_n(z - z_0)^n + \cdots \qquad (4\text{-}14)$$

称为双边幂级数,其中 z_0 与 $c_n (n = 0, \pm 1, \pm 2, \cdots)$ 都是常数.

双边幂级数的收敛域是圆环域 $R_1 < |z - z_0| < R_2$,其中 $R_1 \geqslant 0, R_2 \leqslant +\infty$. 这类级数在收敛圆环域内具有幂级数在收敛圆内许多类似的性质,包括级数在收敛圆环内的和函数是解析的,并且可以逐项求导和逐项积分.

2. 洛朗(Laurent)定理

定理 4.7　设函数 $f(z)$ 在圆环域 $R_1 < |z - z_0| < R_2$ 内处处解析,则函数 $f(z)$ 一定能在该圆环域内展开为

$$f(z) = \sum_{n=-\infty}^{\infty} C_n (z - z_0)^n \qquad (4\text{-}15)$$

其中

$$C_n = \frac{1}{2\pi i} \oint_C \frac{f(\zeta)}{(\zeta - z_0)^{n+1}} d\zeta \quad (n = 0, \pm 1, \pm 2, \cdots) \qquad (4\text{-}16)$$

而 C 为该圆环域内绕 z_0 的任一简单闭曲线.

式(4-15)称为函数 $f(z)$ 在圆环域 $R_1 < |z - z_0| < R_2$ 内的洛朗展开式,其右端的级数称为函数 $f(z)$ 在该圆环域内的洛朗级数.

注 1. 洛朗级数是包括正、负次幂的级数,该级数就是一个双边幂级数,该级数可以表示圆环域上的解析函数,该级数的性质大都是由幂级数的性质所产生的.

注 2. 解析函数洛朗展开式的唯一性:在圆环域内的解析函数展开为双边幂级数必定是该函数的洛朗级数.

注 3. 在圆环域 $R_1 < |z - z_0| < R_2$ 内,解析函数的洛朗级数(4-15)由两部分组成:由正幂项组成的级数 $\sum\limits_{n=0}^{\infty} C_n (z - z_0)^n$ 称为洛朗级数(4-15)的解析部分,这一部分级数在 $|z - z_0| < R_2$ 内收敛;由负幂项组成的级数 $\sum\limits_{n=0}^{\infty} C_{-n}(z - z_0)^{-n}$ 称为洛朗级数(4-15)的主要部分,这一部分级数在无界区域 $|z - z_0| > R_1$ 内收敛.

注 4. 洛朗系数公式

$$C_n = \frac{1}{2\pi i} \oint_C \frac{f(\zeta)}{(\zeta - z_0)^{n+1}} d\zeta \quad (n = 0, \pm 1, \pm 2, \cdots)$$

一般不能利用高阶导数公式写成微分形式,即 $C_n \neq \dfrac{1}{n!} f^{(n)}(z_0)$. 因为 z_0 可能是 $f(z)$ 的奇点,甚至 C 内可能还有 $f(z)$ 的其他奇点,所以不满足高阶导数公式成立的条件.

3. 求解析函数洛朗展开式的方法

由于计算洛朗系数的公式是积分形式,一般情况下计算非常复杂,所以求一个给定函数的洛朗展开式时,往往不采用这种直接求系数的方法. 与求泰勒展开式类似,它通常采用间接方法,即根据解析函数洛朗展开式的唯一性,利用一些已知简单函数的泰勒展开式,通过代数运算、复合运算和分析运算的性质来求得.

4.2　疑　难　解　析

问题 1　判别复数项级数 $\displaystyle\sum_{n=1}^{\infty} z_n$ 的敛散性都有哪些方法?

答　设 $z_n = x_n + \mathrm{i}y_n$,则 $\displaystyle\sum_{n=1}^{\infty} z_n = \sum_{n=1}^{\infty}(x_n + \mathrm{i}y_n)$,常用的判别法有以下几种.

(1) 如果一般项极限 $\displaystyle\lim_{n\to\infty} z_n \neq 0$,则级数 $\displaystyle\sum_{n=1}^{\infty} z_n$ 发散.

(2) 如果部分和数列 $S_n = \displaystyle\sum_{n=1}^{\infty} z_n$ 收敛,则级数 $\displaystyle\sum_{n=1}^{\infty} z_n$ 收敛,否则级数 $\displaystyle\sum_{n=1}^{\infty} z_n$ 发散.

(3) 如果级数 $\displaystyle\sum_{n=1}^{\infty} x_n$ 与级数 $\displaystyle\sum_{n=1}^{\infty} y_n$ 均收敛,则级数 $\displaystyle\sum_{n=1}^{\infty} z_n$ 收敛,反之亦然.

(4) 如果级数 $\displaystyle\sum_{n=1}^{\infty} |z_n|$ 收敛,则级数 $\displaystyle\sum_{n=1}^{\infty} z_n$ 绝对收敛.

(5) 如果级数 $\displaystyle\sum_{n=1}^{\infty} x_n$ 与级数 $\displaystyle\sum_{n=1}^{\infty} y_n$ 均绝对收敛,则级数 $\displaystyle\sum_{n=1}^{\infty} z_n$ 绝对收敛,反之亦然.

(6) 如果级数 $\displaystyle\sum_{n=1}^{\infty} x_n$ 与级数 $\displaystyle\sum_{n=1}^{\infty} y_n$ 均收敛,并且至少有一个条件收敛,则级数 $\displaystyle\sum_{n=1}^{\infty} z_n$ 条件收敛.

问题 2　如果幂级数 $\displaystyle\sum_{n=0}^{\infty} c_n z^n$ 在点 z_0 处条件收敛,能否求出该级数的收敛半径?

答　可以. 由于级数 $\displaystyle\sum_{n=0}^{\infty} c_n z^n$ 在点 z_0 处收敛,故由阿贝尔定理,该级数在 $|z| < |z_0|$ 内绝对收敛.

又因为级数 $\displaystyle\sum_{n=0}^{\infty} c_n z^n$ 在点 z_0 处条件收敛,所以级数 $\displaystyle\sum_{n=0}^{\infty} c_n z^n$ 在 $|z| > |z_0|$ 的点均

发散.否则,根据阿贝尔定理,该级数在点 z_0 绝对收敛,这与已知矛盾.因而,级数 $\sum_{n=0}^{\infty} c_n z^n$ 的收敛半径为 $R = |z_0|$.

例如,级数 $\sum_{n=1}^{\infty} \frac{(-1)^n}{n} z^n$ 在点 $z=1$ 处条件收敛,所以该级数的收敛半径为 $R=1$.

问题 3 已知幂级数 $\sum_{n=0}^{\infty} c_n z^n$ 的收敛半径为 R,能否得出 $\lim_{n \to \infty} \left| \frac{c_n}{c_{n+1}} \right| = R$?

答 不能.由幂级数的比值判别法可以得出:如果 $\lim_{n \to \infty} \left| \frac{c_{n+1}}{c_n} \right| = \lambda \neq 0$,则幂级数的收敛半径 $R = \frac{1}{\lambda}$. 即 $R = \lim_{n \to \infty} \left| \frac{c_n}{c_{n+1}} \right|$,但反之不一定成立.例如,级数

$$\sum_{n=1}^{\infty} \frac{2 + (-1)^n}{3^n} z^n = \sum_{n=1}^{\infty} \left(\frac{2}{3^n} + \frac{(-1)^n}{3^n} \right) z^n$$

的收敛半径为 $R=3$,但是 $\lim_{n \to \infty} \left| \frac{c_n}{c_{n+1}} \right| = \lim_{n \to \infty} \frac{3[2 + (-1)^n]}{2 + (-1)^{n+1}}$ 不存在.

问题 4 解析函数展开为泰勒级数与一元实变量函数展开为泰勒级数有什么不同?

答 从泰勒级数的形式上看,它们是相同的.但前者展开为泰勒级数的条件要弱一些.

首先,对于复变量函数 $f(z)$,只要在点 z_0 处解析,则函数 $f(z)$ 在 z_0 处的解析邻域内就可以展开为泰勒级数.而一元实变量函数 $f(x)$ 要在 x_0 处展开为泰勒级数,需要在 x_0 处任意阶导数存在,这一点往往是很难满足的.其次,一元实变量函数要求泰勒公式中余项趋于零;而对于解析函数来说,余项自然趋于零.

综上,解析函数展开为泰勒级数的应用范围就比实变量函数情形要大很多.

问题 5 洛朗级数与泰勒级数有何区别?

答 (1)洛朗级数是解析函数在其孤立奇点的解析邻域内或者在一个解析的圆环域内的展开式,而泰勒级数是解析函数在解析点的展开式.

(2)洛朗级数是由正幂项与负幂项组成的双边幂级数,而泰勒级数只含有正幂项部分.

(3)洛朗级数与泰勒级数虽然形式上完全一样,但其系数公式不同.例如

$$f(z) = \sum_{n=-\infty}^{\infty} c_n (z - z_0)^n, \quad r < |z - z_0| < R \text{（洛朗级数）},$$

其中

$$c_n = \frac{1}{2\pi i} \oint_C \frac{f(\zeta)}{(\zeta - z_0)^{n+1}} d\zeta, \quad n = 0, \pm 1, \pm 2, \cdots,$$

而

$$f(z) = \sum_{n=0}^{\infty} c_n (z - z_0)^n, \quad |z - z_0| < R \text{（泰勒级数）},$$

其中

$$c_n = \frac{f^{(n)}(z_0)}{n!}, \quad n = 0, 1, 2, \cdots.$$

但当函数 $f(z)$ 在点 z_0 处解析时,洛朗系数等于泰勒系数,这时洛朗级数就是泰勒级数.可见泰勒级数是洛朗级数的特殊情形.

问题 6 洛朗级数与泰勒级数有何关系?

答 洛朗级数与泰勒级数直接的关系是一个既一般又特殊的关系,亦即泰勒级数是一个特殊的不含负幂项的洛朗级数.

一般情况下,洛朗级数的解析(正则)部分就是一个普通幂级数.而且,可以利用一些函数的泰勒展开式来求函数的洛朗级数.由此可知,洛朗级数与泰勒级数存在着密切的相依关系.

问题 7 在洛朗定理中,系数 $c_n = \dfrac{1}{2\pi i} \oint_C \dfrac{f(\zeta)}{(\zeta - z_0)^{n+1}} d\zeta$ 为什么不能像泰勒定理那样,利用高阶导数公式使得 $c_n = \dfrac{f^{(n)}(z_0)}{n!}$ 呢?

答 在泰勒定理中,因为函数 $f(z)$ 在 z_0 的邻域中解析,所以可以在收敛圆域内应用高阶导数公式,求得

$$c_n = \frac{1}{2\pi i} \oint_C \frac{f(\zeta)}{(\zeta - z_0)^{n+1}} d\zeta = \frac{1}{2\pi i} \cdot \frac{2\pi i}{n!} f^{(n)}(z_0) = \frac{1}{n!} f^{(n)}(z_0).$$

但在洛朗定理中却会出现以下情况.

(1) 若 z_0 是函数 $f(z)$ 的奇点,则 $f^{(n)}(z_0)$ 不存在.

(2) 若 z_0 不是函数 $f(z)$ 的奇点,则 $f^{(n)}(z_0)$ 存在,但在 $|z - z_0| < R$ 内可能还有奇点,此时积分 $\dfrac{1}{2\pi i} \oint_C \dfrac{f(\zeta)}{(\zeta - z_0)^{n+1}} d\zeta$ 也不等于 $\dfrac{1}{n!} f^{(n)}(z_0)$.

(3) 仅当函数 $f(z)$ 在 $|z - z_0| < R$ 内处处解析,则由于 $\dfrac{f(\zeta)}{(\zeta - z_0)^{-n+1}}(n = 1, 2, \cdots)$ 在 C 内处处解析,由柯西积分定理得

$$c_{-n} = \frac{1}{2\pi i} \oint_C (\zeta - z_0)^{n-1} f(\zeta) d\zeta = 0.$$

这时,洛朗级数成为泰勒级数.

问题 8 函数 $f(z) = \dfrac{1}{\sin\left(\dfrac{1}{z}\right)}$ 能否在圆环域 $0 < |z| < R$ 内展开为洛朗级数?

答 不能.因为 $z = 0$ 及 $z_k = \dfrac{1}{k\pi}(k = 0, \pm 1, \pm 2, \cdots)$ 均是奇点,并且 $z_k = \dfrac{1}{k\pi} \to 0(k \to \infty)$.因而,任意的圆环域 $0 < |z| < R$ 内总有 $f(z)$ 的不解析点.所以,$f(z) = \dfrac{1}{\sin\left(\dfrac{1}{z}\right)}$ 不能在 $0 < |z| < R$ 内展开为洛朗级数.

问题 9 如何理解函数 $f(z)$ 的洛朗级数的唯一性？

答 函数 $f(z)$ 的洛朗级数的唯一性是指，若函数 $f(z)$ 在以 z_0 点为中心的圆环域 $r<|z-z_0|<R$ 内解析，则洛朗展开式是唯一的. 如果所取函数 $f(z)$ 解析的圆环域不同，则洛朗展开式也不同，这与前者所说的洛朗级数的唯一性是不矛盾的. 例如，函数 $f(z)=\dfrac{1}{(z-1)(z-2)}$ 有两个奇点 $z_1=1$ 与 $z_2=2$，则以 $z=0$ 为中心的圆环域有三个，如图 4.1 所示，分别为

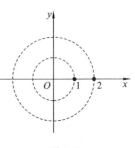

图 4.1

$$|z|<1, \quad 1<|z|<2, \quad 2<|z|<\infty,$$

$$f(z)=\frac{1}{2}+\frac{3}{4}z+\frac{7}{8}z^2+\cdots \quad (|z|<1),$$

$$f(z)=\cdots-\frac{1}{z^2}-\frac{1}{z}-\frac{1}{2}-\frac{z}{4}-\frac{z^2}{8}-\cdots \quad (1<|z|<2),$$

$$f(z)=\frac{1}{z^2}+\frac{3}{z^3}+\frac{7}{z^4}+\cdots \quad (2<|z|<\infty).$$

显然，在不同的圆环域内，洛朗级数不同；但在同一圆环域内，洛朗级数是唯一的.

4.3 典型例题

例 4.3.1 判别下列数列是否收敛？如果收敛，求出它们的极限.

(1) $z_n=(-1)^n+\dfrac{i}{n+1}$；

(2) $z_n=\dfrac{1+in}{1-in}$；

(3) $z_n=\left(1+\dfrac{i}{2}\right)^{-n}$；

(4) $z_n=e^{-\frac{n\pi i}{2}}$.

解 (1) 因为 $\lim\limits_{n\to\infty}(-1)^n$ 不存在，$\lim\limits_{n\to\infty}\dfrac{i}{n+1}=0$，故数列 $z_n=(-1)^n+\dfrac{i}{n+1}$ 发散.

(2) 因为 $z_n=\dfrac{1+in}{1-in}=\dfrac{1-n^2}{1+n^2}+i\dfrac{2n}{1+n^2}$，而 $\lim\limits_{n\to\infty}\dfrac{1-n^2}{1+n^2}=-1$，$\lim\limits_{n\to\infty}\dfrac{2n}{1+n^2}=0$，故数列 $\{z_n\}$ 收敛，且 $\lim\limits_{n\to\infty}z_n=-1$.

(3) $z_n=\left(1+\dfrac{i}{2}\right)^{-n}=\left[\dfrac{\sqrt{5}}{2}(\cos\theta+i\sin\theta)\right]^{-n}=\left(\dfrac{2}{\sqrt{5}}\right)^n(\cos n\theta-i\sin n\theta)$，其中 $\theta=\arctan\dfrac{1}{2}$，并且 $\dfrac{2}{\sqrt{5}}<1$，故

$$\lim_{n\to\infty}\left(\frac{2}{\sqrt{5}}\right)^n\cos n\theta=0, \quad \lim_{n\to\infty}\left(\frac{2}{\sqrt{5}}\right)^n\sin n\theta=0.$$

所以，数列 $\{z_n\}$ 收敛，且 $\lim\limits_{n\to\infty}z_n=0$.

（3）$z_n=\mathrm{e}^{-\frac{n\pi\mathrm{i}}{2}}=\cos\left(-\dfrac{n\pi}{2}\right)+\mathrm{i}\sin\left(-\dfrac{n\pi}{2}\right)$，极限不唯一，故发散.

例 4.3.2　判别下列级数是否收敛，若收敛，是否绝对收敛.

（1）$\displaystyle\sum_{n=1}^{\infty}\frac{\mathrm{i}^n}{n}$；　　　　　（2）$\displaystyle\sum_{n=1}^{\infty}\frac{(3+5\mathrm{i})^n}{n!}$；　　　　（3）$\displaystyle\sum_{n=2}^{\infty}\frac{\mathrm{i}^n}{\ln n}$；

（4）$\displaystyle\sum_{n=1}^{\infty}\left(\frac{1+5\mathrm{i}}{2}\right)^n$；　　　（5）$\displaystyle\sum_{n=0}^{\infty}\frac{1}{2^n}\cos(\mathrm{i}n)$；　　　（6）$\displaystyle\sum_{n=0}^{\infty}\frac{n}{2^n}(1+\mathrm{i})^n$.

解　（1）$\displaystyle\sum_{n=1}^{\infty}\left|\frac{\mathrm{i}^n}{n}\right|=\sum_{n=1}^{\infty}\frac{1}{n}$，所以级数不绝对收敛.

由于　　　　　$\displaystyle\sum_{n=1}^{\infty}\frac{\mathrm{i}^n}{n}=\mathrm{i}-\frac{1}{2}-\frac{\mathrm{i}}{3}+\frac{1}{4}+\frac{\mathrm{i}}{5}-\cdots$

$$=\left(-\frac{1}{2}+\frac{1}{4}-\frac{1}{6}+\cdots\right)+\mathrm{i}\left(1-\frac{1}{3}+\frac{1}{5}-\cdots\right),$$

而 $\displaystyle\sum_{n=1}^{\infty}(-1)^n\frac{1}{2n}$ 收敛，$\displaystyle\sum_{n=1}^{\infty}(-1)^n\frac{1}{2n-1}$ 也收敛，所以原级数收敛，是条件收敛.

（2）$\displaystyle\sum_{n=1}^{\infty}\left|\frac{(3+5\mathrm{i})^n}{n!}\right|=\sum_{n=1}^{\infty}\frac{6^n}{n!}$，由正项级数的达朗贝尔比值法知，$\displaystyle\sum_{n=1}^{\infty}\frac{6^n}{n!}$ 收敛，所以原级数绝对收敛.

（3）$\displaystyle\sum_{n=2}^{\infty}\left|\frac{\mathrm{i}^n}{\ln n}\right|=\sum_{n=2}^{\infty}\frac{1}{\ln n}$，由比较判别法知，因为 $\dfrac{1}{\ln n}>\dfrac{1}{n-1}$，所以级数不绝对

收敛. 当 $n=2k$ 时，级数化为 $\displaystyle\sum_{k=1}^{\infty}\frac{(-1)^k}{\ln 2k}$ 是收敛级数；当 $n=2k+1$ 时，级数化为

$\mathrm{i}\displaystyle\sum_{k=1}^{\infty}\frac{(-1)^k}{\ln(2k+1)}$ 也是收敛级数，所以原级数条件收敛.

（4）$\displaystyle\sum_{n=1}^{\infty}\left|\left(\frac{1+5\mathrm{i}}{2}\right)^n\right|=\sum_{n=1}^{\infty}\left(\frac{\sqrt{26}}{2}\right)^n$ 是公比大于 1 的等比级数，不满足必要条件，所以级数发散.

（5）因为 $\displaystyle\sum_{n=0}^{\infty}\frac{\cos(\mathrm{i}n)}{2^n}=\sum_{n=0}^{\infty}\frac{1}{2^n}\cdot\frac{\mathrm{e}^n+\mathrm{e}^{-n}}{2}=\frac{1}{2}\sum_{n=0}^{\infty}\left(\frac{\mathrm{e}}{2}\right)^n+\frac{1}{2}\sum_{n=0}^{\infty}\left(\frac{1}{2\mathrm{e}}\right)^n$，其中

$\displaystyle\sum_{n=0}^{\infty}\left(\frac{\mathrm{e}}{2}\right)^n$ 发散，$\displaystyle\sum_{n=0}^{\infty}\left(\frac{1}{2\mathrm{e}}\right)^n$ 收敛，所以级数发散.

（6）$\displaystyle\sum_{n=0}^{\infty}\left|\frac{n}{2^n}(1+\mathrm{i})^n\right|=\sum_{n=1}^{\infty}n\left(\frac{1}{\sqrt{2}}\right)^n$，由柯西根值法知，级数收敛，所以原级数绝对收敛.

例 4.3.3　求下列幂级数的收敛半径.

(1) $\displaystyle\sum_{n=1}^{\infty}\frac{n^n}{n!}z^n$; (2) $\displaystyle\sum_{n=1}^{\infty}(1+i)^n z^n$;

(3) $\displaystyle\sum_{n=1}^{\infty}(-i)^{n-1}\frac{2n-1}{2^n}z^{2n-1}$; (4) $\displaystyle\sum_{n=1}^{\infty}(-1)^n\left(1+\sin\frac{1}{n}\right)^{-n^2}z^n$.

解 (1) 由于 $\displaystyle\lim_{n\to\infty}\left|\frac{c_{n+1}}{c_n}\right|=\lim_{n\to\infty}\frac{(n+1)^{n+1}}{(n+1)!}\frac{n!}{n^n}=\lim_{n\to\infty}\left(1+\frac{1}{n}\right)^n=e$,

所以,原级数收敛半径 $R=\dfrac{1}{e}$.

(2) 由于 $\displaystyle\lim_{n\to\infty}\left|\frac{C_{n+1}}{C_n}\right|=\lim_{n\to\infty}\left|\frac{(1+i)^{n+1}}{(1+i)^n}\right|=\sqrt{2}$,

所以,原级数收敛半径 $R=\dfrac{\sqrt{2}}{2}$.

(3) 本题是缺项级数,不能用求收敛半径的公式,而直接用实数项级数的比值法.记

$$f_n(z)=(-1)^n\frac{2n-1}{2^n}z^{2n-1},$$

则 $\displaystyle\lim_{n\to\infty}\left|\frac{f_{n+1}(z)}{f_n(z)}\right|=\lim_{n\to\infty}\frac{(2n+1)2^n|z|^{2n+1}}{(2n-1)2^{n+1}|z|^{2n-1}}=\frac{1}{2}|z|^2$.

当 $\dfrac{1}{2}|z|^2<1$,即 $|z|<\sqrt{2}$ 时,原级数绝对收敛;当 $\dfrac{1}{2}|z|^2>1$,即 $|z|>\sqrt{2}$ 时,原级数发散,所以收敛半径 $R=\sqrt{2}$.

注:求形如 $\displaystyle\sum_{n=0}^{\infty}a_n z^{2n-1}$ 或 $\displaystyle\sum_{n=0}^{\infty}a_n z^{2n}(a_n\neq0)$ 缺项级数的收敛半径时,若先求出极限 $\displaystyle\lim_{n\to\infty}\left|\frac{a_n}{a_{n+1}}\right|=l$,则其收敛半径 $R=\sqrt{l}$.

(4) 由于

$$\lim_{n\to\infty}\sqrt[n]{|c_n|}=\lim_{n\to\infty}\sqrt[n]{\left|(-1)^n\left(1+\sin\frac{1}{n}\right)^{-n^2}\right|}=\lim_{n\to\infty}\left(1+\sin\frac{1}{n}\right)^{-n}$$

$$=\lim_{n\to\infty}\left[\left(1+\sin\frac{1}{n}\right)^{\frac{1}{\sin\frac{1}{n}}}\right]^{\frac{\sin\frac{1}{n}}{\frac{1}{n}}}=e^{-1},$$

则原级数的收敛半径 $R=e$.

例4.3.4 试求给定幂级数在收敛圆内的和函数.

(1) $\displaystyle\sum_{n=1}^{\infty}(2^n-1)z^{n-1}$; (2) $\displaystyle\sum_{n=1}^{\infty}(-1)^{n-1}nz^n$;

(3) $\displaystyle\sum_{n=1}^{\infty}\frac{(-1)^n}{n}z^n$; (4) $\displaystyle\sum_{n=0}^{\infty}(n+1)(z-3)^{n+1}$.

解 (1) $c_n=2^n-1$,收敛半径为

$$R = \lim_{n \to \infty} \frac{1}{\sqrt[n]{|c_n|}} = \lim_{n \to \infty} \frac{1}{\sqrt[n]{2^n - 1}} = \frac{1}{2}.$$

当 $|z| < \dfrac{1}{2}$ 时,$|2z| < 1$,则

$$\sum_{n=1}^{\infty} z^{n-1} = \frac{1}{1-z},$$

$$\sum_{n=1}^{\infty} 2^n z^{n-1} = 2 \sum_{n=0}^{\infty} (2z)^n = \frac{2}{1-2z}.$$

所以
$$\sum_{n=1}^{\infty} (2^n - 1) z^{n-1} = \sum_{n=1}^{\infty} 2^n z^{n-1} - \sum_{n=1}^{\infty} z^{n-1} = \frac{2}{1-2z} - \frac{1}{1-z}$$
$$= \frac{1}{(1-2z)(1-z)}.$$

（2）方法 1.

$$\sum_{n=1}^{\infty} (-1)^{n-1} n z^n = z \sum_{n=1}^{\infty} (-1)^{n-1} n z^{n-1}.$$

令 $f(z) = \displaystyle\sum_{n=1}^{\infty} (-1)^{n-1} z^n$,则易知其收敛半径 $R = 1$. 因为

$$f'(z) = \sum_{n=1}^{\infty} (-1)^{n-1} n z^{n-1}, \quad |z| < 1.$$

故
$$\sum_{n=1}^{\infty} (-1)^{n-1} n z^n = z f'(z),$$

但
$$f'(z) = \Big[\sum_{n=1}^{\infty} (-1)^{n-1} z^n \Big]' = \Big(\frac{z}{1+z} \Big)' = \frac{1}{(1+z)^2}, \quad |z| < 1,$$

所以
$$\sum_{n=1}^{\infty} (-1)^{n-1} n z^n = \frac{z}{(1+z)^2}, \quad |z| < 1.$$

方法 2.

令 $S(z) = \displaystyle\sum_{n=1}^{\infty} (-1)^{n-1} n z^{n-1}$,易求得 $R = 1$,在 $|z| < 1$ 内,对 $S(z)$ 逐项积分,即

$$\int_0^z S(z) \mathrm{d}z = \sum_{n=1}^{\infty} \int_0^z (-1)^{n-1} n z^{n-1} \mathrm{d}z = \sum_{n=1}^{\infty} (-1)^{n-1} z^n = \frac{z}{1+z}, \quad |z| < 1,$$

所以
$$S(z) = \Big(\frac{z}{1+z} \Big)' = \frac{1}{(1+z)^2}, \quad |z| < 1.$$

于是

$$\sum_{n=1}^{\infty} (-1)^{n-1} n z^n = z \sum_{n=1}^{\infty} (-1)^{n-1} n z^{n-1} = z S(z) = \frac{z}{(1+z)^2}.$$

（3）设 $S(z) = \displaystyle\sum_{n=1}^{\infty} \frac{(-1)^n}{n} z^n$,则收敛半径 $R = 1$. 又由于

$$S'(z) = \sum_{n=1}^{\infty} (-1)^n z^{n-1} = \frac{-1}{1+z}, \quad |z| < 1,$$

所以

$$S(z) = \int_0^z \frac{-1}{1+z} \mathrm{d}z = -\ln(1+z) \text{（主值）}.$$

在收敛圆 $|z|=1$ 上，当 $z=1$ 时，级数 $S(z) = \sum_{n=1}^{\infty} \frac{(-1)^n}{n}$ 收敛，而 $S'(z) = \sum_{n=1}^{\infty} (-1)^n$ 发散.

（4）因为 $\lim\limits_{n\to\infty} \sqrt[n]{n+1} = 1$，所以收敛半径 $R=1$，收敛圆为 $|z-3|<1$，又因为

$$\sum_{n=0}^{\infty} z^n = \frac{1}{1-z}, \quad |z| < 1,$$

两边求导，得

$$\sum_{n=1}^{\infty} n z^{n-1} = \frac{1}{(1-z)^2} \Rightarrow \sum_{n=1}^{\infty} n z^n = \frac{z}{(1-z)^2}.$$

于是

$$\sum_{n=1}^{\infty} n(z-3)^n = \frac{z-3}{(4-z)^2} \Rightarrow \sum_{n=1}^{\infty} (n+1)(z-3)^{n+1}$$

$$= \frac{z-3}{(4-z)^2}, \quad |z-3| < 1.$$

例 4.3.5 将函数 $f(z) = \left(3 + \dfrac{z^2}{2}\right) \sin z$ 展开成 z 的幂级数至 z^5 的项.

解 方法 1（直接法）.

$$f(z) = \left(3 + \frac{z^2}{2}\right) \sin z, \quad f(0) = 0,$$

$$f'(z) = z\sin z + \left(3 + \frac{z^2}{2}\right)\cos z, \quad f'(0) = 3,$$

$$f''(z) = 2z\cos z - 2\sin z - \frac{z^2}{2}\sin z, \quad f''(0) = 0,$$

$$f'''(z) = -3z\sin z - \frac{z^2}{2}\cos z, \quad f'''(0) = 0,$$

$$f^{(4)}(z) = -3\sin z - 4z\cos z + \frac{z^2}{2}\sin z, \quad f^{(4)}(0) = 0,$$

$$f^{(5)}(z) = -7\cos z + 5z\sin z + \frac{z^2}{2}\cos z, \quad f^{(5)}(0) = -7.$$

故展开式为

$$f(z) = \left(3 + \frac{z^2}{2}\right)\sin z = 3z - \frac{7}{5!}z^5 + \cdots \quad (|z| < +\infty).$$

方法 2（间接法）.

$$\sin z = z - \frac{1}{3!}z^3 + \frac{1}{5!}z^5 - \cdots + (-1)^n \frac{z^{2n+1}}{(2n+1)!} + \cdots \quad (|z| < +\infty),$$

$$f(z) = 3\sin z + \frac{z^2}{2}\sin z = 3\left(z - \frac{1}{3!}z^3 + \frac{1}{5!}z^5 - \cdots\right) + \frac{z^2}{2}\left(z - \frac{1}{3!}z^3 + \frac{1}{5!}z^5 - \cdots\right)$$

$$= 3z - \frac{7}{5!}z^5 + \cdots \quad (|z| < +\infty).$$

注：对于一般的函数 $f(z)$，求其 n 阶导数的通式是比较困难的，因此用直接展开法求函数的幂级数展开式是比较复杂的．我们往往采用所谓间接法，就是根据函数的幂级数展开式的唯一性，利用一些已知函数的幂级数展开式，再通过对幂级数进行变量代换、四则运算和分析运算（逐项微分、逐项积分等）求出所给函数的幂级数展开式．为此必须掌握一些基本初等函数的幂级数展开式．

例 4.3.6　将函数 $f(z) = \dfrac{1}{3-2z}$ 分别展开为 z 和 $z+1$ 的幂级数，并求其收敛半径．

解　（1）将函数 $f(z)$ 展开为 z 的幂级数，即

$$f(z) = \frac{1}{3-2z} = \frac{1}{3} \cdot \frac{1}{1 - \frac{2z}{3}} = \frac{1}{3}\sum_{n=0}^{\infty}\left(\frac{2}{3}z\right)^n,$$

而 $\left|\dfrac{2}{3}z\right| < 1$，即 $|z| < \dfrac{3}{2}$．

（2）将函数 $f(z)$ 展开为 $(z+1)$ 的幂级数，即

$$f(z) = \frac{1}{3-2z} = \frac{1}{5} \cdot \frac{1}{1 - \frac{2(z+1)}{5}} = \frac{1}{5}\sum_{n=0}^{\infty}\left(\frac{2}{5}\right)^n(z+1)^n,$$

而 $\left|\dfrac{2}{5}(z+1)\right| < 1$，即 $|z+1| < \dfrac{5}{2}$．

注：此题使用了常用的代换法，即利用 $\dfrac{1}{1-z} = \displaystyle\sum_{n=0}^{\infty}z^n\,(|z| < 1)$．使用这一方法要特别注意 $|z| < 1$ 这一点，对于 $\dfrac{1}{1-f(z)}$，应有 $|f(z)| < 1$．

例 4.3.7　将下列函数在指定点 z_0 处展开为泰勒级数，并指出它们的收敛半径．

（1）$f(z) = \dfrac{1}{4-3z}$，$z_0 = 1+\mathrm{i}$；　　　（2）$f(z) = \dfrac{1}{(z+2)^2}$，$z_0 = 1$．

解　（1）因为 $z = \dfrac{4}{3}$ 是函数 $f(z)$ 的奇点，到 $z_0 = 1+\mathrm{i}$ 的距离为 $\dfrac{\sqrt{10}}{3}$，所以 $R = \dfrac{\sqrt{10}}{3}$，则

$$f(z) = \frac{1}{4-3z} = \frac{1}{4-3[z-(1+i)]-3-3i} = \frac{1}{1-3i-3[z-(1+i)]}$$

$$= \frac{1}{1-3i} \cdot \frac{1}{1-\dfrac{3[z-(1+i)]}{1-3i}} = \frac{1}{1-3i} \sum_{n=0}^{\infty} \left\{\frac{3[z-(1+i)]}{1-3i}\right\}^n$$

$$= \sum_{n=0}^{\infty} \frac{3^n[z-(1+i)]^n}{(1-3i)^{n+1}} \quad \left(|z-(1+i)| < \frac{\sqrt{10}}{3}\right).$$

（2）因为函数 $f(z)$ 的奇点为 $z=-2$，所以 $R=3$. 则

$$f(z) = \frac{1}{(z+2)^2} = -\left(\frac{1}{2+z}\right)' = -\left[\frac{1}{3\left(1+\dfrac{z-1}{3}\right)}\right]'$$

$$= -\frac{1}{3}\left[\sum_{n=0}^{\infty}(-1)^n \frac{(z-1)^n}{3^n}\right]' = -\frac{1}{3}\sum_{n=1}^{\infty}(-1)^n \frac{n}{3^n}(z-1)^{n-1}$$

$$= \sum_{n=1}^{\infty}(-1)^{n+1} \frac{n}{3^{n+1}}(z-1)^{n-1} \quad (|z-1| < 3).$$

例 4.3.8 将函数 $f(z) = \dfrac{z}{(z+1)(z+2)}$ 展开为 $(z-2)$ 的泰勒级数.

解 函数 $f(z)$ 的奇点为 $z=-1$ 和 $z=-2$，所以 $R=3$. 则

$$f(z) = \frac{z}{(z+1)(z+2)} = \frac{-1}{z+1} + \frac{2}{z+2} = -\frac{1}{3} \cdot \frac{1}{1+\dfrac{z-2}{3}} + \frac{1}{4} \cdot \frac{2}{1+\dfrac{z-2}{4}}$$

$$= -\frac{1}{3}\sum_{n=0}^{\infty}\left[\frac{-(z-2)}{3}\right]^n + \frac{1}{2}\sum_{n=0}^{\infty}\left[\frac{-(z-2)}{4}\right]^n$$

$$= \sum_{n=0}^{\infty}(-1)^{n+1} \frac{(z-2)^n}{3^{n+1}} + \sum_{n=0}^{\infty}(-1)^n \frac{(z-2)^n}{2 \times 4^n} \quad (|z-2| < 3).$$

例 4.3.9 将函数 $f(z) = \dfrac{4z^2+26z+36}{(z+3)^2(z+2)}$ 展开为 z 的幂级数.

解 函数 $f(z)$ 的奇点为 $z=-2$ 和 $z=-3$，所以 $R=2$，则

$$f(z) = \frac{4z^2+26z+36}{(z+3)^2(z+2)} = \frac{1}{(z+3)^2} + \frac{4}{z+2},$$

而
$$\frac{1}{z+2} = \frac{1}{2} \cdot \frac{1}{1+\dfrac{z}{2}} = \frac{1}{2}\sum_{n=0}^{\infty}(-1)^n\left(\frac{z}{2}\right)^n, \quad |z| < 2,$$

$$\frac{1}{(z+3)^2} = \left(\frac{-1}{z+3}\right)' = -\frac{1}{3}\left[\sum_{n=0}^{\infty}(-1)^n\left(\frac{z}{3}\right)^n\right]'$$

$$= \sum_{n=0}^{\infty}(-1)^{n+1} \frac{n}{3^{n+1}}z^{n-1}, \quad |z| < 3.$$

所以有

$$f(z) = \frac{1}{(z+3)^2} + \frac{4}{z+2} = \sum_{n=0}^{\infty} (-1)^{n+1} \frac{n}{3^{n+1}} z^{n-1}$$

$$+ 2\sum_{n=0}^{\infty} (-1)^n \left(\frac{z}{2}\right)^n, \quad |z| < 2.$$

注 1. 当函数 $f(z)$ 为有理分式函数时,可以将函数 $f(z)$ 分解为部分分式,然后再利用已知函数的展开式求得所需要的级数.

注 2. 函数项级数的收敛半径 $R = \min\{R_1, R_2\}$,即中心点到最近奇点的距离.

例 4.3.10　将函数 $\ln(1+z^2)$ 展开为 z 的泰勒级数.

解　因为 $\left[\ln(1+z^2)\right]' = \frac{2z}{1+z^2} = 2z\sum_{n=0}^{\infty} (-1)^n z^{2n}$,所以 $z = \pm i$ 为奇点,$R = 1$. 故

$$\ln(1+z^2) = \int_0^z 2z\sum_{n=0}^{\infty} (-1)^n z^{2n} \mathrm{d}z = 2\sum_{n=0}^{\infty} (-1)^n \frac{1}{2n+1} z^{2n+2}, \quad |z| < 1.$$

例 4.3.11　写出函数 $f(z) = \mathrm{e}^z \sin z$ 在 $z = 0$ 的幂级数展开式.

解　方法 1.

$$\mathrm{e}^z \sin z = \mathrm{e}^z \frac{\mathrm{e}^{\mathrm{i}z} - \mathrm{e}^{-\mathrm{i}z}}{2\mathrm{i}} = \frac{1}{2\mathrm{i}} (\mathrm{e}^{(1+\mathrm{i})z} - \mathrm{e}^{-(1+\mathrm{i})z})$$

$$= \frac{1}{2\mathrm{i}} \left(\sum_{n=0}^{\infty} \frac{(1+\mathrm{i})^n}{n!} z^n - \sum_{n=0}^{\infty} \frac{(1-\mathrm{i})^n}{n!} z^n \right)$$

$$= \frac{1}{2\mathrm{i}} \sum_{n=0}^{\infty} \frac{(1+\mathrm{i})^n - (1-\mathrm{i})^n}{n!} z^n = \frac{1}{2\mathrm{i}} \sum_{n=0}^{\infty} \frac{2\mathrm{i}2^{\frac{n}{2}} \sin \frac{n\pi}{4}}{n!} z^n$$

$$= \sum_{n=0}^{\infty} \frac{2^{\frac{n}{2}} \sin \frac{n\pi}{4}}{n!} z^n \quad (|z| < +\infty).$$

方法 2.

$f(z) = \mathrm{e}^z \sin z$ 在复平面上解析,其幂级数展开式的收敛半径 $R = +\infty$. 又因为

$$f'(z) = \mathrm{e}^z \sin z + \mathrm{e}^z \cos z = \sqrt{2}\mathrm{e}^z \sin\left(z + \frac{\pi}{4}\right),$$

$$f''(z) = \sqrt{2}\left[\mathrm{e}^z \sin\left(z + \frac{\pi}{4}\right) + \mathrm{e}^z \cos\left(z + \frac{\pi}{4}\right)\right] = (\sqrt{2})^2 \mathrm{e}^z \sin\left(z + \frac{2\pi}{4}\right),$$

$$\vdots$$

$$f^{(n)}(z) = (\sqrt{2})^n \mathrm{e}^z \sin\left(z + \frac{n\pi}{4}\right).$$

故 $f^{(n)}(0) = (\sqrt{2})^n \sin\frac{n\pi}{4}$,从而

$$f(z) = \mathrm{e}^z \sin z = \sum_{n=0}^{\infty} \frac{f^{(n)}(0)}{n!} z^n = \sum_{n=0}^{\infty} \frac{(\sqrt{2})^n \sin\frac{n\pi}{4}}{n!} z^n \quad (|z| < +\infty).$$

方法 3.

因为 $\quad e^z = 1 + z + \dfrac{1}{2!}z^2 + \dfrac{1}{3!}z^3 + \cdots + \dfrac{1}{n!}z^n + \cdots \quad (|z| < +\infty)$,

$\sin z = z - \dfrac{1}{3!}z^3 + \dfrac{1}{5!}z^5 - \cdots + (-1)^n \dfrac{1}{(2n+1)!}z^{2n+1} + \cdots \quad (|z| < +\infty)$,

故由幂级数的乘法法则得

$$e^z \sin z = \left(1 + z + \dfrac{1}{2!}z^2 + \dfrac{1}{3!}z^3 + \cdots + \dfrac{1}{n!}z^n + \cdots\right)$$

$$\times \left(z - \dfrac{1}{3!}z^3 + \dfrac{1}{5!}z^5 - \cdots + (-1)^n \dfrac{1}{(2n+1)!}z^{2n+1} + \cdots\right)$$

$$= z + z^2 + \dfrac{1}{3}z^3 - \dfrac{1}{30}z^5 + \cdots + \dfrac{(-4)^n z^{4n+1}}{(4n+1)!}$$

$$+ \dfrac{2(-4)^n z^{4n+2}}{(4n+2)!} + \dfrac{2(-4)^n z^{4n+3}}{(4n+3)!} + \cdots \quad (|z| < +\infty).$$

注：当所给函数可以分解为几个已知展开式的函数的乘积时，可以利用幂级数的乘法法则求幂级数展开式，乘积的项一般用乘积运算公式来确定，但很难写出其通项，而且计算比较烦冗.

例 4.3.12 写出函数 $\dfrac{z}{e^z - 1}$ 和 $\dfrac{e^{z^2}}{\cos z}$ 在 $z = 0$ 的泰勒展开式至第三项为止，并指明其收敛范围.

解 （1）设 $\dfrac{z}{e^z - 1} = \displaystyle\sum_{n=0}^{\infty} c_n z^n$，由 $(e^z - 1)\displaystyle\sum_{n=0}^{\infty} c_n z^n = z$，而

$$e^z - 1 = z + \dfrac{z^2}{2!} + \dfrac{z^3}{3!} + \cdots + \dfrac{z^n}{n!} + \cdots.$$

建立恒等式，有

$$z = (c_0 + c_1 z + c_2 z^2 + \cdots)\left(z + \dfrac{z^2}{2!} + \dfrac{z^3}{3!} + \cdots\right)$$

$$= c_0 z + \left(\dfrac{1}{2}c_0 + c_1\right)z^2 + \left(\dfrac{1}{3!}c_0 + \dfrac{1}{2!}c_1 + c_2\right)z^3 + \cdots,$$

比较两边的系数，得

$$c_0 = 1, \quad \dfrac{1}{2}c_0 + c_1 = 0, \quad \dfrac{1}{3!}c_0 + \dfrac{1}{2!}c_1 + c_2 = 0,$$

所以 $\quad c_0 = 1, \quad c_1 = -\dfrac{1}{2}, \quad c_2 = \dfrac{1}{12}.$

又函数 $\dfrac{z}{e^z - 1}$ 的奇点为 $2k\pi i(k = 0, \pm 1, \pm 2, \cdots)$，所以收敛半径 $R = 2\pi$，其展开式为

$$\dfrac{z}{e^z - 1} = 1 - \dfrac{1}{2}z + \dfrac{1}{12}z^2 + \cdots \quad (|z| < 2\pi).$$

（2）函数 $\dfrac{\mathrm{e}^{z^2}}{\cos z}$ 距 $z=0$ 最近的奇点为 $\pm\dfrac{\pi}{2}$，所以收敛半径 $R=\dfrac{\pi}{2}$. 设 $\dfrac{\mathrm{e}^{z^2}}{\cos z}=$

$\displaystyle\sum_{n=0}^{\infty}c_n z^n$，则由 e^{z^2} 和 $\cos z$ 的展开式建立恒等式，有

$$1+z^2+\frac{1}{2!}z^4+\cdots=\left(c_0+c_2 z^2+c_4 z^4+\cdots\right)\left(1-\frac{1}{2!}z^2+\frac{1}{4!}z^4+\cdots\right)$$

$$=c_0+\left(c_2-\frac{c_0}{2}\right)z^2+\left(c_4-\frac{c_2}{2!}+\frac{c_0}{4!}\right)z^4+\cdots,$$

比较同次幂系数，得

$$c_0=1,\quad c_2=\frac{3}{2},\quad c_4=\frac{29}{24},\cdots.$$

故

$$\frac{\mathrm{e}^{z^2}}{\cos z}=1+\frac{3}{2}z^2+\frac{29}{24}z^4+\cdots,\quad |z|<\frac{\pi}{2}.$$

注：本题采用的是待定系数法，即先设定要展开的函数的幂级数的形式与系数，然后利用恒等式比较解出各系数的值，关键是构造一个恒等式. $\dfrac{\mathrm{e}^{z^2}}{\cos z}$ 是偶函数，展开成幂级数只含偶次项，其系数只需设 $c_0,c_2,c_4,\cdots$ 即可.

例 4.3.13　将函数 $\mathrm{e}^{\frac{1}{1-z}}$ 展开为 z 的幂级数.

解　函数 $\mathrm{e}^{\frac{1}{1-z}}$ 只有唯一的奇点 $z=1$，所以收敛半径 $R=1$. 令 $f(z)=\mathrm{e}^{\frac{1}{1-z}}$，则

$$f'(z)=\frac{1}{(1-z)^2}\mathrm{e}^{\frac{1}{1-z}}=\frac{1}{(1-z)^2}f(z).$$

由此得关于 $f(z)$ 的微分方程

$$(1-z^2)f'(z)-f(z)=0.$$

对微分方程逐次求导，得

$$(1-z^2)f''(z)+(2z-3)f'(z)=0,$$

$$(1-z^2)f'''(z)+(4z-5)f''(z)+2f'(z)=0,$$

$$\vdots$$

由于 $f(0)=\mathrm{e}$，自上至下逐个方程代入，解得

$$f'(0)=\mathrm{e},\quad f''(0)=3\mathrm{e},\quad f'''(0)=13\mathrm{e},\cdots,$$

所以，函数 $\mathrm{e}^{\frac{1}{1-z}}$ 的展开式为

$$\mathrm{e}^{\frac{1}{1-z}}=\mathrm{e}\left(1+z+\frac{3}{2!}z^2+\frac{13}{3!}z^3+\cdots\right),\quad |z|<1.$$

注：本题采用的是微分方程法. 利用被展开函数的导数与函数的关系建立关于函数的微分方程，通过微分方程逐次求导解出各阶导数，然后得出已知函数的幂级数. 该方法一般适用于难以找到可利用展开式而其导数又保留原来函数因式的一些函数.

例 4.3.14 将函数 $f(z) = \dfrac{1}{z-5}$ 展开为洛朗级数,其圆环域为

(1) $0 < |z-3| < 2$;　　　　　　(2) $2 < |z-3| < +\infty$.

解 要利用 $\dfrac{1}{1-z}$ 的展开式,首先要将函数 $f(z)$ 在给定圆环域内变形,使之含有 $(z-z_0)$,然后依公式展开.

(1) $f(z) = \dfrac{1}{z-5} = \dfrac{1}{-2+(z-3)} = \dfrac{-1}{2} \dfrac{1}{1-\dfrac{z-3}{2}} = -\dfrac{1}{2} \sum_{n=0}^{\infty} \left(\dfrac{z-3}{2}\right)^n$

$\qquad = -\sum_{n=0}^{\infty} \dfrac{(z-3)^n}{2^{n+1}} \quad 0 < |z-3| < 2.$

(2) $f(z) = \dfrac{1}{z-5} = \dfrac{1}{-2+(z-3)} = \dfrac{1}{z-3} \dfrac{1}{1-\dfrac{2}{z-3}} = \dfrac{1}{z-3} \sum_{n=0}^{\infty} \left(\dfrac{2}{z-3}\right)^n$

$\qquad = \sum_{n=0}^{\infty} \dfrac{2^n}{(z-3)^{n+1}}, \quad 2 < |z-3| < +\infty.$

注:在解题(1)分母的两个因式 2 和 $(z-3)$ 中,2 的模大,提出 2,则 $\left|\dfrac{z-3}{2}\right| < 1$; 在解题(2)分母的两个因式 2 和 $(z-3)$ 中,$(z-3)$ 的模大,提出 $(z-3)$,则 $\left|\dfrac{2}{z-3}\right| < 1$. 这是今后解题中必须注意的.

例 4.3.15 将函数 $f(z) = \dfrac{1}{(z-a)(z-b)}$ $(|b| > |a| > 0)$ 按照下列指定区域展开成洛朗级数.

(1) $0 < |a| < |z| < |b|$;　　　　　　(2) $|z| > |b|$.

解 (1) 当 $0 < |a| < |z| < |b|$ 时,$\left|\dfrac{a}{z}\right| < 1$,$\left|\dfrac{z}{b}\right| < 1$,所以有

$$f(z) = \dfrac{1}{(z-a)(z-b)} = \dfrac{1}{b-a}\left[\dfrac{-1}{b}\dfrac{1}{1-\dfrac{z}{b}} - \dfrac{1}{z}\dfrac{1}{1-\dfrac{a}{z}}\right]$$

$$= \dfrac{1}{b-a}\left[-\dfrac{1}{b}\sum_{n=0}^{\infty}\left(\dfrac{z}{b}\right)^n - \dfrac{1}{z}\sum_{n=0}^{\infty}\left(\dfrac{a}{z}\right)^n\right]$$

$$= \dfrac{1}{a-b}\left(\sum_{n=0}^{\infty}\dfrac{z^n}{b^{n+1}} + \sum_{n=0}^{\infty}\dfrac{a^n}{z^{n+1}}\right).$$

(2) 当 $|z| > |b|$ 时,$\left|\dfrac{b}{z}\right| < 1$,$\left|\dfrac{a}{z}\right| < 1$,所以有

$$f(z) = \dfrac{1}{(z-a)(z-b)} = \dfrac{1}{b-a}\left[\dfrac{1}{z}\dfrac{1}{1-\dfrac{b}{z}} - \dfrac{1}{z}\dfrac{1}{1-\dfrac{a}{z}}\right]$$

$$= \frac{1}{b-a} \left[\frac{1}{z} \sum_{n=0}^{\infty} \left(\frac{b}{z} \right)^n - \frac{1}{z} \sum_{n=0}^{\infty} \left(\frac{a}{z} \right)^n \right] = \frac{1}{b-a} \sum_{n=0}^{\infty} \frac{b^n - a^n}{z^{n+1}}.$$

注：当函数 $f(z)$ 为有理分式函数时，可以先分解 $f(z)$ 为部分分式，然后再用公式法或其他方法展开为洛朗级数.

例 4.3.16　将下列函数在指定的圆环内展开为洛朗级数.

(1) $\dfrac{z^2 - 2z + 5}{(z-2)(z^2+1)}$，$1 < |z| < 2$，$2 < |z| < +\infty$；　(2) $\dfrac{1}{z^2(1-z)^3}$，$0 < |z-1| < 1$.

解　(1) $\dfrac{z^2 - 2z + 5}{(z-2)(z^2+1)} = \dfrac{1}{z-2} - \dfrac{2}{z^2+1}$，在 $1 < |z| < 2$ 内，$\left| \dfrac{1}{z} \right| < 1$，$\left| \dfrac{z}{2} \right| < 1$，所以有

$$\frac{z^2 - 2z + 5}{(z-2)(z^2+1)} = -\frac{1}{2} \frac{1}{1 - \dfrac{z}{2}} - \frac{2}{z^2} \frac{1}{1 + \dfrac{1}{z^2}}$$

$$= -\frac{1}{2} \sum_{n=0}^{\infty} \left(\frac{z}{2} \right)^n - \frac{2}{z^2} \sum_{n=0}^{\infty} (-1)^n \left(\frac{1}{z^2} \right)^n$$

$$= 2 \sum_{n=0}^{\infty} (-1)^{n+1} \frac{1}{z^{2n+2}} - \sum_{n=0}^{\infty} \frac{1}{2^{n+1}} z^n.$$

在 $2 < |z| < +\infty$ 内，$\left| \dfrac{1}{z} \right| < 1$，$\left| \dfrac{2}{z} \right| < 1$，所以有

$$\frac{z^2 - 2z + 5}{(z-2)(z^2+1)} = \frac{1}{z} \frac{1}{1 - \dfrac{2}{z}} - \frac{2}{z^2} \frac{1}{1 + \dfrac{1}{z^2}}$$

$$= \frac{1}{z} \sum_{n=0}^{\infty} \left(\frac{2}{z} \right)^n - \frac{2}{z^2} \sum_{n=0}^{\infty} (-1)^n \left(\frac{1}{z^2} \right)^n$$

$$= \sum_{n=1}^{\infty} \frac{2^n}{z^{n+1}} - 2 \sum_{n=0}^{\infty} (-1)^n \frac{1}{z^{2n+2}}.$$

(2) 在 $0 < |z-1| < 1$ 内，有

$$\frac{1}{z^2(1-z)^3} = \frac{-1}{(z-1)^3} \left(\frac{-1}{z} \right)' = \frac{1}{(z-1)^3} \left[\frac{1}{1 + (z-1)} \right]'$$

$$= \frac{1}{(z-1)^3} \left[\sum_{n=0}^{\infty} (-1)^n (z-1)^n \right]'$$

$$= \sum_{n=0}^{\infty} (-1)^n n (z-1)^{n-4}.$$

例 4.3.17　求函数 $f(z) = \dfrac{e^z}{1-z}$ 在以下区域上的洛朗展开式.

(1) $|z| < 1$；　　　　(2) $0 < |z-1| < \infty$.

解　(1) 在 $|z| < 1$ 内，有

$$f(z) = \frac{e^z}{1-z} = (1 + z + z^2 + \cdots + z^n + \cdots) \left(1 + z + \frac{z^2}{2!} + \cdots + \frac{z^n}{n!} + \cdots \right)$$

$$= 1 + \left(1 + \frac{1}{1!}\right)z + \left(1 + \frac{1}{1!} + \frac{1}{2!}\right)z^2 + \cdots$$

$$+ \left(1 + \frac{1}{1!} + \frac{1}{2!} + \cdots + \frac{1}{n!} + \cdots\right)z^n + \cdots.$$

(2) 在 $0 < |z-1| < \infty$ 内，有

$$f(z) = \frac{e^z}{1-z} = \frac{1}{1-z}e^{z-1+1} = -e\frac{1}{z-1}e^{z-1}$$

$$= \frac{-e}{z-1}\sum_{n=0}^{\infty}\frac{(z-1)^n}{n!} = -e\sum_{n=0}^{\infty}\frac{(z-1)^{n-1}}{n!}.$$

例 4.3.18 求函数 $f(z) = \sin\dfrac{z}{z-1}$ 在 $z = 1$ 的去心邻域内的洛朗展开式.

解 因为函数 $f(z)$ 只有一个奇点 $z = 1$，所以去心解析邻域为 $0 < |z-1| < \infty$. 则

$$f(z) = \sin\frac{z}{z-1} = \sin\left(1 + \frac{1}{z-1}\right) = \sin 1\cos\frac{1}{z-1} + \cos 1\sin\frac{1}{z-1}$$

$$= \sin 1\left[1 - \frac{1}{2!}\frac{1}{(z-1)^2} + \frac{1}{4!}\frac{1}{(z-1)^4} - \cdots\right]$$

$$+ \cos 1\left[\frac{1}{z-1} - \frac{1}{3!}\frac{1}{(z-1)^3} + \frac{1}{5!}\frac{1}{(z-1)^5} - \cdots\right]$$

$$= \sin 1 + \frac{\cos 1}{z-1} - \frac{\sin 1}{2!}\frac{1}{(z-1)^2} - \frac{\cos 1}{3!}\frac{1}{(z-1)^3} + \frac{\sin 1}{4!}\frac{1}{(z-1)^4} + \cdots.$$

例 4.3.19 证明函数 $f(z) = \sin\left(z + \dfrac{1}{z}\right)$ 在以 z 为幂的洛朗展开式中的系数为

$$c_n = \frac{1}{2\pi}\int_0^{2\pi}\cos n\theta \cdot \sin(2\cos\theta)d\theta \quad (n = 0, \pm 1, \pm 2, \cdots).$$

证 因为函数 $f(z)$ 只有一个奇点 $z = 0$，所以函数 $f(z)$ 在 $0 < |z| < \infty$ 内解析. 取简单闭曲线 $C: |z| = 1$，则 $C: z = e^{i\theta}(0 < \theta < 2\pi)$. 故由洛朗展开式系数公式得

$$c_n = \frac{1}{2\pi i}\oint_C \frac{\sin\left(z + \frac{1}{z}\right)}{z^{n+1}}dz = \frac{1}{2\pi i}\int_0^{2\pi}\frac{\sin(e^{i\theta} + e^{-i\theta})}{e^{i(n+1)\theta}}ie^{i\theta}d\theta = \frac{1}{2\pi}\int_0^{2\pi}e^{-in\theta}\sin(2\cos\theta)d\theta$$

$$= \frac{1}{2\pi}\int_0^{2\pi}\cos n\theta \cdot \sin(2\cos\theta)d\theta - \frac{i}{2\pi}\int_0^{2\pi}\sin n\theta \cdot \sin(2\cos\theta)d\theta,$$

而

$$\int_0^{2\pi}\sin n\theta \cdot \sin(2\cos\theta)d\theta = \int_{-\pi}^{\pi}\sin n\theta \cdot \sin(2\cos\theta)d\theta = 0.$$

故

$$c_n = \frac{1}{2\pi}\int_0^{2\pi}\cos n\theta \cdot \sin(2\cos\theta)d\theta \quad (n = 0, \pm 1, \pm 2, \cdots).$$

例 4.3.20 设 C 为正向圆周 $|z| = 3$，求 $\oint_C\dfrac{dz}{z(z+1)^2}$.

解 方法 1.

函数 $f(z)=\dfrac{1}{z(z+1)^2}$ 在 $|z|=3$ 内有两个奇点 $z=0$ 和 $z=-1$，又

$$f(z)=\frac{1}{z(z+1)^2}=\frac{1}{z}-\frac{1}{z+1}-\frac{1}{(z+1)^2},$$

所以　　　　$\displaystyle\oint_c\frac{1}{z(z+1)^2}\mathrm{d}z=\oint_c\frac{1}{z}\mathrm{d}z-\oint_c\frac{1}{z+1}\mathrm{d}z-\oint_c\frac{1}{(z+1)^2}\mathrm{d}z$

$$=2\pi\mathrm{i}-2\pi\mathrm{i}-0=0.$$

方法 2.

将函数 $f(z)=\dfrac{1}{z(z+1)^2}$ 在 $1<|z+1|<\infty$ 内展开为洛朗级数，则

$$f(z)=\frac{1}{z(z+1)^2}=\frac{1}{(z+1)^3}\cdot\frac{1}{1-\dfrac{1}{z+1}}$$

$$=\frac{1}{(z+1)^3}\left[1+\frac{1}{z+1}+\frac{1}{(z+1)^2}+\frac{1}{(z+1)^3}+\cdots\right]$$

$$=\frac{1}{(z+1)^3}+\frac{1}{(z+1)^4}+\frac{1}{(z+1)^5}+\cdots.$$

上式两边同时积分，得

$$\oint_c\frac{1}{z(z+1)^2}\mathrm{d}z=\oint_c\frac{1}{(z+1)^3}\mathrm{d}z+\oint_c\frac{1}{(z+1)^4}\mathrm{d}z+\oint_c\frac{1}{(z+1)^5}\mathrm{d}z+\cdots$$

$$=0+0+0+\cdots=0.$$

注 1. 此题也可以将函数 $f(z)$ 在 $0<|z|<\infty$ 内采取洛朗展开求出.

注 2. 方法 2 是第 5 章留数 C_{-1} 定义的导出方法.

4.4　教材习题全解

练习题 4.1

1. 下列复数序列是否收敛？如果收敛，求出其极限.

(1) $z_n=\mathrm{e}^{-\frac{n\pi\mathrm{i}}{2}}$；　　(2) $z_n=\dfrac{1}{n}+\mathrm{i}^n$；　　(3) $z_n=\left(1+\dfrac{\mathrm{i}}{2}\right)^{-n}$；　　(4) $z_n=\dfrac{n!}{n^n}\mathrm{i}^n$.

解　(1) 由于 $z_n=\mathrm{e}^{\frac{-n\pi\mathrm{i}}{2}}=\cos\left(-\dfrac{n\pi}{2}\right)+\mathrm{i}\sin\left(-\dfrac{n\pi}{2}\right)=\cos\dfrac{n\pi}{2}-\mathrm{i}\sin\dfrac{n\pi}{2}.$

设 $a_n=\cos\dfrac{n\pi}{2}$，$b_n=-\sin\dfrac{n\pi}{2}$，则有

$$a_n=\cos\frac{n\pi}{2}=(-1)^k\quad(\text{其中 }2k=n,n\text{ 取偶数}),$$

$$b_n=-\sin\frac{n\pi}{2}=(-1)^k\quad(\text{其中 }2k-1=n,n\text{ 取奇数}).$$

显然,实数列 a_n、b_n 均发散,故 z_n 发散.

(2) 因为实数列 $\dfrac{1}{n}$ 发散,i^n 为循环数列,也是发散的,故 z_n 发散.

(3) 因为 $1+\dfrac{i}{2}=\dfrac{\sqrt{5}}{2}\left[\cos\left(\arctan\dfrac{1}{2}\right)+i\sin\left(\arctan\dfrac{1}{2}\right)\right]$,

所以 $\qquad z_n=\left(1+\dfrac{i}{2}\right)^{-n}=\left(\dfrac{2}{\sqrt{5}}\right)^n\left[\cos\left(n\arctan\dfrac{1}{2}\right)+i\sin\left(n\arctan\dfrac{1}{2}\right)\right].$

设 $a_n=\left(\dfrac{2}{\sqrt{5}}\right)^n\cos\left(n\arctan\dfrac{1}{2}\right),b_n=\left(\dfrac{2}{\sqrt{5}}\right)^n\sin\left(n\arctan\dfrac{1}{2}\right)$,则

$$\lim_{n\to\infty}a_n=\lim_{n\to\infty}\left(\dfrac{2}{\sqrt{5}}\right)^n\cos\left(n\arctan\dfrac{1}{2}\right)=0,$$

$$\lim_{n\to\infty}b_n=\lim_{n\to\infty}\left(\dfrac{2}{\sqrt{5}}\right)^n\sin\left(n\arctan\dfrac{1}{2}\right)=0.$$

故 z_n 收敛,$\lim\limits_{n\to\infty}z_n=0$.

(4) 因为 $z_n=\dfrac{n!}{n^n}i^n=(-1)^k\dfrac{n!}{n^n}+i\cdot(-1)^{j-1}\dfrac{n!}{n^n}$,其中 $2k=n$ 为偶数,$2j-1=n$ 为奇数,又因为

$$\lim_{n\to\infty}\dfrac{n!}{n^n}=\lim_{n\to\infty}\dfrac{1}{n}\cdot\dfrac{2}{n}\cdots\left(1-\dfrac{1}{n}\right)=0,$$

所以数列 z_n 收敛,$\lim\limits_{n\to\infty}z_n=0$.

2. 判断下列级数是否收敛,若收敛,是否为绝对收敛.

(1) $\displaystyle\sum_{n=1}^{\infty}\dfrac{(8i)^n}{n!}$;　　(2) $\displaystyle\sum_{n=1}^{\infty}\left(\dfrac{1}{2^n}+\dfrac{i}{n}\right)$;　　(3) $\displaystyle\sum_{n=1}^{\infty}\dfrac{i^n}{\ln n}$;　　(4) $\displaystyle\sum_{n=1}^{\infty}\dfrac{\cos(in)}{2^n}$.

解 (1) 因为 $\left|\dfrac{(8i)^n}{n!}\right|=\dfrac{8^n}{n!}$,由实数列比值判敛法得

$$\lim_{n\to\infty}\dfrac{\dfrac{8^{n+1}}{(n+1)!}}{\dfrac{8^n}{n!}}=\lim_{n\to\infty}\dfrac{8}{n+1}=0<1.$$

故 $\displaystyle\sum_{n=1}^{\infty}\dfrac{8^n}{n!}$ 收敛,那么由绝对收敛的定义知,$\displaystyle\sum_{n=1}^{\infty}\dfrac{(8i)^n}{n!}$ 绝对收敛.

(2) 因为 $\displaystyle\sum_{n=1}^{\infty}\left(\dfrac{1}{2^n}+\dfrac{i}{n}\right)=\sum_{n=1}^{\infty}\dfrac{1}{2^n}+i\cdot\sum_{n=1}^{\infty}\dfrac{1}{n}$,由正项级数可知,$\displaystyle\sum_{n=1}^{\infty}\dfrac{1}{2^n}$ 收敛,$\displaystyle\sum_{n=1}^{\infty}\dfrac{1}{n}$ 发散,所以原级数发散.

(3) 因为 $\displaystyle\sum_{n=1}^{\infty}\left|\dfrac{i^n}{\ln n}\right|=\sum_{n=1}^{\infty}\dfrac{1}{\ln n}$,由正项级数比较法知,$\dfrac{1}{\ln n}>\dfrac{1}{n}$,$\displaystyle\sum_{n=1}^{\infty}\dfrac{1}{n}$ 发散,故

$\sum\limits_{n=1}^{\infty}\dfrac{1}{\ln n}$ 发散,所以

$$\sum_{n=1}^{\infty}\frac{\mathrm{i}^n}{\ln n}=\sum_{k=1}^{\infty}(-1)^k\frac{1}{\ln 2k}+\mathrm{i}\,\frac{(-1)^{k-1}}{\ln(2k-1)}.$$

由交错级数莱布尼兹判别法可知,$\sum\limits_{k=1}^{\infty}(-1)^k\dfrac{1}{\ln 2k}$ 与 $\sum\limits_{k=1}^{\infty}\dfrac{(-1)^{k-1}}{\ln(2k-1)}$ 收敛,且为条件

收敛.故复级数 $\sum\limits_{n=1}^{\infty}\dfrac{\mathrm{i}^n}{\ln n}$ 为条件收敛.

（4）因为
$$\sum_{n=1}^{\infty}\frac{\cos(in)}{2^n}=\sum_{n=1}^{\infty}\frac{\mathrm{e}^n+\mathrm{e}^{-n}}{2^{n+1}},$$

又
$$\lim_{n\to\infty}\frac{\mathrm{e}^n+\mathrm{e}^{-n}}{2^{n+1}}=\lim_{n\to\infty}\frac{1}{2}\left[\left(\frac{\mathrm{e}}{2}\right)^n+\left(\frac{1}{2\mathrm{e}}\right)^n\right]=\infty\neq0,$$

所以原级数发散.

3. 证明:级数 $\sum\limits_{n=1}^{\infty}z^n$ 当 $|z|<1$ 时绝对收敛.

证　级数 $\sum\limits_{n=1}^{\infty}z^n=z+z^2+\cdots+z^n$,它的部分和为

$$S_n=\frac{z(1-z^n)}{1-z}\quad(z\neq1).$$

当 $|z|\geqslant1$ 时,由于 $n\to\infty$ 时,级数的一般项 z^n 不趋近于零,故级数发散.

当 $|z|<1$ 时,由于 $\lim\limits_{n\to\infty}z^n=0$,从而有 $\lim\limits_{n\to\infty}S_n=\dfrac{z}{1-z}$,即此时级数 $\sum\limits_{n=1}^{\infty}z^n$ 收敛,又因

为 $\sum\limits_{n=1}^{\infty}|z|^n$ 也收敛,故当 $|z|<1$ 时,级数 $\sum\limits_{n=1}^{\infty}z^n$ 绝对收敛.

练习题 4.2

1. 求下列幂级数的收敛半径.

（1）$\sum\limits_{n=1}^{\infty}\dfrac{z^n}{n^3}$（并讨论在收敛圆周上的情形）;

（2）$\sum\limits_{n=1}^{\infty}\dfrac{z^n}{n^p}$（$p$ 为正整数）;　　（3）$\sum\limits_{n=1}^{\infty}\dfrac{n!}{n^n}z^n$;　　（4）$\sum\limits_{n=1}^{\infty}(1+\mathrm{i})z^n$.

解　（1）因为 $C_n=\dfrac{1}{n^3}$,即

$$\lim_{n\to\infty}\left|\frac{C_{n+1}}{C_n}\right|=\lim_{n\to\infty}\frac{1/(n+1)^3}{1/n^3}=\lim_{n\to\infty}\left(\frac{n}{n+1}\right)^3,$$

所以收敛半径 $R=1$.在收敛圆 $|z|=1$ 上,由于 $\sum\limits_{n=1}^{\infty}\left|\dfrac{z^n}{n^3}\right|=\sum\limits_{n=1}^{\infty}\dfrac{1}{n^3}$,此正项级数收敛,

故在 $|z|=1$ 上,级数是绝对收敛的.

(2) 因为 $C_n=\dfrac{1}{n^p}$,即

$$\lim_{n\to\infty}\left|\frac{C_{n+1}}{C_n}\right|=\lim_{n\to\infty}\left(\frac{n}{n+1}\right)^p=1,$$

所以收敛半径 $R=1$.

(3) 因为 $C_n=\dfrac{n!}{n^n}$,即

$$\lim_{n\to\infty}\left|\frac{C_{n+1}}{C_n}\right|=\lim_{n\to\infty}\frac{(n+1)!\ /(n+1)^{n+1}}{n!\ /n^n}=\lim_{n\to\infty}\left(\frac{n}{n+1}\right)^n=\lim_{n\to\infty}\frac{1}{\left(1+\dfrac{1}{n}\right)^n}=\frac{1}{e},$$

所以收敛半径 $R=e$.

(4) 因为 $C_n=(1+i)^n$,即

$$\lim_{n\to\infty}\left|\frac{C_{n+1}}{C_n}\right|=\lim_{n\to\infty}\left|\frac{(1+i)^{n+1}}{(1+i)^n}\right|=\lim_{n\to\infty}|1+i|=\sqrt{2},$$

所以收敛半径为 $R=\dfrac{\sqrt{2}}{2}$.

2. 证明:若幂级数 $\displaystyle\sum_{n=0}^{\infty}C_nz^n$ 在 $z=z_0$ 条件收敛,则其收敛半径 $R=|z_0|$.

证 若幂级数在 $z=z_0$ 条件收敛,则有 $\displaystyle\sum_{n=0}^{\infty}C_nz_0^n$ 收敛,但 $\displaystyle\sum_{n=0}^{\infty}|C_n||z_0|^n$ 不收敛,

且由阿贝尔定理知,$\displaystyle\sum_{n=0}^{\infty}C_nz^n$ 在 $|z|<|z_0|$ 内处处绝对收敛,于是级数 $\displaystyle\sum_{n=0}^{\infty}C_nz^n$ 的收

敛半径 $R\geqslant|z_0|$.

假设 $R>|z_0|$,则幂级数 $\displaystyle\sum_{n=0}^{\infty}C_nz^n$ 在 $|z|<R$ 内处处绝对收敛,当然在 $z=z_0$

($|z_0|<R$)处也绝对收敛,即 $\displaystyle\sum_{n=0}^{\infty}|C_n||z_0|^n$ 收敛,这与已知矛盾.故假设不成立,

即 $R>|z_0|$ 不成立.

所以 $\displaystyle\sum_{n=0}^{\infty}C_nz^n$ 的收敛半径 $R=|z_0|$.

3. 求幂级数 $\displaystyle\sum_{n=1}^{\infty}(2^n-1)z^{n-1}$ 的收敛半径与和函数.

解 因为 $C_n=2^n-1$,即

$$\lim_{n\to\infty}\left|\frac{C_{n+1}}{C_n}\right|=\lim_{n\to\infty}\frac{2^{n+1}-1}{2^n-1}=\lim_{n\to\infty}\frac{1-\dfrac{1}{2^{n+1}}}{\dfrac{1}{2}-\dfrac{1}{2^{n+1}}}=2,$$

所以级数收敛半径 $R=\dfrac{1}{2}$，即当 $|z|<\dfrac{1}{2}$ 时，

$$\sum_{n=1}^{\infty}(2^n-1)z^{n-1}=\sum_{n=1}^{\infty}2^n\cdot z^{n-1}-\sum_{n=1}^{\infty}z^{n-1}.$$

由 $\sum\limits_{n=0}^{\infty}z^n=\dfrac{1}{1-z}(|z|<1)$ 得级数和函数为

$$\sum_{n=1}^{\infty}(2^n-1)z^{n-1}=2\sum_{n=1}^{\infty}(2z)^{n-1}-\sum_{n=1}^{\infty}z^{n-1}=\frac{2}{1-2z}-\frac{1}{1-z}$$
$$=\frac{1}{(1-2z)(1-z)}.$$

4. 计算 $\oint_C\left(\sum\limits_{n=-1}^{\infty}z^n\right)\mathrm{d}z$，其中 C 为 $|z|=\dfrac{1}{2}$.

解 $\oint_C\left(\sum\limits_{n=-1}^{\infty}z^n\right)\mathrm{d}z=\oint_C\left(\dfrac{1}{z}+1+z+z^2+\cdots+z^n+\cdots\right)\mathrm{d}z$

$$=\oint_C\frac{1}{z}\mathrm{d}z+\oint_C\mathrm{d}z+\oint_C z\mathrm{d}z+\oint_C z^2\mathrm{d}z+\cdots+\oint_C z^n\mathrm{d}z+\cdots.$$

由柯西积分公式和积分定理知

$$\oint_C\frac{1}{z}\mathrm{d}z=2\pi\mathrm{i},\quad \oint_C z^n\mathrm{d}z=0\quad(n=0,1,2,\cdots).$$

故 $$\oint_C\left(\sum_{n=-1}^{\infty}z^n\right)\mathrm{d}z=2\pi\mathrm{i}.$$

练习题 4.3

1. 将下列函数展开成 z 的幂级数，并指出它们的收敛半径.

(1) $\dfrac{1}{1+z^2}$；　　(2) $\dfrac{1}{(1+z^2)^2}$；　　(3) $\cos z^2$；　　(4) $\mathrm{e}^{\frac{z}{z-1}}$.

解 (1) 因为 $\dfrac{1}{1+z^2}=\dfrac{1}{1-(-z^2)}=\sum\limits_{n=0}^{\infty}(-1)^n z^{2n}$，$|z|<1$，所以收敛半径 $R=1$.

(2) 因为 $\left(\dfrac{1}{1+z^2}\right)'=-\dfrac{1}{(1+z^2)^2}\cdot 2z$，所以

$$\frac{1}{(1+z^2)^2}=-\frac{1}{2z}\left(\frac{1}{1+z^2}\right)'=-\frac{1}{2z}\left(\sum_{n=0}^{\infty}(-1)^n z^{2n}\right)'$$
$$=-\frac{1}{2z}\sum_{n=0}^{\infty}(-1)^n\cdot 2nz^{2n-1}$$
$$=-\sum_{n=0}^{\infty}(-1)^n nz^{2n-2}\quad(|z|<1).$$

故收敛半径 $R=1$.

(3) 因为 $\cos z = \sum_{n=0}^{\infty} (-1)^n \dfrac{z^{2n}}{(2n)!}(|z| < +\infty)$，所以

$$\cos z^2 = \sum_{n=0}^{\infty} (-1)^n \frac{z^{4n}}{(2n)!} \quad (|z| < +\infty).$$

故收敛半径 $R = +\infty$.

(4) 由于 $e^{\frac{z}{z-1}}$ 有一个奇点 $z = 1$，故可在 $|z| < 1$ 内展开为 z 的幂级数，即

$$e^{\frac{z}{z-1}} = e^{1+\frac{1}{z-1}} = e \cdot e^{\frac{1}{z-1}}.$$

故令 $f(z) = e^{\frac{z}{z-1}} = e \cdot e^{\frac{1}{z-1}}$，对 $f(z)$ 求导得

$$f'(z) = e \cdot e^{\frac{1}{z-1}} \left(-\frac{1}{(z-1)^2}\right) = f(z)\left(-\frac{1}{(z-1)^2}\right),$$

即

$$(z-1)^2 f'(z) + f(z) = 0.$$

将此方程逐次求导，得

$$(z-1)^2 f''(z) + (2z-1) f'(z) = 0,$$
$$(z-1)^2 f'''(z) + (4z-3) f''(z) + 2 f'(z) = 0,$$
$$\vdots$$

由于 $f(0) = 1$，由上述微分方程可求出

$$f'(0) = -1, \quad f''(0) = -1, \quad f'''(0) = -1, \quad \cdots.$$

故

$$f(z) = e^{\frac{z}{z-1}} = 1 - z - \frac{1}{2!} z^2 - \frac{1}{3!} z^3 - \cdots \quad (|z| < 1).$$

所以收敛半径 $R = 1$.

2. 将下列函数在指定点 z_0 处展开成泰勒级数，并指出它们的收敛半径.

(1) $\dfrac{z-1}{z+1}, \quad z_0 = 1$；　　　　　　(2) $\dfrac{1}{z^2}, z_0 = -1$；

(3) $\dfrac{1}{4-3z}, z_0 = 1+i$；　　　　　　(4) $\tan z, z_0 = \dfrac{\pi}{4}$.

解　函数 $\dfrac{z-1}{z+1}$ 有一个奇点 $z = -1$，所以收敛半径 $R = |1+1| = 2$，即在 $|z-1| <$ 2 内可展开为 $(z-1)$ 的幂级数.

$$\frac{z-1}{z+1} = (z-1)\frac{1}{2+(z-1)} = \frac{z-1}{2} \cdot \frac{1}{1+\dfrac{z-1}{2}}$$

$$= \frac{z-1}{2} \sum_{n=0}^{\infty} (-1)^n \left(\frac{z-1}{2}\right)^n$$

$$= \sum_{n=0}^{\infty} \frac{(-1)^n}{2^{n+1}} (z-1)^{n+1} \quad (|z-1| < 2).$$

(2) 函数 $\dfrac{1}{z^2}$ 有一个奇点 0，所以收敛半径 $R = |0-(-1)| = 1$，即在 $|z+1| < 1$ 内

可展开为 $(z+1)$ 的幂级数.

故

$$\frac{1}{z^2}=\left(-\frac{1}{z}\right)'=\left(\frac{1}{1-(z+1)}\right)'=\frac{\mathrm{d}}{\mathrm{d}z}\left[\sum_{n=0}^{\infty}(z+1)^n\right]$$

$$=\sum_{n=1}^{\infty}n(z+1)^{n-1}\quad(\mid z+1\mid<1).$$

（3）函数 $\dfrac{1}{4-3z}$ 有一个奇点 $z=\dfrac{4}{3}$，所以收敛半径 $R=\left|\dfrac{4}{3}-1-\mathrm{i}\right|=\dfrac{\sqrt{10}}{3}$，即在

$\mid z-(1+\mathrm{i})\mid<\dfrac{\sqrt{10}}{3}$ 内可展开为 $(z-1-\mathrm{i})$ 的幂级数.

故

$$\frac{1}{4-3z}=\frac{1}{1-3\mathrm{i}-3(z-1-\mathrm{i})}=\frac{1}{1-3\mathrm{i}}\cdot\frac{1}{1-\dfrac{3}{1-3\mathrm{i}}(z-1-\mathrm{i})}$$

$$=\frac{1}{1-3\mathrm{i}}\sum_{n=0}^{\infty}\left(\frac{3}{1-3\mathrm{i}}\right)^n(z-1-\mathrm{i})^n$$

$$=\sum_{n=0}^{\infty}\frac{3^n}{(1-3\mathrm{i})^{n+1}}(z-1-\mathrm{i})^n\quad\left(\mid z-(1+\mathrm{i})\mid<\frac{\sqrt{10}}{3}\right).$$

（4）函数 $\tan z$ 有奇点 $k\pi+\dfrac{\pi}{2}$，其中与 $\dfrac{\pi}{4}$ 最近奇点为 $\dfrac{\pi}{2}$，所以收敛半径 $R=$

$\left|\dfrac{\pi}{2}-\dfrac{\pi}{4}\right|=\dfrac{\pi}{4}$，即在 $\left|z-\dfrac{\pi}{4}\right|<\dfrac{\pi}{4}$ 内可展开为幂级数. 令 $f(z)=\tan z$，则

$$f\left(\frac{\pi}{4}\right)=\tan\frac{\pi}{4}=1,$$

$$f'(z)=\frac{1}{\cos^2 z},$$

所以

$$f'\left(\frac{\pi}{4}\right)=2.$$

由于

$$f''(z)=\left(\frac{1}{\cos^2 z}\right)'=\frac{-2}{\cos^3 z}\cdot(-\sin z)=\frac{2\tan z}{\cos^2 z},$$

所以

$$f''\left(\frac{\pi}{4}\right)=2.$$

又由于

$$f'''(z)=\left(\frac{2f(z)}{\cos^2 z}\right)'=\frac{2f'(z)\cos^2 z-2f(z)\cdot 2\cos z(-\sin z)}{\cos^4 z}$$

$$=\frac{2f'(z)\cos z+4f(z)\sin z}{\cos^3 z},$$

所以

$$f'''\left(\frac{\pi}{4}\right)=16.$$

故　$\tan z=1+2\left(z-\dfrac{\pi}{4}\right)+\dfrac{2}{2!}\left(z-\dfrac{\pi}{4}\right)^2+\dfrac{16}{3!}\left(z-\dfrac{\pi}{4}\right)^3+\cdots$

$$= 1 + 2\left(z - \frac{\pi}{4}\right) + \left(z - \frac{\pi}{4}\right)^2 + \frac{8}{3}\left(z - \frac{\pi}{4}\right)^3 + \cdots \quad \left(\left|z - \frac{\pi}{4}\right| < \frac{\pi}{4}\right).$$

3. 证明:对任意的 z,有

$$|e^z - 1| \leqslant e^{|z|} - 1 \leqslant |z| e^{|z|}.$$

证 因为 $e^z = \sum_{n=0}^{\infty} \dfrac{z^n}{n!} (|z| < +\infty)$,所以

$$|e^z - 1| = \left|\sum_{n=0}^{\infty} \frac{z^n}{n!} - 1\right| = \left|\sum_{n=1}^{\infty} \frac{z^n}{n!}\right| \leqslant \sum_{n=1}^{\infty} \frac{|z|^n}{n!} = e^{|z|} - 1.$$

又因为

$$e^{|z|} - 1 = |z| + \frac{1}{2!}|z|^2 + \cdots + \frac{1}{n!}|z|^n + \cdots$$

$$= |z|\left(1 + \frac{1}{2!}|z| + \cdots + \frac{1}{n!}|z|^{n-1} + \cdots\right)$$

$$\leqslant |z|\left(1 + |z| + \frac{1}{2!}|z|^2 + \cdots\right) = |z| e^{|z|},$$

所以 $\qquad\qquad\qquad |e^z - 1| \leqslant e^{|z|} - 1 \leqslant |z| e^{|z|}.$

练习题 4.4

1. 将下列各函数在指定的圆环域内展开成洛朗级数.

(1) $\dfrac{1}{(z^2 + 1)(z + 2)}, 1 < |z| < 2$;

(2) $\dfrac{1}{z(1 - z)^2}, 0 < |z| < 1, 0 < |z - 1| < 1$;

(3) $z^2 e^{\frac{1}{z}}, 0 < |z| < +\infty$;

(4) $\sin \dfrac{1}{1 - z}, 0 < |z - 1| < +\infty$.

解 (1) 设 $\dfrac{1}{(z^2 + 1)(z + 2)} = \dfrac{Az + B}{z^2 + 1} + \dfrac{C}{z + 2}$,则

$$\frac{1}{(z^2 + 1)(z + 2)} = \frac{(A + C)z^2 + (2A + B)z + 2B + C}{(z^2 + 1)(z + 2)}.$$

比较两边分子系数得

$$\begin{cases} A + C = 0, \\ 2A + B = 0, \\ 2B + C = 1. \end{cases}$$

解得 $\qquad\qquad\qquad A = -\dfrac{1}{5}, \quad B = \dfrac{2}{5}, \quad C = \dfrac{1}{5}.$

所以 $\quad \dfrac{1}{(z^2 + 1)(z + 2)} = \dfrac{1}{5}\left(\dfrac{2 - z}{z^2 + 1} + \dfrac{1}{z + 2}\right) = \dfrac{1}{5}\left(\dfrac{2}{z^2 + 1} - \dfrac{z}{z^2 + 1} + \dfrac{1}{z + 2}\right).$

当 $1<|z|<2$ 时，

$$\frac{1}{(z^2+1)(z+2)} = \frac{1}{5}\left(\frac{2}{z^2}\cdot\frac{1}{1+\frac{1}{z^2}} - \frac{1}{z}\cdot\frac{1}{1+\frac{1}{z^2}} + \frac{1}{2}\cdot\frac{1}{1+\frac{z}{2}}\right)$$

$$= \frac{1}{5}\left(\frac{2}{z^2}\sum_{n=0}^{\infty}\frac{(-1)^n}{z^{2n}} - \frac{1}{z}\sum_{n=0}^{\infty}\frac{(-1)^n}{z^{2n}} + \frac{1}{2}\sum_{n=0}^{\infty}\frac{(-1)^n}{2^n}z^n\right)$$

$$= \frac{1}{5}\left(2\sum_{n=0}^{\infty}\frac{(-1)^n}{z^{2n+2}} - \sum_{n=0}^{\infty}\frac{(-1)^n}{z^{2n+1}} + \sum_{n=0}^{\infty}\frac{(-1)^n}{2^{n+1}}z^n\right).$$

（2）当 $0<|z|<1$ 时，

$$\frac{1}{z(1-z)^2} = \frac{1}{z}\left(\frac{1}{1-z}\right)' = \frac{1}{z}\left(\sum_{n=0}^{\infty}z^n\right)' = \frac{1}{z}\sum_{n=1}^{\infty}nz^{n-1} = \sum_{n=1}^{\infty}nz^{n-2}.$$

当 $0<|z-1|<1$ 时，

$$\frac{1}{z(1-z)^2} = \frac{1}{(1-z)^2}\cdot\frac{1}{1+(z-1)} = \frac{1}{(1-z)^2}\sum_{n=0}^{\infty}(-1)^n(z-1)^n$$

$$= \sum_{n=0}^{\infty}(-1)^n(z-1)^{n-2}.$$

（3）当 $0<|z|<+\infty$ 时，

$$z^2 e^{\frac{1}{z}} = z^2\left(1 + \frac{1}{z} + \frac{1}{2!}\frac{1}{z^2} + \frac{1}{3!}\frac{1}{z^3} + \cdots + \frac{1}{n!}\frac{1}{z^n} + \cdots\right)$$

$$= z^2 + z + \frac{1}{2!} + \frac{1}{3!}\frac{1}{z} + \cdots + \frac{1}{n!}\frac{1}{z^{n-2}} + \cdots.$$

（4）当 $0<|z-1|<+\infty$ 时，

$$\sin\frac{1}{1-z} = -\sin\frac{1}{z-1} = -\left(1 - \frac{1}{3!}\frac{1}{(z-1)^3} + \frac{1}{5!}\frac{1}{(z-1)^5} - \frac{1}{7!}\frac{1}{(z-1)^7} + \cdots\right)$$

$$= -1 + \frac{1}{3!}\frac{1}{(z-1)^3} - \frac{1}{5!}\frac{1}{(z-1)^5} + \frac{1}{7!}\frac{1}{(z-1)^7} - \cdots.$$

2. 将函数 $f(z) = \dfrac{1}{z^2-3z+2}$ 在 $z=1$ 处展开为洛朗级数.

解　因为 $f(z) = \dfrac{1}{(z-2)(z-1)}$，所以有 2 个以 1 为中心的圆环域内解析，即 $0<|z-1|<1,1<|z-1|<+\infty$.

在 $0<|z-1|<1$ 内，有

$$f(z) = \frac{1}{z-1}\cdot\frac{1}{(z-1)-1} = -\frac{1}{z-1}\cdot\frac{1}{1-(z-1)}$$

$$= -\frac{1}{z-1}\sum_{n=0}^{\infty}(z-1)^n = -\sum_{n=0}^{\infty}(z-1)^{n-1}.$$

在 $1<|z-1|<+\infty$ 内，有

$$f(z) = \frac{1}{(z-1)^2} \cdot \frac{1}{1-\frac{1}{z-1}} = \frac{1}{(z-1)^2} \sum_{n=0}^{\infty} \frac{1}{(z-1)^n} = \sum_{n=0}^{\infty} \frac{1}{(z-1)^{n+2}}.$$

3. 分别将函数 $f(z) = \dfrac{(z-1)(z-2)}{(z-3)(z-4)}$ 在下列区域内展开为洛朗级数.

(1) $3 < |z| < 4$；　　　　　　　(2) $4 < |z| < +\infty$.

解　因为函数 $f(z)$ 可表示为

$$f(z) = \frac{(z-1)(z-2)}{(z-3)(z-4)} = 1 - \frac{2}{z-3} + \frac{6}{z-4}.$$

(1) 当 $3 < |z| < 4$ 时，有

$$f(z) = 1 - \frac{2}{z} \cdot \frac{1}{1-\frac{3}{z}} - \frac{6}{4} \cdot \frac{1}{1-\frac{z}{4}} = 1 - \frac{2}{z} \sum_{n=0}^{\infty} \left(\frac{3}{z}\right)^n - \frac{3}{2} \sum_{n=0}^{\infty} \left(\frac{z}{4}\right)^n$$

$$= 1 - 2 \sum_{n=0}^{\infty} \frac{3^n}{z^{n+1}} - \frac{3}{2} \sum_{n=0}^{\infty} \frac{1}{4^n} z^n.$$

(2) 当 $4 < |z| < +\infty$，有

$$f(z) = 1 - \frac{2}{z} \cdot \frac{1}{1-\frac{3}{z}} + \frac{6}{z} \cdot \frac{1}{1-\frac{4}{z}} = 1 - \frac{2}{z} \sum_{n=0}^{\infty} \left(\frac{3}{z}\right)^n + \frac{6}{z} \sum_{n=0}^{\infty} \left(\frac{4}{z}\right)^n$$

$$= 1 - 2 \sum_{n=0}^{\infty} \frac{3^n}{z^{n+1}} + 6 \sum_{n=0}^{\infty} \frac{4^n}{z^{n+1}} = 1 + \sum_{n=0}^{\infty} (6 \cdot 4^n - 2 \cdot 3^n) \frac{1}{z^{n+1}}.$$

综合练习题 4

1. 判断下列数列是否收敛. 如果收敛，求出其极限.

(1) $z_n = \dfrac{1+n\mathrm{i}}{1-n\mathrm{i}}$；　　　(2) $z_n = n\cos(\mathrm{i}n)$；　　　(3) $z_n = \left(\dfrac{z}{\bar{z}}\right)^n$.

解　(1) $z_n = \dfrac{1+n\mathrm{i}}{1-n\mathrm{i}} = \dfrac{(1+n\mathrm{i})^2}{1+n^2} = \dfrac{1-n^2}{1+n^2} + \dfrac{2n}{1+n^2}\mathrm{i}$,

因为

$$\lim_{n\to\infty} \frac{1-n^2}{1+n^2} = -1, \quad \lim_{n\to\infty} \frac{2n}{1+n^2} = 0,$$

所以数列 z_n 收敛，且 $\lim\limits_{n\to\infty} z_n = -1$.

(2) $z_n = n\cos(\mathrm{i}n) = n \cdot \dfrac{1}{2}(\mathrm{e}^{-n} + \mathrm{e}^n)$,

又

$$\lim_{n\to\infty} z_n = \lim_{n\to\infty} \frac{n}{2}(\mathrm{e}^{-n} + \mathrm{e}^n) = \infty,$$

所以数列 z_n 发散.

(3) 令 $z = r\mathrm{e}^{\mathrm{i}\theta}$，则有

$$\frac{z}{\bar{z}} = \frac{r\mathrm{e}^{\mathrm{i}\theta}}{r\mathrm{e}^{-\mathrm{i}\theta}} = \mathrm{e}^{\mathrm{i}\cdot 2\theta}.$$

所以

$$z_n = \mathrm{e}^{\mathrm{i}\cdot 2n\theta} = \cos(2n\theta) + \mathrm{i}\sin(2n\theta),$$

又 $\cos(2n\theta)$ 和 $\sin(2n\theta)$ 发散,故数列 z_n 发散.

2. 判断下列级数是否收敛,若收敛,是否为绝对收敛.

(1) $\displaystyle\sum_{n=1}^{\infty} \frac{\mathrm{i}^n}{n}$;　　　(2) $\displaystyle\sum_{n=0}^{\infty} (1+\mathrm{i})^n$;　　　(3) $\displaystyle\sum_{n=0}^{\infty} \frac{(6+5\mathrm{i})^n}{8^n}$.

解　(1) $\displaystyle\sum_{n=1}^{\infty} \frac{\mathrm{i}^n}{n} = \left(-\frac{1}{2} + \frac{1}{4} - \frac{1}{6} + \cdots + (-1)^k \cdot \frac{1}{2k} \right)$

$$+ \mathrm{i} \cdot \left(1 - \frac{1}{3} + \frac{1}{5} - \frac{1}{7} + \cdots + (-1)^{k-1} \frac{1}{2k-1} \right).$$

显然实部、虚部数列都是交错实数列,且都是条件收敛,故 $\displaystyle\sum_{n=1}^{\infty} \frac{\mathrm{i}^n}{n}$ 是条件收敛的.

(2) 因为 $\displaystyle\lim_{n\to\infty}(1+\mathrm{i})^n \neq 0$,所以级数是发散的.

(3) 因为 $\displaystyle\sum_{n=0}^{\infty} \left| \frac{(6+5\mathrm{i})^n}{8^n} \right| = \sum_{n=0}^{\infty} \left(\frac{\sqrt{61}}{8} \right)^n$,此正项级数为公比小于 1 的等比级数,

故 $\displaystyle\sum_{n=0}^{\infty} \left(\frac{\sqrt{61}}{8} \right)^n$ 收敛,所以 $\displaystyle\sum_{n=0}^{\infty} \frac{(6+5\mathrm{i})^n}{8^n}$ 绝对收敛.

3. 求下列幂级数的收敛半径.

(1) $\displaystyle\sum_{n=1}^{\infty} \mathrm{e}^{\mathrm{i}\frac{\pi}{n}} z^n$;　　　(2) $\displaystyle\sum_{n=1}^{\infty} \left[\frac{z}{\ln(\mathrm{i}n)} \right]^n$;　　　(3) $\displaystyle\sum_{n=1}^{\infty} \left(1 + \frac{1}{n} \right)^{n^2} z^n$.

解　(1) 因为 $C_n = \mathrm{e}^{\mathrm{i}\frac{\pi}{n}}$,则有 $|C_n| = 1$,所以

$$\lim_{n\to\infty} \left| \frac{C_{n+1}}{C_n} \right| = 1.$$

故级数收敛半径 $R = 1$.

(2) 因为 $C_n = \dfrac{1}{\left[\ln(\mathrm{i}n)\right]^n}$,其中 $\ln(\mathrm{i}n) = \ln n + \dfrac{\pi}{2}\mathrm{i}$,所以

$$|C_n| = \frac{1}{|\ln(\mathrm{i}n)|^n} = \frac{1}{\left(\ln^2 n + \dfrac{\pi^2}{4} \right)^{\frac{n}{2}}},$$

从而,

$$\lim_{n\to\infty} \sqrt[n]{|C_n|} = \lim_{n\to\infty} \frac{1}{\sqrt{\ln^2 n + \dfrac{\pi^2}{4}}} = 0.$$

故级数收敛半径 $R = +\infty$.

（3）因为 $C_n=\left(1+\dfrac{1}{n}\right)^{n^2}$，所以有

$$\lim_{n\to\infty}\sqrt[n]{|C_n|}=\lim_{n\to\infty}\left(1+\frac{1}{n}\right)^n=\mathrm{e}.$$

故级数收敛半径 $R=\dfrac{1}{\mathrm{e}}$.

4. 将下列函数在指定点 z_0 处展开成泰勒级数，并指出它们的收敛半径.

（1）$\dfrac{1}{(z-a)(z-b)}(a\neq0,b\neq0)$，$z_0=0$；

（2）$\sin^2 z$，$z_0=0$；

（3）$\dfrac{z}{(z+1)(z+2)}$，$z_0=2$.

解　（1）当 $a=b$ 时，有 $f(z)=\dfrac{1}{(z-a)^2}$，即

$$f(z)=-\left(\frac{1}{z-a}\right)'=\frac{1}{a}\left[\frac{1}{1-\dfrac{z}{a}}\right]'=\frac{1}{a}\left[\sum_{n=0}^{\infty}\left(\frac{z}{a}\right)^n\right]'$$

$$=\frac{1}{a}\sum_{n=1}^{\infty}\frac{nz^{n-1}}{a^n}=\sum_{n=1}^{\infty}\frac{nz^{n-1}}{a^{n+1}}.$$

由等比级数公比小于 1 得 $f(z)$ 的收敛域为 $\left|\dfrac{z}{a}\right|<1$，即 $|z|<|a|$，故收敛半径 $R=|a|$.

当 $a\neq b$ 时，有

$$\frac{1}{(z-a)(z-b)}=\frac{1}{a-b}\left(\frac{1}{z-a}-\frac{1}{z-b}\right)=\frac{1}{a-b}\left(\frac{1}{b}\frac{1}{1-\dfrac{z}{b}}-\frac{1}{a}\frac{1}{1-\dfrac{z}{a}}\right)$$

$$=\frac{1}{a-b}\left[\frac{1}{b}\sum_{n=0}^{\infty}\left(\frac{z}{b}\right)^n-\frac{1}{a}\sum_{n=0}^{\infty}\left(\frac{z}{a}\right)^n\right]$$

$$=\frac{1}{a-b}\sum_{n=0}^{\infty}\left(\frac{1}{b^{n+1}}-\frac{1}{a^{n+1}}\right)z^n.$$

因为泰勒级数收敛域为 $\left|\dfrac{z}{a}\right|<1$，且 $\left|\dfrac{z}{b}\right|<1$，即 $|z|<\min\{|a|,|b|\}$，故收敛半径 $R=\min\{|a|,|b|\}$.

（2）$\sin^2 z=\dfrac{1}{2}(1-\cos 2z)=\dfrac{1}{2}-\dfrac{1}{2}\cos 2z$

$$=\frac{1}{2}-\frac{1}{2}\sum_{n=0}^{\infty}(-1)^n\frac{(2z)^{2n}}{(2n)!}=-\frac{1}{2}\sum_{n=1}^{\infty}(-1)^n\frac{(2z)^{2n}}{(2n)!}.$$

因为收敛域为 $|z|<+\infty$，故收敛半径 $R=+\infty$.

(3) $\dfrac{z}{(z+1)(z+2)}=\dfrac{2}{z+2}-\dfrac{1}{z+1}$.

因为级数有两个奇点,故收敛半径为距 $z_0=2$ 最近奇点的距离,即 $R=|-1-2|$ $=3$,收敛域为 $|z-2|<3$,且有

$$\frac{z}{(z+1)(z+2)}=\frac{2}{(z-2)+4}-\frac{1}{(z-2)+3}=\frac{2}{4}\cdot\frac{1}{1+\dfrac{z-2}{4}}-\frac{1}{3}\cdot\frac{1}{1+\dfrac{z-2}{3}}$$

$$=\frac{1}{2}\sum_{n=0}^{\infty}(-1)^n\left(\frac{z-2}{4}\right)^n-\frac{1}{3}\sum_{n=0}^{\infty}(-1)^n\left(\frac{z-2}{3}\right)^n$$

$$=\sum_{n=0}^{\infty}\left(\frac{1}{2^{2n+1}}-\frac{1}{3^{n+1}}\right)(z-2)^n.$$

5. 将函数 $f(z)=\dfrac{e^z}{1+z}$ 展开成 z 的幂级数.

解　$f(z)$ 只有一个奇点 -1,故收敛半径为 $R=|-1-0|=1$,收敛域为 $|z|<1$,由

$$e^z=1+z+\frac{z^2}{2!}+\frac{z^3}{3!}+\cdots,$$

$$\frac{1}{1+z}=1-z+z^2-z^3+\cdots.$$

由幂级数乘法法则,得

$$f(z)=\frac{e^z}{1+z}=\left(1+z+\frac{z^2}{2!}+\frac{z^3}{3!}+\cdots\right)(1-z+z^2-z^3+\cdots)$$

$$=1+(-1+1)z+\left(1-1+\frac{1}{2!}\right)z^2+\left(-1+1-\frac{1}{2!}+\frac{1}{3!}\right)z^3+\cdots$$

$$=1+\frac{1}{2}z^2-\frac{1}{3}z^3+\cdots\quad(|z|<1).$$

6. 将函数 $f(z)=\dfrac{1}{(1-z)^2}$ 展开成 $z-i$ 的幂级数.

解　$f(z)=\dfrac{1}{(1-z)^2}=\left(\dfrac{1}{1-z}\right)'=\left(\dfrac{1}{1-i-(z-i)}\right)'$

$$=\frac{1}{1-i}\left(\frac{1}{1-\dfrac{z-i}{1-i}}\right)'=\frac{1}{1-i}\left[\sum_{n=0}^{\infty}\left(\frac{z-i}{1-i}\right)^n\right]'$$

$$=\frac{1}{1-i}\sum_{n=1}^{\infty}\frac{n(z-i)^{n-1}}{(1-i)^n}=\sum_{n=1}^{\infty}\frac{n}{(1-i)^{n+1}}\cdot(z-i)^{n-1},$$

其中收敛域为 $\left|\dfrac{z-i}{1-i}\right|<1$,即 $|z-i|<\sqrt{2}$.

7. 将下列各函数在指定的圆环域内展开成洛朗级数.

(1) $\dfrac{z+1}{z^2(z-1)}, 0<|z|<1, 1<|z|<+\infty$；

(2) $\dfrac{z^2-2z+5}{(z^2+1)(z-2)}, 1<|z|<2, 0<|z-2|<\sqrt{5}$.

解 (1) 因为

$$\frac{z+1}{z^2(z-1)} = \frac{1}{z(z-1)} + \frac{1}{z^2(z-1)}.$$

当 $0<|z|<1$ 时，有

$$\frac{z+1}{z^2(z-1)} = -\frac{1}{z} \cdot \frac{1}{1-z} - \frac{1}{z^2} \cdot \frac{1}{1-z} = -\frac{1}{z}\sum_{n=0}^{\infty} z^n - \frac{1}{z^2}\sum_{n=0}^{\infty} z^n$$

$$= -\sum_{n=0}^{\infty} z^{n-1} - \sum_{n=0}^{\infty} z^{n-2} = \frac{1}{z^2} - \left(\frac{1}{z^2} + \sum_{n=0}^{\infty} z^{n-1}\right) - \sum_{n=0}^{\infty} z^{n-2}$$

$$= \frac{1}{z^2} - 2\sum_{n=0}^{\infty} z^{n-2}.$$

当 $1<|z|<+\infty$ 时，有

$$\frac{z+1}{z^2(z-1)} = \frac{1}{z^2} \cdot \frac{1}{1-\dfrac{1}{z}} + \frac{1}{z^3} \cdot \frac{1}{1-\dfrac{1}{z}} = \frac{1}{z^2}\sum_{n=0}^{\infty} \frac{1}{z^n} + \frac{1}{z^3}\sum_{n=0}^{\infty} \frac{1}{z^n}$$

$$= \frac{1}{z^2} + 2\sum_{n=0}^{\infty} \frac{1}{z^{n+3}}.$$

(2) 因为

$$\frac{z^2-2z+5}{(z^2+1)(z-2)} = \frac{1}{z-2} - \frac{2}{z^2+1},$$

所以，当 $1<|z|<2$ 时，有

$$\frac{z^2-2z+5}{(z^2+1)(z-2)} = -\frac{1}{2} \cdot \frac{1}{1-\dfrac{z}{2}} - \frac{2}{z^2} \cdot \frac{1}{1+\dfrac{1}{z^2}} = -\frac{1}{2}\sum_{n=0}^{\infty} \left(\frac{z}{2}\right)^n - \frac{2}{z^2}\sum_{n=0}^{\infty} \frac{(-1)^n}{z^{2n}}$$

$$= 2\sum_{n=0}^{\infty} \frac{(-1)^{n+1}}{z^{2n+2}} - \sum_{n=0}^{\infty} \frac{z^n}{2^{n+1}}.$$

当 $0<|z-2|<\sqrt{5}$ 时，有

$$\frac{z^2-2z+5}{(z^2+1)(z-2)} = \frac{1}{z-2} + \mathrm{i}\left(\frac{1}{z-\mathrm{i}} - \frac{1}{z+\mathrm{i}}\right)$$

$$= \frac{1}{z-2} + \mathrm{i}\left[\frac{1}{z-2+(2-\mathrm{i})} - \frac{1}{z-2+(2+\mathrm{i})}\right]$$

$$= \frac{1}{z+2} + \mathrm{i}\left(\frac{1}{2-\mathrm{i}} \cdot \frac{1}{1+\dfrac{z-2}{2-\mathrm{i}}} - \frac{1}{2+\mathrm{i}} \cdot \frac{1}{1+\dfrac{z-2}{2+\mathrm{i}}}\right)$$

$$= \frac{1}{z+2} + i\left[\frac{1}{2-i}\sum_{n=0}^{\infty}(-1)^n \cdot \frac{(z-2)^n}{(2-i)^n} - \frac{1}{2+i}\sum_{n=0}^{\infty}(-1)^n \cdot \frac{(z-2)^n}{(2+i)^n}\right]$$

$$= \frac{1}{z+2} + i\sum_{n=0}^{\infty}(-1)^n\left[\frac{1}{(2-i)^{n+1}} - \frac{1}{(2+i)^{n+1}}\right](z-2)^n$$

$$= \frac{1}{z+2} + i\sum_{n=0}^{\infty}(-1)^n\left[(2+i)^{n+1} - (2-i)^{n+1}\right]\frac{(z-2)^n}{5^{n+1}}.$$

8. 将函数 $f(z) = \dfrac{1}{1+z^2}$ 在以 i 为中心的圆环域内展开成洛朗级数.

解　因为 $f(z) = \dfrac{1}{(z+i)(z-i)}$, 故以 i 为中心的收敛环域有两个, 即 $0 < |z-i| < 2, 2 < |z-i| < +\infty$.

当 $0 < |z-i| < 2$ 时, 有

$$f(z) = \frac{1}{z-i} \cdot \frac{1}{2i+(z-i)} = \frac{1}{z-i} \cdot \frac{1}{2i} \cdot \frac{1}{1+\dfrac{z-i}{2i}}$$

$$= \frac{1}{z-i} \cdot \frac{1}{2i}\sum_{n=0}^{\infty}(-1)^n\frac{(z-i)^n}{(2i)^n} = \sum_{n=0}^{\infty}(-1)^n\frac{(z-i)^{n-1}}{(2i)^{n+1}}.$$

当 $2 < |z-i| < +\infty$ 时, 有

$$f(z) = \frac{1}{z-i} \cdot \frac{1}{2i+(z-i)} = \frac{1}{(z-i)^2} \cdot \frac{1}{1+\dfrac{2i}{z-i}}$$

$$= \frac{1}{(z-i)^2}\sum_{n=0}^{\infty}(-1)^n\left(\frac{2i}{z-i}\right)^n$$

$$= \sum_{n=0}^{\infty}(-1)^n\frac{(2i)^n}{(z-i)^{n+2}}.$$

第5章 留数及其应用

5.1 内 容 提 要

5.1.1 零点与孤立奇点

定义 5.1 若函数 $f(z)$ 在点 z_0 处解析,并且 $f(z_0)=0$,则称点 z_0 为函数 $f(z)$ 的零点.

定义 5.2 若函数 $f(z)$ 在点 z_0 处解析,并且函数 $f(z)$ 在点 z_0 处的前 $m-1$ 阶导数均为零,但 $f^{(m)}(z_0)\neq 0$,则点 z_0 称为函数 $f(z)$ 的 m 阶零点.

定理 5.1 若函数 $f(z)$ 在点 z_0 处解析,则点 z_0 称为函数 $f(z)$ 的 m 阶零点的充要条件,$f(z)$ 可以表示为

$$f(z)=(z-z_0)^m g(z) \tag{5-1}$$

其中函数 $g(z)$ 在点 z_0 处解析,并且 $g(z_0)\neq 0$.

定义 5.3 若函数 $f(z)$ 在点 z_0 处不解析,但在点 z_0 的某个去心邻域 $0<|z-z_0|<\delta$ 内处处解析,那么称点 z_0 为函数 $f(z)$ 的孤立奇点.

5.1.2 孤立奇点的分类

若点 z_0 为函数 $f(z)$ 的孤立奇点,则必存在 $\delta>0$,使得函数 $f(z)$ 在圆环 $0<|z-z_0|<\delta$ 内处处解析,由第 4 章可知函数 $f(z)$ 在该圆环内可以展成洛朗级数,则

$$f(z) = \sum_{n=0}^{+\infty} C_n(z-z_0)^n + \sum_{n=1}^{+\infty} C_{-n}(z-z_0)^{-n} \tag{5-2}$$

我们依据洛朗展开式中含 $z-z_0$ 的负幂项的不同情况,将孤立奇点分为三类:可去奇点、极点、本性奇点.

1. 可去奇点

定义 5.4 若函数 $f(z)$ 在 $0<|z-z_0|<\delta$ 内的洛朗展开式中不含 $z-z_0$ 的负幂项,则称点 z_0 为函数 $f(z)$ 的可去奇点.

2. m 阶极点

定义 5.5 若函数 $f(z)$ 在 $0<|z-z_0|<\delta$ 内的洛朗展开式中含有有限个 $z-z_0$ 的负幂项,且最高负幂项为 $\dfrac{C_{-m}}{(z-z_0)^m}$,其中 $C_{-m}\neq 0, m\geqslant 1$,则称点 z_0 为函数 $f(z)$ 的

m 阶极点.

3. 本性奇点

定义 5.6　若函数 $f(z)$ 在 $0<|z-z_0|<\delta$ 内的洛朗展开式中含有无穷多个 $z-z_0$ 的负幂项,则称点 z_0 为函数 $f(z)$ 的本性奇点.

5.1.3　孤立奇点类型的判别方法

1. 可去奇点判别方法

定义 5.7　函数 $f(z)$ 在 z_0 去心邻域内的洛朗展开式中不含 $z-z_0$ 的负幂项,即

$$f(z)=C_0+C_1(z-z_0)+\cdots+C_n(z-z_0)^n+\cdots \tag{5-3}$$

定理 5.2　点 z_0 为函数 $f(z)$ 的可去奇点的充要条件为 $\lim\limits_{z\to z_0}f(z)=C_0\neq\infty$.

2. m 阶极点判别方法

定义 5.8　函数 $f(z)$ 在点 z_0 去心邻域内的洛朗展开式为

$$f(z)=\frac{C_{-m}}{(z-z_0)^m}+\cdots+\frac{C_{-1}}{z-z_0}+\sum_{n=0}^{+\infty}C_n(z-z_n)^n \tag{5-4}$$

则称点 z_0 为函数 $f(z)$ 的 m 阶极点.

定理 5.3　点 z_0 为函数 $f(z)$ 的极点的充要条件为

$$\lim_{z\to z_0}f(z)=\infty.$$

注:定理 5.3 能说明极点的特征,其缺点是不能指明极点的阶.

定理 5.4　点 z_0 为函数 $f(z)$ 的 m 阶极点的充要条件为 $\lim\limits_{z\to z_0}(z-z_0)^m f(z)=C_{-m}$,其中 m 是一正数,C_{-m} 是一个不等于 0 的复常数.

定理 5.5　点 z_0 为函数 $f(z)$ 的 m 阶极点的充要条件为 $f(z)=\dfrac{g(z)}{(z-z_0)^m}$,其中函数 $g(z)$ 在点 z_0 处解析,且 $g(z_0)\neq0(m\geqslant1)$.

定理 5.6　点 z_0 为函数 $f(z)$ 的 m 阶极点的充要条件是 z_0 为 $\dfrac{1}{f(z)}$ 的 m 阶零点.

3. 本性奇点判别方法

定义 5.9　函数 $f(z)$ 在点 z_0 去心邻域内的洛朗展开式中含有无穷多个 $z-z_0$ 的负幂项.

定理 5.7　点 z_0 为函数 $f(z)$ 的本性奇点的充要条件是 $\lim\limits_{z\to z_0}f(z)$ 不存在(且 $\lim\limits_{z\to z_0}f(z)\neq\infty$).

5.1.4　解析函数在无穷原点的性态

定义 5.10　如果函数 $f(z)$ 在无穷远点的去心邻域 $R<|z|<+\infty$ 内解析,则称点 ∞ 为 $f(z)$ 的孤立奇点.

利用倒数变换将无穷远点变为坐标原点,是一种处理无穷远点作为孤立奇点的

方法. 当 $\xi = 0$ 是 $F(\xi) = f\left(\dfrac{1}{\xi}\right)$ 的可去奇点、m 阶极点、本性奇点时，相应地称 $z = \infty$ 是 $f(z)$ 的可去奇点、m 阶极点、本性奇点.

注：与有限点的情形相反，无穷远点作为孤立奇点时，其分类是以函数在无穷远点邻域的洛朗展开式中正幂次项的系数取零值的多少作为依据的.

$z = \infty$ 是 $f(z)$ 的可去奇点、m 阶极点、本性奇点的判别方法.

1. ∞ 为可去奇点的判别方法

(1) 函数 $f(z)$ 的孤立奇点 ∞ 为可去奇点的充要条件是函数 $f(z)$ 在 ∞ 点去心邻域 $R < |z| < +\infty$ 内的洛朗展开式为

$$f(z) = C_0 + \frac{C_{-1}}{z} + \frac{C_{-2}}{z^2} + \cdots + \frac{C_{-n}}{z^n} + \cdots \tag{5-5}$$

(2) 函数 $f(z)$ 的孤立奇点 ∞ 为可去奇点的充要条件是 $\lim\limits_{z \to \infty} f(z) = C_0 (\neq \infty)$.

2. ∞ 为 m 阶极点的判别方法

(1) 函数 $f(z)$ 的孤立奇点 ∞ 为 m 阶极点的充要条件是函数 $f(z)$ 在 ∞ 点去心邻域 $R < |z| < +\infty$ 内的洛朗展开式为

$$f(z) = C_m z^m + \cdots + C_2 z^2 + C_1 z + C_0 + \sum_{n=1}^{+\infty} \frac{C_{-n}}{(z - z_0)^n}, \quad C_m \neq 0 \tag{5-6}$$

(2) 函数 $f(z)$ 的孤立奇点 ∞ 为极点的充要条件是 $\lim\limits_{z \to \infty} f(z) = \infty$.

注：虽可以根据上述(2)确定 ∞ 是函数 $f(z)$ 的极点，但不能具体确定其阶.

(3) 函数 $f(z)$ 的孤立奇点 ∞ 为 m 阶极点的充要条件是 $g(z) = \dfrac{1}{f(z)}$ 以 $z = \infty$ 为 m 阶零点.

3. ∞ 为本性奇点的判别方法

(1) 函数 $f(z)$ 的孤立奇点 ∞ 为本性奇点的充要条件是 $f(z)$ 在 ∞ 点去心邻域 $R < |z| < +\infty$ 内的洛朗展开式含有无穷多个 z 的正幂项.

(2) 函数 $f(z)$ 的孤立奇点 ∞ 为本性奇点的充要条件是 $\lim\limits_{z \to \infty} f(z)$ 不存在，也不为 ∞.

5.1.5 留数的定义

如果函数 $f(z)$ 于简单闭曲线 C 上及其内部解析，则根据柯西积分定理有

$$\oint_C f(z)\mathrm{d}z = 0 \tag{5-7}$$

但是，如果 C 内含有函数 $f(z)$ 的孤立奇点 z_0，则积分 $\oint_C f(z)\mathrm{d}z$ 不一定等于零.

在点 z_0 的邻域 $0 < |z - z_0| < r(r > 0)$ 内，将函数 $f(z)$ 进行洛朗级数展开，有

$$f(z) = \cdots + \frac{C_{-2}}{(z - z_0)^2} + \frac{C_{-1}}{z - z_0} + C_0 + C_1(z - z_0) + C_2(z - z_0)^2 + \cdots \tag{5-8}$$

则
$$\oint_C f(z)\mathrm{d}z = \oint_C \frac{C_{-1}}{z - z_0}\mathrm{d}z = 2\pi\mathrm{i}C_{-1} \tag{5-9}$$

由此可见，C_{-1} 是一个特别值得注意的数，是上述逐项积分中唯一留下来的系数，我们将这个积分值除以 $2\pi\mathrm{i}$ 后所得的数称为 $f(z)$ 在 z_0 点的留数.

定义 5.11　设 z_0 为解析函数 $f(z)$ 的孤立奇点，将函数 $f(z)$ 在点 z_0 处的洛朗展开式中负一次幂项的系数 C_{-1} 称为函数 $f(z)$ 在点 z_0 处的留数，记为 $\mathrm{Res}[f(z), z_0]$，即

$$\mathrm{Res}[f(z), z_0] = C_{-1} \tag{5-10}$$

显然，

$$\mathrm{Res}[f(z), z_0] = C_{-1} = \frac{1}{2\pi\mathrm{i}}\oint_C f(z)\mathrm{d}z \tag{5-11}$$

5.1.6　留数定理

定理 5.8　设函数 $f(z)$ 在区域 D 内除有限个孤立奇点 $z_1, z_2, \cdots, z_n$ 外处处解析，C 是区域 D 内包围各奇点的一条正向简单闭曲线，那么

$$\oint_C f(z)\mathrm{d}z = 2\pi\mathrm{i}\sum_{k=1}^{n} \mathrm{Res}[f(z), z_k] \tag{5-12}$$

注：留数定理把计算封闭曲线积分的整体问题，转化为计算各孤立奇点处留数的局部问题，即利用留数计算积分. 因此，有必要专门研究留数的计算.

5.1.7　留数的计算（有限奇点）

（1）若点 z_0 为函数 $f(z)$ 的可去奇点，则留数 $\mathrm{Res}[f(z), z_0] = 0$.

（2）若点 z_0 为函数 $f(z)$ 的本性奇点，将函数 $f(z)$ 在点 z_0 的邻域内作洛朗展开式，找到 $(z-z_0)^{-1}$ 项的系数 C_{-1}，则留数 $\mathrm{Res}[f(z), z_0] = C_{-1}$；或者利用柯西积分公式得到

$$\mathrm{Res}[f(z), z_0] = \frac{1}{2\pi\mathrm{i}}\oint_C f(z)\mathrm{d}z \tag{5-13}$$

（3）若点 z_0 为函数 $f(z)$ 的极点，计算留数有以下几种方法：

① 将函数 $f(z)$ 在点 z_0 的邻域内作洛朗展开式，找到 $(z-z_0)^{-1}$ 项的系数 C_{-1}，则

$$\mathrm{Res}[f(z), z_0] = C_{-1} \tag{5-14}$$

② 利用柯西积分公式得到

$$\mathrm{Res}[f(z), z_0] = \frac{1}{2\pi\mathrm{i}}\oint_C f(z)\mathrm{d}z \tag{5-15}$$

③ 如果点 z_0 是函数 $f(z)$ 的一阶极点，则

$$\mathrm{Res}[f(z), z_0] = \lim_{z \to z_0}(z - z_0)f(z) \tag{5-16}$$

④ 如果点 z_0 是函数 $f(z)$ 的一阶极点,且 $f(z)=\dfrac{P(z)}{Q(z)}$,$P(z)$,$Q(z)$ 都在点 z_0 解析,$P(z_0)\neq 0$,$Q(z_0)=0$,$Q'(z_0)\neq 0$,则

$$\mathrm{Res}[f(z),z_0]=\frac{P(z_0)}{Q'(z_0)} \tag{5-17}$$

⑤ 如果点 z_0 是函数 $f(z)$ 的 m 阶极点,则

$$\mathrm{Res}[f(z),z_0]=\frac{1}{(m-1)!}\lim_{z\to z_0}\frac{\mathrm{d}^{m-1}}{\mathrm{d}z^{m-1}}\big[(z-z_0)^m f(z)\big] \tag{5-18}$$

5.1.8 无穷远点的留数

定义 5.12 设 ∞ 是函数 $f(z)$ 的一个孤立奇点,则函数 $f(z)$ 在圆环域 $R<|z|<\infty$ 内解析,设 C 为圆环域内任意一条绕原点的简单正向闭曲线,定义

$$\mathrm{Res}[f(z),\infty]=\frac{1}{2\pi\mathrm{i}}\oint_{C^-}f(z)\mathrm{d}z \tag{5-19}$$

即
$$\mathrm{Res}[f(z),\infty]=-C_{-1} \tag{5-20}$$

注:上述定义中积分路线是取 C 的顺时针方向 C^-,对于无穷远点的邻域来说,C^- 正是该邻域边界的正向.

定理 5.9 设 ∞ 是函数 $f(z)$ 的一个孤立奇点,则

$$\mathrm{Res}[f(z),\infty]=-\mathrm{Res}\Big[f\Big(\frac{1}{z}\Big)\cdot\frac{1}{z^2},0\Big] \tag{5-21}$$

定理 5.10 如果函数 $f(z)$ 在扩充复平面上只有有限个孤立奇点(包括无穷远点在内),设为 $z_1,z_2,\cdots,z_n,\cdots,\infty$,则函数 $f(z)$ 在各奇点的留数总和为零. 即

$$\sum_{k=1}^{n}\mathrm{Res}[f(z),z_k]+\mathrm{Res}[f(z),\infty]=0 \tag{5-22}$$

注 1. 定理 5.9 与定理 5.10 为我们提供了计算沿封闭曲线积分的又一种方法. 特别地,当有限远奇点的个数较多和极点的级数较高时,运用定理 5.10 更简便.

注 2. 设 ∞ 是函数 $f(z)$ 的可去奇点,则留数 $\mathrm{Res}[f(z),\infty]$ 不一定等于零,这是同有限点的留数不一致的地方.

5.1.9 留数理论在实函数积分中的应用

留数定理为某些类型的实函数积分的计算提供了有效的方法. 其实质就是利用复变函数积分计算实函数积分. 其计算的要点是将实函数积分转化为复变函数的围线积分,再利用留数定理. 要使用留数计算,需要满足两个条件:其一是被积函数与某个解析函数有关;其二是定积分可以化为某个沿闭路的积分.

(1) 形如 $\displaystyle\int_0^{2\pi}R(\cos\theta,\sin\theta)\mathrm{d}\theta$ 的积分,令 $z=\mathrm{e}^{\mathrm{i}\theta}$,则

$$\cos\theta = \frac{z+z^{-1}}{2}, \quad \sin\theta = \frac{z-z^{-1}}{2i}, \quad d\theta = \frac{dz}{iz}.$$

其中,$R(\cos\theta,\sin\theta)$ 是 $\cos\theta,\sin\theta$ 的有理函数,作为 θ 的函数,在 $0\leqslant\theta\leqslant2\pi$ 上连续.当 θ 经历变程 $[0,2\pi]$ 时,对应的 z 正好沿单位圆 $|z|=1$ 的正向绕行一周,即

$$f(z) = R\left(\frac{z+z^{-1}}{2}, \frac{z-z^{-1}}{2i}\right)\frac{1}{iz}.$$

在积分闭路 $|z|=1$ 上无奇点,则

$$\int_0^{2\pi}R(\cos\theta,\sin\theta)d\theta = \oint_{|z|=1}R\left(\frac{z+z^{-1}}{2}, \frac{z-z^{-1}}{2i}\right)\frac{dz}{iz} = \int_{|z|=1}f(z)dz$$

$$= 2\pi i\sum_{k=1}^{n}\text{Res}[f(z),z_k].$$

(2) 形如 $\int_{-\infty}^{+\infty}R(x)dx$ 的积分,其中 $R(x)=\dfrac{P(x)}{Q(x)}=\dfrac{x^n+a_1x^{n-1}+\cdots+a_n}{x^m+b_1x^{m-1}+\cdots+b_n}$,$m-n\geqslant2$,是关于 x 的有理函数,分母的次数至少比分子的次数高二次;复变函数 $R(z)$ 在实轴上没有孤立奇点,则

$$\int_{-\infty}^{+\infty}R(x)dx = 2\pi i\sum_{k=1}^{n}\text{Res}[R(z),z_k] \tag{5-23}$$

其中,$z_k(k=1,2,\cdots,n)$ 为 $R(z)$ 在上半平面的极点.

(3) 形如 $\int_{-\infty}^{+\infty}R(x)e^{i\alpha x}dx(\alpha>0)$ 的积分,其中 $R(x)$ 是关于 x 的有理函数,而分母的次数至少比分子的次数高一次;复变函数 $R(z)$ 在实轴上没有孤立奇点,则

$$\int_{-\infty}^{+\infty}R(x)e^{i\alpha x}dx = 2\pi i\sum_{k=1}^{n}\text{Res}[R(z)e^{i\alpha z},z_k] \tag{5-24}$$

其中,$z_k(k=1,2,\cdots,n)$ 为 $R(z)e^{i\alpha z}$ 在上半平面的极点.

5.2　疑难解析

问题 1　解析函数的奇点是否都是孤立的?

答　不一定.奇点分为孤立奇点和非孤立奇点两类.点 z_0 为函数 $f(z)$ 的孤立奇点的充要条件是:(1) 函数 $f(z)$ 在点 z_0 不可导;(2) 函数 $f(z)$ 在点 z_0 的某去心邻域内处处可导.若条件(1)不满足,则肯定不是孤立奇点;若条件(1)满足,再检验条件(2)是否满足.

例如,$f(z)=\dfrac{1}{\cos\dfrac{1}{z}}$,点 $z=0$ 是函数 $f(z)$ 的奇点,但不是孤立奇点.因为 $z_k=\dfrac{2}{(2k+1)\pi},k=0,\pm1,\cdots$,当 $k\to\infty$ 时,$z_k\to0$,即在点 $z=0$ 的不论多么小的邻域内,总

有除 $z=0$ 以外的其他奇点,所以点 $z=0$ 不是孤立奇点,而是奇点列 $\{z_k\}$ 的极限点.

问题 2 设 $f(z)=\dfrac{1}{1+z^2}$,点 $z=\pm i$ 是函数 $f(z)$ 的孤立奇点,现讨论孤立奇点 $z=i$ 的类型.因为在 $2<|z-i|<+\infty$ 内,$\dfrac{1}{1+z^2}=\sum\limits_{n=2}^{+\infty}(-2i)^{n-2}(z-i)^{-n}$ 右端洛朗级数展开式中含有 $z-i$ 无限多个负幂项,所以点 $z=i$ 是该函数的本性奇点.这种做法对吗?

答 这种做法是不对的.利用将函数 $f(z)$ 在点 z_0 的去心邻域内展开为洛朗级数的方法来判定孤立奇点类型的时候,一定要分清什么是点 z_0 的去心邻域.

本题中的圆环域 $2<|z-i|<+\infty$,不是点 $z_0=i$ 的去心邻域,而是无穷远点的去心邻域.点 $z_0=i$ 的去心邻域应为 $0<|z-i|<2$,在此去心邻域中,有

$$\frac{1}{1+z^2}=\sum_{n=0}^{+\infty}(2i)^{-(n+1)}(z-i)^{n-1}.$$

所以点 $z_0=i$ 是该函数的一阶极点.或者利用极点与零点的关系,易知点 $z_0=i$ 是函数 $\dfrac{1}{1+z^2}$ 的一阶极点.

问题 3 点 $z=a$ 分别是函数 $\varphi(z)$ 与函数 $\psi(z)$ 的 m 阶与 n 阶零点,那么下列三个函数:

(1) $\varphi(z)\cdot\psi(z)$; (2) $\dfrac{\varphi(z)}{\psi(z)}$; (3) $\varphi(z)+\psi(z)$.

在 $z=a$ 处各有什么性质?

答 由极点的特征,$z=a$ 分别是 $f(z)$ 与 $g(z)$ 的 m 阶与 n 阶零点,则在 a 的去心邻域内

$$\varphi(z)=\frac{f(z)}{(z-a)^m},\quad \psi(z)=\frac{g(z)}{(z-a)^n}$$

其中,$f(z)$ 与 $g(z)$ 在 a 的邻域内解析,$f(a)\neq0$,$g(a)\neq0$,利用此表示式考察所给的三个函数,不难看出下列三个函数的性质:

(1) $\varphi(z)\cdot\psi(z)=\dfrac{f(z)\cdot g(z)}{(z-a)^{m+n}}$,因 $f(z)\cdot g(z)$ 在 a 的邻域内解析,且 $f(a)\cdot g(a)\neq0$,所以 $z=a$ 是 $\varphi(z)\cdot\psi(z)$ 的 $m+n$ 阶极点.

(2)

$$\frac{\varphi(z)}{\psi(z)}=\begin{cases}\dfrac{1}{(z-a)^{m-n}}\cdot\dfrac{f(z)}{g(z)}, & m>n,\\[3mm] (z-a)^{n-m}\cdot\dfrac{f(z)}{g(z)}, & m<n,\\[3mm] \dfrac{f(z)}{g(z)}, & m=n.\end{cases}$$

由于 $\dfrac{f(z)}{g(z)}$ 在 a 的邻域内解析,且 $\dfrac{f(a)}{g(a)}\neq 0$,故当 $m>n$ 时,a 是 $\dfrac{\varphi(z)}{\psi(z)}$ 的 $m-n$ 阶极

点;当 $m\leqslant n$ 时,a 是 $\dfrac{\varphi(z)}{\psi(z)}$ 的可去奇点(或解析点).

(3)

$$\varphi(z)+\psi(z)=\begin{cases}\dfrac{f(z)+(z-a)^{m-n}g(z)}{(z-a)^m}, & m>n,\\[3mm]\dfrac{(z-a)^{n-m}f(z)+g(z)}{(z-a)^n}, & m<n,\\[3mm]\dfrac{f(z)+g(z)}{(z-a)^m}, & m=n.\end{cases}$$

其中,当 $m>n$ 时,分子以 $z=a$ 代入得 $f(a)\neq 0$;当 $m<n$ 时,分子以 $z=a$ 代入得 $g(a)\neq 0$;当 $m=n$ 时,分子以 $z=a$ 代入得 $f(a)+g(a)$. 又显然,各分子在 a 的邻域内解析,所以有以下结论.

当 $m\neq n$ 时,点 a 是 $f(z)+g(z)$ 的 $\max\{m,n\}$ 阶极点.

当 $m=n$ 时,若 $f(a)+g(a)\neq 0$ 时,点 a 是 $\varphi(z)+\psi(z)$ 的 n 阶极点;若 $f(a)+g(a)=0$ 时,点 a 是 $\varphi(z)+\psi(z)$ 的低于 n 阶的极点或可去奇点.

问题 4　如何选择适当的方法求出解析函数在有限孤立奇点处的留数?

答　首先应该求出函数的孤立奇点,并正确判断它们的类型. 如果某些奇点的类型不易确定,可以直接利用求留数的基本方法:在孤立奇点的去心邻域将函数展开成洛朗级数,求出负一次项的系数,即可得到该孤立奇点处的留数. 但这种方法并不是很容易,有时候还相当复杂. 若知道函数孤立奇点的类型,就可以据此,有针对性地选择更简洁的方法. 若点 z_0 为函数 $f(z)$ 的可去奇点,则 $\mathrm{Res}[f(z),z_0]=0$;若点 z_0 为函数 $f(z)$ 的本性奇点,则只能采用展开为洛朗级数的方法,求出 C_{-1};若点 z_0 为函数 $f(z)$ 的极点,则可以根据函数 $f(z)$ 的具体结构和极点的阶数选择不同的方法.

问题 5　如何利用留数定理求某些开路的复变函数积分?

答　留数定理将沿简单闭曲线的复变函数积分与留数计算联系在一起. 但一条简单闭曲线 C 可以分解为若干条彼此衔接的光滑曲线 $C_1,C_2,\cdots,C_k$,则有

$$\oint_C f(z)\mathrm{d}z=\sum_{i=1}^k\int_{C_i}f(z)\mathrm{d}z=2\pi\mathrm{i}\sum_{j=1}^k\mathrm{Res}[f(z),z_j].$$

因此,我们可以将开路上的复变函数积分作为简单闭曲线 C 上某段或某几段上的积分. 例如,要求 $\int_{\overset{\frown}{AB}}f(z)\mathrm{d}z$,可以补上 $\overset{\frown}{BDA}$ 使 $\overset{\frown}{ABDA}$ 围成简单闭曲线 C,从而

$$\oint_{\overset{\frown}{ABDA}}f(z)\mathrm{d}z=2\pi\mathrm{i}\sum_{j=1}^n\mathrm{Res}[f(z),z_j],$$

于是　　　$$\int_{\overset{\frown}{AB}}f(z)\mathrm{d}z=\oint_{\overset{\frown}{ABDA}}f(z)\mathrm{d}z-\int_{\overset{\frown}{BDA}}f(z)\mathrm{d}z.$$

这里,选取 $\overset{\frown}{BDA}$ 是关键,$\int_{\overset{\frown}{BDA}} f(z)\mathrm{d}z$ 应简单易求,最理想的是选择使 $\int_{\overset{\frown}{BDA}} f(z)\mathrm{d}z = 0$ 的光滑曲线 BDA.

问题 6 利用留数计算实函数积分的思路和解题步骤是什么?

答 利用留数可以计算许多在高等数学中难以求解的实函数积分. 要利用留数来计算实函数积分,首先需要将定积分的积分区间转化为复平面上的闭曲线,将定积分的被积函数转化为复变函数,即将所求实函数积分转化为一个复变函数沿某条闭曲线的积分;然后再利用留数定理,通过计算在该封闭曲线内所包含的被积函数各奇点处的留数求得积分的值.

转化区间一般采用代换或添加辅助曲线并辅以极限概念来实现. 将实初等函数转化为复初等函数一般只要将 x 改为 z 就可以了.

对于第一种类型的实积分,即 $\int_0^{2\pi} R(\cos\theta,\sin\theta)\mathrm{d}\theta$,只要利用变量代换 $z = \mathrm{e}^{\mathrm{i}\theta}(0 \leqslant \theta \leqslant 2\pi)$ 和欧拉公式,就可以将这类积分化为一个复变有理函数沿单位圆 $|z| = 1$ 的积分.

对于第二种与第三种类型的实函数积分,它们的被积函数都是有理函数 $R(x)$ 或 $R(x)\mathrm{e}^{\mathrm{i}ax}$,求解的步骤复杂一些,可以归纳为以下三步.

第一步:作一辅助复变函数 $F(z)$,使得当 z 在实轴上的区间 (a,b) 内变化时,$F(x) = R(x)$ 或者 $R(x)\mathrm{e}^{\mathrm{i}ax}$.

第二步:作一条或若干条分段光滑的辅助曲线 Γ,使之与区间 (a,b) 组成一条封闭曲线并围成一个区域 D,如图 5.1 所示,$F(z)$ 在区域 D 内除了有限个孤立奇点 $z_k(k=1,2,\cdots,n)$ 外处处解析.

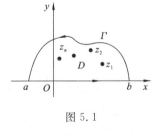

图 5.1

第三步:根据留数定理

$$\int_a^b F(x)\mathrm{d}x + \int_\Gamma F(z)\mathrm{d}z = 2\pi\mathrm{i}\sum_{k=1}^n \mathrm{Res}[F(z),z_k],$$

如果积分 $\int_\Gamma F(z)\mathrm{d}z$ 能够算出,那么实函数积分 $\int_a^b F(x)\mathrm{d}x$ 就能求得. 若该实函数积分是无穷积分,则对上式两端取极限,并求得 $\int_\Gamma F(z)\mathrm{d}z$ 的极限值,从而就能得到所求无穷积分的值.

5.3 典型例题

例 5.3.1 试求下列函数的所有有限孤立奇点,并判断它们的类型.

(1) $\dfrac{1}{z(z^2+1)^2}$；　　(2) $\dfrac{\sin z}{z^3}$；　　(3) $\dfrac{\ln(1+z)}{z}$；　　(4) $e^{\frac{1}{z-1}}$；

(5) $\dfrac{1}{z^3(e^{z^3}-1)}$；　　(6) $\dfrac{\sin^3 z}{z^2(z-1)^3}$；　　(7) $\sin\dfrac{1}{z-1}$；　　(8) $\dfrac{z}{(1+z^2)(1+e^{\pi z})}$.

解　(1) $z=0,\pm i$ 为孤立奇点. 讨论 $z=0$ 的类型, 因为

$$f(z)=\frac{1}{z(z^2+1)^2}=\frac{g(z)}{z},\quad g(z)=\frac{1}{(z^2+1)^2},\quad g(0)=1.$$

由定理 5.5 可得 $z=0$ 为一阶极点. 同理, 可得 $z=\pm i$ 为二阶极点.

(2) $z=0$ 为孤立奇点. 讨论 $z=0$ 的类型.

方法 1. $z=0$ 为 $\sin z$ 的一阶零点, $z=0$ 为 z^3 的三阶零点, 由疑难解析问题 3 的结论, 可得 $z=0$ 为 $\dfrac{\sin z}{z^3}$ 的二阶极点.

方法 2. 在去心圆环域 $0<|z|<+\infty$ 内, 有

$$\frac{\sin z}{z^3}=\frac{z-\dfrac{z^3}{3!}+\dfrac{z^5}{5!}\cdots}{z^3}=\frac{1}{z^2}-\frac{1}{3!}+\frac{z^2}{5!}-\cdots,$$

可得 $z=0$ 为 $\dfrac{\sin z}{z^3}$ 的二阶极点.

(3) $z=0$ 为孤立奇点. 因为 $\lim\limits_{z\to 0}\dfrac{\ln(1+z)}{z}=1$, 所以 $z=0$ 为可去奇点.

(4) $z=1$ 为孤立奇点. 在去心圆环域 $0<|z-1|<+\infty$ 内

$$e^{\frac{1}{z-1}}=1+\frac{1}{z-1}+\frac{1}{2!}\frac{1}{(z-1)^2}+\frac{1}{3!}\frac{1}{(z-1)^3}+\cdots.$$

故 $z=1$ 为本性奇点.

(5) $z=0$ 为孤立奇点. 因为

$$z^3(e^{z^3}-1)=z^3\left[1+z^3+\frac{(z^3)^2}{2!}+\cdots-1\right]=z^6+\frac{1}{2!}z^9+\frac{1}{3!}z^{12}+\cdots,$$

所以 $z=0$ 是分母的六阶零点, 从而 $z=0$ 为该函数的六阶极点.

(6) $z=0,z=1$ 为孤立奇点.

① 讨论 $z=0$ 的类型, 因为

$$\lim\limits_{z\to 0}\frac{\sin^3 z}{z^2(z-1)^3}=\lim\limits_{z\to 0}\frac{z^3}{z^2(z-1)^3}=\lim\limits_{z\to 0}\frac{z}{(z-1)^3}=0,$$

所以 $z=0$ 为该函数的可去奇点.

② 讨论 $z=1$ 的类型, 因为

$$f(z)=\frac{\sin^3 z}{z^2(z-1)^3}=\frac{\dfrac{\sin^3 z}{z^2}}{(z-1)^3},\quad g(z)=\frac{\sin^3 z}{z^2},\quad g(1)=\sin^3 1,$$

由定理 5.5 可得 $z=1$ 为三阶极点.

(7) $z=1$ 为孤立奇点. 在去心圆环域 $0<|z-1|<\infty$ 内

$$\sin\frac{1}{z-1}=\frac{1}{z-1}-\frac{1}{3!}\frac{1}{(z-1)^3}+\frac{1}{5!}\frac{1}{(z-1)^5}-\cdots,$$

所以 $z=1$ 为该函数的本性奇点.

(8) 令 $e^{\pi z}+1=0$,则 $\pi z=\ln(-1)=(2k+1)\pi i,z_k=(2k+1)i(k=0,\pm1,\cdots)$

因而该函数的孤立奇点为 $z=\pm i,(2k+1)i(k=\pm1,\cdots)$. $z=\pm i$ 为二阶极点,$z=(2k+1)i(k=\pm1,\cdots)$ 为一阶极点.

例 5.3.2 $z=\infty$ 是否为下列函数 $f(z)$ 的孤立奇点,如果是,试指出其类型.

(1) $\dfrac{z^7}{(z-1)(1-z^2)^2}$;　　(2) $\dfrac{z^6}{z(z^2+1)^2}$;　　(3) $\dfrac{1}{z^2}+\dfrac{1}{z^3}$;　　(4) $\dfrac{\sin z-z}{z^3}$.

解 (1) 令 $z=\dfrac{1}{\xi}$,经过化简可得

$$f(z)=f\left(\frac{1}{\xi}\right)=\frac{1}{\xi^2(1-\xi)^3(1+\xi^2)}=F(\xi).$$

显然,$\xi=0$ 是 $F(\xi)$ 的二阶极点,故 $z=\infty$ 是 $f(z)$ 的二阶极点.

(2) 将 $f(z)$ 变形,可得 $f(z)$ 在 ∞ 点去心邻域 $R<|z|<+\infty$ 内的洛朗展开式

$$f(z)=\frac{z^6\left(1+\dfrac{1}{z^6}\right)}{z^5\left(1+\dfrac{2}{z^2}+\dfrac{1}{z^4}\right)}=z\left(1-\frac{2}{z^2}+\cdots\right).$$

故 $z=\infty$ 是 $f(z)$ 的一阶极点.

(3) $f(z)=\dfrac{1}{z^2}+\dfrac{1}{z^3}$ 就是 $f(z)$ 在 ∞ 点去心邻域 $R<|z|<+\infty$ 内的洛朗展开式,故 $z=\infty$ 是 $f(z)$ 的可去奇点.

(4) 因为 $f(z)=\dfrac{\sin z-z}{z^3}=\dfrac{z-\dfrac{z^3}{3!}+\dfrac{z^5}{5!}-\dfrac{z^7}{7!}+\cdots-z}{z^3}=-\dfrac{1}{3!}+\dfrac{z^2}{5!}-\dfrac{z^4}{7!}+\cdots.$

故 $z=\infty$ 是 $f(z)$ 的本性奇点.

例 5.3.3 求下列函数 $f(z)$ 在有限奇点处的留数.

(1) $\dfrac{z+1}{z^2-2z}$;　　　　　(2) $\dfrac{1-e^{2z}}{z^4}$;　　　　　(3) $\sin\dfrac{1}{z-1}$;

(4) $\dfrac{2z+3}{(z^2+4)(z-1)^2}$;　　(5) $\dfrac{e^z}{z^2+1}$;　　　　(6) $\dfrac{e^z-1}{z^5}$.

解 (1) $f(z)=\dfrac{z+1}{z^2-2z}=\dfrac{z+1}{z(z-2)}$,其中,$z=0,z=2$ 为 $f(z)$ 的一阶极点,故有

$$\text{Res}[f(z),0]=\lim_{z\to0}z\frac{z+1}{z^2-2z}=\lim_{z\to0}\frac{z+1}{z-2}=-\frac{1}{2},$$

$$\text{Res}[f(z),2]=\lim_{z\to2}(z-2)\frac{z+1}{z^2-2z}=\lim_{z\to2}\frac{z+1}{z}=\frac{3}{2}.$$

（2）因为 $z=0$ 是分母的四阶零点，是分子的一阶零点，所以 $z=0$ 为 $f(z)$ 的三阶极点. 于是

$$\text{Res}[f(z),0]=\frac{1}{2!}\lim_{z\to 1}\frac{d^2}{dz^2}\left[z^3\frac{1-e^{2z}}{z^4}\right]=-\frac{4}{3}.$$

（3）因为在 $0<|z-1|<+\infty$ 内，有

$$\sin\frac{1}{z-1}=\frac{1}{z-1}-\frac{1}{3!}\frac{1}{(z-1)^3}+\frac{1}{5!}\frac{1}{(z-1)^5}-\cdots,$$

所以直接可得 $\text{Res}[f(z),1]=C_{-1}=1.$

（4）因为　$f(z)=\dfrac{2z+3}{(z^2+4)(z-1)^2}=\dfrac{2z+3}{(z+2i)(z-2i)(z-1)^2},$

其中，$z=\pm 2i$ 是一阶极点，$z=1$ 是二阶极点. 所以

$$\text{Res}[f(z),-2i]=\lim_{z\to -2i}(z+2i)\frac{2z+3}{(z+2i)(z-2i)(z-1)^2}$$

$$=\frac{-4i+3}{-4i(-2i-1)^2}=-\frac{i}{4},$$

$$\text{Res}[f(z),2i]=\lim_{z\to -2i}(z-2i)\frac{2z+3}{(z+2i)(z-2i)(z-1)^2}$$

$$=\frac{4i+3}{4i(2i-1)^2}=\frac{i}{4},$$

$$\text{Res}[f(z),1]=\lim_{z\to 1}\frac{d}{dz}\left[(z-1)^2\frac{2z+3}{(z^2+4)(z-1)^2}\right]$$

$$=\lim_{z\to 1}\frac{-2z^2-6z+8}{(z^2+4)^2}=0.$$

（5）由于 $z=\pm i$ 为函数 $f(z)$ 的一阶极点，此题用柯西积分公式求解，有

$$\text{Res}[f(z),i]=\frac{1}{2\pi i}\oint_{|z-i|=1}\frac{e^z}{z^2+1}dz=\frac{1}{2\pi i}\oint_{|z-i|=1}\frac{\dfrac{e^z}{z+i}}{z-i}dz=\frac{e^z}{z+i}\bigg|_{z=i}=\frac{e^i}{2i},$$

$$\text{Res}[f(z),-i]=\frac{1}{2\pi i}\oint_{|z+i|=1}\frac{e^z}{z^2+1}dz=\frac{1}{2\pi i}\oint_{|z-i|=1}\frac{\dfrac{e^z}{z-i}}{z+i}dz$$

$$=\frac{e^z}{z-i}\bigg|_{z=-i}=\frac{e^{-i}}{-2i}.$$

（6）因为 $z=0$ 是分母的五阶零点，是分子的一阶零点，所以 $z=0$ 为 $f(z)$ 的四阶极点. 于是

$$\text{Res}[f(z),0]=\frac{1}{3!}\lim_{z\to 0}\frac{d^3}{dz^3}\left[z^4\frac{e^z-1}{z^5}\right]=\frac{1}{3!}\lim_{z\to 0}\frac{d^3}{dz^3}\left[\frac{e^z-1}{z}\right].$$

由于求导次数较高，比较麻烦，为此，我们改用将函数 $f(z)$ 在 $0<|z|<+\infty$ 内展开成洛朗级数，即

$$\frac{\mathrm{e}^z-1}{z^5}=\frac{1+z+\frac{z^2}{2!}+\frac{z^3}{3!}+\frac{z^4}{4!}+\frac{z^5}{5!}+\cdots-1}{z^5}=\frac{1}{z^4}+\frac{1}{2z^3}+\frac{1}{6z^2}+\frac{1}{24z}+\frac{1}{120}+\cdots.$$

故
$$\mathrm{Res}[f(z),0]=C_{-1}=\frac{1}{24}.$$

例 5.3.4 求下列函数 $f(z)$ 在 ∞ 处的留数.

(1) $\mathrm{e}^{\frac{1}{z^2}}$；　　　(2) $\cos z-\sin z$；　　　(3) $\dfrac{\mathrm{e}^z}{z^2-1}$.

解 （1）因为在 $z=\infty$ 的去心邻域 $0<|z|<+\infty$ 内，$f(z)$ 的洛朗展开式为

$$\mathrm{e}^{\frac{1}{z^2}}=1+\frac{1}{z^2}+\frac{1}{2!}\frac{1}{z^4}+\cdots+\frac{1}{n!}\frac{1}{z^{2n}}+\cdots,$$

由展开式直接可得 $\mathrm{Res}[f(z),\infty]=-C_{-1}=0$.

（2）因为 $\cos z-\sin z=\left(1-\dfrac{z^2}{2!}+\dfrac{z^4}{4!}-\dfrac{z^6}{6!}+\cdots\right)-\left(z-\dfrac{z^3}{3!}+\dfrac{z^5}{5!}-\dfrac{z^7}{7!}+\cdots\right)$

$$=1-z-\frac{z^2}{2!}+\frac{z^3}{3!}+\frac{z^4}{4!}-\frac{z^5}{5!}-\cdots,$$

由展开式直接可得 $\mathrm{Res}[f(z),\infty]=-C_{-1}=0$.

（3）因为 $\displaystyle\sum_{k=1}^{n}\mathrm{Res}[f(z),z_k]+\mathrm{Res}[f(z),\infty]=0$，所以为求在 $z=\infty$ 的留数，改求函数 $f(z)$ 在有限奇点处的留数. $f(z)=\dfrac{\mathrm{e}^z}{z^2-1}$ 有两个有限孤立奇点 $z=\pm1$，且都是一阶极点，则

$$\mathrm{Res}[f(z),1]=\lim_{z\to1}(z-1)\frac{\mathrm{e}^z}{z^2-1}=\frac{\mathrm{e}}{2},$$

$$\mathrm{Res}[f(z),-1]=\lim_{z\to-1}(z+1)\frac{\mathrm{e}^z}{z^2-1}=-\frac{\mathrm{e}^{-1}}{2}.$$

因此
$$\mathrm{Res}[f(z),\infty]=-\{\mathrm{Res}[f(z),1]+\mathrm{Res}[f(z),-1]\}$$
$$=-\left(\frac{\mathrm{e}}{2}+\frac{-\mathrm{e}^{-1}}{2}\right)=-\mathrm{sh}1.$$

例 5.3.5 利用留数计算下列积分.

(1) $\displaystyle\oint_{|z|=\frac{3}{2}}\frac{\sin z}{z}\mathrm{d}z$；　　　(2) $\displaystyle\oint_{|z|=2}\frac{5z-2}{z(z-1)^2}\mathrm{d}z$；　　　(3) $\displaystyle\oint_{|z|=1}\frac{\tan\pi z}{z^3}\mathrm{d}z$；

(4) $\displaystyle\oint_{|z|=r}\frac{z^{2n}}{(1+z^n)}\mathrm{d}z(n\text{ 为一正整数}, r>1)$；

(5) $\displaystyle\oint_{|z|=3}\frac{z^{15}}{(z^2+1)^2(z^4+4)^3}\mathrm{d}z$；　　　(6) $\displaystyle\oint_{|z|=2}\frac{z^3}{1+z}\cdot\mathrm{e}^{\frac{1}{z}}\mathrm{d}z$.

解 （1）被积函数 $f(z)$ 在 $|z|=\dfrac{3}{2}$ 内只有一个可去奇点 $z=0$，因而 $\mathrm{Res}[f(z),0]=0$，故

$$\oint_{|z|=\frac{3}{2}} \frac{\sin z}{z}\mathrm{d}z = 2\pi\mathrm{i}\,\mathrm{Res}[f(z),0] = 0.$$

（2）被积函数 $f(z)$ 在 $|z|=2$ 内有一个一阶极点 $z=0$ 和一个二阶极点 $z=1$，则

$$\mathrm{Res}[f(z),0] = \lim_{z\to 0} z\,\frac{5z-2}{z(z-1)^2} = -2,$$

$$\mathrm{Res}[f(z),1] = \lim_{z\to 0}\frac{\mathrm{d}}{\mathrm{d}z}\Big[(z-1)^2\,\frac{5z-2}{z(z-1)^2}\Big] = 2.$$

故

$$\oint_{|z|=2}\frac{5z-2}{z(z-1)^2}\mathrm{d}z = 2\pi\mathrm{i}\{\mathrm{Res}[f(z),0] + \mathrm{Res}[f(z),1]\} = 0.$$

（3）被积函数 $f(z) = \dfrac{\tan\pi z}{z^3} = \dfrac{\sin\pi z}{z^3\cos\pi z}$ 在 $|z|=1$ 内有两个一阶极点 $z=\pm\dfrac{1}{2}$ 和一个三阶极点 $z=0$，则

$$\mathrm{Res}\Big[f(z),\frac{1}{2}\Big] = \lim_{z\to\frac{1}{2}}\Big(z-\frac{1}{2}\Big)\frac{\tan\pi z}{z^3} = -\frac{8}{\pi}\lim_{z\to\frac{1}{2}}\frac{\pi\Big(z-\dfrac{1}{2}\Big)}{\sin\Big(\pi z-\dfrac{1}{2}\pi\Big)} = -\frac{8}{\pi},$$

$$\mathrm{Res}\Big[f(z),-\frac{1}{2}\Big] = \lim_{z\to-\frac{1}{2}}\Big(z+\frac{1}{2}\Big)\frac{\tan\pi z}{z^3} = \frac{8}{\pi}\lim_{z\to\frac{1}{2}}\frac{\pi\Big(z+\dfrac{1}{2}\Big)}{\sin\Big(\pi z-\dfrac{1}{2}\pi\Big)} = \frac{8}{\pi},$$

而 $\dfrac{\tan\pi z}{z^3}$ 在 $0<|z|<1$ 内的洛朗展开式为

$$\frac{\tan\pi z}{z^3} = \frac{1}{z^3}\Big(z + \frac{1}{3}z^3 + \frac{5}{12}z^5 + \cdots\Big).$$

故

$$\mathrm{Res}[f(z),0] = 0.$$

所以

$$\oint_{|z|=1}\frac{\tan\pi z}{z^3}\mathrm{d}z = 2\pi\mathrm{i}\Big\{\mathrm{Res}\Big[f(z),\frac{1}{2}\Big] + \mathrm{Res}\Big[f(z),-\frac{1}{2}\Big] + \mathrm{Res}[f(z),0]\Big\} = 0.$$

（4）被积函数 $f(z)$ 的奇点为方程 $1+z^n=0$ 的根 $z_k = \mathrm{e}^{\frac{(2k+1)\pi}{n}\mathrm{i}}(k=0,1,\cdots,n-1)$，它们都在积分曲线内. 又因为 $\displaystyle\sum_{k=0}^{n-1}\mathrm{Res}[f(z),z_k] + \mathrm{Res}[f(z),\infty] = 0$，可得

$$\sum_{k=0}^{n-1}\mathrm{Res}[f(z),z_k] = -\mathrm{Res}[f(z),\infty].$$

在 $z=\infty$ 的去心邻域 $1<|z|<+\infty$ 内，将函数 $f(z)$ 展开为洛朗级数，即

$$\frac{z^{2n}}{(1+z^n)} = z^n\cdot\frac{1}{1+\dfrac{1}{z^n}} = z^n\Big(1-\frac{1}{z^n}+\frac{1}{z^{2n}}-\frac{1}{z^{3n}}+\cdots\Big) = z^n - 1 + \frac{1}{z^n} - \frac{1}{z^{2n}} + \cdots.$$

故

$$\mathrm{Res}[f(z),\infty] = \begin{cases} -1, & n=1, \\ 0, & n>1. \end{cases}$$

所以　　　$\oint_{|z|=r} \dfrac{z^{2n}}{(1+z^n)} \mathrm{d}z = 2\pi\mathrm{i} \sum\limits_{k=0}^{n-1} \operatorname{Res}[f(z),z_k] = 2\pi\mathrm{i}\{-\operatorname{Res}[f(z),\infty]\}$

$$= \begin{cases} 2\pi\mathrm{i}, & n=1, \\ 0, & n>1. \end{cases}$$

(5) 被积函数 $f(z)$ 共有七个孤立奇点 $z=\pm\mathrm{i}, \sqrt[4]{2}\mathrm{e}^{\mathrm{i}\frac{\pi+2k\pi}{4}}(k=0,1,2,3), \infty$,前六个奇点均包含在点 $|z|=3$ 的内部,要计算这六个奇点的留数和是比较麻烦的,所以由

$\sum\limits_{k=1}^{6} \operatorname{Res}[f(z),z_k] + \operatorname{Res}[f(z),\infty] = 0$,可得

$\oint_{|z|=3} \dfrac{z^{15}}{(z^2+1)^2(z^4+4)^3} \mathrm{d}z = 2\pi\mathrm{i} \sum\limits_{k=1}^{6} \operatorname{Res}[f(z),z_k] = 2\pi\mathrm{i}\{-\operatorname{Res}[f(z),\infty]\}$

$$= 2\pi\mathrm{i}\operatorname{Res}\left[\frac{1}{z^2}f\left(\frac{1}{z}\right),0\right]$$

$$= 2\pi\mathrm{i}\operatorname{Res}\left[\frac{1}{z(1+z^2)^2(1+2z^4)^3},0\right] = 2\pi\mathrm{i}.$$

(6) 被积函数 $f(z)$ 在 $|z|=2$ 内有两个孤立奇点 $z=0,-1$,在 $|z|=2$ 外有一个奇点 $z=\infty$,在 $2<|z|<+\infty$ 内,$f(z)$ 的洛朗展开式为

$$\frac{z^3}{1+z} \cdot \mathrm{e}^{\frac{1}{z}} = z^2 \cdot \frac{1}{1+\dfrac{1}{z}} \cdot \mathrm{e}^{\frac{1}{z}} = z^2\left(1-\frac{1}{z}+\frac{1}{z^2}-\frac{1}{z^3}+\cdots\right)\left(1+\frac{1}{z}+\frac{1}{2z^2}+\frac{1}{3!}\frac{1}{z^3}+\cdots\right)$$

$$= z^2\left(1+\frac{1}{2z^2}-\frac{1}{3z^3}+\cdots\right).$$

故　　　　　　　　　　$\operatorname{Res}[f(z),\infty] = -C_{-1} = \frac{1}{3}.$

所以　　　　　$\oint_{|z|=2} \dfrac{z^3}{1+z} \cdot \mathrm{e}^{\frac{1}{z}} \mathrm{d}z = 2\pi\mathrm{i}\{-\operatorname{Res}[f(z),\infty]\} = -\frac{2}{3}\pi\mathrm{i}.$

例 5.3.6　计算下列积分.

(1) $\displaystyle\int_0^{2\pi} \frac{1}{5+3\sin\theta} \mathrm{d}\theta$;　　(2) $\displaystyle\int_{-\infty}^{+\infty} \frac{1}{(1+x^2)^2} \mathrm{d}x$;　　(3) $\displaystyle\int_{-\infty}^{+\infty} \frac{\cos x}{x^2+4x+5} \mathrm{d}x$.

解　(1) 设 $z=\mathrm{e}^{\mathrm{i}\theta}$,将 $\sin\theta = \dfrac{z-z^{-1}}{2\mathrm{i}}, \mathrm{d}\theta = \dfrac{\mathrm{d}z}{\mathrm{i}z}$ 代入原式,得

$$\int_0^{2\pi} \frac{1}{5+3\sin\theta} \mathrm{d}\theta = \oint_{|z|=1} \frac{2}{3z^2+10\mathrm{i}z-3} \mathrm{d}z = \oint_{|z|=1} \frac{2}{3(z+3\mathrm{i})\left(z+\dfrac{\mathrm{i}}{3}\right)} \mathrm{d}z,$$

被积函数在 $|z|=1$ 内只有一个一阶极点 $z=-\dfrac{\mathrm{i}}{3}$,而

$$\operatorname{Res}\left[R(z),-\frac{\mathrm{i}}{3}\right] = \lim_{z\to-\frac{\mathrm{i}}{3}}\left(z+\frac{\mathrm{i}}{3}\right)\frac{2}{3(z+3\mathrm{i})\left(z+\dfrac{\mathrm{i}}{3}\right)} = \lim_{z\to-\frac{\mathrm{i}}{3}}\frac{2}{3(z+3\mathrm{i})} = -\frac{\mathrm{i}}{4},$$

所以

$$\int_0^{2\pi} \frac{1}{5+3\sin\theta}\mathrm{d}\theta = 2\pi\mathrm{i}\mathrm{Res}\left[R(z),-\frac{\mathrm{i}}{3}\right] = 2\pi\mathrm{i}\cdot\left(-\frac{\mathrm{i}}{4}\right) = \frac{\pi}{2}.$$

(2) $R(z) = \dfrac{1}{(1+z^2)^2}$,分母幂次数高于分子四次,实轴上无奇点,上半平面内有二阶极点 $z=\mathrm{i}$,所以

$$\int_{-\infty}^{+\infty} \frac{1}{(1+x^2)^2}\mathrm{d}x = 2\pi\mathrm{i}\cdot\mathrm{Res}[R(z),\mathrm{i}] = 2\pi\mathrm{i}\lim_{z\to\mathrm{i}}\frac{\mathrm{d}}{\mathrm{d}z}\left[(z-\mathrm{i})^2\frac{1}{(1+z^2)^2}\right]$$
$$= 2\pi\mathrm{i}\left(-\frac{\mathrm{i}}{4}\right) = \frac{\pi}{2}.$$

(3) 设 $f(z) = \dfrac{1}{z^2+4z+5}$,分母最高幂次数高于分子最高幂次数二次,因为

$$f(z)\cdot\mathrm{e}^{\mathrm{i}z} = \frac{\mathrm{e}^{\mathrm{i}z}}{[z-(-2+\mathrm{i})][z-(-2-\mathrm{i})]}$$

在上半平面内有一阶极点 $z=-2+\mathrm{i}$,且

$$\mathrm{Res}[f(z)\cdot\mathrm{e}^{\mathrm{i}z},-2+\mathrm{i}] = \lim_{z\to-2+\mathrm{i}}[z-(-2+\mathrm{i})]f(z)\cdot\mathrm{e}^{\mathrm{i}z} = \frac{\mathrm{e}^{-1-2\mathrm{i}}}{2\mathrm{i}}.$$

所以

$$\int_{-\infty}^{+\infty} \frac{\cos x}{x^2+4x+5}\mathrm{d}x = \mathrm{Re}\int_{-\infty}^{+\infty}\frac{\mathrm{e}^{\mathrm{i}z}}{z^2+4z+5}\mathrm{d}z$$
$$= \mathrm{Re}[2\pi\mathrm{i}\cdot\mathrm{Res}[f(z)\cdot\mathrm{e}^{\mathrm{i}z},-2+\mathrm{i}]]$$
$$= \mathrm{Re}\left[2\pi\mathrm{i}\cdot\frac{\mathrm{e}^{-1-2\mathrm{i}}}{2\mathrm{i}}\right] = \pi\mathrm{e}^{-1}\cos 2.$$

5.4　教材习题全解

练习题 5.1

1. 确定下列函数的孤立奇点并对它们进行分类,如果是极点,指出它的阶.

(1) $\dfrac{\cos z}{z^2}$;　　　　(2) $\mathrm{e}^{\frac{1}{z}}(z+2\mathrm{i})$;　　　　(3) $\dfrac{\cos 2z}{(z-1)^2(1+z^2)}$;

(4) $\dfrac{z-\mathrm{i}}{z^2+1}$;　　　　(5) $\dfrac{z}{z^4-1}$;　　　　(6) $\dfrac{1}{\cos z}$;

(7) $\dfrac{1}{z^2}\mathrm{e}^{\mathrm{i}z}$;　　　　(8) $\dfrac{\mathrm{e}^{2\pi}}{(z+1)^4}$;　　　　(9) $\dfrac{\sin z}{(z+\pi)^2}$.

解　(1) $z=0$ 为 $\dfrac{\cos z}{z^2}$ 的孤立奇点,又因为 $z=0$ 为 z 的二阶零点,且当 $z=0$ 时,

$\cos z|_{z=0}\neq 0$,所以由零点与极点的关系可知: $z=0$ 是 $\dfrac{\cos z}{z^2}$ 的二阶极点.

(2) $z=0$ 是孤立奇点,在去心圆环 $0<|z|<+\infty$ 内有

$$e^{\frac{1}{z}}(z+2i) = (z+2i)\left(1+\frac{1}{z}+\frac{1}{2z^2}+\frac{1}{3!}\frac{1}{z^3}+\cdots\right)$$

$$= z+(1+2i)+\left(\frac{1}{2}+2i\right)\frac{1}{z}+\left(\frac{1}{3!}+i\right)\frac{1}{z^2}+\cdots.$$

故 $z=0$ 是本性奇点.

(3) $z=1,z=\pm i$ 是孤立奇点.因为孤立奇点处分子 $\cos 2z$ 都不为零,故由零点与极点的关系得

$z=1$ 是分母的二阶零点,则它是函数的二阶极点;

$z=\pm i$ 是分母的一阶零点,则它是函数的一阶极点.

(4) $z=\pm i$ 是孤立奇点.因为 $z=i$ 是分子的一阶零点,$z=-i$ 不是分子零点,$z=\pm i$ 是分母 $z^2+1=(z+i)(z-i)$ 的一阶零点,故 $z=i$ 是函数的可去奇点,$z=-i$ 是函数的一阶极点.

(5) $z=\pm 1,z=\pm i$ 是孤立奇点.因为孤立奇点处,分子 z 不为零,且 $z^4-1=(z+1)(z-1)(z+i)(z-i)$,故有 $z=\pm 1$ 和 $z=\pm i$ 都是 z^4-1 的一阶零点,即它是函数的一阶极点.

(6) $z=k\pi+\dfrac{\pi}{2}(k$ 为整数$)$ 为孤立奇点,因为 $z=k\pi+\dfrac{\pi}{2}(k$ 为整数$)$ 是 $\cos z$ 的一阶零点,故 $z=k\pi+\dfrac{\pi}{2}(k$ 为整数$)$ 为函数 $\dfrac{1}{\cos z}$ 的一阶极点.

(7) $z=0$ 是孤立奇点,因为 $e^{iz}|_{z=0}=1\neq 0$,且 $z=0$ 是 z^2 的二阶零点,故 $z=0$ 是函数的二阶极点.

(8) $z=-1$ 是孤立奇点,因为 $z=-1$ 是 $(z+1)^4$ 的四阶零点,分子 $e^{2\pi}\neq 0$,故 $z=-1$ 是函数的四阶极点.

(9) $z=-\pi$ 是孤立奇点,因为 $\sin z|_{z=-\pi}=0$,$(\sin z)'|_{z=-\pi}=\cos z|_{z=-\pi}=-1\neq 0$,故 $z=-\pi$ 是 $\sin z$ 的一阶零点,又 $z=-\pi$ 是 $(z+\pi)^2$ 的二阶零点,所以 $z=-\pi$ 是函数的一阶极点(见 5.2 疑难解析问题 2 的结论).

2. 证明:如果 z_0 是 $f(z)$ 的 m 阶零点,那么 z_0 是 $f'(z)$ 的 $m-1$ 阶零点.

证 由题知 $f(z)=(z-z_0)^m\varphi(z),\varphi(z_0)\neq 0$,则有

$$f'(z)=m(z-z_0)^{m-1}\varphi(z)+(z-z_0)^m\varphi'(z)$$

$$=(z-z_0)^{m-1}[m\varphi(z)+(z-z_0)\varphi'(z)].$$

故 z_0 是 $f'(z)$ 的 $m-1$ 阶零点.

3. 证明:如果 $f(z)$ 和 $g(z)$ 是以 z_0 为零点的两个不恒等于零的解析函数,那么

$$\lim_{z\to z_0}\frac{f(z)}{g(z)}=\lim_{z\to z_0}\frac{f'(z)}{g'(z)}\quad(\text{或两端均为 } z\to\infty).$$

证 设 z_0 为 $f(z)$ 的 m 阶零点,为 $g(z)$ 的 n 阶零点,则

$f(z)=(z-z_0)^m\varphi(z)$，$\varphi(z)$ 在 z_0 处解析，$\varphi(z_0)\neq0$，$m\geqslant1$，

$g(z)=(z-z_0)^n\psi(z)$，$\psi(z)$ 在 z_0 处解析，$\psi(z_0)\neq0$，$n\geqslant1$，

因而，有

$$\lim_{z\to z_0}\frac{f(z)}{g(z)}=\lim_{z\to z_0}(z-z_0)^{m-n}\frac{\varphi(z)}{\psi(z)}, \tag{1}$$

$$\lim_{z\to z_0}\frac{f'(z)}{g'(z)}=\lim_{z\to z_0}\frac{m(z-z_0)^{m-1}\varphi(z)+(z-z_0)^m\varphi'(z_0)}{n(z-z_0)^{n-1}\psi(z)+(z-z_0)^n\varphi'(z_0)}$$

$$=\lim_{z\to z_0}\frac{m}{n}(z-z_0)^{m-n}\frac{\varphi(z)}{\psi(z)}. \tag{2}$$

当 $m=n$ 时，(1)式 $=\dfrac{\varphi(z_0)}{\psi(z_0)}=$(2)式，

当 $m>n$ 时，(1)式 $=$(2)式 $=0$，

当 $m<n$ 时，(1)式 $=$(2)式 $=\infty$.

4. 判断 ∞ 是否为下列函数的孤立奇点,如果是孤立奇点,指明它的类型.

(1) $f(z)=z+z^2+\dfrac{1}{z}$;　　　(2) $\dfrac{1}{z(z-1)}$;　　　(3) $\dfrac{1}{e^z-1}$.

解　(1) 函数 $f(z)=z+z^2+\dfrac{1}{z}$ 含有正幂项,且 z^2 为最高正幂项,所以 ∞ 为它的二阶极点.

(2) 由于

$$\lim_{z\to\infty}\frac{1}{z(z-1)}=0.$$

因此,$z=\infty$ 是可去奇点.

(3) 由于函数 $\dfrac{1}{e^z-1}$ 的奇点为 $z_k=2k\pi i$(k 为整数),而这些奇点序列 $\{z_k\}$ 是以 $z=\infty$ 为聚点.因此 $z=\infty$ 虽是 $\dfrac{1}{\sin z}$ 的奇点但并非孤立奇点.

练习题 5.2

1. 在有限复平面内求下列函数 $f(z)$ 在其孤立奇点处的留数.

(1) $\dfrac{z+1}{z^2-2z}$;　　　(2) $\dfrac{z^4+1}{(z^2+1)^3}$;　　　(3) $\dfrac{1-e^{2z}}{z^4}$;　　　(4) $\dfrac{z}{\cos z}$;

(5) $\cos\dfrac{1}{z-1}$;　　　(6) $z^2\sin\dfrac{1}{z}$;　　　(7) $\dfrac{1}{z\sin z}$;　　　(8) $\dfrac{e^z-e^{-z}}{e^z+e^{-z}}$.

解　(1) 函数的孤立奇点为 $z=0$，$z=2$，均为一阶极点,且 $(z+1)$ 在孤立奇点不为 0,故

$$\text{Res}\left[\frac{z+1}{z^2-2z},0\right]=\frac{z+1}{(z^2-2z)'}\bigg|_{z=0}=\frac{z+1}{2z-2}\bigg|_{z=0}=-\frac{1}{2},$$

$$\text{Res}\left[\frac{z+1}{z^2-2z},2\right]=\frac{z+1}{(z^2-2z)'}\bigg|_{z=2}=\frac{z+1}{2z-2}\bigg|_{z=2}=\frac{3}{2}.$$

(2) 函数的孤立奇点为 $z=\pm\mathrm{i}$,均为三阶极点,故

$$\text{Res}\left[\frac{z^4+1}{(z^2+1)^3},\mathrm{i}\right]=\frac{1}{2!}\lim_{z\to\mathrm{i}}\left[(z-\mathrm{i})^3\frac{z^4+1}{(z^2+1)^3}\right]''=\frac{1}{2}\lim_{z\to\mathrm{i}}\left[\frac{z^4+1}{(z+\mathrm{i})^3}\right]''=-\frac{3\mathrm{i}}{8},$$

$$\text{Res}\left[\frac{z^4+1}{(z^2+1)^3},-\mathrm{i}\right]=\frac{1}{2!}\lim_{z\to-\mathrm{i}}\left[(z+\mathrm{i})^3\frac{z^4+1}{(z^2+1)^3}\right]''=\frac{1}{2}\lim_{z\to-\mathrm{i}}\left[\frac{z^4+1}{(z-\mathrm{i})^3}\right]''=\frac{3\mathrm{i}}{8}.$$

(3) 函数的孤立奇点为 $z=0$,在邻域 $0<|z|<+\infty$ 内的洛朗展开式为

$$\frac{1-\mathrm{e}^{2z}}{z^4}=\frac{1}{z^4}\left[1-\left(1+2z+\frac{(2z)^2}{2!}+\frac{(2z)^3}{3!}+\frac{(2z)^4}{4!}+\frac{(2z)^5}{5!}+\cdots\right)\right]$$

$$=-\left(\frac{2}{z^3}+\frac{4}{2!\cdot z^2}+\frac{2^3}{3!\cdot z}+\frac{2^4}{4!}+\frac{2^5\cdot z}{5!}+\cdots\right)$$

所以

$$\text{Res}\left[\frac{1-\mathrm{e}^{2z}}{z^4},0\right]=-\frac{8}{6}=-\frac{4}{3}.$$

(4) 函数的孤立奇点为 $z_k=k\pi+\dfrac{\pi}{2}$(k 为整数),均为二阶极点,故

$$\text{Res}\left[\frac{z}{\cos z},k\pi+\frac{\pi}{2}\right]=\frac{z}{(\cos z)'}\bigg|_{z=k\pi+\frac{\pi}{2}}=(-1)^{k+1}\left(k\pi+\frac{\pi}{2}\right)\quad(k\text{ 为整数}).$$

(5) 函数的孤立奇点为 $z=1$,其为本性奇点,在 $0<|z-1|<+\infty$ 的洛朗展开式为

$$\cos\frac{1}{z-1}=1-\frac{1}{2!}\cdot\frac{1}{(z-1)^2}+\frac{1}{4!}\frac{1}{(z-1)^4}-\cdots.$$

所以

$$\text{Res}\left[\cos\frac{1}{z-1},1\right]=0.$$

(6) 函数的孤立奇点为 $z=0$,其为本性奇点,在 $0<|z|<+\infty$ 的洛朗展开式为

$$z^2\sin\frac{1}{z}=z^2\left(z-\frac{1}{3!\cdot z^3}+\frac{1}{5!\cdot z^5}-\cdots\right)=z^3-\frac{1}{3!\cdot z}+\frac{1}{5!\cdot z^3}-\cdots.$$

所以

$$\text{Res}\left[z^2\sin\frac{1}{z},0\right]=-\frac{1}{6}.$$

(7) 函数的孤立奇点为 $z=0$,其为二阶极点,故

$$\text{Res}\left[\frac{1}{z\sin z},0\right]=\lim_{z\to0}\left(z^2\cdot\frac{1}{z\sin z}\right)'=\lim_{z\to0}\left(\frac{z}{\sin z}\right)'=\lim_{z\to0}\frac{\sin z-z\cos z}{\sin^2 z}$$

$$=\lim_{z\to0}\frac{\sin z-z\cos z}{z^2}\xlongequal{\text{洛}}\lim_{z\to0}\frac{\cos z-(\cos z-z\sin z)}{2z}$$

$$=\lim_{z\to0}\frac{\sin z}{2}=0.$$

(8) 由于 $\dfrac{\mathrm{e}^z-\mathrm{e}^{-z}}{\mathrm{e}^z+\mathrm{e}^{-z}}=\dfrac{\mathrm{e}^{2z}-1}{\mathrm{e}^{2z}+1}$,令 $\mathrm{e}^{2z}+1=0$,得

$$z_k = \frac{1}{2}\ln(-1) = \left(k + \frac{1}{2}\right)\pi i \quad (k \text{ 为整数}).$$

由此知,函数的孤立奇点为 $z_k = \left(k + \frac{1}{2}\right)\pi i (k$ 为整数),均为函数的一阶极点,故

$$\text{Res}\left[\frac{e^z - e^{-z}}{e^z + e^{-z}}, \left(k\pi + \frac{\pi}{2}\right)i\right] = \frac{e^{2z} - 1}{(e^{2z+1})'}\Bigg|_{z=\left(k+\frac{1}{2}\right)\pi i} = \frac{e^{2z} - 1}{2e^{2z}}\Bigg|_{z=\left(k+\frac{1}{2}\right)\pi i} = 1 \ (k \text{ 为整数}).$$

2. 利用留数计算下列积分.

(1) $\displaystyle\oint_C \frac{(1+z^2)\mathrm{d}z}{(z+2i)(z-1)^2}$,其中 C 为正向圆周 $|z+i| = 7$;

(2) $\displaystyle\oint_C \frac{e^z}{z}\mathrm{d}z$,其中 C 为正向圆周 $|z+3i| = 2$;

(3) $\displaystyle\oint_C \frac{z+i}{z^2+6}\mathrm{d}z$,其中 C 为中心在原点、边长为 8 且两组对边分别平行于坐标轴的正方形的正向边界;

(4) $\displaystyle\oint_C \frac{e^{2z}}{z(z-4i)}\mathrm{d}z$,其中 C 为任意包含 0 和 4i 的正向简单闭曲线.

解 (1) 曲线 $|z+i| = 7$ 内被积函数的孤立奇点有 $z = -2i$ 和 $z = 1$,其中 $z = -2i$ 为一阶极点,$z = 1$ 为二阶极点. 故

$$\text{Res}[f(z), -2i] = \lim_{z \to -2i}(z+2i)\frac{1+z^2}{(z+2i)(z-1)^2} = \lim_{z \to -2i}\frac{1+z^2}{(z-1)^2} = \frac{-3}{-3+4i},$$

$$\text{Res}[f(z), 1] = \lim_{z \to 1}\left[(z-1)^2\frac{1+z^2}{(z+2i)(z-1)^2}\right]' = \lim_{z \to 1}\left(\frac{1+z^2}{z+2i}\right)' = \frac{4i}{-3+4i}.$$

所以
$$\oint_C \frac{(1+z^2)\mathrm{d}z}{(z+2i)(z-1)^2} = 2\pi i[\text{Res}(-2i) + \text{Res}(1)]$$

$$= 2\pi i\left(\frac{-3}{-3+4i} + \frac{4i}{-3+4i}\right) = 2\pi i.$$

(2) 被积函数的唯一孤立奇点 $z = 0$ 在 $|z+3i| = 2$ 外,即被积函数在 C 内处处解析,故

$$\oint_C \frac{e^z}{z}\mathrm{d}z = 0.$$

(3) 被积函数的孤立奇点为 $z = \pm\sqrt{6}i$,均在曲线 C 内,则

$$\text{Res}[f(z), \sqrt{6}i] = \lim_{z \to \sqrt{6}i}(z-\sqrt{6}i)\frac{z+i}{z^2+6} = \lim_{z \to \sqrt{6}i}\frac{z+i}{z+\sqrt{6}i} = \frac{\sqrt{6}+1}{2\sqrt{6}},$$

$$\text{Res}[f(z), -\sqrt{6}i] = \lim_{z \to -\sqrt{6}i}(z+\sqrt{6}i)\frac{z+i}{z^2+6} = \lim_{z \to -\sqrt{6}i}\frac{z+i}{z-\sqrt{6}i} = \frac{\sqrt{6}-1}{2\sqrt{6}}.$$

所以

$$\oint_C \frac{z+i}{z^2+6}\mathrm{d}z = 2\pi i[\text{Res}(\sqrt{6}i) + \text{Res}(-\sqrt{6}i)] = 2\pi i\left(\frac{\sqrt{6}+1}{2\sqrt{6}} + \frac{\sqrt{6}-1}{2\sqrt{6}}\right) = 2\pi i.$$

(4) 曲线 C 包含被积函数的两个孤立奇点,均为一阶极点,则

$$\text{Res}[f(z),0]=\lim_{z\to 0}z\frac{\mathrm{e}^{2z}}{z(z-4\mathrm{i})}=\lim_{z\to 0}\frac{\mathrm{e}^{2z}}{z-4\mathrm{i}}=\frac{1}{4}\mathrm{i},$$

$$\text{Res}[f(z),4\mathrm{i}]=\lim_{z\to 4\mathrm{i}}(z-4\mathrm{i})\frac{\mathrm{e}^{2z}}{z(z-4\mathrm{i})}=\lim_{z\to 4\mathrm{i}}\frac{\mathrm{e}^{2z}}{z}=-\frac{\mathrm{e}^{8\mathrm{i}}}{4}\mathrm{i}.$$

所以

$$\oint_C \frac{\mathrm{e}^{2z}}{z(z-4\mathrm{i})}\mathrm{d}z = 2\pi\mathrm{i}\cdot\left(\frac{1}{4}\mathrm{i}-\frac{\mathrm{e}^{8\mathrm{i}}}{4}\mathrm{i}\right)=\frac{\pi}{2}(\mathrm{e}^{8\mathrm{i}}-1).$$

3. 求下列函数在无穷远点的留数.

(1) $\dfrac{2z}{3+z^2}$;　　　　(2) $\dfrac{\mathrm{e}^z}{z^2-1}$;　　　　(3) $\dfrac{1}{z(z+1)^4(z-4)}$.

解　(1) $\text{Res}\left[\dfrac{2z}{3+z^2},\infty\right]=-\text{Res}\left[\dfrac{1}{z^2}\dfrac{2\cdot\dfrac{1}{z}}{3+\dfrac{1}{z^2}},0\right]=-\text{Res}\left[\dfrac{2}{z(3z^2+1)},0\right]$

$$=-\lim_{z\to 0}z\cdot\frac{2}{z(3z^2+1)}=-2.$$

(2) 在扩充复平面上,$f(z)=\dfrac{\mathrm{e}^z}{z^2-1}$ 仅有 3 个奇点:$z=\infty$ 为本性奇点,$z=\pm 1$ 为一阶极点,由本章定理 5.10 知,所有奇点留数和为 0,即

$$\text{Res}[f(z),\infty]+\text{Res}[f(z),1]+\text{Res}[f(z),-1]=0,$$

而

$$\text{Res}[f(z),1]=\frac{\mathrm{e}^z}{(z^2-1)'}\bigg|_{z=1}=\frac{\mathrm{e}^z}{2z}\bigg|_{z=1}=\frac{1}{2}\mathrm{e},$$

$$\text{Res}[f(z),-1]=\frac{\mathrm{e}^z}{2z}\bigg|_{z=-1}=-\frac{1}{2}\mathrm{e}^{-1}.$$

故

$$\text{Res}[f(z),\infty]=-\{\text{Res}[f(z),1]+\text{Res}[f(z),-1]\}=-\frac{1}{2}(\mathrm{e}-\mathrm{e}^{-1})=-\sinh 1.$$

(3) $\text{Res}\left[\dfrac{1}{z(z+1)^4(z-4)},\infty\right]=-\text{Res}\left[\dfrac{1}{z^2}\cdot\dfrac{1}{\dfrac{1}{z}\left(\dfrac{1}{z}+1\right)^4\left(\dfrac{1}{z}-4\right)},0\right]$

$$=-\text{Res}\left[\frac{z}{(1+z)^4(1-4z)},0\right]=0.$$

4. 计算下列积分.

(1) $\displaystyle\oint_C \dfrac{z^{15}}{(z^2+1)^2(z^4+2)^3}\mathrm{d}z$,其中 C 为正向圆周 $|z|=3$;

(2) $\displaystyle\oint_C \dfrac{z^3}{1+z}\mathrm{e}^{\frac{1}{z}}\mathrm{d}z$,其中 C 为正向圆周 $|z|=2$.

解　(1) 被积函数在曲线 $|z|=3$ 的外部只有孤立奇点 $z=\infty$,因此

$$\oint_c \frac{z^{15}}{(z^2+1)^2(z^4+2)^3}\mathrm{d}z = -2\pi\mathrm{i}\mathrm{Res}[f(z),\infty] = 2\pi\mathrm{i}\mathrm{Res}\left[\frac{1}{z^2}f\left(\frac{1}{z}\right),0\right]$$

$$= 2\pi\mathrm{i}\mathrm{Res}\left[\frac{1}{z(1+z^2)(1+2z^4)^3},0\right]$$

$$= 2\pi\mathrm{i}\cdot\lim_{z\to 0}z\cdot\frac{1}{z(1+z^2)(1+2z^4)^3} = 2\pi\mathrm{i}.$$

（2）被积函数的孤立奇点 $z=0, z=-1$ 都在 $|z|=2$ 内,而在 $|z|=2$ 外只有无穷远点,故

$$\oint_c \frac{z^3}{1+z}\mathrm{e}^{\frac{1}{z}}\mathrm{d}z = -2\pi\mathrm{i}\mathrm{Res}\left[\frac{z^3}{1+z}\mathrm{e}^{\frac{1}{z}},\infty\right] = -2\pi\mathrm{i}\mathrm{Res}\left[\frac{1}{z^2}\cdot\frac{1}{z^3}\cdot\frac{1}{1+\frac{1}{z}}\cdot\mathrm{e}^z,0\right]$$

$$= -2\pi\mathrm{i}\cdot\mathrm{Res}\left[\frac{\mathrm{e}^z}{z^4(z+1)},0\right].$$

因为 $z=0$ 为 $\dfrac{\mathrm{e}^z}{z^4(z+1)}$ 的四阶极点,又在 $z=0$ 的洛朗展开式为

$$\frac{\mathrm{e}^z}{z^4(z+1)} = \frac{1}{z^4}(1-z+z^2-z^3+z^4-\cdots)\left(1+z+\frac{z^2}{2!}+\frac{z^3}{3!}+\cdots\right)$$

$$= \frac{1}{z^4}\left[\cdots+\left(\frac{1}{3!}-\frac{1}{2!}+1-1\right)z^3+\cdots\right]$$

$$= \cdots+\left(\frac{1}{3!}-\frac{1}{2!}\right)\frac{1}{z}+\cdots.$$

所以

$$\oint_c \frac{z^3}{1+z}\mathrm{e}^{\frac{1}{z}}\mathrm{d}z = -2\pi\mathrm{i}\left(\frac{1}{3!}-\frac{1}{2!}\right) = -\frac{2}{3}\pi\mathrm{i}.$$

综合练习题 5

1. 判断 $z=0$ 是否为下列函数的孤立奇点.

（1）$\dfrac{1}{\sin z}$；　　　　（2）$\cot\dfrac{1}{z}$.

解　（1）$z=0$ 是 $\dfrac{1}{\sin z}$ 的奇点,且在 $0<|z|<\pi$ 的邻域内没有其他奇点,由孤立奇点的定义知,$z=0$ 是 $\dfrac{1}{\sin z}$ 的孤立奇点.

（2）$z=0$ 和 $z=\dfrac{1}{k\pi}$（k 为整数）为 $\cot\dfrac{1}{z}$ 的奇点,又因为 $\lim\limits_{k\to+\infty}\dfrac{1}{k\pi}=0$,说明在 $z=0$ 的邻域内有无数多奇点 $z=\dfrac{1}{k\pi}$,故 $z=0$ 不是 $\cot\dfrac{1}{z}$ 的孤立奇点.

2. 设函数 $\varphi(z)$ 与 $\psi(z)$ 分别以 $z=a$ 为 m 阶与 n 阶极点（或零点）,分析下列三个

函数在 $z=a$ 处的性态.

(1) $\varphi(z)\psi(z)$;　　　　(2) $\dfrac{\varphi(z)}{\psi(z)}$;　　　　(3) $\varphi(z)+\psi(z)$.

注:解析过程见本章 5.2 疑难解析问题 3.

3. 确定下列函数在有限复平面内的奇点类型,如果是极点,则指明它们的阶.

(1) $\dfrac{\sin z}{(z+\pi)^2}$;　　　(2) $\dfrac{z-1}{\cos^4 z\left(z-\dfrac{\pi}{2}\right)^2}$;　　　(3) $\dfrac{1}{\sin z+\cos z}$;

(4) $\dfrac{\ln(1+z)}{z}$;　　　(5) $\dfrac{1}{e^z-1}-\dfrac{1}{z}$;　　　(6) $\dfrac{z^{2n}}{1+z^n}$(n 为正整数).

解 (1) $z=-\pi$ 为 $(z+\pi)^2$ 的二阶零点,是 $\sin z$ 的一阶零点,故 $z=-\pi$ 是 $\dfrac{\sin z}{(z+\pi)^2}$ 的一阶极点.

(2) $z=\dfrac{\pi}{2}+k\pi$(k 为整数)为函数的孤立奇点,其中 $z=\dfrac{\pi}{2}$ 为 $\cos^4 z$ 的四阶零点,为 $\left(z-\dfrac{\pi}{2}\right)^2$ 的二阶零点,故 $z=\dfrac{\pi}{2}$ 为 $\dfrac{z-1}{\cos^4 z\left(z-\dfrac{\pi}{2}\right)^2}$ 的六阶极点;其余 $z=k\pi+\dfrac{\pi}{2}$($k\neq0$ 的整数)为 $\cos^4 z$ 的四阶零点,故 $z=k\pi+\dfrac{\pi}{2}$($k\neq0$)为函数的四阶极点.

(3) 由 $\dfrac{1}{\sin z+\cos z}=\dfrac{1}{\sqrt{2}\sin\left(z+\dfrac{\pi}{4}\right)}$ 可知,$z=k\pi-\dfrac{\pi}{4}$ 为函数的孤立奇点,又 $z=k\pi-\dfrac{\pi}{4}$ 为 $\sin\left(z+\dfrac{\pi}{4}\right)$ 的一阶零点,故 $z=k\pi-\dfrac{\pi}{4}$ 为函数的一阶极点.

(4) $z=0$ 为 z 的一阶零点,为 $\ln(1+z)$ 的一阶零点,故 $z=0$ 为 $\dfrac{\ln(1+z)}{z}$ 的可去奇点.

(5) $z=2k\pi i$(k 为整数)为函数的孤立奇点,又因为

$$\frac{1}{e^z-1}-\frac{1}{z}=\frac{z-e^z+1}{z(e^z-1)}.$$

所以,$z=0$ 为 z 的一阶零点,为 e^z-1 的一阶零点,且 $(z-e^z+1)'|_{z=0}=0$,$(z-e^z+1)''|_{z=0}=1$,即 $z=0$ 为 $(z-e^z+1)$ 的二阶零点,故 $z=0$ 为函数的可去奇点;对于 $z=2k\pi i$($k\neq0$)为 e^z-1 的一阶零点,则 $z=2k\pi i$($k\neq0$ 为整数)为函数的一阶极点.

(6) 由 $1+z^n=0$,得 $z_k=\sqrt[n]{-1}=ie^{\frac{(2k+1)\pi}{n}}$($k=0,1,\cdots,n-1$),又因为 $z_k=e^{\frac{(2k+1)\pi i}{n}}$ 为 $(1+z^n)$ 的一阶零点,故 z_k 为函数的一阶极点.

4. 在有限复平面内求下列函数 $f(z)$ 在孤立奇点处的留数.

(1) $e^{\frac{1}{z}}$;　　　(2) $\dfrac{e^z}{(z+2i)^3(z+i)}$;　　　(3) $\dfrac{\sin z}{z^2(z^2+4)}$.

解　(1) $z=0$ 为 $\mathrm{e}^{\frac{1}{z}}$ 的本性奇点,则函数在 $z=0$ 去心邻域内的洛朗展开式为

$$\mathrm{e}^{\frac{1}{z}}=1+\frac{1}{z}+\frac{1}{2!\cdot z^2}+\frac{1}{3!\cdot z^3}+\cdots.$$

故　　　　　　　　　　　　　　$\operatorname{Res}[\mathrm{e}^{\frac{1}{z}},0]=1.$

(2) $z=-\mathrm{i}$ 和 $z=-2\mathrm{i}$ 为函数的孤立奇点,且 $z=-\mathrm{i}$ 为 $(z+\mathrm{i})$ 的一阶零点,$z=-2\mathrm{i}$ 为 $(z+2\mathrm{i})^3$ 的三阶零点,故 $z=-\mathrm{i}$ 为函数的一阶极点,$z=-2\mathrm{i}$ 为函数的三阶极点. 故

$$\operatorname{Res}[f(z),-\mathrm{i}]=\lim_{z\to-\mathrm{i}}(z+\mathrm{i})\frac{\mathrm{e}^z}{(z+2\mathrm{i})^3(z+\mathrm{i})}=\lim_{z\to-\mathrm{i}}\frac{\mathrm{e}^z}{(z+2\mathrm{i})^3}$$

$$=\mathrm{i}\mathrm{e}^{-\mathrm{i}}=\mathrm{i}(\cos1-\mathrm{i}\sin1)=\sin1+\mathrm{i}\cos1,$$

$$\operatorname{Res}[f(z),-2\mathrm{i}]=\frac{1}{2!}\lim_{z\to-2\mathrm{i}}\left[(z+2\mathrm{i})^3\cdot\frac{\mathrm{e}^z}{(z+2\mathrm{i})^3(z+\mathrm{i})}\right]''$$

$$=\frac{1}{2}\lim_{z\to-2\mathrm{i}}\left[\frac{\mathrm{e}^z(z+\mathrm{i})-\mathrm{e}^z}{(z+\mathrm{i})^2}\right]'$$

$$=\frac{1}{2}\lim_{z\to-2\mathrm{i}}\frac{\mathrm{e}^z(z+\mathrm{i})^2-2\mathrm{e}^z(z+\mathrm{i}-1)}{(z+\mathrm{i})^3}=\frac{1}{2}\mathrm{e}^{-2\mathrm{i}}(2-\mathrm{i}).$$

(3) $z=0$ 和 $z=\pm2\mathrm{i}$ 为函数的孤立奇点,$z=0$ 为 $\sin z$ 的一阶零点,为 z^2 的二阶零点,则 $z=0$ 为一阶极点;$z=\pm2\mathrm{i}$ 为 (z^2+4) 的一阶零点,即为函数的一阶极点,故

$$\operatorname{Res}[f(z),0]=\lim_{z\to0}z\cdot\frac{\sin z}{z^2(z^2+4)}=\lim_{z\to0}\frac{\sin z}{z(z^2+4)}=\frac{1}{4},$$

$$\operatorname{Res}[f(z),2\mathrm{i}]=\lim_{z\to2\mathrm{i}}(z-2\mathrm{i})\frac{\sin z}{z^2(z+2\mathrm{i})(z-2\mathrm{i})}=\lim_{z\to2\mathrm{i}}\frac{\sin z}{z^2(z+2\mathrm{i})}=\frac{\mathrm{i}}{16}\sin(2\mathrm{i}),$$

$$\operatorname{Res}[f(z),-2\mathrm{i}]=\lim_{z\to-2\mathrm{i}}(z+2\mathrm{i})\cdot\frac{\sin z}{z^2(z+2\mathrm{i})(z-2\mathrm{i})}=\lim_{z\to-2\mathrm{i}}\frac{\sin z}{z^2(z-2\mathrm{i})}=\frac{\mathrm{i}}{16}\sin2\mathrm{i}.$$

5. 判定 $z=\infty$ 是下列函数 $f(z)$ 的什么类型的奇点,若为孤立奇点,求出函数在 $z=\infty$ 的留数.

(1) $\dfrac{\sin z}{z}$;　　　　　　(2) $\sin z-\cos z$;　　　　　(3) $z-\mathrm{e}^{\frac{1}{z}}$.

解　(1) 因为 $\lim\limits_{z\to\infty}\dfrac{\sin z}{z}=0$,所以 $z=\infty$ 为 $\dfrac{\sin z}{z}$ 的可去奇点,即

$$\operatorname{Res}\left[\frac{\sin z}{z},\infty\right]=-\operatorname{Res}\left[\frac{1}{z^2}\cdot z\cdot\sin\frac{1}{z},0\right]=-\operatorname{Res}\left[\frac{1}{z}\sin\frac{1}{z},0\right].$$

因为　　$\dfrac{1}{z}\sin\dfrac{1}{z}=\dfrac{1}{z}\left(\dfrac{1}{z}-\dfrac{1}{3!\cdot z^3}+\dfrac{1}{5!\cdot z^5}-\cdots\right)$　　$(0<|z|<\infty),$

故　　　　　　　　　　　　$\operatorname{Res}\left[\frac{1}{z}\sin\frac{1}{z},0\right]=0,$

即　　　　　　　　　　　　$\operatorname{Res}\left[\frac{\sin z}{z},\infty\right]=0.$

(2) 因为 $\lim\limits_{z\to\infty}(\sin z-\cos z)$ 振荡,它既不是有限,也不是无穷大,故 $z=\infty$ 为函数的本性奇点,即

$$\text{Res}\big[(\sin z-\cos z),\infty\big]=-\text{Res}\Big[\frac{1}{z^2}\Big(\sin\frac{1}{z}-\cos\frac{1}{z}\Big),0\Big].$$

又因为在 $0<|z|<+\infty$ 内,有

$$\frac{1}{z^2}\Big(\sin\frac{1}{z}-\cos\frac{1}{z}\Big)=\frac{1}{z^2}\Big[\Big(\frac{1}{z}-\frac{1}{3!\cdot z^3}+\frac{1}{5!\cdot z^5}-\cdots\Big)-\Big(1-\frac{1}{z^2}+\frac{1}{z^4}-\cdots\Big)\Big].$$

由上式知 $C_{-1}=0.$

故 $$\text{Res}\big[(\sin z-\cos z),\infty\big]=0.$$

(3) 因为 $\lim\limits_{z\to\infty}(z-\mathrm{e}^{\frac{1}{z}})=\infty$,且 $\lim\limits_{z\to\infty}z^{-1}(z-\mathrm{e}^{\frac{1}{z}})=1$,所以 $z=\infty$ 为 $(z-\mathrm{e}^{\frac{1}{z}})$ 的一阶极点,即

$$\text{Res}\big[z-\mathrm{e}^{\frac{1}{z}},\infty\big]=-\text{Res}\Big[\frac{1}{z^2}\Big(\frac{1}{z}-\mathrm{e}^z\Big),0\Big].$$

又在 $0<|z|<+\infty$ 内,有

$$\frac{1}{z^2}\Big(\frac{1}{z}-\mathrm{e}^z\Big)=\frac{1}{z^3}-\frac{1}{z^2}\mathrm{e}^z=\frac{1}{z^3}-\frac{1}{z^2}\Big(1+z+\frac{1}{2!\cdot z^2}+\frac{1}{3!\cdot z^3}+\cdots\Big).$$

由上式知 $C_{-1}=\text{Res}\Big[\frac{1}{z^2}\Big(\frac{1}{z}-\mathrm{e}^z\Big),0\Big]=-1.$

故 $$\text{Res}\big[z-\mathrm{e}^{\frac{1}{z}},\infty\big]=-C_{-1}=1.$$

6. 计算下列积分.

(1) $\oint_C\dfrac{\mathrm{e}^z(z^2-4)^2}{(z+\mathrm{i})^2}\mathrm{d}z$,其中 C 为正向圆周 $|z-1-2\mathrm{i}|=4$;

(2) $\oint_C\dfrac{z\mathrm{e}^z}{z^4+\mathrm{i}}\mathrm{d}z$,其中 C 为正向圆周 $|z-5|=1$;

(3) $\oint_C\dfrac{(z-2\mathrm{i})^2}{z^2-2z+2}\mathrm{d}z$,其中 C 为正向圆周 $|z|=8$;

(4) $\oint_C\dfrac{2z-3}{(z+\mathrm{i})^3}\mathrm{d}z$,其中 C 为正向圆周 $|z-2\mathrm{i}|=4$;

(5) $\oint_C\dfrac{z-\cos(4\mathrm{i}z)}{(1+z^2)(z^2-1)}\mathrm{d}z$,其中 C 为正向圆周 $|z+\mathrm{i}|=1$.

解 (1) $z=-\mathrm{i}$ 为被积函数的二阶极点,在曲线 C 内,有

$$\text{Res}[f(z),-\mathrm{i}]=\lim_{z\to-\mathrm{i}}\Big[(z+\mathrm{i})^2\cdot\frac{\mathrm{e}^z(z^2-4)^2}{(z+\mathrm{i})^2}\Big]'=\lim_{z\to-\mathrm{i}}\big[\mathrm{e}^z(z^2-4)^2+4z(z^2-4)\mathrm{e}^z\big]$$

$$=\mathrm{e}^{-\mathrm{i}}(25+20\mathrm{i}).$$

所以

$$\oint_C \frac{\mathrm{e}^z(z^2-4)^2}{(z+\mathrm{i})^2}\mathrm{d}z = 2\pi\mathrm{i}\mathrm{e}^{-\mathrm{i}}(25+20\mathrm{i}) = \pi\mathrm{e}^{-\mathrm{i}}(-40+50\mathrm{i}).$$

（2）被积函数在 $|z-5|=1$ 内是解析的，故由柯西积分定理知

$$\oint_C \frac{z\mathrm{e}^z}{z^4+\mathrm{i}}\mathrm{d}z = 0.$$

（3）$z=1+\mathrm{i}$ 和 $z=1-\mathrm{i}$ 为被积函数的两个奇点，均在曲线 $|z|=8$ 内，则

$$\oint_C \frac{(z-2\mathrm{i})^2}{z^2-2z+2}\mathrm{d}z = 2\pi\mathrm{i}\{\mathrm{Res}[f(z),1+\mathrm{i}]+\mathrm{Res}[f(z),1-\mathrm{i}]\}$$

$$= -2\pi\mathrm{i}\cdot\mathrm{Res}[f(z),\infty] = 2\pi\mathrm{i}\cdot\mathrm{Res}\left[\frac{1}{z^2}f\left(\frac{1}{z}\right),0\right].$$

又

$$\frac{1}{z^2}f\left(\frac{1}{z}\right) = \frac{(1-2\mathrm{i}z)^2}{z^2(1-2z+2z^2)},$$

即 $z=0$ 为 $\dfrac{1}{z^2}f\left(\dfrac{1}{z}\right)$ 的二阶极点，则有

$$\mathrm{Res}\left[\frac{1}{z^2}f\left(\frac{1}{z}\right),0\right] = \lim_{z\to0}\left[z^2\cdot\frac{(1-2\mathrm{i}z)^2}{z^2(1-2z+2z^2)}\right]'$$

$$= \lim_{z\to0}\frac{-4\mathrm{i}(1-2\mathrm{i}z)(1-2z+2z^2)-(4z-2)(1-2\mathrm{i}z)}{(1-2z+2z^2)^2}$$

$$= -4\mathrm{i}+2.$$

故

$$\oint_C \frac{(z-2\mathrm{i})^2}{z^2-2z+2}\mathrm{d}z = 2\pi\mathrm{i}(-4\mathrm{i}+2) = 4\pi(2+\mathrm{i}).$$

（4）$z=-\mathrm{i}$ 为被积函数的三阶极点，在曲线 $C(|z-2\mathrm{i}|=4)$ 内，则

$$\oint_C \frac{2z-3}{(z+\mathrm{i})^3}\mathrm{d}z = 2\pi\mathrm{i}\cdot\mathrm{Res}[f(z),-\mathrm{i}] = 2\pi\mathrm{i}\frac{1}{2!}\lim_{z\to-\mathrm{i}}\left[(z+\mathrm{i})^3\cdot\frac{2z-3}{(z+\mathrm{i})^3}\right]'' = 0.$$

（5）曲线 C 内只有 $z=-\mathrm{i}$ 一个孤立奇点，且 $z=-\mathrm{i}$ 为一阶极点，则

$$\oint_C \frac{z-\cos(4\mathrm{i}z)}{(1+z^2)(z^2-1)}\mathrm{d}z = 2\pi\mathrm{i}\cdot\mathrm{Res}[f(z),-\mathrm{i}] = 2\pi\mathrm{i}\cdot\lim_{z\to-\mathrm{i}}\frac{z-\cos(4\mathrm{i}z)}{(z-\mathrm{i})(z^2-1)}$$

$$= 2\pi\mathrm{i}\cdot\frac{-\mathrm{i}-\cos4}{4\mathrm{i}} = -\frac{\pi}{2}(\cos4+\mathrm{i}).$$

7. 计算积分 $\oint_C \dfrac{2\mathrm{i}z-\cos z}{z^3+z}\mathrm{d}z$，其中 C 为不经过被积函数奇点的任意一条正向闭曲线．

解　被积函数的奇点 $z=0,z=\mathrm{i}$ 和 $z=-\mathrm{i}$，均为一阶极点，且 $(2\mathrm{i}z-\cos z)$ 在这些点不为零，则

$$\mathrm{Res}[f(z),0] = \frac{2\mathrm{i}z-\cos z}{(z^3+z)'}\bigg|_{z=0} = \frac{2\mathrm{i}z-\cos z}{3z^2+1}\bigg|_{z=0} = -1,$$

$$\mathrm{Res}[f(z),\mathrm{i}] = \frac{2\mathrm{i}z-\cos z}{3z^2+1}\bigg|_{z=\mathrm{i}} = \frac{2+\cos\mathrm{i}}{2},$$

$$\text{Res}[f(z),-\text{i}]=\frac{2\text{i}z-\cos z}{3z^2+1}\bigg|_{z=-\text{i}}=-\frac{2-\cos\text{i}}{2}.$$

当 C 中只有 $z=0$ 时,

$$\text{原式}=2\pi\text{i}\cdot\text{Res}[f(z),0]=-2\pi\text{i};$$

当 C 中只有 $z=\text{i}$ 时,

$$\text{原式}=2\pi\text{i}\cdot\text{Res}[f(z),\text{i}]=\pi\text{i}(2+\cos\text{i});$$

当 C 中只有 $z=-\text{i}$ 时,

$$\text{原式}=2\pi\text{i}\cdot\text{Res}[f(z),-\text{i}]=-\pi\text{i}(2-\cos\text{i});$$

当 C 中有 $z=0,z=\text{i}$ 两个奇点时,

$$\text{原式}=-2\pi\text{i}+\pi\text{i}(2+\cos\text{i})=\pi\text{i}\cos\text{i};$$

当 C 中有 $z=0,z=-\text{i}$ 两个奇点时,

$$\text{原式}=-2\pi\text{i}-\pi\text{i}(2-\cos\text{i})=\pi\text{i}(\cos\text{i}-4);$$

当 C 中有 $z=\text{i}$ 和 $z=-\text{i}$ 两个奇点时,

$$\text{原式}=\pi\text{i}(2+\cos\text{i})-\pi\text{i}(2-\cos\text{i})=2\pi\text{i}\cos\text{i};$$

当 C 中有 $z=0,z=\text{i}$ 和 $z=-\text{i}$ 三个奇点时,

$$\text{原式}=-2\pi\text{i}+\pi\text{i}(2+\cos\text{i})-\pi\text{i}(2-\cos\text{i})=2\pi\text{i}(\cos\text{i}-1);$$

当 C 中没有奇点时,由柯西积分定理有

$$\text{原式}=0.$$

第6章 共形映射

6.1 内容提要

6.1.1 解析函数导数的几何意义

1. 解析函数导数辐角 $\operatorname{Arg} f'(z_0)$ 的几何意义

若函数 $\omega = f(z)$ 解析,则导数 $f'(z_0) \neq 0$ 的辐角 $\operatorname{Arg} f'(z_0)$ 是曲线 C 经过 $\omega = f(z)$ 映射后在 z_0 处的旋转角.

2. 解析函数导数模 $|f'(z_0)|$ 的几何意义

若函数 $\omega = f(z)$ 解析,且 $f'(z_0) \neq 0$,则 $|f'(z_0)|$ 表示经过映射 $\omega = f(z)$ 后通过点 z_0 的任意曲线 C 在 z_0 的伸缩率.

综上所述,有下面的定理.

定理 6.1 设函数 $\omega = f(z)$ 在区域 D 内解析,z_0 为区域 D 内的一点,且 $f'(z_0) \neq 0$,则映射 $\omega = f(z)$ 在 z_0 具有下列两个性质.

(1) 保角性:即通过 z_0 的两条曲线之间的夹角与经过映射后所得两曲线之间的夹角在大小和方向上保持不变.

(2) 伸缩率的不变性:即通过 z_0 的任何一条曲线的伸缩率均为 $|f'(z_0)|$ 而与其形状和方向无关.

6.1.2 共形映射

1. 共形映射的概念

定义 6.1 对于定义在区域 D 内的映射 $\omega = f(z)$,如果该映射在 D 内任意一点具有保角性和伸缩率不变性,则称 $\omega = f(z)$ 是第一类保角映射.

定理 6.2 设函数 $f(z)$ 在区域 D 内解析,且 $f'(z_0) \neq 0$,则 $f(z)$ 所构成的映射是第一类保角映射.

注:如果映射 $\omega = f(z)$ 在 D 内任意一点保持曲线的交角的大小不变但方向相反和伸缩率不变,则称 $\omega = f(z)$ 为第二类保角映射.

定义 6.2 设映射 $\omega = f(z)$ 是区域 D 内的第一类保角映射,如果当 $z_1 \neq z_2$ 时,有

$$f(z_1) \neq f(z_2),$$

则称 $\omega = f(z)$ 为共形映射.

2. 共形映射的基本问题

根据理论和实际应用的需要,对于共形映射,我们主要研究两个方向的问题.

问题 1　对于给定的区域 D 和定义在区域 D 上的解析函数 $\omega = f(z)$,求像集 $G = f(D)$,并讨论函数 $f(z)$ 是否将区域 D 保形地映射为 G.

问题 2　给定两个区域 D 和 G,求一解析函数 $\omega = f(z)$,使得函数 $f(z)$ 将区域 D 保形地映射为 G.

其中第 2 个问题称为共形映射的基本问题.

对于问题 1 有下面两个定理.

定理 6.3(保域性定理)　设函数 $f(z)$ 在区域 D 内解析,且不恒为常数,则像集合 $G = f(D)$ 是区域.

定理 6.4(边界对应原理)　设区域 D 的边界为简单闭曲线 C,函数 $\omega = f(z)$ 在区域 $\overline{D} = D \cup C$ 上解析,且将 C 映射成简单闭曲线 Γ,当 z 沿 C 的正向绕行时,相应的 ω 的绕行方向定为 Γ 的正向,并令 G 是以 Γ 为边界的区域,则 $\omega = f(z)$ 将 D 共形映射成 G.

对于问题 2 有下面定理.

定理 6.5(黎曼存在唯一性定理)　设 D 与 G 是任意给定的两个单连通区域,区域 D 与区域 G 的边界至少包含两点,则一定存在解析函数 $\omega = f(z)$ 将区域 D 保形地映射为区域 G,如果在区域 D 与区域 G 内再分别任意指定一点 z_0 与 ω_0,并任给一实数 $\theta_0 (-\pi < \theta \leqslant \pi)$,要求函数 $\omega = f(z)$ 满足 $f(z_0) = \omega_0$ 且 $\arg f'(z_0) = \theta_0$,则映射 $\omega = f(z)$ 是唯一的.

注:黎曼存在唯一性定理肯定了满足给定条件的函数的存在唯一性,但没有给出具体的求解方法.

6.1.3　分式线性映射

1. 分式线性映射的定义

定义 6.3　由分式线性函数

$$\omega = \frac{az+b}{cz+d} \quad (a,b,c,d \text{ 为复数且 } ad - bc \neq 0) \tag{6-1}$$

构成的映射,称为分式线性映射.其逆映射也为分式线性映射.特别地,当 $c = 0$ 时,则称为(整式)线性映射.

分式线性映射在理论和实际应用中都是非常重要的一类映射.

2. 几种基本映射

分式线性映射可以化解为

$$\omega = \frac{az+b}{cz+d} = \frac{a}{c} + \frac{bc-ad}{c(cz+d)} = \frac{bc-ad}{c} \cdot \frac{1}{cz+d} + \frac{a}{c},$$

故分式线性映射可以分解为以下三种基本映射的复合.

（1）平移：$\omega = z + b$.

（2）旋转伸缩：$\omega = az (a \neq 0)$.

（3）反演：$\omega = \dfrac{1}{z}$.

注：$\omega = \dfrac{1}{z}$ 是关于单位圆 $|z| = 1$ 对称和关于实轴对称的映射.

3. 分式线性映射的性质

1）保角性

定理 6.6　分式线性映射在扩充复平面上是一一对应的，且具有保角性.

2）保圆性

定理 6.7　分式线性映射将扩充 z 平面上的圆周映射成扩充 ω 平面上的圆周，即具有保圆性.

由保圆性，可以得到下面的结论：在分式线性映射下，如果给定的圆周或直线上没有点映射成无穷远点，那么分式线性映射就映射为半径为有限的圆周；如果有一个点映射为无穷远点，那么分式线性映射就映射为直线.

3）保对称性

定理 6.8　设点 z_1, z_2 是关于圆周 C 的一对对称点，则在分式线性映射下，z_1, z_2 的像点 ω_1, ω_2 也是关于 C 的像曲线 Γ 的一对对称点.

注：若点 z_1, z_2 都在以圆周 $|z - a| = R$ 的中心为出发点的射线上，且

$$|z_1 - a| \cdot |z_2 - a| = R^2,$$

则称点 z_1 和 z_2 关于圆周 $|z - a| = R$ 对称，点 z_1, z_2 称为对称点. 约定 a 与 ∞ 关于圆 $|z - a| = R$ 对称，特别地，0 与 ∞ 关于单位圆 $|z| = 1$ 对称. 点 z_1, z_2 关于直线 Γ 对称的概念可以视为以上定义的一个特例，如图 6.1 所示.

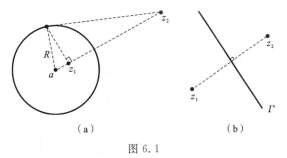

（a）　　　　　　（b）

图 6.1

4）保交比性

定义 6.4　设 z_1, z_2, z_3, z_4 是复平面彼此互异的四点，则称

$$\frac{z_4 - z_1}{z_4 - z_2} : \frac{z_3 - z_1}{z_3 - z_2}$$

为这四点的交比,记为(z_1,z_2,z_3,z_4),即

$$(z_1,z_2,z_3,z_4)=\frac{z_4-z_1}{z_4-z_2}:\frac{z_3-z_1}{z_3-z_2} \tag{6-2}$$

且约定其中若有一点为∞,则含此点的项用 1 代替,例如

$$(z_1,\infty,z_3,z_4)=\frac{z_4-z_1}{1}:\frac{z_3-z_1}{1}=\frac{z_4-z_1}{z_3-z_1},$$

$$(z_1,z_2,z_3,\infty)=1:\frac{z_3-z_1}{z_3-z_2}=\frac{z_3-z_2}{z_3-z_1}.$$

分式线性映射使四点的保交比. 即若彼此互异的四点 z_1,z_2,z_3,z_4 在分式线性映射之下的像点为 $\omega_1,\omega_2,\omega_3,\omega_4$,则

$$(\omega_1,\omega_2,\omega_3,\omega_4)=(z_1,z_2,z_3,z_4) \tag{6-3}$$

4. 唯一决定分式线性映射的条件

分式线性函数中看起来有四个系数 a,b,c,d,但由于比例关系,实际上只有三个系数是独立的,因此应该可以用三个条件来完全确定.

定理 6.9 在 z 平面上任给三个不同的点 z_1,z_2,z_3,在 ω 平面上也任给三个不同的点 $\omega_1,\omega_2,\omega_3$,则存在唯一的分式线性映射,将 z_1,z_2,z_3 分别一次地映射成 ω_1,ω_2,ω_3.

对应点公式或交比公式为

$$\frac{\omega-\omega_1}{\omega-\omega_2}:\frac{\omega_3-\omega_1}{\omega_3-\omega_2}=\frac{z-z_1}{z-z_2}:\frac{z_3-z_1}{z_3-z_2} \tag{6-4}$$

在实际应用时,常常会利用一些特殊点(如 $z=0,z=\infty$ 等)使公式得到简化.

推论 6.1 设 $\omega=f(z)$ 是一分式线性映射,且有 $f(z_1)=\omega_1$ 以及 $f(z_2)=\omega_2$,则该分式线性映射表示为

$$\frac{\omega-\omega_1}{\omega-\omega_2}=k\frac{z-z_1}{z-z_2} \quad (k \text{ 为复常数}) \tag{6-5}$$

5. 常用的分式线性映射

(1) 将上半平面 $\mathrm{Im}(z)>0$ 映射为上半平面 $\mathrm{Im}(\omega)>0$,即

$$\omega=\frac{az+b}{cz+d} \quad (a,b,c,d \text{ 为复数且 } ad-bc>0) \tag{6-6}$$

注:若 $ad-bc<0$,则分式线性映射将上半平面 $\mathrm{Im}(z)>0$ 映射为下半平面 $\mathrm{Im}(\omega)<0$.

(2) 将上半平面 $\mathrm{Im}(z)>0$ 映射为单位圆 $|\omega|<1$ 的分式线性映射为

$$\omega=\mathrm{e}^{\mathrm{i}\vartheta}\frac{z-\lambda}{z-\bar{\lambda}} \quad (\mathrm{Im}\lambda>0) \tag{6-7}$$

(3) 将单位圆 $|z|<1$ 映射为单位圆 $|\omega|<1$ 的分式线性映射为

$$\omega=\mathrm{e}^{\mathrm{i}\varphi}\frac{z-\alpha}{1-\bar{\alpha}z} \quad (|\alpha|<1) \tag{6-8}$$

6.1.4 几个初等函数所构成的映射

1. 幂函数

函数 $\omega = z^n (n \geqslant 2)$ 在 z 平面内是处处可导的,其导数是

$$\frac{\mathrm{d}\omega}{\mathrm{d}z} = nz^{n-1} \tag{6-9}$$

因而当 $z \neq 0$ 时,

$$\frac{\mathrm{d}\omega}{\mathrm{d}z} \neq 0 \tag{6-10}$$

所以,在 z 平面内除去原点外,由 $\omega = z^n$ 所构成的映射是处处保形的.

1) 幂函数 $\omega = z^n$ 所构成的映射的特点

(1) 幂函数 $\omega = z^n$ 把 z 平面上的圆周 $|z| = r$ 映射为 ω 平面上的圆周 $|\omega| = r^n$.

(2) 幂函数 $\omega = z^n$ 把 z 平面上过原点的射线 $\theta = \theta_0$ 映射成 ω 平面上过原点的射线 $\varphi = n\theta_0$.

(3) 幂函数 $\omega = z^n$ 把 z 平面上以原点为顶点的角形域 $0 < \arg z < \theta_0 \left(\theta_0 < \dfrac{2\pi}{n}\right)$ 映射成 ω 平面上顶点在原点的角形域 $0 < \arg \omega < n\theta_0$,如图 6.2 所示.

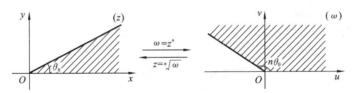

图 6.2

2) 逆映射

幂函数 $\omega = z^n$ 的逆映射 $\omega = \sqrt[n]{z} (n \geqslant 2)$ 把 z 平面上的角形域 $0 < \arg z < \theta_0$ 映射成 ω 平面上的角形域 $0 < \arg \omega < \dfrac{1}{n}\theta_0$,其张角为原来的 $\dfrac{1}{n}$,如图 6.2 所示.

2. 指数函数 $\omega = \mathrm{e}^z$

由于在 z 平面内 $\omega = \mathrm{e}^z$ 有

$$\omega' = (\mathrm{e}^z)' = \mathrm{e}^z \neq 0,$$

所以,由指数函数 $\omega = \mathrm{e}^z$ 所构成的映射是一个全平面上的保角映射.

1) 指数函数 $\omega = \mathrm{e}^z$ 所构成映射的特点

(1) 指数函数 $\omega = \mathrm{e}^z$ 把 z 平面上平行于实轴的直线 $\mathrm{Im}(z) = \alpha (0 < \alpha \leqslant 2\pi)$ 映射成 ω 平面上过原点的射线 $\varphi = \alpha$;把 z 平面上平行于虚轴的直线 $x = C$ 映射成 ω 平面上圆心在原点的圆周 $|\omega| = \mathrm{e}^C$.

(2) 指数函数 $\omega = \mathrm{e}^z$ 把 z 平面上的水平带形域 $0 < \mathrm{Im}(z) < \alpha (\alpha \leqslant 2\pi)$ 映射成 ω 平

面上的角形域 $0<\arg\omega<\alpha$，如图 6.3 所示.

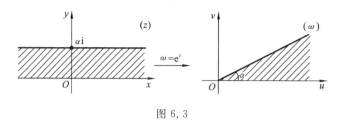

图 6.3

2）逆映射

指数函数 $\omega=\mathrm{e}^z$ 的逆映射 $\omega=\ln z$ 把 z 平面上的角形域 $0<\arg\omega<\alpha(0<\alpha\leqslant2\pi)$ 映射成 ω 平面上的水平带形域 $0<\mathrm{Im}(\omega)<\alpha(\alpha\leqslant2\pi)$.

6.2 疑 难 解 析

问题 1 具有伸缩率不变性与保角性的映射为什么称为共形映射？

答 若映射 $\omega=f(z)$ 在 $f'(z)\neq0$ 的点具有保角性和伸缩率不变性，就能够把一个在 z_0 邻域内的任意小三角形映射为 z_0 的对应点 $\omega_0=f(z_0)$ 的邻域内的一个曲边三角形. 这两个三角形的对应角相等（保角性），对应边近似成比例（即伸缩率不变性），因此两三角形近似相似，三角形越小，近似程度越好（因为不同的点伸缩率不同）. 所以，映射被称为共形映射.

问题 2 为什么单叶解析函数的映射是共形映射？

答 若函数 $f(z)$ 在区域 G 内解析，当 $z_1\neq z_2$ 时，$f(z_1)\neq f(z_2)$，则称函数 $f(z)$ 在区域 G 内是单叶解析的. 可以证明，在区域 G 内单叶解析的函数 $f(z)$，在区域 G 内任意一点 z 处，都有 $f'(z)\neq0$. 于是映射 $\omega=f(z)$ 为共形映射.

问题 3 分式线性映射有几个复参数？几个实参数？有几种方法可以唯一确定一个分式线性映射？

答 分式线性映射 $\omega=\dfrac{az+b}{cz+d}$ 中，a,b,c,d 都是复常数，所以它有四个复参数. 由于有约束条件 $ad-bc\neq0$ 的存在，故只有三个独立的复参数. 每个复数均可以表示为 $a=a_1+\mathrm{i}a_2(a_1,a_2$ 为实数），故分式线性映射有六个独立的实参数.

由于一个分式线性映射有三个独立的复参数，因此给定三个条件就可以唯一确定一个分式线性映射. 常用以下两种方法.

（1）给定 z 平面上三个相异的点和 ω 平面上三个相异的点，当确定对应关系后，由保交比性可以唯一确定一个分式线性映射.

（2）若给定一个圆周映射为一个圆周（或直线），要求某一定点映射为某一像点，并且该点上某一方向映射为像点上某一方向，也能唯一确定一个分式线性映射.

问题 4 为什么说"保交比性"唯一确定一个分式线性映射?

答

$$\frac{\omega-\omega_1}{\omega-\omega_2} : \frac{\omega_3-\omega_1}{\omega_3-\omega_2} = \frac{z-z_1}{z-z_2} : \frac{z_3-z_1}{z_3-z_2} \tag{6-11}$$

可以写为

$$\frac{(\omega-\omega_1)(\omega_3-\omega_2)}{(\omega-\omega_2)(\omega_3-\omega_1)} = \frac{(z-z_1)(z_3-z_2)}{(z-z_2)(z_3-z_1)} \tag{6-12}$$

唯一确定一个分式线性映射,因为可以代入直接验证:当 $z=z_1,z_2,z_3$ 时,$\omega=\omega_1,\omega_2$,ω_3. 令 $\lambda=\dfrac{(\omega_3-\omega_1)(z_3-z_2)}{(\omega_3-\omega_2)(z_3-z_1)}(\lambda\neq0)$,则式(6-12)化为 $\dfrac{\omega-\omega_1}{\omega-\omega_2}=\lambda\dfrac{z-z_1}{z-z_2}$,因为 z_1,z_2,z_3 不相等,$\omega_1,\omega_2,\omega_3$ 也不相等,令

$$a=\omega_1-\lambda\omega_2, \quad b=\omega_2z_1-\omega_1z_2, \quad c=1-\lambda, \quad d=\lambda z_1-z_2,$$

则

$$\omega=\frac{az+b}{cz+d}, \quad ad-bc\neq0,$$

其中

$$ad-bc=(\omega_1-\lambda\omega_2)(\lambda z_1-z_2)-(\omega_2z_1-\omega_1z_2)(1-\lambda)=\lambda(\omega_1-\omega_2)(z_1-z_2)\neq0,$$

所以式(6-12)表示一个分式线性映射.

当分式线性映射 $\omega=\dfrac{az+b}{cz+d}$ 满足条件

$$\omega_k=\frac{az_k+b}{cz_k+d} \quad (k=1,2,3)$$

时,分式线性映射是唯一的.

在 z_1,z_2,z_3 和 $\omega_1,\omega_2,\omega_3$ 中出现 ∞ 时可以这样处理:若 $z_3=\infty$,则先令 z_3 换成有限点 z'_3,然后令 $z'_3\to\infty$,这时,式(6-12)中出现 $\dfrac{z'_3-z_2}{z'_3-z_1}\xrightarrow{z'_3\to\infty}1$. 所以,凡是某个已知点为 ∞ 时,直接换成 1 即可.

问题 5 什么是映射的不动点? 一个分式线性映射有几个不动点?

答 一个映射 $\omega=f(z)$,若有 $z=f(z)$,则称点 z 为映射 $\omega=f(z)$ 的不动点. 对于一般的分式线性映射 $\omega=\dfrac{az+b}{cz+d}$,不动点最多只有两个. 因为由 $z=\dfrac{az+b}{cz+d}$ 得到的一元二次方程

$$cz^2-(a-d)z-b=0$$

至多有两个根,即两个不动点.

问题 6 关于圆周 C 的对称点有什么特性? 在分式线性映射中怎样利用对称点的不变性?

答 z_1,z_2 为圆周 $C:|z-z_0|=R$ 的一对对称点的充要条件是:经过的圆周 Γ 与 C 正交. 如图 6.4 所示,作 z_0z' 与 Γ 相切,z' 为 Γ 上的切点. 则

$$|z'-z_0|^2=|z_2-z_0||z_1-z_0|.$$

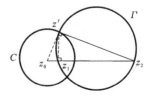

图 6.4

由对称点的定义知，$|z'-z_0|^2=R^2$，故 z' 在 C 上. 而 Γ 的切线即 C 的半径，所以 Γ 与 C 正交. 反之，若 Γ 过 z_1 与 z_2 且与 C 正交，则直线 z_1z_2 与 C 正交，并且过 z_0. 而 Γ 与 C 正交于 z'，则 C 的半径 z_0z' 即 Γ 的切线，故 $|z_2-z_0||z_1-z_0|=R^2$，即 z_1 与 z_2 是关于圆周 C 的一对对称点.

又 z 与 $\bar{z}$ 关于实轴对称. 在将上半平面 $\mathrm{Im}(z)>0$ 映射为单位圆内部 $|\omega|<1$ 的分式线性映射中就利用了对称点的不变性.

设 $\omega=\dfrac{az+b}{cz+d}$ 将点 $z=\alpha$ 映射为 $\omega=0$，则由对称点的不变性 $z=\bar{\alpha}$ 映射为 $\omega=\infty$，且

$$a\alpha+b=0 \Rightarrow b=-a\alpha, \quad c\bar{\alpha}+d=0 \Rightarrow d=-c\bar{\alpha},$$

于是

$$\omega=\frac{a}{c}\cdot\frac{z-\alpha}{z-\bar{\alpha}}.$$

再由 $z=0$ 与 $|\omega|=1$ 上某点对应，得

$$\left|\frac{a}{c}\right|=\mathrm{e}^{\mathrm{i}\theta}, \quad 0\leqslant\theta\leqslant2\pi,$$

所以

$$\omega=\mathrm{e}^{\mathrm{i}\theta}\frac{z-\alpha}{z-\bar{\alpha}} \quad (\mathrm{Im}(\alpha)>0).$$

问题 7 映射 $\omega=\sqrt{z}$ 能否将 $|z|<1$ 映射为 $|\omega|<1,\mathrm{Im}(z)>0$？

答 不能. 根式函数有将角形域缩小到 $\dfrac{1}{n}$ 的作用，但 $|z|<1$ 不是角形域，这是因为 $|z|<1$ 没有裂缝. 若改为 $|z|<1,0<\arg z<2\pi$ 就可以了.

问题 8 幂函数 $\omega=z^n(z\neq0)$ 具有将角度扩大 n 倍的性质，为什么 $\omega=z^n$ 对以 $z=0$ 为顶点、线角为 $\dfrac{2\pi}{n}$ 的角域构成共形映射？

答 因为幂函数 $\omega=z^n$ 有将角度扩大 n 倍的性质，但只在 $z=0$ 点. 因为 $\omega'(0)=0$，所以在 $z=0$ 不共形，但以 $z=0$ 为顶点张角为 $\dfrac{2\pi}{n}$ 的角域是其单叶解析区域，故映射是共形的.

问题 9 如图 6.5 所示，为什么映射 $\omega=z^2$ 能将圆周的内部映射为心脏线的内部？

答 将函数 $\omega=z^2$ 表示成极坐标形式：令 $\omega=\rho\mathrm{e}^{\mathrm{i}\varphi},z=r\mathrm{e}^{\mathrm{i}\theta}$，则 $\omega=\rho\mathrm{e}^{\mathrm{i}\varphi}=r^2\mathrm{e}^{\mathrm{i}2\theta}$，即 $r=\sqrt{\rho},\theta=\dfrac{\varphi}{2}$. 由于圆周（不妨设为单位圆周 $|z-1|=1$）方程为 $r=\cos\theta$，于是得

$$\sqrt{\rho}=\cos\frac{\varphi}{2}, \quad 即 \quad \rho=\cos^2\frac{\varphi}{2}=\frac{1}{2}(1+\cos2\varphi),$$

此即 ω 平面上心脏线的方程.

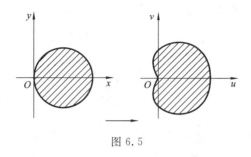

图 6.5

6.3　典型例题

例 6.3.1　求映射 $\omega = f(z) = z^2 + 4z$ 在点 $z_0 = -1 + i$ 处的伸缩率和旋转角,并说明映射 $\omega = f(z)$ 将 z 平面的哪一部分放大? 哪一部分缩小?

分析　解析函数 $\omega = f(z)$ 的导数的几何意义表明:导数 $f'(z_0) \neq 0$ 的辐角 $\arg f'(z_0)$ 是过点 z_0 的曲线 C 经 $\omega = f(z)$ 映射后在点 z_0 处的旋转角. $|f'(z_0)|$ 是经映射 $\omega = f(z)$ 后曲线 C 在点 z_0 的伸缩率,而且该映射具有旋转角与伸缩率的不变性. 利用这一性质,只需求出 $\arg f'(z_0)$ 与 $|f'(z_0)|$ 即可.

解　因
$$f'(z) = 2z + 4,$$
$$f'(z_0) = f'(-1 + i) = 2(-1 + i) + 4 = 2(1 + i).$$

故在点 $z_0 = -1 + i$ 处的旋转角 $\arg f'(-1 + i) = \dfrac{\pi}{4}$,伸缩率 $|f'(-1 + i)| = 2\sqrt{2}$.

又因 $|f'(z)| = 2|z + 2| = 2\sqrt{(x+2)^2 + y^2}$,这里 $z = x + iy$,而 $|f'(z)| < 1$ 的充要条件是 $(x+2)^2 + y^2 < \dfrac{1}{4}$. 故映射 $\omega = f(z) = z^2 + 4z$ 将以点 $z = -2$ 为中心,$\dfrac{1}{2}$ 为半径的圆周内部缩小,圆周外部放大.

例 6.3.2　证明:在映射 $\omega = e^{iz}$ 下,互相正交的直线簇 $\mathrm{Re}\, z = c_1$ 与 $\mathrm{Im}\, z = c_2$ 依次映射成互相正交的直线簇 $v = u\tan c_1$ 与圆周簇 $u^2 + v^2 = e^{-2c_2}$.

证　正交直线簇 $\mathrm{Re}\, z = c_1$ 与 $\mathrm{Im}\, z = c_2$ 在映射 $\omega = e^{iz}$ 下,有
$$u + iv = \omega = e^{iz} = e^{i(c_1 + ic_2)} = e^{-c_2} e^{ic_1},$$

即得像曲线簇:
$$\arctan \frac{v}{u} = c_1, \quad u^2 + v^2 = e^{-2c_2}.$$

由于函数 ω 在 z 平面上处处解析,且 $\dfrac{\mathrm{d}\omega}{\mathrm{d}z} = ie^{iz} \neq 0$,$\omega = e^{iz}$ 在复平面内是保角映射,所以在 ω 平面上直线簇 $v = u\tan c_1$、圆周簇 $u^2 + v^2 = e^{-2c_2}$ 也是互相正交的.

注:解析函数 $f(z)$ 构成的映射在导数不为零的点处具有保角性,但若 $f'(z_0) =$

0,则这一性质不成立. 例如 $f(z)=z^2$ 在点 $z_0=0$ 处就不具有保角性.

例 6.3.3 研究函数 $\omega=(1+\mathrm{i})z+2\mathrm{i}$ 所构成的映射.

解 先研究映射 $\zeta=(1+\mathrm{i})z$. 由于

$$|\zeta|=|1+\mathrm{i}|\,|z|=\sqrt{2}\,|z|;\quad \mathrm{Arg}\,\zeta=\mathrm{Arg}(1+\mathrm{i})+\mathrm{Arg}\,z,$$

而 $\mathrm{Arg}(1+\mathrm{i})$ 可以取为 $\dfrac{\pi}{4}$. 所以把 z 转过一个角度 $\dfrac{\pi}{4}$,再把 $|z|$ 伸长 $\sqrt{2}$ 倍即得 ζ. 显然,这个映射将图 6.6(a)中的点 A,B,C 映射成图 6.6(b)中的点 A',B',C';半径为 1、2、3 的圆弧和线段 AB,AC 分别映射成半径为 $\sqrt{2}$、$2\sqrt{2}$、$3\sqrt{2}$ 的圆弧和线段 $A'B',A'C'$ ($A'B'=\sqrt{2}AB,A'C'=\sqrt{2}AC$);扇形 ABC 映射成扇形 $A'B'C'$,ω 可以将原扇形旋转 $\dfrac{\pi}{4}$ 并将其面积放大到原来的两倍后得到. 由此可知,映射 $\omega=(1+\mathrm{i})z+2\mathrm{i}$ 把扇形 ABC 映射成图 6.6(c)中的扇形 $A''B''C''$,所以这一映射是一个在旋转、伸缩之后再作平移的变换.

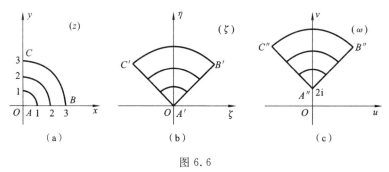

图 6.6

例 6.3.4 求使点 $-1,\mathrm{i},1+\mathrm{i}$ 映射为下列点的分式线性映射.

(1) $0,2\mathrm{i},1-\mathrm{i}$;   (2) $\mathrm{i},\infty,1$.

解 直接用保交比性公式即可求得.

(1) 由

$$\frac{\omega-0}{\omega-2\mathrm{i}}:\frac{1-\mathrm{i}-0}{1-\mathrm{i}-2\mathrm{i}}=\frac{z+1}{z-\mathrm{i}}:\frac{1+\mathrm{i}+1}{1+\mathrm{i}-\mathrm{i}}$$

得

$$\frac{1-\mathrm{i}}{1-3\mathrm{i}}\cdot\frac{z+\mathrm{i}}{z-\mathrm{i}}=\frac{\omega}{\omega-2\mathrm{i}}(2+\mathrm{i}),$$

所以

$$\omega=\frac{(\mathrm{i}+1)(z+1)}{2(\mathrm{i}-1)z+3+2\mathrm{i}}.$$

(2) 由

$$\frac{\omega-\mathrm{i}}{\omega-1}=\frac{z+1}{z-(1+\mathrm{i})}:\frac{\mathrm{i}+1}{\mathrm{i}-(1+\mathrm{i})}$$

得
$$\frac{z+1}{z-(1+\mathrm{i})}=\frac{\omega-\mathrm{i}}{\omega-1}(-1-\mathrm{i}),$$

所以
$$\omega=\frac{\mathrm{i}z+3}{(2+\mathrm{i})(z-\mathrm{i})}.$$

例 6.3.5　求把点 $z_1=-1,z_2=0,z_3=1$ 分别映射成点 $\omega_1=-1,\omega_2=-\mathrm{i},\omega_3=1$ 的分式线性映射. 并研究这一映射将 z 平面的上半平面映射成什么？将直线 $x=$常数，$y=$常数(>0)映射成什么？

解　将已知条件代入保交比公式，得
$$\frac{\omega+1}{\omega+\mathrm{i}}:\frac{1+1}{1+\mathrm{i}}=\frac{z+1}{z-0}:\frac{1+1}{1-0},$$

化简，得
$$\omega=\frac{z-\mathrm{i}}{-\mathrm{i}z+1}.$$

由于 x 轴可以看成半径为无穷大的圆周，而分式线性映射有保圆性，又 $-1,-\mathrm{i},1$ 不在一直线上，所以 x 轴被映射成通过这三点的圆周，即单位圆周 $|z|=1$，又因 $z=\mathrm{i}$ 被映射成 $\omega=0$，因此上半平面 $\mathrm{Im}z>0$ 被映射成单位圆 $|z|<1$，如图 6.7 所示.

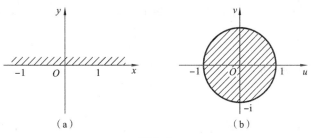

图 6.7

我们先看正虚轴：$\mathrm{Re}z=0,\mathrm{Im}z\geqslant0$ 映射成什么？由于当 $z=\mathrm{i}y$ 时，$\omega=\mathrm{i}\dfrac{y-1}{y+1}$，从而 $u=0,v=\dfrac{y-1}{y+1}$. 又当 y 从 0 趋于 ∞ 时，v 从 -1 变到 1，即 $-1\leqslant v\leqslant1$. 因为 $z=0$ 对应于 $\omega=-\mathrm{i},z=\infty$ 对应于 $\omega=\mathrm{i}$，所以正虚轴映射成线段 $L:u=0,-1\leqslant v\leqslant1$. 根据分式线性映射的保圆性和上半 z 平面内没有点映射成 $\omega=\infty$，所以直线 $y=$常数(>0)的像曲线是经过 $\omega=\mathrm{i}$ 并与 L 正交且位于单位圆内的圆周. 因为直线 $x=$常数，$y=$常数是互相正交的，所以 $x=$常数的像曲线是经过 $\omega=\mathrm{i}$ 并与 $y=$常数的像曲线正交且位于单位圆内的圆弧，如图 6.8 所示.

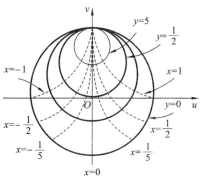

图 6.8

例 6.3.6 试证明任何一个分式线性变换 $\omega = \dfrac{az+b}{cz+d}$ 都可以认为 $ad-bc=1$.

分析 由于分式 $\dfrac{az+b}{cz+d}$ 的分子与分母同乘以(或同除以)非零复数后,其值不改变,我们可以调整系数 a,b,c,d 使 $ad-bc=1$.

证 对于分式线性变换 $\omega = \dfrac{az+b}{cz+d}(ad-bc\neq 0)$,因为任意的非零复数 λ,都使

$$\omega = \frac{az+b}{cz+d} = \frac{(\lambda a)z+(\lambda b)}{(\lambda c)z+(\lambda d)},$$

所以系数 a,b,c,d 不是唯一的.但可以选择 λ 使

$$(\lambda a)(\lambda d)-(\lambda b)(\lambda c)=\lambda^2(ad-bc)=1.$$

因 $ad-bc\neq 0$,这样的 λ 是存在的.事实上,取 $\lambda = (\sqrt{ad-bc})^{-1}$ 即可.故任何一个分式线性变换 $\omega = \dfrac{az+b}{cz+d}$ 都可以认为 $ad-bc=1$.

例 6.3.7 求出将圆 $|z-4i|<2$ 映射成半平面 $v>u$ 的保角映射,并将圆心映射到 -4,而圆周上的点 $2i$ 映射到 $\omega=0$.

解 由条件知,所求映射要使 $z=2i$ 映射成 $\omega=0$,故映射的一般形式为

$$\omega = k\,\frac{z-2i}{cz+d}.$$

另由使圆心 $z=4i$ 映射成 $\omega=-4$ 知

$$-4 = k\,\frac{2i}{4ci+d}.$$

因为线性映射使 $z=4i$ 映射成 $\omega=-4$,由线性映射的保对称性知,$z=4i$ 关于圆

$$|z-4i|=2$$

的对称点 $z=\infty$,就应映射成 $\omega=-4$ 关于 $v=u$ 的对称点 $\omega=-4i$. 即当 $z=\infty$ 时,$\omega=-4i$. 代入 $-4i=\dfrac{k}{c}$,因而得 $k=-4ci$,然后再代入 $-4=k\,\dfrac{2i}{4ci+d}$ 中,则

$$-4 = -4ci\,\frac{2i}{c\left(4i+\dfrac{d}{c}\right)},$$

解得

$$\frac{d}{c} = -2(1+2i).$$

将 $k=-4ci,\dfrac{d}{c}=-2(1+2i)$ 一起代入 $\omega = k\,\dfrac{z-2i}{cz+d}$,则

$$\omega = -4ci\,\frac{z-2i}{c\left(z+\dfrac{d}{c}\right)} = -4i\,\frac{z-2i}{z-2(1+2i)}.$$

例 6.3.8　求线性映射，使 $|z|=1$ 映射成 $|\omega|=1$，且使 $z=1,1+i$ 分别映射成 $\omega=1,\infty$.

解　方法 1. 因为 $\omega=0$ 与 ∞ 是关于圆周 $|\omega|=1$ 对称的，由分式线性映射保对称点的性质知：$\omega=0$ 在平面上的逆像为 $z=\dfrac{1}{1-i}$（$z=1+i$ 对应 $\omega=\infty$）. 所以

$$(1,0,\omega,\infty)=\left(1,\frac{1}{1-i},z,1+i\right),$$

即

$$\frac{\omega-1}{\omega}=\left[\frac{z-1}{z-\dfrac{1}{1-i}}\bigg/\frac{1+i-1}{1+i-\dfrac{1}{1-i}}\right]=\frac{z-1}{iz+z-i}.$$

从而

$$\omega=\frac{(i-1)z+1}{-z+(1+i)}.$$

方法 2. 因为当 $z=1+i$ 时，$\omega=\infty$，所以

$$\omega=\frac{az+b}{z-(1+i)}.$$

当 $z=1$ 时，$\omega=1$，故 $-i=a+b$. 又由对称点的不变性知

$$z=\frac{1}{1-i}对应 \omega=0.$$

于是得到 $b=-1,a=1-i$，所以

$$\omega=\frac{(1-i)z-1}{z-(1+i)}=\frac{(i-1)z+1}{-z+(1+i)}.$$

方法 3. 由公式

$$\omega=e^{i\theta}\frac{z-a}{1-\bar{a}z}=A\frac{z-a}{1-\bar{a}z}.$$

当 $z=1+i$ 时，$\omega=\infty$，有

$$1-\bar{a}(1+i)=0,$$

于是

$$\bar{a}=\frac{1}{1+i},\quad a=\frac{1}{1-i}.$$

又因为，当 $z=1$ 时，$\omega=1$，所以

$$A=\frac{1-\bar{a}}{1-a}=-i,$$

代入得

$$\omega=\frac{(i-1)z+1}{-z+(1+i)}.$$

注：这里方法 1 是用不变交比的对称点，方法 2 是用不变对称点，方法 3 是用相关公式，这均是求线性映射常用的方法.

例 6.3.9　求线性映射 $\omega=f(z)$，$\omega=f(z)$ 将 $|z|<1$ 映射为 $|\omega|<1$，使得 $f\left(\dfrac{1}{2}\right)=$

0 , $f'\left(\dfrac{1}{2}\right)>0$.

解 因 $|z|<1$ 映射成 $|\omega|<1$ 的映射为

$$\omega=f(z)=\mathrm{e}^{\mathrm{i}\theta}\frac{z-a}{1-\bar{a}z}\quad(|a|<1),$$

而由题设知 $a=\dfrac{1}{2}$,所以

$$\omega=\mathrm{e}^{\mathrm{i}\theta}\frac{2z-1}{2-z}.$$

于是

$$f'(z)=\mathrm{e}^{\mathrm{i}\theta}\frac{3}{(2-z)^{2}},\quad f'\left(\frac{1}{2}\right)=\frac{4}{3}\mathrm{e}^{\mathrm{i}\theta}>0.$$

故 $\theta=\arg f'\left(\dfrac{1}{2}\right)=2k\pi$ (k 为整数),所以

$$\omega=\frac{2z-1}{2-z}.$$

例 6.3.10 求线性映射 $\omega=f(z)$, $\omega=f(z)$ 把 $|z|=1$ 映射成 $\mathrm{Im}\omega=0$,使得 $f(0)=b+\mathrm{i}(b$ 为实数) , $f'(0)>0$.

解 因所求映射的逆映射 $z=f^{-1}(\omega)$ 将 $\mathrm{Im}\omega>0$ 映射为 $|z|<1$,且 $f^{-1}(b+\mathrm{i})=0$,于是

$$z=f^{-1}(\omega)=\mathrm{e}^{\mathrm{i}\theta}\frac{\omega-(b+\mathrm{i})}{\omega-(b-\mathrm{i})}\quad(\theta\ \text{为实数}),$$

而

$$[f^{-1}(\omega)]'=\frac{2\mathrm{i}\mathrm{e}^{\mathrm{i}\theta}}{[\omega-(b-\mathrm{i})]^{2}},$$

所以

$$f'(0)=\frac{1}{[f^{-1}(\omega)]'}\bigg|_{\omega=b+\mathrm{i}}=\frac{2\mathrm{i}}{\mathrm{e}^{\mathrm{i}\theta}}>0.$$

从而 $\mathrm{e}^{\mathrm{i}\theta}=\mathrm{i}$,故有

$$z=\mathrm{i}\,\frac{\omega-(b+\mathrm{i})}{\omega-(b-\mathrm{i})},$$

所以

$$\omega=\frac{(b-\mathrm{i})z+1-b\mathrm{i}}{z-\mathrm{i}}.$$

例 6.3.11 求线性映射 $\omega=f(z)$, $\omega=f(z)$ 将 $|z|<1$ 映射为 $|\omega|<1$,使得 $f\left(\dfrac{1}{2}\right)=\dfrac{\mathrm{i}}{2}$, $f'\left(\dfrac{1}{2}\right)>0$.

解 此题不能用例 6.3.9 的方法做出,故采用将 $|z|<1$ 与 $|\omega|<1$ 都映射为 $|\xi|<1$ 的中间过渡方法.

(1) 先求线性映射 $\xi=g(z)$, $\xi=g(z)$ 将 $|z|<1$ 映射为 $|\xi|<1$,使得 $g\left(\dfrac{1}{2}\right)=0$,

$g'\left(\dfrac{1}{2}\right)>0$. 由例 6.9 知

$$\xi=g(z)=\frac{2z-1}{2-z}.$$

（2）再求 $\xi=\varphi(\omega)$，$\xi=\varphi(\omega)$ 将 $|\omega|<1$ 映射为 $|\xi|<1$，使 $\varphi\left(\dfrac{i}{2}\right)=0$，$\varphi'\left(\dfrac{i}{2}\right)>0$，于是得

$$\xi=\varphi(\omega)=e^{i\theta}\frac{\omega-\dfrac{i}{2}}{1+i\dfrac{\omega}{2}}.$$

因此推知 $\varphi'\left(\dfrac{i}{2}\right)=\dfrac{4}{3}e^{i\theta}>0$，故 $\theta=2k\pi(k$ 为整数$)$，所以

$$\xi=\varphi(\omega)=\frac{2\omega-i}{2+i\omega}.$$

于是 $\omega=\varphi^{-1}[g(z)]$ 即为所求.

这是因为映射 $\xi=g(z)$ 将 $|z|<1$ 映射为 $|\xi|<1$，而 $\omega=\varphi^{-1}(\xi)$ 又将 $|\xi|<1$ 映射为 $|\omega|<1$，所以 $\omega=\varphi^{-1}[g(z)]$ 将 $|z|<1$ 映射为 $|\omega|<1$，且使得

$$\varphi^{-1}\left[g\left(\frac{1}{2}\right)\right]=\varphi^{-1}(0)=\frac{i}{2}.$$

$$\left\{\varphi^{-1}[g(z)]\right\}'|_{\frac{1}{2}}=\left\{\varphi^{-1}\left[g\left(\frac{1}{2}\right)\right]\right\}'g'\left(\frac{1}{2}\right)=[\varphi^{-1}(0)]'g'\left(\frac{1}{2}\right)$$

$$=g'\left(\frac{1}{2}\right)\Big/\varphi'\left(\frac{i}{2}\right)>0.$$

为了求出 $\omega=\varphi^{-1}[g(z)]$，有 $\varphi(\omega)=g(z)$，即

$$\frac{2\omega-i}{2+i\omega}=\frac{2z-1}{2-z},$$

解之得

$$\omega=\frac{2(i-1)+(4-i)z}{(4+i)-2(1+i)z}.$$

例 6.3.12　求 z 平面上的区域 $D=\{z:|z-1|<\sqrt{2},|z+1|<\sqrt{2}\}$ 在映射 $\omega=\dfrac{z-i}{z+i}$ 下的像.

分析　D 的边界由圆弧 C_1 与 C_2 组成，C_1 与 C_2 在点 $\pm i$ 处的交角为 $\dfrac{\pi}{2}$. 由于 C_1,C_2 上的点 $i,-i$ 分别映射为 $\omega=0,\infty$，因此其像 $\overline{C}_1,\overline{C}_2$ 必是 ω 平面上从点 $\omega=0$ 出发的射线.

为决定 $\overline{C}_1$ 的具体位置，一种方法是代入点 $z=-\sqrt{2}+1$，即

$$\omega=\frac{-\sqrt{2}+1-\mathrm{i}}{-\sqrt{2}+1+\mathrm{i}}=\frac{\sqrt{2}-1}{2-\sqrt{2}}(-1+\mathrm{i}).$$

因此 C_1 应是第二象限的分角线. 另一种方法是,由 $\left.\dfrac{\mathrm{d}\omega}{\mathrm{d}z}\right|_{z=\mathrm{i}}=-\dfrac{\mathrm{i}}{2}$ 得

$$\arg\left(\left.\frac{\mathrm{d}\omega}{\mathrm{d}z}\right|_{z=\mathrm{i}}\right)=-\frac{\pi}{2}.$$

把 C_1 在点 i 的切线旋转 $-\dfrac{\pi}{2}$ 角,即 $\bar{C}_1$ 应是第二象限的分角线,其走向如图 6.9 所示.

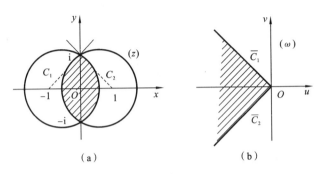

图 6.9

由于保角性,易知 $\bar{C}_2$ 应是第三象限的角平分线,其走向如图 6.9 所示,当然也可以用上段叙述的两种方法求 $\bar{C}_2$. 这样 D 在映射 $\omega=\dfrac{z-\mathrm{i}}{z+\mathrm{i}}$ 下的像为角域 $\left\{\omega:\arg\omega<\right.$ $\left.\dfrac{-3\pi}{4},\arg\omega>\dfrac{3\pi}{4}\right\}$(注意 $-\pi<\arg\omega\leqslant\pi$).

例 6.3.13 试问在 $\omega=f(z)=\dfrac{z-\sqrt{3}-\mathrm{i}}{z+\sqrt{3}-\mathrm{i}}$ 映射下,区域

$$\begin{cases}\mathrm{Im}z>1,\\|z|<2\end{cases}$$

的像在 ω 平面上是怎样的点集?

解 在已给区域 $\begin{cases}\mathrm{Im}z>1,\\|z|<2\end{cases}$ 内,$\omega=\dfrac{z-\sqrt{3}-\mathrm{i}}{z+\sqrt{3}-\mathrm{i}}$ 是解析的,因而所要求的像必为区域. 又由边界对应定理,像域的边界为直线 $\mathrm{Im}z=1$ 与圆周 $|z|=2$ 的小弧(围成的弓形边界)的像. 下面求像的边界,为此先求出 $\mathrm{Im}z=1$ 与 $|z|=2$:$z_1=\sqrt{3}+\mathrm{i}$,$z_2=-\sqrt{3}+\mathrm{i}$,而这两点在 ω 平面上的像分别是 0 和 ∞,根据分式线性映射的保圆性,$\omega=\dfrac{z-\sqrt{3}-\mathrm{i}}{z+\sqrt{3}-\mathrm{i}}$ 将把 z 平面上的弓形边界映射为 ω 平面上以原点 O 为端点的两条射线. 为了确定这两条射线的位置,在 $\mathrm{Im}z=1$ 上取 $z_3=\mathrm{i}$ 代入所给映射中,得 $\omega_3=-1$.

这表明弓形的直边 $\mathrm{Im}z=1$ 的像通过 ω 平面上的点 $\omega_3=-1$,由此线段 z_1z_2 的像就被确定为射线 $O\omega_3$:$\arg\omega=\pi$,如图 6.10 所示,又由于弓形的边界 $|z|=2$ 与 $\mathrm{Im}z=1$ 在 z_1 处的夹角为 $\dfrac{\pi}{3}$(顺时针方向),而 $f'(\sqrt{3}+i)\neq0$,根据解析函数映射的保角性,只要将直线段 $\overline{z_1z_2}$ 的像 $O\omega_3$ 按顺时针方向绕 O 旋转 $\dfrac{\pi}{3}$,即得 $|z|=1$ 上圆弧 z_1z_2 的像:$\arg\omega=\dfrac{2}{3}\pi$. 于是所求像为区域

$$\begin{cases} \dfrac{2\pi}{3}<\arg\omega<\pi, \\ |\omega|<+\infty. \end{cases}$$

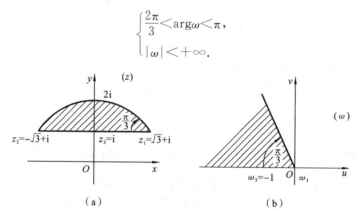

图 6.10

说明:例 6.3.13 告诉我们,分式线性映射可以把二角形区域(相交于两点的圆弧或一直线与一圆弧所围成的区域)映射为二角形(包括两条射线所构成的角形)区域. 需要注意:若二角形区域的圆弧(或直线段)所在的圆周(或直线)上有一个点的像为 ∞,则该圆弧(或直线段)的像就是射线;否则,就是圆弧. 同样,分式线性映射也可以把角形区域映射为二角形区域或角形区域,且边界之间的夹角保持不变.

例 6.3.14 如图 6.11 所示,求将偏向圆环

$$|z-3|>9, \quad |z-8|<16$$

映射到同心圆环 $\rho<|\omega|<1$ 的分式线性映射,并求 ρ 的值.

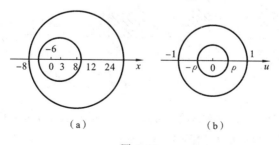

图 6.11

解 考虑函数 $\omega=f(z)$，$\omega=f(z)$ 将 $z=-8\to\omega=-1$，$z=-6\to\omega=-\rho$，$z=12\to\omega=\rho$，$z=24\to\omega=1$. 由此得

$$\frac{12+8}{12+6}:\frac{24+8}{24+6}=\frac{\rho+1}{\rho+\rho}:\frac{1+1}{1+\rho}.$$

因而有 $\rho=\dfrac{2}{3}$，于是

$$\frac{z+8}{z+6}:\frac{24+8}{24+6}=\frac{\omega+1}{\omega+\dfrac{2}{3}}:\frac{2}{1+\dfrac{2}{3}},$$

即有

$$\omega=\frac{2z}{z+24}.$$

因此，同上述一样的讨论可知

$$\omega=\mathrm{e}^{\mathrm{i}a}\frac{2z}{z+24} \quad （a\text{ 为实数}）$$

就满足全部要求.

例 6.3.15 求一个把角形域 $-\dfrac{\pi}{6}<\arg z<\dfrac{\pi}{6}$ 映射成单位圆域的映射.

解 到目前为止，我们虽然没有讲过直接把角形域映射成单位圆域的映射. 但是我们知道，分式线性映射可以把上半平面映射成单位圆域，而幂函数构成的映射可以把角形域映射成半平面. 因此，先通过 $\zeta=z^3$ 把角形域 $-\dfrac{\pi}{6}<\arg z<\dfrac{\pi}{6}$ 映射成右半平面，再通过 $t=\mathrm{i}\zeta$ 把右半平面映射成上半平面，最后，例如通过 $\omega=\dfrac{t-\mathrm{i}}{t+\mathrm{i}}$ 把上半平面映射成单位圆域，故所求的一个映射为

$$\omega=\frac{\mathrm{i}\zeta-\mathrm{i}}{\mathrm{i}\zeta+\mathrm{i}}=\frac{z^3-\mathrm{i}}{z^3+\mathrm{i}}.$$

其映射变化如图 6.12 所示.

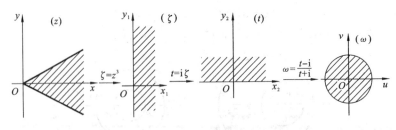

图 6.12

注：如何把图 6.13(a) 中有两个圆弧（一个可以是线段）所围成的区域保角地映射成以原点为顶点的角形域？ 如图 6.13(b) 所示.

设 a 与 b 为两圆弧的交点. 我们知道，如果某个分式线性映射把 a 映射成原点，b

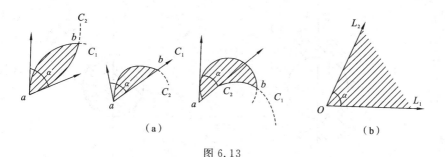

图 6.13

映射成无穷远点,那么圆弧 C_1 与 C_2 就映射成从原点出发的两条射线 L_1 与 L_2. 这两条射线构成一个顶点在原点而角度为 α 的角形域,这个分式线性映射显然可以由下式:

$$\omega = k\frac{z-a}{z-b}$$

来表示,其中 k 为待定的常数.

例 6.3.16 试将单位圆的外部区域 $|z|>1$ 映射为全平面去掉 $-1\leqslant \mathrm{Re}\omega \leqslant 1$,$\mathrm{Im}\omega = 0$ 的区域.

解 首先用倒数映射 $z_1 = \dfrac{1}{z}$ 将单位圆外部映射为单位圆内部,然后应用分式线性映射

$$z_2 = -i\frac{z_1+1}{z_1-1}$$

将单位圆内部映射为上半平面,再用映射 $z_3 = z_2^2$ 将上半平面映射为去掉正实轴的全平面,如图 6.14 所示.

最后用 $\omega = \dfrac{z_3-1}{z_3+1}$ 映射为去掉割线 $-1\leqslant u\leqslant 1$,$v=0$ 的全平面,故所求映射为

$$\omega = \frac{z_3-1}{z_3+1} = \frac{z_2^2-1}{z_2^2+1} = \frac{\left(-i\dfrac{z_1+1}{z_1-1}\right)^2-1}{\left(-i\dfrac{z_1+1}{z_1-1}\right)^2+1} = \frac{1}{2}\left(z+\frac{1}{z}\right).$$

注:易证映射 $\omega = \left(z+\dfrac{1}{z}\right)\Big/2$ 也将单位圆内部 $|z|<1$ 映射为全 ω 平面去掉 $-1\leqslant u\leqslant 1$,$v=0$ 的区域,因此 ω 的反函数的两个解析分支为

$$\omega_1 = z+\sqrt{z^2-1}, \quad \omega_2 = z-\sqrt{z^2-1}\,(\sqrt{-1}=i).$$

例 6.3.17 将扩充 z 平面割去 $1+i$ 到 $2+2i$ 的线段后剩下的区域保角映射到上半平面.

解 令 $\omega_1 = \dfrac{z-(1+i)}{z-(2+2i)}$,则在线段 $1+i$ 到 $2+2i$ 上依顺序取 z 为 $1+i$,$\dfrac{3}{2}+\dfrac{3}{2}i$,

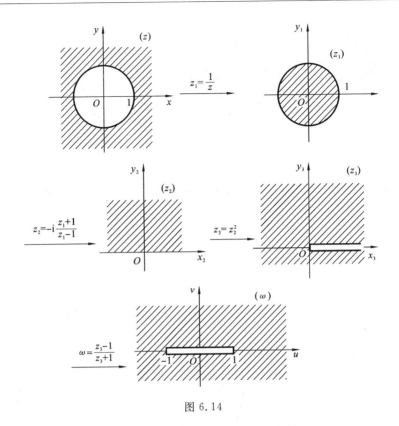

图 6.14

$2+2i$,则对应的 ω_1 为 $0,-1,\infty$. 故该线段映射成了负半轴.

令 $\omega_2 = e^{-\pi i}\omega_1 = -\omega_1$,这是一个将 ω_1 平面依顺时针旋转 π 弧度的映射,负半轴的割线映射成沿正实半轴的割线. 故令 $\omega = \sqrt{\omega_2}$,则由根式函数的映射性质知,将除去正半实轴的平面 ω_2 映射成了上半平面. 于是经过一系列映射得

$$\omega = \sqrt{-\frac{z-(1+i)}{z-(2+2i)}}.$$

其映射变化如图 6.15 所示.

例 6.3.18 求将 z 平面上的区域 $D = \{z: |z| < 1, |z+\sqrt{3}| > 2\}$ 映射为 ω 平面上的单位圆域的一个保角映射.

分析 注意本题只需求出满足题目要求的某个保角映射,而不是求将区域 D 映射为 $|\omega| < 1$ 的所有保角映射.

解 由 $|z| = 1$ 有 $|x+iy| = 1$,从而有 $x^2 + y^2 = 1$,关于 x 求导,得 $2x + 2yy' = 0$,故

$$k_1 = y' = -\frac{x}{y}\Big|_{(0,1)} = 0.$$

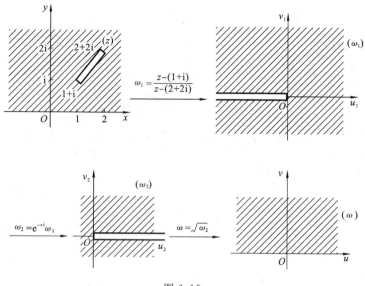

图 6.15

同理,由 $|z+\sqrt{3}|=2$ 有 $k_2=-\sqrt{3}$,于是

$$\tan a=\frac{k_2-k_1}{1+k_1k_2}=\frac{-\sqrt{3}-0}{1+0\cdot(-\sqrt{3})}=-\sqrt{3},$$

所以 $a=-\frac{\pi}{3}$. 即区域 D 是在 $z=-i,i$ 处张角为 $\frac{\pi}{3}$ 的月牙形区域. 利用 $\zeta=\frac{z-i}{z+i}$ 能

把区域 D 映射为 ζ 平面上开度为 $\frac{\pi}{3}$ 的顶点在原点的角域. 适当旋转后可以将该角

域以正实轴为一边,另一边在第一象限内. 利用幂函数可以使该角域变为上半平

面. 最后将上半平面变到单位圆域,将各个映射依次复合,即得待求之映射,如图

6.16 所示.

最后有

$$\omega=\frac{\eta-i}{\eta+i}=\frac{\xi^3-i}{\xi^3+i}=\frac{e^{i\frac{5}{2}\pi}\zeta^3-i}{e^{i\frac{5}{2}\pi}\zeta^3+i}=\frac{\zeta^3-1}{\zeta^3+1}$$

$$=\frac{\left(\frac{z-i}{z+i}\right)^3-1}{\left(\frac{z-i}{z+i}\right)^3+1}=\frac{(z-i)^3-(z+i)^3}{(z-i)^3+(z+i)^3}.$$

注:此类题的解不是唯一的,还可以从不同角度得到不同答案.

例 6.3.19 设区域 D 是 z 平面上介于直线 $x-y=0$ 与 $x-y+\frac{\pi}{2\sqrt{2}}=0$ 之间的

带形区域,试求将区域 D 映射为 ω 平面上的单位圆域的一个保角映射.

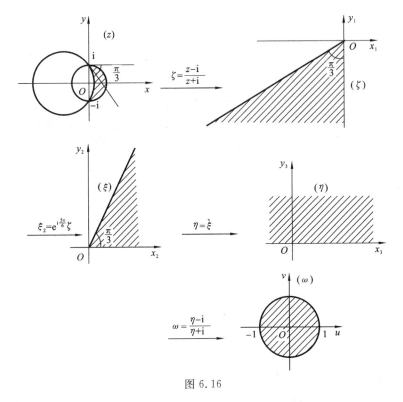

图 6.16

解 直线 $x-y=0$ 的倾角为 $\dfrac{\pi}{4}$，带形域 D 的宽度为原点到直线 $x-y+\dfrac{\pi}{2\sqrt{2}}=0$ 的距离，即

$$\frac{\left|0-0-\dfrac{\pi}{2\sqrt{2}}\right|}{\sqrt{1^2+(-1)^2}}=\frac{\pi}{4},$$

于是可以如图 6.17 所示顺次进行，以得到所需之映射.

可以取所求映射为

$$\omega=\frac{\eta-i}{\eta+i}=\frac{\xi^4-i}{\xi^4+i}=\frac{e^{4\zeta}-i}{e^{4\zeta}+i}=\frac{e^{2\sqrt{2}(1-i)z}-i}{e^{2\sqrt{2}(1-i)z}+i}.$$

例 6.3.20 试将半带形域 $-\dfrac{\pi}{2}<x<\dfrac{\pi}{2}$，$y>0$ 映射为上半平面，并使 $f\left(\pm\dfrac{\pi}{2}\right)=\pm1$，$f(0)=0$.

解 先用映射 $z_1=iz$ 将半带形域旋转 $\dfrac{\pi}{2}$ 角度，其次用映射 $z_2=e^{z_1}$ 将该区域映射为右半单位圆内部，用 $z_3=iz_2$ 旋转 $\dfrac{\pi}{2}$ 角度后用分式线性映射 $z_4=\dfrac{z_3+1}{z_3-1}$ 将所得区域

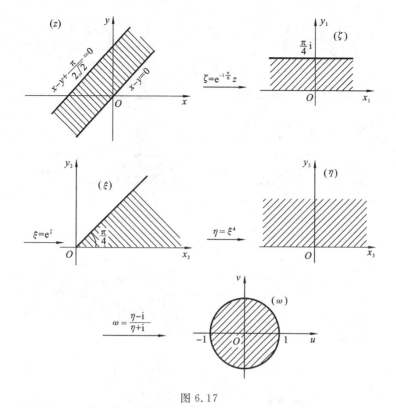

图 6.17

映射为第三象限,然后用映射 $z_5 = z_4^2$ 将该区域映射为上半平面,但这时不符合对应点的要求,因为这时 $z = \frac{\pi}{2} \rightarrow z_5 = 0, z = -\frac{\pi}{2} \rightarrow z_5 = \infty, z = 0 \rightarrow z_5 = -1$,因此最后用分式线性映射

$$\omega = -\frac{z_5 + 1}{z_5 - 1}.$$

将上半平面映射为上半平面,且分别将 $z_5 = 0, -1, \infty$ 映射为 $\omega = 1, 0, -1$,如图 6.18 所示,所以所求映射为

$$\omega = -\frac{z_5 + 1}{z_5 - 1} = -\frac{z_4^2 + 1}{z_4^2 - 1} = -\frac{\left(\dfrac{z_3 + 1}{z_3 - 1}\right)^2 + 1}{\left(\dfrac{z_3 + 1}{z_3 - 1}\right)^2 - 1}$$

$$= -\frac{z_3^2 + 1}{2z_3} = \frac{z_2^2 - 1}{2\mathrm{i}z_2} = \frac{\mathrm{e}^{2z_1} - 1}{2\mathrm{i}\mathrm{e}^{z_1}} = \frac{\mathrm{e}^{z_1} - \mathrm{e}^{-z_1}}{2\mathrm{i}}$$

$$= \frac{\mathrm{e}^{\mathrm{i}z} - \mathrm{e}^{-\mathrm{i}z}}{2\mathrm{i}} = \sin z.$$

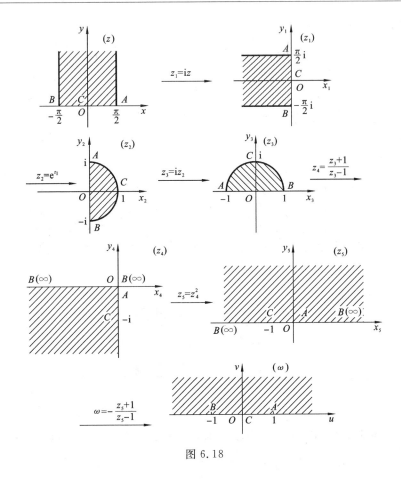

图 6.18

6.4 教材习题全解

练习题 6.1

1. 设曲线 C 为 z 平面内一条有向光滑曲线,其参数方程为

$$z(t) = x(t) + \mathrm{i}y(t), \quad \alpha \leqslant t \leqslant \beta.$$

它的正向取为参数 t 增大的方向,证明曲线在点 z 处的切向量大小 $z'(t) = x'(t) + \mathrm{i}y'(t)$.

证 曲线 C 上任一点的切向量可表示为

$$z'(t) = \lim_{\Delta t \to 0} \frac{z(t + \Delta t) - z(t)}{\Delta t}, \qquad ①$$

又因为 $z(t) = x(t) + \mathrm{i}y(t)$,则

$$\frac{z(t+\Delta t)-z(t)}{\Delta t}=\frac{x(t+\Delta t)+\mathrm{i}y(t+\Delta t)-x(t)-\mathrm{i}y(t)}{\Delta t}$$

$$=\frac{x(t+\Delta t)-x(t)}{\Delta t}+\mathrm{i}\cdot\frac{y(t+\Delta t)-y(t)}{\Delta t}.$$

代入①式得

$$z'(t)=\lim_{\Delta t\to 0}\left[\frac{x(t+\Delta t)-x(t)}{\Delta t}+\mathrm{i}\cdot\frac{y(t+\Delta t)-y(t)}{\Delta t}\right],$$

而曲线 C 为有向光滑曲线，即 $x'(t),y'(t)$ 存在，所以

$$z'(t)=\lim_{\Delta t\to 0}\frac{x(t+\Delta t)-x(t)}{\Delta t}+\mathrm{i}\lim_{\Delta t\to 0}\frac{y(t+\Delta t)-y(t)}{\Delta t}$$

$$=x'(t)+\mathrm{i}y'(t).$$

即证.

2. 设 C_1 与 C_2 为经过 z_0 的任意两条有向光滑曲线，它们在映射 $\omega=f(z)$ 下的像曲线 Γ_1 和 Γ_2 也是光滑曲线且相交于 ω_0. 证明：如果 $\omega=f(z)$ 在 z_0 具有转动角不变性，那么 Γ_1 与 Γ_2 的夹角等于 C_1 与 C_2 的夹角.

证 设曲线 C_1 的参数方程为 $z=z_1(t),\alpha_1\leqslant t\leqslant\beta_1$，其像曲线 Γ_1 的参数方程为 $\omega=\omega_1(t),\alpha_1\leqslant t\leqslant\beta_1$；曲线 C_2 的参数方程为 $z=z_2(t),\alpha_2\leqslant t\leqslant\beta_2$，其像曲线 Γ_2 的参数方程为 $\omega=\omega_2(t),\alpha_2\leqslant t\leqslant\beta_2$，则 C_1 与 C_2 在 z_0 处的夹角可表示为

$$\arg z_2'(t_0)-\arg z_1'(t_0),$$

其中 t_0 为点 z_0 的参数值.

它们的像曲线 Γ_1 与 Γ_2 的夹角可表示为

$$\arg \omega_1'(t_0)-\arg \omega_2'(t_0).$$

由转动角的定义可设

$$\theta_1=\arg \omega_1'(t_0)-\arg z_1'(t_0),$$
$$\theta_2=\arg \omega_2'(t_0)-\arg z_2'(t_0).$$

又因为 $\omega=f(z)$ 在 z_0 具有转动角不变性，所以有 $\theta_1=\theta_2$，则有

$$\arg \omega_1'(t_0)-\arg z_1'(t_0)=\arg \omega_2'(t_0)-\arg z_2'(t_0),$$

即

$$\arg \omega_2'(t_0)-\arg \omega_1'(t_0)=\arg z_2'(t_0)-\arg z_1'(t_0),$$

所以此时 Γ_1 和 Γ_2 的夹角等于 C_1 和 C_2 的夹角.

3. 求映射 $\omega=z^2-2z$ 在点 $z_0=1+2\mathrm{i}$ 处的转动角与伸缩率.

解 因为 $\omega'=2z-2$，所以在 $z_0=1+2\mathrm{i}$ 的转动角为

$$\arg \omega'|_{z_0}=\arg(2z-2)|_{z=1+2\mathrm{i}}=\arg 4\mathrm{i}=\frac{\pi}{2}.$$

在 z_0 处伸缩率为

$$|\omega'(z_0)|=|4\mathrm{i}|=4.$$

4. 证明映射 $\omega=z^2$ 在 $z=0$ 处不具有保角性.

证 因为 $\omega'=2z$,即当 $z=0$ 时,

$$\omega'|_{z=0}=2z|_{z=0}=0,$$

而 0 的辐角无定义,所以 $\omega=z^2$ 在 $z=0$ 处不具有保角性.

练习题 6.2

1. 将下列分式线性映射分解为平移映射、旋转/伸缩映射和反演映射.

(1) $\omega=\dfrac{iz-4}{z}$;　　　(2) $\omega=i(z+6)-2+i$;　　　(3) $\omega=\dfrac{(-2+3i)z}{z+4}$.

解 (1) ω 可以经过如下一系列映射得到

$$z \xrightarrow{\text{反演}} \frac{1}{z} \xrightarrow{\text{旋转/伸缩}} -\frac{4}{z} \xrightarrow{\text{平移}} -\frac{4}{z}+i=\omega.$$

(2) $\omega=i(z+6)-2+i$ 可以经过如下一系列映射得到

$$z \xrightarrow{\text{平移}} z+6 \xrightarrow{\text{旋转}} i(z+6) \xrightarrow{\text{平移}} i(z+6)-(2-i)=\omega.$$

(3) $\omega=\dfrac{(-2+3i)z}{z+4}$ 可以经过如下一系列映射得到

$$z \xrightarrow{\text{平移}} z+4 \xrightarrow{\text{反演}} \frac{1}{z+4} \xrightarrow{\text{旋转/伸缩}} \cdot\frac{4(-2+3i)}{z+4} \xrightarrow{\text{平移}} \cdot\frac{4(-2+3i)}{z+4}-2+3i=\omega.$$

2. 确定下列直线或圆周在所给分式线性映射下的像曲线.

(1) $\text{Im}z=2, \omega=\dfrac{2z+i}{z-i}$;　　　　　(2) $\text{Re}z=5, \omega=2iz-4$.

解 (1) 直线 $\text{Im}z=2$ 上的点 $z_1=2i$ 处被映射为 $\omega_1=5$;点 $z_2=\infty$ 被映射为 $\omega_2=2$,根据分式线性映射的保圆性知:直线 $\text{Im}z=2$ 被映射为 ω 平面上的圆周,其中 $\omega_1\omega_2$ 线段为直径,即圆心为 $\omega=\dfrac{7}{2}$,故像曲线为

$$\left|\omega-\frac{7}{2}\right|=\frac{3}{2}.$$

(2) 设 $z=x+iy$,则 $\text{Re}z=5$ 的参数方程可表示为

$$\begin{cases} x=5, \\ y=t. \end{cases}$$

代入 $\omega=2iz-4$,得

$$\omega=2i(5+it)-4=-2t-4+10i.$$

故像曲线的方程为 $\text{Im}\omega=10$.

3. 求下列曲线在映射 $\omega=\dfrac{1}{z}$ 下的像曲线.

(1) $x^2+y^2=4$;　　　(2) $y=x$.

解 设 $z=x+iy, \omega=u+iv$,则

$$\omega=\frac{1}{z}=\frac{1}{x+iy}=\frac{x}{x^2+y^2}-\frac{y}{x^2+y^2}i,$$

所以
$$u=\frac{x}{x^2+y^2},\quad v=-\frac{y}{x^2+y^2}.$$

（1）由 $x^2+y^2=4$ 得 $u=\frac{x}{4},v=-\frac{y}{4}$,则像曲线的方程可表示为

$$u^2+v^2=\frac{1}{4}.$$

（2）由 $y=x$ 得 $u=\frac{1}{2x},v=-\frac{1}{2x}$,则像曲线的方程可表示为

$$u=-v.$$

4. 求把 $z=1,i,-i$ 依次映射为点 $\omega=1,0,-1$ 的分式线性映射,并说明所求映射将 $|z|<1$ 映射成了什么.

解　由分式线性映射的三点定理得

$$\frac{\omega-1}{\omega}\cdot\frac{-1}{-1-1}=\frac{z-1}{z-i}\cdot\frac{-i-i}{-i-1},$$

即
$$\omega=\frac{(1+i)(z-i)}{(1+z)+3i(1-z)}=\frac{(1+i)z+1-i}{(1-3i)z+1+3i}.$$

因为 $|z_1|=\left|-\dfrac{1+3i}{1-3i}\right|=1$,即 $z_1=-\dfrac{1+3i}{1-3i}$ 在 $|z|=1$ 圆周上,且被所求分式映射为 $\omega_1=\infty$,根据保圆性知,圆周 $|z|=1$ 被所求分式映射为过无穷远点的圆,即为直线.

再取 $|z|=1$ 上两点 $z_2=1$,得 $\omega_2=1$,取 $z_3=-1$,得 $\omega_3=-\dfrac{1}{3}$.因此 $|z|=1$ 被映射为过点 $\omega_2=1$ 与 $\omega_3=\dfrac{1}{3}$ 的直线,即为实轴.

根据边界对应原理,圆周 $|z|=1$ 上的三点 $z_1=-\dfrac{1+3i}{1-3i}=\dfrac{4-3i}{5},z_2=1,z_3=-1$ 与实轴上三点 $\omega_1=\infty,\omega_2=1,\omega_3=-\dfrac{1}{3}$ 的绕向相同.因此 $|z|<1$ 内部被映射成下半平面（见图 6.19）.

5. 求将上半平面映射为单位圆的内部且满足下列条件的分式线性映射 $\omega=f(z)$.

（1）$f(i)=0,f(-1)=1$；　　　　　　　　（2）$f(i)=0,\arg f'(i)=0$.

解　将上半平面映射为单位圆内部的分式线性映射一般形式为 $\omega=e^{i\vartheta}\cdot\dfrac{z-\lambda}{z-\bar\lambda}$
（其中 $f(\lambda)=0$）,由 $f(i)=0$ 可设所求映射为

$$\omega=e^{i\vartheta}\cdot\frac{z-i}{z+i}.$$

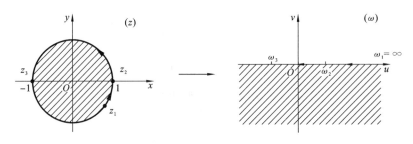

图 6.19

(1) 将 $f(-1)=1$ 代入 $\omega=\mathrm{e}^{\mathrm{i}\theta}\dfrac{z-\mathrm{i}}{z+\mathrm{i}}$,得

$$\mathrm{i}\mathrm{e}^{\mathrm{i}\theta}=1,$$

即

$$\mathrm{e}^{\mathrm{i}\theta}=-\mathrm{i}.$$

故所求映射为

$$\omega=-\mathrm{i}\cdot\frac{z-\mathrm{i}}{z+\mathrm{i}}.$$

(2) 因为 $\omega'(z)=\mathrm{e}^{\mathrm{i}\theta}\cdot\dfrac{2\mathrm{i}}{(z+\mathrm{i})^{2}}$,所以有 $\omega'(\mathrm{i})=-\dfrac{\mathrm{i}}{2}\mathrm{e}^{\mathrm{i}\theta}$,于是有

$$\arg\omega'(\mathrm{i})=\arg(\mathrm{e}^{\mathrm{i}\theta})+\arg\left(-\frac{\mathrm{i}}{2}\right)=\theta-\frac{\pi}{2}.$$

又因为 $\arg\omega'(\mathrm{i})=0$,所以 $\theta=\dfrac{\pi}{2}$,从而

$$\omega=\mathrm{e}^{\mathrm{i}\frac{\pi}{2}}\cdot\frac{z-\mathrm{i}}{z+\mathrm{i}}=\mathrm{i}\cdot\frac{z-\mathrm{i}}{z+\mathrm{i}}.$$

6. 求将 $|z|<1$ 映射为 $|\omega|<1$ 且满足下列条件的分式线性映射 $\omega=f(z)$.

(1) $f\left(\dfrac{1}{2}\right)=0,f(-1)=1$;　　　　(2) $f\left(\dfrac{1}{2}\right)=0,\arg f'\left(\dfrac{1}{2}\right)=\dfrac{\pi}{2}$.

解　将 $|z|<1$ 映射为 $|\omega|<1$ 的分式线性映射一般形式为 $\omega=\mathrm{e}^{\mathrm{i}\varphi}\cdot\dfrac{z-a}{1-\bar{a}z}(|a|<$

$1)$,由 $f\left(\dfrac{1}{2}\right)=0$ 可设

$$\omega=\mathrm{e}^{\mathrm{i}\varphi}\cdot\frac{z-\dfrac{1}{2}}{1-\dfrac{1}{2}z}=\mathrm{e}^{\mathrm{i}\varphi}\cdot\frac{2z-1}{2-z}.$$

(1) 将 $f(-1)=1$ 代入所设映射,得

$$\mathrm{e}^{\mathrm{i}\varphi}=-1.$$

故所求分式映射为

$$\omega=-\frac{2z-1}{2-z}.$$

(2) 因为

$$\omega'(z) = e^{i\varphi} \cdot \frac{3}{(2-z)^2}, \quad 即 \quad \omega'\left(\frac{1}{2}\right) = \frac{4}{3}e^{i\varphi}.$$

故

$$\arg\omega'\left(\frac{1}{2}\right) = \arg f'\left(\frac{1}{2}\right) = \arg\frac{4}{3} + \arg(e^{i\varphi}) = \varphi.$$

又因为 $\arg f'\left(\frac{1}{2}\right) = \frac{\pi}{2}$,所以 $\varphi = \frac{\pi}{2}$,于是所求分式线性映射为

$$\omega = e^{i\frac{\pi}{2}} \cdot \frac{2z-1}{2-z} = i \cdot \frac{2z-1}{2-z}.$$

练习题 6.3

1. 求将区域 $D = \{z \mid |z| < 1, \mathrm{Im}z > 0, \mathrm{Re}z > 0\}$ 映射为上半平面的共形映射.

解 先利用 $\omega_1 = z^2$ 将区域 D 映射为 ω_1 平面上的上半圆(见图 6.20(a)→图 6.20(b)).

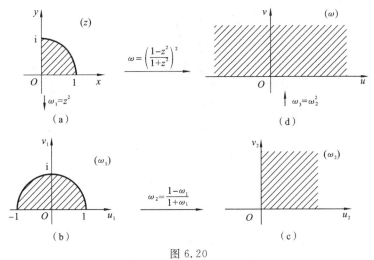

图 6.20

再将 $|\omega_1| < 1, \mathrm{Im}\omega_1 > 0$ 映射为第一象限:$\mathrm{Re}\omega_2 > 0, \mathrm{Im}\omega_2 > 0$,即将边界 $-1 \to i \to 1 \to -1$ 映射为边界 $\infty \to i \to 0 \to \infty$,利用交比不变性得

$$\frac{\omega_2 - 0}{\omega_2 - \infty} \cdot \frac{i-\infty}{i-0} = \frac{\omega_1 - 1}{\omega_1 + 1} \cdot \frac{i+1}{i-1}.$$

化简得

$$\omega_2 = -\frac{\omega_1 - 1}{\omega_1 + 1} = \frac{1-\omega_1}{1+\omega_1} \quad (见图 6.20(b)→图 6.20(c)).$$

最后利用 $\omega_3 = \omega_2^2$ 将第一象限映射为上半平面(见图 6.20(c)→图 6.20(d)),即所求共形映射为

$$\omega = \left(\frac{1-z^2}{1+z^2}\right)^2.$$

2. 求一个共形映射,将角形域 $D = \left\{z \mid 0 < \arg z < \dfrac{\pi}{5}\right\}$ 映射为单位圆内部 $|\omega| < 1$.

解 先将角形域 D(见图 6.21(a))映射为上半平面 $\mathrm{Im}\xi > 0$(见图 6.21(b)),即 $\xi = z^5$ 可实现映射.

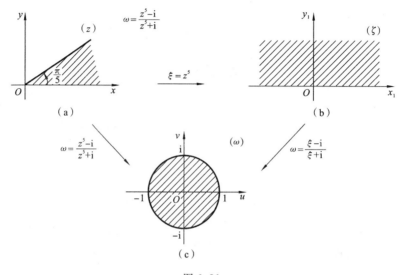

图 6.21

再将上半平面 $\mathrm{Im}\xi > 0$ 映射为单位圆 $|\omega| < 1$,由分式线性映射

$$\omega = \frac{\xi - \mathrm{i}}{\xi + \mathrm{i}}$$

可以实现,即

$$\omega = \frac{z^5 - \mathrm{i}}{z^5 + \mathrm{i}}.$$

3. 求将带形域 $D = \left\{z \mid \dfrac{\pi}{2} < \mathrm{Im}z < \pi\right\}$ 映射为上半平面的共形映射.

解 将带形域 D 映射为带形域 $0 < \mathrm{Im}\xi < \pi$,由函数 $\xi = 2z - \pi\mathrm{i}$ 可实现此映射(如图 6.22(a)→图 6.22(b)所示).

再由指数函数映射的特征,函数

$$\omega = \mathrm{e}^{\xi}$$

可将 $0 < \mathrm{Im}\xi < \pi$ 映射为 ω 平面的上半平面 $\mathrm{Im}\omega > 0$(如图 6.22(b)→图 6.22(c)所示).故所求共形映射为

$$\omega = \mathrm{e}^{2z - \pi\mathrm{i}}.$$

4. 求一个共形映射,将区域 $D = \{z \mid |z| < 2, |z-1| > 1\}$ 映射为上半平面.

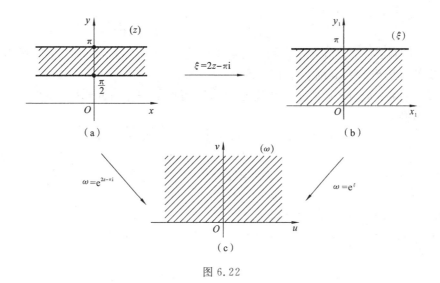

图 6.22

解　如图 6.23 所示,所求共形映射为

$$\omega=\mathrm{e}^{\omega_3}=\mathrm{e}^{2\pi\omega_2}=\mathrm{e}^{2\pi\mathrm{i}\omega_1}=\mathrm{e}^{\frac{2\pi\mathrm{i}z}{z-2}}.$$

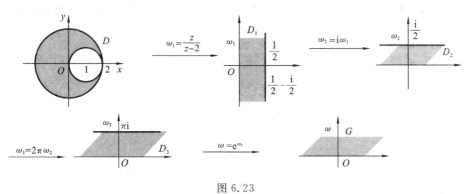

图 6.23

综合练习 6

1. 证明映射 $\omega=z+\dfrac{1}{z}$ 把圆周 $|z|=C$ 映射成椭圆:

$$u=\left(C+\frac{1}{C}\right)\cos\theta,\quad v=\left(C-\frac{1}{C}\right)\sin\theta.$$

证　设 $z=C(\cos\theta+\mathrm{i}\sin\theta)$ $,\omega=u+\mathrm{i}v,$ 则

$$\omega=z+\frac{1}{z}=z+\frac{\bar{z}}{|z|^{2}}=C(\cos\theta+\mathrm{i}\sin\theta)+\frac{\cos\theta-\mathrm{i}\sin\theta}{C}$$

$$=\left(C+\frac{1}{C}\right)\cos\theta+\mathrm{i}\left(C-\frac{1}{C}\right)\sin\theta.$$

故
$$u=\left(C+\frac{1}{C}\right)\cos\theta,\quad v=\left(C-\frac{1}{C}\right)\sin\theta.$$

2. 证明在映射 $\omega=\mathrm{e}^{\mathrm{i}z}$ 下,互相正交的直线族 $\mathrm{Re}z=C_1$ 与 $\mathrm{Im}z=C_2$ 依次映射为互相正交的直线族 $v=u\tan C_1$ 与圆族 $u^2+v^2=\mathrm{e}^{-C_2}$.

证 设 $\omega=u+\mathrm{i}v$,而对于直线族 $\mathrm{Re}z=C_1$,可设 $z=C_1+\mathrm{i}y$(y 为实参数,$-\infty<y<+\infty$),则

$$\omega=u+\mathrm{i}v=\mathrm{e}^{\mathrm{i}(C_1+\mathrm{i}y)}=\mathrm{e}^{-y+\mathrm{i}C_1}=\mathrm{e}^{-y}(\cos C_1+\mathrm{i}\sin C_1),$$

此时
$$u=\mathrm{e}^{-y}\cos C_1,\quad v=\mathrm{e}^{-y}\sin C_1.$$

故
$$\frac{v}{u}=\frac{\sin C_1}{\cos C_1}=\tan C_1.$$

即 $\mathrm{Re}z=C_1$ 映射为直线族 $v=u\tan C_1$.

对于 $\mathrm{Im}z=C_2$,可设 $z=x+\mathrm{i}C_2$(x 为实参数,$-\infty<x<+\infty$),则

$$\omega=u+\mathrm{i}v=\mathrm{e}^{\mathrm{i}z}=\mathrm{e}^{\mathrm{i}(x+\mathrm{i}C_2)}=\mathrm{e}^{-C_2+\mathrm{i}x}=\mathrm{e}^{-C_2}(\cos x+\mathrm{i}\sin x).$$

故
$$|\omega|^2=u^2+v^2=\mathrm{e}^{-2C_2},$$

$\mathrm{Im}z=C_2$ 映射为圆族 $u^2+v^2=\mathrm{e}^{-2C_2}$.由于直线族过原点,故直线族与圆族正交,即得证.

3. 确定下列区域在指定映射下映射成什么.

(1) $\mathrm{Re}z>0,\omega=\mathrm{i}z+\mathrm{i}$; 　　　　　(2) $\mathrm{Im}z>0,\omega=(1+\mathrm{i})z$;

(3) $\mathrm{Re}z>0,\mathrm{Im}z>0,\omega=\dfrac{1}{z}$; 　　(4) $\mathrm{Re}z>0,0<\mathrm{Im}z<1,\omega=\dfrac{\mathrm{i}}{2}$.

解 设 $z=x+\mathrm{i}y,\omega=u+\mathrm{i}v$.

(1) $\omega=u+\mathrm{i}v=\mathrm{i}(x+\mathrm{i}y)+\mathrm{i}=-y+\mathrm{i}(x+1)$,

由 $\mathrm{Re}z>0$ 得 $x>0$,故 $v=x+1>1$,即 $\mathrm{Re}z>0$ 映射为 $\mathrm{Im}\omega>1$.

(2) $\omega=u+\mathrm{i}v=(1+\mathrm{i})(x+\mathrm{i}y)=(x-y)+\mathrm{i}(x+y)$.

由 $\mathrm{Im}z>0$ 得 $y>0$,故有 $x-y<x+y$,即 $u<v$,所以 $\mathrm{Im}z>0$ 映射为 $\mathrm{Re}\omega<\mathrm{Im}\omega$.

(3) 由 $\omega=\dfrac{1}{z}$ 得 $z=\dfrac{1}{\omega}$,则有

$$z=\frac{1}{\omega}=\frac{1}{u+\mathrm{i}v}=\frac{u-\mathrm{i}v}{u^2+v^2}=\frac{u}{u^2+v^2}-\mathrm{i}\frac{v}{u^2+v^2},$$

即
$$\begin{cases} x=\dfrac{u}{u^2+v^2},\\[3mm] y=-\dfrac{v}{u^2+v^2}. \end{cases}$$

又由 $\mathrm{Re}z>0,\mathrm{Im}z>0$ 得

$$\begin{cases} \dfrac{u}{u^2+v^2}>0, \\[3mm] \dfrac{-v}{u^2+v^2}>0. \end{cases}$$

所以有 $u>0$，$v<0$，即 $\mathrm{Re}z>0$，$\mathrm{Im}z>0$ 映射为 $\mathrm{Re}\omega>0$，$\mathrm{Im}\omega<0$.

（4）由 $\omega=\dfrac{\mathrm{i}}{z}$ 得

$$z=\frac{\mathrm{i}}{\omega}=\frac{\mathrm{i}}{u+\mathrm{i}v}=\frac{\mathrm{i}(u-\mathrm{i}v)}{u^2+v^2}=\frac{v}{u^2+v^2}+\frac{\mathrm{i}u}{u^2+v^2}.$$

所以有

$$\begin{cases} x=\dfrac{v}{u^2+v^2}, \\[3mm] y=\dfrac{u}{u^2+v^2}. \end{cases}$$

又 $\mathrm{Re}z>0$，$0<\mathrm{Im}z<1$，即 $x>0$，$0<y<1$，故有

$$\begin{cases} \dfrac{v}{u^2+v^2}>0, \\[3mm] 0<\dfrac{u}{u^2+v^2}<1. \end{cases}$$

解得

$$\begin{cases} u>0, \\ v>0, \\ \left(u-\dfrac{1}{2}\right)^2+v^2>\dfrac{1}{4}, \end{cases}$$

即像区域为

$$\mathrm{Re}\omega>0,\quad \mathrm{Im}\omega>0,\quad \left|\omega-\frac{1}{2}\right|>\frac{1}{2}.$$

4. 若 $f(z_0)=z_0$，则称 z_0 为映射 $\omega=f(z)$ 的不动点. 假设 $\omega=f(z)$ 为分式线性映射，但不是平移映射，也不是恒等映射 $f(z)=z$. 证明 $f(z)$ 必有一个或两个不动点，但不可能有三个不动点.

证　由题设知，不讨论 $f(z)=z+b$ 和 $f(z)=z$ 两种情况. 可设

$$\omega=f(z)=\frac{az+b}{cz+d}\quad(ad-bc\neq0),$$

则有

$$\frac{az+b}{cz+d}=z,$$

化简得

$$cz^2+(d-a)z-b=0.$$

由一元二次方程根的判别式得

$$\Delta=(d-a)^2+4bc.$$

若 $\Delta=0$，方程必有一重根，即 $\omega=f(z)$ 必有一个不动点.

若 $\Delta\neq0$，方程必有两个相异的根，即 $\omega=f(z)$ 必有两个不动点. 又因为一元二次方程不可能有三个根，即 $\omega=f(z)$ 不可能有三个不动点.

5. 如果分式线性映射 $\omega=\dfrac{az+b}{cz+d}$ 将 z 平面上的直线映射成 ω 平面上的单位圆周，那么它的系数应满足什么条件？

解 直线看成圆时，包含了无穷远点 ∞. 若 $\omega=f(z)$ 将 z 平面上一直线映成了圆 $|\omega|=1$，则 $|f(\infty)|=1$.

而

$$f(\infty)=\lim_{z\to\infty}\frac{az+b}{cz+d}=\frac{a}{c}.$$

所以有

$$\left|\frac{a}{c}\right|=1.$$

反之，若 $\left|\dfrac{a}{c}\right|=1$，则 ∞ 像在 $|\omega|=1$ 上，从而 $|\omega|=1$ 的原像作为圆含 ∞，即是一直线.

所以，$\omega=\dfrac{az+b}{cz+d}$ 将 z 平面上某直线映射成 ω 平面上单位圆 $|\omega|=1\Leftrightarrow|a|=|c|$，且 $ad-bc\neq0$，即 $f(z)\neq$ 常数.

6. 求把下列给定的 z_1,z_2,z_3 依次映射为指定点 $\omega_1,\omega_2,\omega_3$ 的分式线性映射，并说明所求映射将过 z_1,z_2,z_3 的圆的内部映射成了什么.

(1) $z_1=6+i,z_2=i,z_3=4;\omega_1=2-i,\omega_2=3i,\omega_3=-i.$

(2) $z_1=1,z_2=2i,z_3=4;\omega_1=1+i,\omega_2=3-i,\omega_3=\infty.$

解 (1) 由交比不变性得分式线性映射为

$$\frac{z-z_1}{z-z_2}:\frac{z_3-z_1}{z_3-z_2}=\frac{\omega-\omega_1}{\omega-\omega_2}:\frac{\omega_3-\omega_1}{\omega_3-\omega_2},$$

即

$$\frac{z-(6+i)}{z-i}\cdot\frac{4-i}{4-(6+i)}=\frac{\omega-(2-i)}{\omega-3i}\cdot\frac{-i-3i}{-i-(2-i)},$$

化简得

$$\omega=\frac{4-75i+(3+22i)z}{-21+4i+(2+3i)z}.$$

又由边界对应原理可知，过 z_1,z_2,z_3 三点的圆与过 $\omega_1,\omega_2,\omega_3$ 三点的圆周绕向相同，故过 z_1,z_2,z_3 的圆内部映射成 $\omega_1,\omega_2,\omega_3$ 的圆内部.

（2）由交比不变性得分式线性映射为

$$\frac{z-1}{z-2i}:\frac{4-1}{4-2i}=\frac{\omega-(1+i)}{\omega-(3-i)}:1,$$

化简得

$$\omega=\frac{16-16i+(-7+13i)z}{4-8i+(-1+2i)z}.$$

又因为 $z_3=4$ 映射为 $\omega_3=\infty$，故过 z_1,z_2,z_3 的圆周映射为过 ω_1,ω_2 的直线．圆周上 $z_1\rightarrow z_2\rightarrow z_3$ 的方向为逆时针方向，映射直线上 $\omega_1\rightarrow\omega_2\rightarrow\infty$ 的方向为直线下降方向．故圆周内部映射为直线的下方．

7. 求把点 $-1,\infty,i$ 分别依次映射为下列各点的分式线性映射.

（1）$i,1,1+i$；　　　　（2）$\infty,i,1$；　　　　（3）$0,\infty,1$.

解　由交比不变性可得到所求的分式线性映射.

（1）所求映射为

$$\frac{\omega-i}{\omega-1}:\frac{1+i-i}{1+i-1}=\frac{z-(-1)}{1}:\frac{i-(-1)}{1},$$

解出 ω 得

$$\omega=\frac{z+2+i}{z+2-i}.$$

（2）所求映射为

$$\frac{1}{\omega-i}:\frac{1}{1-i}=(z+1):(i+1),$$

解出 ω 得

$$\omega=\frac{iz+2+i}{z+i}.$$

（3）所求映射为

$$\frac{\omega-0}{1}:\frac{1-0}{1}=(z+1):(i+1),$$

解出 ω 得

$$\omega=\frac{z+1}{i+1}=\frac{1-i}{2}(z+1).$$

8. 求把上半平面 $\mathrm{Im}z>0$ 映射成单位圆 $|\omega|<1$ 且满足条件 $f(i)=0,\arg f'(i)=\frac{\pi}{2}$ 的分式线性映射.

解　由题意，所求映射可设为

$$\omega=f(z)=\mathrm{e}^{i\theta}\cdot\frac{z-i}{z+i},$$

则有

$$f'(z)=\mathrm{e}^{\mathrm{i}\theta} \cdot \frac{2\mathrm{i}}{(z+\mathrm{i})^2},$$

所以

$$f'(\mathrm{i})=-\frac{\mathrm{i}}{2}\mathrm{e}^{\mathrm{i}\theta}.$$

于是

$$\arg f'(\mathrm{i})=\arg\left(-\frac{\mathrm{i}}{2}\right)+\arg(\mathrm{e}^{\mathrm{i}\theta})=-\frac{\pi}{2}+\theta=\frac{\pi}{2},$$

即

$$\theta=\pi.$$

故所求分式线性映射为

$$\omega=f(z)=\mathrm{e}^{\mathrm{i}\pi} \cdot \frac{z-\mathrm{i}}{z+\mathrm{i}}=-\frac{z-\mathrm{i}}{z+\mathrm{i}}.$$

9. 求把单位圆 $|z|<1$ 映射成单位圆 $|\omega|<1$ 且满足条件 $f(a)=a$，$\arg f'(a)=\varphi$ 的分式线性映射.

解 此题采用将 $|z|<1$ 与 $|\omega|<1$ 都映为 $|S|<1$ 的中间过渡方法(与本章例 6.3.11类似).

(1) 先求分式线性映射 $S=g(z)$，它将 $|z|<1$ 映为 $|S|<1$，使得 $g(a)=0$， $\arg g'(a)=0$，可设

$$S=g(z)=\mathrm{e}^{\mathrm{i}\theta}\frac{z-a}{1-\bar{a}z} \quad (|a|<1).$$

于是

$$g'(z)=\mathrm{e}^{\mathrm{i}\theta} \cdot \frac{1-a\bar{a}}{(1-\bar{a}z)^2}=\mathrm{e}^{\mathrm{i}\theta} \cdot \frac{1}{1-|a|^2},$$

又 $\dfrac{1}{1-|a|^2}$ 为实数，故 $\arg g'(a)=\theta=0$，所以

$$S=g(z)=\frac{z-a}{1-\bar{a}z}. \tag{1}$$

(2) 再求 $\omega=h(S)$，它将 $|S|<1$ 映为 $|\omega|<1$，使得 $h(0)=a$，$\arg h'(0)=\varphi$，此时 需考虑逆映射 $S=h^{-1}(\omega)=\xi(\omega)$，由反函数求导公式知

$$\xi'(a)=\frac{1}{h'(0)}.$$

故有

$$\arg \xi'(a)=-\varphi.$$

于是逆映射 $S=\xi(\omega)$ 满足 $\xi(a)=0$，$\arg \xi'(a)=-\varphi$，所以逆映射为

$$S=\mathrm{e}^{-\mathrm{i}\varphi} \cdot \frac{\omega-a}{1-\bar{a}\omega}, \tag{2}$$

即由(1)(2)的结果可得

$$e^{-i\varphi} \frac{\omega - a}{1 - \bar{a}\omega} = \frac{z - a}{1 - \bar{a}z}.$$

故所求映射为

$$\frac{\omega - a}{1 - \bar{a}\omega} = e^{i\varphi} \cdot \frac{z - a}{1 - \bar{a}z}.$$

10. 求把带形域 $-\frac{\pi}{2} < \text{Im}z < \frac{\pi}{2}$ 映射为单位圆 $|\omega| < 1$ 的一个映射.

解 先用映射 $z_1 = e^z$ 将带形域映为 z_1 平面的右半平面,再用 $z_2 = iz_1$ 将右半平面旋转为上半平面后,用分式线性映射 $\omega = \frac{z_2 - i}{z_2 + i}$ 将上半平面映射为单位圆(见图 6.24),所以所求映射为

$$\omega = \frac{z_2 - i}{z_2 + i} = \frac{iz_1 - i}{iz_1 + i} = \frac{z_1 - 1}{z_1 + 1} = \frac{e^z - 1}{e^z + 1}.$$

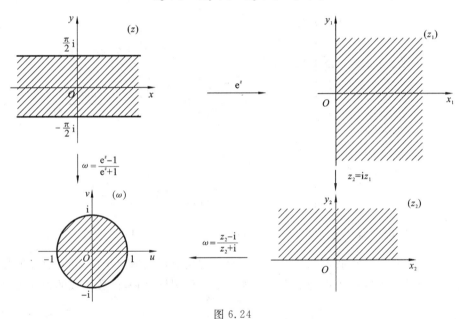

图 6.24

11. 求把区域 $-\frac{\pi}{2} < \text{Re}z < \frac{\pi}{2}$, $\text{Im}z < 0$ 映射为上半平面的映射.

解 先用映射 $z_1 = -iz$ 将半带形域 $-\frac{\pi}{2} < \text{Re}z < \frac{\pi}{2}$ 顺时针旋转 $\frac{\pi}{2}$ 角度,再用 $z_2 = e^{z_1}$ 将它映射为右半个单位圆内部,用 $z_3 = iz_2$ 旋转 $\frac{\pi}{2}$ 角度后用分式线性映射 $z_4 = \frac{z_3 + 1}{z_3 - 1}$,并将其所得映射到第三象限,最后用 $\omega = z_4^2$ 将它映射到上半平面(见图 6.25),所以所求映射为

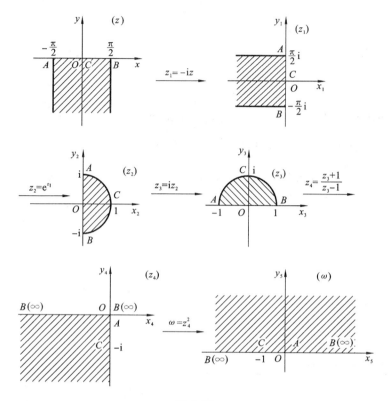

图 6.25

$$\omega = z_4^2 = \left(\frac{z_3+1}{z_3-1}\right)^2 = \left(\frac{\mathrm{i}z_2+1}{\mathrm{i}z_2-1}\right)^2 = \left(\frac{\mathrm{i}\mathrm{e}^{z_1}+1}{\mathrm{i}\mathrm{e}^{z_1}-1}\right)^2 = \left(\frac{\mathrm{i}\mathrm{e}^{-\mathrm{i}z}+1}{\mathrm{i}\mathrm{e}^{-\mathrm{i}z}-1}\right)^2.$$

12. 求把角形域 $-\dfrac{\pi}{6} < \arg z < \dfrac{\pi}{6}$ 映射为单位圆 $|\omega| < 1$ 的一个共形映射.

解　到目前为止,我们虽然没有讲过直接把角形域映射成单位圆的映射.但是我们知道,分式线性映射可以把上半平面映射成单位圆域,而幂函数构成的映射可以把角形域映射成半平面.因此,先通过 $\zeta = z^3$ 把角形域 $-\dfrac{\pi}{6} < \arg z < \dfrac{\pi}{6}$ 映射成右半平面,再通过 $t = \mathrm{i}\zeta$ 把右半平面映射成上半平面.最后,例如通过 $\omega = \dfrac{t-\mathrm{i}}{t+\mathrm{i}}$ 把上半平面映射成单位圆域(见图 6.26).故所求的一个映射为

$$\omega = \frac{\mathrm{i}\zeta - \mathrm{i}}{\mathrm{i}\zeta + \mathrm{i}} = \frac{z^3 - 1}{z^3 + 1}.$$

13. 求把扇形域 $0 < \arg z < \dfrac{\pi}{2}$, $0 < |z| < 1$ 映射成单位圆 $|\omega| < 1$ 的一个共形映射.

解　不能认为 $\omega = z^4$ 就是所求的映射,因为它把四分之一圆映射成去掉了沿正

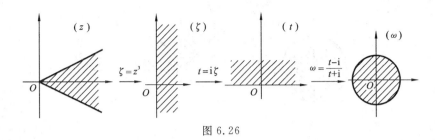

图 6.26

实轴的半径后的单位圆.

首先,把四分之一圆通过映射 $\zeta=z^2$ 映射成上半圆;其次,把上半圆通过映射 $t=-\dfrac{\zeta+1}{\zeta-1}$ 映射成第一象限;再把第一象限通过 $t_1=t^2$ 映射成上半平面;最后,通过映射 $\omega=\dfrac{t_1-i}{t_1+i}$ 映射成单位圆域(见图 6.27).因此所求的映射为

$$\omega=\frac{\left(\dfrac{z^2+1}{z^2-1}\right)^2-i}{\left(\dfrac{z^2+1}{z^2-1}\right)^2+i}=\frac{(z^2+1)^2-i(z^2-1)^2}{(z^2+1)^2+i(z^2-1)^2}.$$

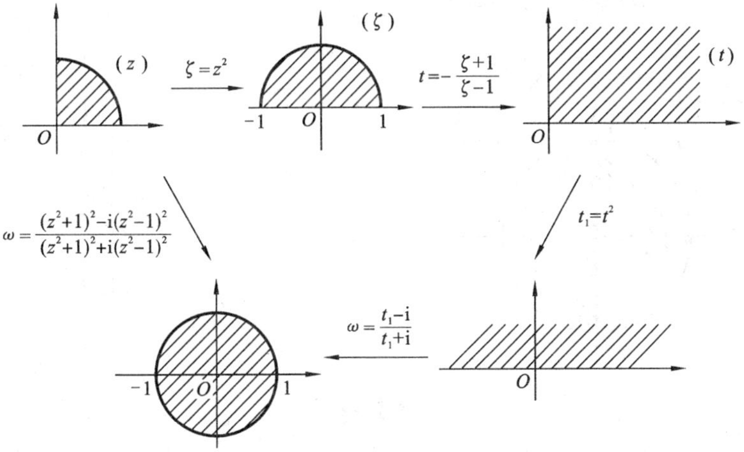

图 6.27

14. 求把圆域 $|z|<2$ 映成区域 $u+v>0$ 的共形映射(见图 6.28).

解 先求出将 $u+v>0$ 映到单位圆的映射,那么它的逆映射就是单位圆映到 $u+v>0$ 的共形映射.

首先用 $z_1=e^{\frac{\pi}{4}i}\omega$ 将 $u+v>0$ 映成 $\text{Im}z_1>0$ 的上半平面,再用 $z_2=\dfrac{z_1-i}{z_1+i}$ 将上半平面映射为单位圆 $|z_2|<1$,最后用 $z=2z_2$ 将 $|z_2|<1$ 映为 $|z|<2$(见图 6.29),即复合后的共形映射为

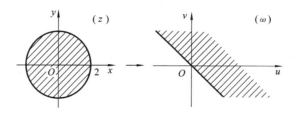

图 6.28

$$z = 2 \cdot \frac{e^{\frac{\pi}{4}i}\omega - i}{e^{\frac{\pi}{4}i}\omega + i},$$

其逆映射为所求映射,解出得

$$\omega = i \cdot \frac{2+z}{2-z}e^{-\frac{\pi}{4}i} = \frac{2+z}{2-z}e^{\frac{\pi}{4}i}.$$

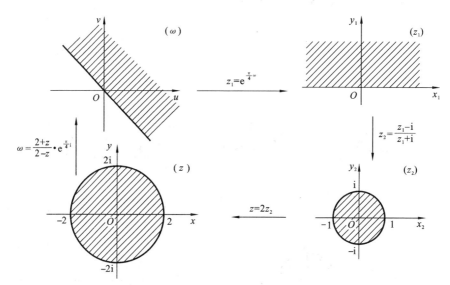

图 6.29

第7章 傅里叶变换

7.1 内容提要

7.1.1 傅里叶积分公式

1. 傅里叶(Fourier)级数的三角形式和指数形式

（1）傅里叶级数的三角形式：

$$f_T(t) = \frac{a_0}{2} + \sum_{n=1}^{+\infty}(a_n\cos n\omega_0 t + b_n\sin n\omega_0 t) \tag{7-1}$$

$$a_n = \frac{2}{T}\int_{-\frac{T}{2}}^{\frac{T}{2}} f_T(t)\cos n\omega_0 t \mathrm{d}t \quad (n=0,1,2,\cdots) \tag{7-2}$$

$$b_n = \frac{2}{T}\int_{-\frac{T}{2}}^{\frac{T}{2}} f_T(t)\sin n\omega_0 t \mathrm{d}t \quad (n=1,2,\cdots) \tag{7-3}$$

其中，$\omega_0 = \dfrac{2\pi}{T}$ 称为基频.

（2）傅里叶级数的指数形式：

$$f_T(t) = \sum_{n=-\infty}^{+\infty} c_n \mathrm{e}^{jn\omega_0 t} \tag{7-4}$$

$$c_n = \frac{1}{T}\int_{-\frac{T}{2}}^{\frac{T}{2}} f_T(t)\mathrm{e}^{-jn\omega_0 t}\mathrm{d}t \tag{7-5}$$

注 1. 本章我们用 j 表示虚数单位.

注 2. 上述公式成立，要求函数 $f_T(t)$ 在 $\left[-\dfrac{T}{2}, \dfrac{T}{2}\right]$ 上满足狄利克雷(Dirichlet)条件：连续或有有限个第一类间断点；只有有限个极值点.

注 3. 在函数 $f_T(t)$ 的间断点处，公式的左端应为

$$\frac{1}{2}\big[f_T(t+0) + f_T(t-0)\big].$$

注 4. 傅里叶级数的三角形式与指数形式之间可以由欧拉公式相互转换.

2. 傅里叶积分定理

定理 7.1 若函数 $f(t)$ 在 $(-\infty, +\infty)$ 上满足条件：① 在任意有限区间上满足狄利克雷(Dirichlet)条件；② 在无限区间 $(-\infty, +\infty)$ 上绝对可积，即

$$\left(\int_{-\infty}^{+\infty} |f(t)| \, dt < +\infty\right),$$

则

$$f(t) = \frac{1}{2\pi}\int_{-\infty}^{+\infty}\left[\int_{-\infty}^{+\infty}f(\tau)e^{-j\omega\tau}d\tau\right]e^{j\omega t}d\omega \tag{7-6}$$

在 $f(t)$ 的间断点处,式(7-6)的左端应为 $\frac{1}{2}[f(t+0)+f(t-0)]$. 称式(7-6)为傅里叶积分公式.

利用欧拉公式以及奇函数、偶函数的积分性质,式(7-6)还可以写成三角形式:

$$f(t) = \frac{1}{\pi}\int_{0}^{+\infty}\left[\int_{-\infty}^{+\infty}f(\tau)\cos\omega(t-\tau)d\tau\right]d\omega \tag{7-7}$$

7.1.2 傅里叶变换

1. 傅里叶变换及其逆变换的定义

傅里叶变换所考虑的对象通常是定义在 $(-\infty, +\infty)$ 上的非周期函数 $f(t)$.

(1) 傅里叶正变换:

$$F(\omega) = \mathscr{F}[f(t)] = \int_{-\infty}^{+\infty}f(t)e^{-j\omega t}dt \tag{7-8}$$

(2) 傅里叶逆变换:

$$f(t) = \mathscr{F}^{-1}[\mathscr{F}(\omega)] = \frac{1}{2\pi}\int_{-\infty}^{+\infty}F(\omega)e^{j\omega t}d\omega \tag{7-9}$$

其中,$F(\omega)$ 称为 $f(t)$ 的像函数,$f(t)$ 称为 $F(\omega)$ 的像原函数.

2. 傅里叶变换的物理意义

$F(\omega)$ 一般为复值函数,故可以表示为 $F(\omega) = |F(\omega)|e^{j \cdot \arg F(\omega)}$. 称 $F(\omega)$ 为频谱密度函数(简称频谱或者连续频谱);$|F(\omega)|$ 为振幅谱;$\arg F(\omega)$ 为相位谱.

3. 单位脉冲函数 $\delta(t)$ 及其傅里叶变换

定义 7.1 满足下列两个条件的函数称为 $\delta(t)$ 函数:

(1) 当 $t \neq 0$ 时,$\delta(t) = 0$;

(2) $\int_{-\infty}^{+\infty}\delta(t)dt = 1$.

1) 性质

(1) 筛选性质:

$$\int_{-\infty}^{+\infty}\delta(t)f(t)dt = f(0) \tag{7-10}$$

$$\int_{-\infty}^{+\infty}\delta(t-t_0)f(t)dt = f(t_0) \tag{7-11}$$

(2) 对称性质:

$$\delta(t) = \delta(-t) \tag{7-12}$$

2) $\delta(t)$的傅里叶变换

$$\mathscr{F}[\delta(t)] = \int_{-\infty}^{+\infty} \delta(t) e^{-j\omega t} \, dt = e^{-j\omega t} \mid_{t=0} = 1 \tag{7-13}$$

$$\mathscr{F}^{-1}[1] = \frac{1}{2\pi} \int_{-\infty}^{+\infty} e^{j\omega t} \, d\omega = \delta(t) \tag{7-14}$$

7.1.3　傅里叶变换的性质

下面是傅里叶变换的一些基本性质,其中 $F(\omega) = \mathscr{F}[f(t)], G(\omega) = \mathscr{F}[g(t)]$.

(1) 线性性质:

$$\mathscr{F}[af(t) + bg(t)] = aF(\omega) + bG(\omega) \tag{7-15}$$

$$\mathscr{F}^{-1}[aF(\omega) + bG(\omega)] = af(t) + bg(t) \tag{7-16}$$

(2) 位移性质:

$$\mathscr{F}[f(t-t_0)] = e^{-j\omega t_0} F(\omega) \tag{7-17}$$

$$\mathscr{F}^{-1}[F(\omega - \omega_0)] = e^{j\omega_0 t} f(t) \tag{7-18}$$

(3) 相似性质:

$$\mathscr{F}[f(at)] = \frac{1}{|a|} F\left(\frac{\omega}{a}\right) \tag{7-19}$$

(4) 微分性质:

$$\mathscr{F}[f^{(n)}(t)] = (j\omega)^n F(\omega) \tag{7-20}$$

要求

$$\lim_{|t| \to +\infty} f^{(k)}(t) = 0 \quad (k = 1, 2, \cdots, n-1),$$

$$\mathscr{F}^{-1}[F^{(n)}(\omega)] = (-j)^n t^n f(t) \tag{7-21}$$

(5) 积分性质:

$$\mathscr{F}\left[\int_{-\infty}^{t} f(t) \, dt\right] = \frac{1}{j\omega} F(\omega) \tag{7-22}$$

要求

$$\lim_{t \to +\infty} \int_{-\infty}^{t} f(t) \, dt = 0.$$

(6) 能量积分:

$$\int_{-\infty}^{+\infty} [f(t)]^2 \, dt = \frac{1}{2\pi} \int_{-\infty}^{+\infty} |F(\omega)|^2 \, d\omega \quad (\text{帕塞瓦尔(Parseval) 等式}) \tag{7-23}$$

7.1.4　卷积与卷积定理

(1) 卷积的定义:

$$f_1(t) * f_2(t) = \int_{-\infty}^{+\infty} f_1(\tau) f_2(t - \tau) \, d\tau \tag{7-24}$$

(2) 运算法则:

$$f_1(t) * f_2(t) = f_2(t) * f_1(t) \tag{7-25}$$

$$f_1(t) * [f_2(t) + f_3(t)] = f_1(t) * f_2(t) + f_1(t) * f_3(t) \tag{7-26}$$

$$f_1(t) * [f_2(t) * f_3(t)] = [f_1(t) * f_2(t)] * f_3(t) \tag{7-27}$$

(3) 卷积定理:若 $F_1(\omega) = \mathscr{F}[f_1(t)]$,$F_2(\omega) = \mathscr{F}[f_2(t)]$,则

$$\mathscr{F}[f_1(t) * f_2(t)] = F_1(\omega) F_2(\omega) \tag{7-28}$$

$$\mathscr{F}[f_1(t) f_2(t)] = \frac{1}{2\pi} F_1(\omega) * F_2(\omega) \tag{7-29}$$

7.1.5　几个常用函数的傅里叶变换

傅里叶变换的几个常用函数.

$$\mathscr{F}[\delta(t)] = 1 \tag{7-30}$$

$$\mathscr{F}[u(t)] = \frac{1}{j\omega} + \pi\delta(\omega) \tag{7-31}$$

$$\mathscr{F}[e^{j\omega_0 t}] = 2\pi\delta(\omega - \omega_0) \tag{7-32}$$

$$\mathscr{F}[\cos\omega_0 t] = \pi[\delta(\omega - \omega_0) + \delta(\omega + \omega_0)] \tag{7-33}$$

$$\mathscr{F}[1] = 2\pi\delta(\omega) \tag{7-34}$$

$$\mathscr{F}[t^n] = 2\pi j^n \delta^{(n)}(\omega) \tag{7-35}$$

$$\mathscr{F}[\sin\omega_0 t] = j\pi[\delta(\omega + \omega_0) - \delta(\omega - \omega_0)] \tag{7-36}$$

7.2　疑　难　解　析

问题 1　求函数的傅里叶变换有哪些方法?

答　求函数傅里叶变换的方法,一是直接法,用傅里叶变换的定义;二是间接法,用傅里叶变换的性质.间接法要求读者掌握傅里叶变换的几个重要的性质(包括卷积定理)以及一些常用函数的傅里叶变换.

问题 2　如何利用傅里叶变换求解常微分方程?

答　利用傅里叶变换求解常微分方程分三步完成,先通过傅里叶变换将常微分方程转化为像函数的代数方程,再由代数方程求出像函数,最后求傅里叶逆变换得到微分方程的解.

问题 3　如何利用傅里叶变换求解偏微分方程初值问题? 以无界弦振动方程的初值问题为例

$$\begin{cases} u_{tt} = a^2 u_{xx} \ (-\infty < x < +\infty, t > 0), \\ \lim_{|x| \to +\infty} u(x,t) = 0, \ \lim_{|x| \to +\infty} u_x(x,t) = 0, \\ u(x,0) = f(x), u_t(x,0) = 0. \end{cases}$$

答　利用傅里叶变换求解偏微分方程初值问题分以下五步完成.

（1）设出关于自变量 x 的函数 $u(x,t)$ 的傅里叶变换 $U(\omega,t)$，然后用微分性质结合边界条件得到关于 x 的偏导数的傅里叶变换.

（2）考虑初始条件的傅里叶变换，将初始条件化为 $U(\omega,t)$ 满足的条件.

（3）考察 $U(\omega,t)$ 对 t 的偏导数（只需在积分号下求导数），将 $U(\omega,t)$ 看作函数 $u(x,t)$ 对 t 的偏导数的傅里叶变换.

（4）将所给的偏微分方程两边对自变量 x 取傅里叶变换，把方程转化为 $U(\omega,t)$ 关于变量 t 的常微分方程，求出 $U(\omega,t)$.

（5）求 $U(\omega,t)$ 关于 ω 的傅里叶逆变换，得到所求的解 $u(x,t)$.

具体求解过程可以参照例 7.3.8.

7.3 典型例题

例 7.3.1 设 $f(t)$ 满足傅里叶积分定理的条件，试证明：

（1）$f(t) = \dfrac{2}{\pi}\displaystyle\int_0^{+\infty} a(\omega)\cos\omega t\,\mathrm{d}\omega + \dfrac{2}{\pi}\displaystyle\int_0^{+\infty} b(\omega)\sin\omega t\,\mathrm{d}\omega$，其中

$$a(\omega) = \frac{1}{2}\int_{-\infty}^{+\infty} f(\tau)\cos\omega\tau\,\mathrm{d}\tau, \quad b(\omega) = \frac{1}{2}\int_{-\infty}^{+\infty} f(\tau)\sin\omega\tau\,\mathrm{d}\tau.$$

（2）若 $f(t)$ 为奇函数，则有（正弦傅里叶积分公式）

$$f(t) = \frac{2}{\pi}\int_0^{+\infty} b(\omega)\sin\omega t\,\mathrm{d}\omega, \quad \text{其中 } b(\omega) = \int_0^{+\infty} f(\tau)\sin\omega\tau\,\mathrm{d}\tau.$$

（3）若 $f(t)$ 为偶函数，则有（余弦傅里叶积分公式）

$$f(t) = \frac{2}{\pi}\int_0^{+\infty} a(\omega)\cos\omega t\,\mathrm{d}\omega, \quad \text{其中 } a(\omega) = \int_0^{+\infty} f(\tau)\cos\omega\tau\,\mathrm{d}\tau.$$

证 （1）傅里叶积分公式的三角形式为

$$f(t) = \frac{1}{\pi}\int_0^{+\infty}\left[\int_{-\infty}^{+\infty} f(\tau)\cos\omega(t-\tau)\,\mathrm{d}\tau\right]\mathrm{d}\omega.$$

利用三角函数公式还可以写成

$$\begin{aligned}
f(t) &= \frac{1}{\pi}\int_0^{+\infty}\left[\int_{-\infty}^{+\infty} f(\tau)\cos\omega(t-\tau)\,\mathrm{d}\tau\right]\mathrm{d}\omega \\
&= \frac{1}{\pi}\int_0^{+\infty}\left[\int_{-\infty}^{+\infty} f(\tau)(\cos\omega t\cos\omega\tau + \sin\omega t\sin\omega\tau)\,\mathrm{d}\tau\right]\mathrm{d}\omega \\
&= \frac{1}{\pi}\left\{\int_0^{+\infty}\left[\int_{-\infty}^{+\infty} f(\tau)\cos\omega\tau\,\mathrm{d}\tau\right]\cos\omega t\,\mathrm{d}\omega \right. \\
&\quad \left. + \int_0^{+\infty}\left[\int_{-\infty}^{+\infty} f(\tau)\sin\omega\tau\,\mathrm{d}\tau\right]\sin\omega t\,\mathrm{d}\omega\right\} \\
&= \frac{2}{\pi}\int_0^{+\infty} a(\omega)\cos\omega t\,\mathrm{d}\omega + \frac{2}{\pi}\int_0^{+\infty} b(\omega)\sin\omega t\,\mathrm{d}\omega,
\end{aligned}$$

其中

$$a(\omega) = \frac{1}{2}\int_{-\infty}^{+\infty} f(\tau)\cos\omega\tau \, \mathrm{d}\tau, \quad b(\omega) = \frac{1}{2}\int_{-\infty}^{+\infty} f(\tau)\sin\omega\tau \, \mathrm{d}\tau.$$

（2）当 $f(t)$ 为奇函数时，$f(\tau)\cos\omega\tau$ 为奇函数，$f(\tau)\sin\omega\tau$ 为偶函数，由奇函数、偶函数的积分性质可得

$$a(\omega) = \frac{1}{2}\int_{-\infty}^{+\infty} f(\tau)\cos\omega\tau \, \mathrm{d}\tau = 0,$$

$$b(\omega) = \frac{1}{2}\int_{-\infty}^{+\infty} f(\tau)\sin\omega\tau \, \mathrm{d}\tau = \int_{0}^{+\infty} f(\tau)\sin\omega\tau \, \mathrm{d}\tau.$$

代入（1）结论即可得

$$f(t) = \frac{2}{\pi}\int_{0}^{+\infty} b(\omega)\sin\omega t \, \mathrm{d}\omega, \quad \text{其中 } b(\omega) = \int_{0}^{+\infty} f(\tau)\sin\omega\tau \, \mathrm{d}\tau.$$

（3）当 $f(t)$ 为偶函数时，$f(\tau)\cos\omega\tau$ 为偶函数，$f(\tau)\sin\omega\tau$ 为奇函数，由奇函数、偶函数的积分性质可得

$$a(\omega) = \frac{1}{2}\int_{-\infty}^{+\infty} f(\tau)\cos\omega\tau \, \mathrm{d}\tau = \int_{0}^{+\infty} f(\tau)\cos\omega\tau \, \mathrm{d}\tau,$$

$$b(\omega) = \frac{1}{2}\int_{-\infty}^{+\infty} f(\tau)\sin\omega\tau \, \mathrm{d}\tau = 0.$$

代入（1）结论即可得

$$f(t) = \frac{2}{\pi}\int_{0}^{+\infty} a(\omega)\cos\omega t \, \mathrm{d}\omega, \quad \text{其中 } a(\omega) = \int_{0}^{+\infty} f(\tau)\cos\omega\tau \, \mathrm{d}\tau.$$

例 7.3.2　设 $\mathscr{F}[f(t)] = F(\omega)$，$a$ 为非零常数，试证明：

（1）$\mathscr{F}[f(at-t_0)] = \dfrac{1}{|a|}F\left(\dfrac{\omega}{a}\right)\mathrm{e}^{-\mathrm{j}\frac{\omega}{a}t_0}$；

（2）$\mathscr{F}[f(t_0-at)] = \dfrac{1}{|a|}F\left(\dfrac{-\omega}{a}\right)\mathrm{e}^{-\mathrm{j}\frac{\omega}{a}t_0}$.

证　证法 1（用积分变换的定义）.

（1）按照傅里叶变换的定义

$$\mathscr{F}[f(at-t_0)] = \int_{-\infty}^{+\infty} f(at-t_0)\mathrm{e}^{-\mathrm{j}\omega t} \, \mathrm{d}t$$

作积分变量代换 $x = at - t_0$ 可知，当 $a > 0$ 时，

$$\mathscr{F}[f(at-t_0)] = \int_{-\infty}^{+\infty} f(x)\mathrm{e}^{-\mathrm{j}\omega\frac{x+t_0}{a}} \, \frac{\mathrm{d}x}{a} = \frac{\mathrm{e}^{-\mathrm{j}\frac{\omega t_0}{a}}}{a}\int_{-\infty}^{+\infty} f(x)\mathrm{e}^{-\mathrm{j}\left(\frac{\omega}{a}\right)x} \, \mathrm{d}x$$

$$= \frac{1}{a}F\left(\frac{\omega}{a}\right)\mathrm{e}^{-\mathrm{j}\frac{\omega}{a}t_0}.$$

当 $a < 0$ 时，

$$\mathscr{F}[f(at-t_0)] = \int_{+\infty}^{-\infty} f(x)\mathrm{e}^{-\mathrm{j}\omega\frac{x+t_0}{a}} \, \frac{\mathrm{d}x}{a} = -\int_{-\infty}^{+\infty} f(x)\mathrm{e}^{-\mathrm{j}\omega\frac{x+t_0}{a}} \, \frac{\mathrm{d}x}{a}$$

$$=-\frac{1}{a}F\left(\frac{\omega}{a}\right)e^{-j\frac{\omega}{a}t_0}.$$

故
$$\mathscr{F}\left[f(at-t_0)\right]=\frac{1}{|a|}F\left(\frac{\omega}{a}\right)e^{-j\frac{\omega}{a}t_0}.$$

（2）作积分变量代换 $x=t_0-at$，可知，当 $a>0$ 时，

$$\mathscr{F}\left[f(t_0-at)\right]=\int_{-\infty}^{+\infty}f(t_0-at)e^{-j\omega t}\,dt=-\int_{+\infty}^{-\infty}f(x)e^{-j\omega\frac{t_0-x}{a}}\,\frac{dx}{a}$$

$$=\frac{e^{-j\frac{\omega t_0}{a}}}{a}\int_{-\infty}^{+\infty}f(x)e^{-j\left(\frac{-\omega}{a}\right)x}\,dx=\frac{1}{a}F\left(\frac{-\omega}{a}\right)e^{-j\frac{\omega}{a}t_0}.$$

当 $a<0$ 时，

$$\mathscr{F}\left[f(t_0-at)\right]=\int_{-\infty}^{+\infty}f(t_0-at)e^{-j\omega t}\,dt=-\int_{-\infty}^{+\infty}f(x)e^{-j\omega\frac{t_0-x}{a}}\,\frac{dx}{a}$$

$$=-\frac{1}{a}F\left(\frac{-\omega}{a}\right)e^{-j\frac{\omega}{a}t_0}.$$

故
$$\mathscr{F}\left[f(t_0-at)\right]=\frac{1}{|a|}F\left(\frac{-\omega}{a}\right)e^{-j\frac{\omega}{a}t_0}.$$

证法 2（用积分变换的性质）.

（1）令 $f_1(t)=f(t-t_0)$，由相似性质得

$$\mathscr{F}\left[f(at-t_0)\right]=\mathscr{F}\left[f_1(at)\right]=\frac{1}{|a|}F_1\left(\frac{\omega}{a}\right)，\text{其中}\ F_1(\omega)=\mathscr{F}\left[f_1(t)\right],$$

又由位移性质得

$$F_1(\omega)=\mathscr{F}\left[f_1(t)\right]=\mathscr{F}\left[f(t-t_0)\right]=F(\omega)e^{-j\omega t_0}.$$

故
$$\mathscr{F}\left[f(at-t_0)\right]=\frac{1}{|a|}F\left(\frac{\omega}{a}\right)e^{-j\frac{\omega}{a}t_0}.$$

（2）在解题（1）中取 a,t_0 分别为 $-a,-t_0$，即得结论（2）.

例 7.3.3　求下列函数的傅里叶变换.

（1）$f(t)=\begin{cases}-1, & -1<t<0,\\ 1, & 0<t<1,\\ 0, & \text{其他;}\end{cases}$　　　　（2）$f(t)=\begin{cases}e^{-t}\sin 2t, & t\geqslant 0,\\ 0, & t<0;\end{cases}$

（3）$f(t)=\frac{1}{2}\left[\delta(t+a)+\delta(t-a)+\delta\left(t+\frac{a}{2}\right)+\delta\left(t-\frac{a}{2}\right)\right].$

解　（1）$\mathscr{F}\left[f(t)\right]=\int_{-\infty}^{+\infty}f(t)e^{-j\omega t}\,dt=-\int_{-1}^{0}e^{-j\omega t}\,dt+\int_{0}^{1}e^{-j\omega t}\,dt$

$$=-\int_{0}^{1}e^{j\omega t}\,dt+\int_{0}^{1}e^{-j\omega t}\,dt=-2j\int_{0}^{1}\sin\omega t\,dt$$

$$=\frac{2j}{\omega}\cos\omega t\,\Big|_{0}^{1}=-\frac{2j}{\omega}(1-\cos\omega).$$

（2）$\mathscr{F}\left[f(t)\right]=\int_{-\infty}^{+\infty}f(t)e^{-j\omega t}\,dt=\int_{0}^{+\infty}e^{-t}\sin 2t e^{-j\omega t}\,dt=\int_{0}^{+\infty}\sin 2t e^{-(1+j\omega)t}\,dt$

$$=-\frac{1}{2}\left[\cos 2t\ \mathrm{e}^{-(1+\mathrm{j}\omega)t}\bigg|_0^{+\infty}+(1+\mathrm{j}\omega)\int_0^{+\infty}\cos 2t\mathrm{e}^{-(1+\mathrm{j}\omega)t}\mathrm{d}t\right]$$

$$=\frac{1}{2}-\frac{1+\mathrm{j}\omega}{2}\cdot\frac{1}{2}\int_0^{+\infty}\mathrm{e}^{-(1+\mathrm{j}\omega)t}\mathrm{d}\sin 2t$$

$$=\frac{1}{2}-\frac{1+\mathrm{j}\omega}{4}\left[\sin 2t\mathrm{e}^{-(1+\mathrm{j}\omega)t}\bigg|_0^{+\infty}+(1+\mathrm{j}\omega)\int_0^{+\infty}\sin 2t\mathrm{e}^{-(1+\mathrm{j}\omega)t}\mathrm{d}t\right]$$

$$=\frac{1}{2}-\frac{(1+\mathrm{j}\omega)^2}{4}F(\omega).$$

故
$$F(\omega)=\frac{1}{2\left(1+\dfrac{(1+\mathrm{j}\omega)^2}{4}\right)}=\frac{2(5-\omega^2-2\mathrm{j}\omega)}{\omega^4-6\omega^2+25}.$$

(3) $\mathscr{F}\left[f(t)\right]=\displaystyle\int_{-\infty}^{+\infty}f(t)\mathrm{e}^{-\mathrm{j}\omega t}\mathrm{d}t=\frac{1}{2}\left[\int_{-\infty}^{+\infty}\delta(t+a)\mathrm{e}^{-\mathrm{j}\omega t}\mathrm{d}t+\int_{-\infty}^{+\infty}\delta(t-a)\mathrm{e}^{-\mathrm{j}\omega t}\mathrm{d}t\right.$

$$\left.+\int_{-\infty}^{+\infty}\delta\left(t+\frac{a}{2}\right)\mathrm{e}^{-\mathrm{j}\omega t}\mathrm{d}t+\int_{-\infty}^{+\infty}\delta\left(t-\frac{a}{2}\right)\mathrm{e}^{-\mathrm{j}\omega t}\mathrm{d}t\right]$$

$$=\frac{1}{2}\left[\mathrm{e}^{-\mathrm{j}\omega t}\bigg|_{t=-a}+\mathrm{e}^{-\mathrm{j}\omega t}\bigg|_{t=a}+\mathrm{e}^{-\mathrm{j}\omega t}\bigg|_{t=-\frac{a}{2}}+\mathrm{e}^{-\mathrm{j}\omega t}\bigg|_{t=\frac{a}{2}}\right]$$

$$=\frac{1}{2}\left[\mathrm{e}^{\mathrm{j}\omega a}+\mathrm{e}^{-\mathrm{j}\omega a}+\mathrm{e}^{\mathrm{j}\omega\frac{a}{2}}+\mathrm{e}^{-\mathrm{j}\omega\frac{a}{2}}\right]=\cos\omega a+\cos\frac{\omega a}{2}.$$

注：此题用到了单位脉冲函数的性质 $\displaystyle\int_{-\infty}^{+\infty}\delta(t-t_0)f(t)\mathrm{d}t=f(t_0)$.

例 7.3.4 求下列函数的傅里叶变换.

(1) $f(t)=t\sin t$； (2) $f(t)=u(5t-2)$；

(3) $f(t)=\mathrm{e}^{\mathrm{j}\omega_0 t}u(t-t_0)$； (4) $f(t)=\sin^3 t$.

解 (1) 根据微分性质有

$$\mathscr{F}\left[t\sin t\right]=\mathrm{j}\frac{\mathrm{d}}{\mathrm{d}\omega}\mathscr{F}\left[\sin t\right],$$

而
$$\mathscr{F}\left[\sin t\right]=\pi\mathrm{j}\left[\delta(\omega+1)-\delta(\omega-1)\right].$$

故
$$\mathscr{F}\left[t\sin t\right]=-\pi\left[\delta'(\omega+1)-\delta'(\omega-1)\right].$$

(2) 方法 1.

根据相似性质和位移性质，令 $g(t)=u(t-2)$，则 $g(5t)=u(5t-2)$，

$$\mathscr{F}\left[u(5t-2)\right]=\mathscr{F}\left[g(5t)\right]=\frac{1}{5}\mathscr{F}\left[g(t)\right]\bigg|_{\frac{\omega}{5}}$$

$$=\frac{1}{5}\mathscr{F}\left[u(t-2)\right]\bigg|_{\frac{\omega}{5}}=\left(\frac{1}{5}\mathrm{e}^{-\mathrm{j}2\omega}\mathscr{F}\left[u(t)\right]\right)\bigg|_{\frac{\omega}{5}},$$

而
$$\mathscr{F}\left[u(t)\right]=\frac{1}{\mathrm{j}\omega}+\pi\delta(\omega).$$

故
$$\mathscr{F}\left[u(5t-2)\right]=\left(\frac{1}{5}\mathrm{e}^{-\mathrm{j}2\omega}\mathscr{F}\left[u(t)\right]\right)\bigg|_{\frac{\omega}{5}}=\left(\frac{1}{5}\mathrm{e}^{-\mathrm{j}2\omega}\left[\frac{1}{\mathrm{j}\omega}+\pi\delta(\omega)\right]\right)\bigg|_{\frac{\omega}{5}}$$

$$= \frac{1}{5} e^{-j2\frac{\omega}{5}} \left[\frac{5}{j\omega} + \pi\delta\left(\frac{\omega}{5}\right) \right].$$

方法 2.

利用例 7.2 的结论 $\mathscr{F}[f(at-t_0)] = \frac{1}{|a|} F\left(\frac{\omega}{a}\right) e^{-j\frac{\omega}{a}t_0}$，可直接得结果.

（3）根据位移性质，以及 $\mathscr{F}[u(t)] = \frac{1}{j\omega} + \pi\delta(\omega)$，

$$\mathscr{F}[u(t-t_0)] = e^{-j\omega_0 t} \mathscr{F}[u(t)] = e^{-j\omega_0 t} \left[\frac{1}{j\omega} + \pi\delta(\omega) \right],$$

再由像函数的位移性质可得

$$\mathscr{F}[e^{j\omega_0 t} u(t-t_0)] = e^{-j(\omega-\omega_0)t_0} \left[\frac{1}{j(\omega-\omega_0)} + \pi\delta(\omega-\omega_0) \right].$$

（4）由 $\mathscr{F}[\sin\omega_0 t] = j\pi[\delta(\omega+\omega_0) - \delta(\omega-\omega_0)]$，以及三角公式 $\sin^3 t = \frac{3}{4}\sin t - \frac{1}{4}\sin 3t$，可得

$$\mathscr{F}[\sin^3 t] = \frac{3}{4}\mathscr{F}[\sin t] - \frac{1}{4}\mathscr{F}[\sin 3t]$$

$$= \frac{3}{4}\pi j[\delta(\omega+1) - \delta(\omega-1)] - \frac{1}{4}\pi i[\delta(\omega+3) - \delta(\omega-3)]$$

$$= \frac{1}{4}\pi j[3\delta(\omega+1) - 3\delta(\omega-1) - \delta(\omega+3) + \delta(\omega-3)].$$

例 7.3.5　求函数 $f(t) = \begin{cases} \sin t, & |t| \leqslant \pi, \\ 0, & |t| > \pi \end{cases}$ 的傅里叶变换，并证明积分等式

$$\int_0^{+\infty} \frac{\sin\omega\pi\sin\omega t}{1-\omega^2} d\omega = \begin{cases} \dfrac{\pi}{2}\sin t, & |t| \leqslant \pi, \\[2mm] 0, & |t| > \pi. \end{cases}$$

解　$F(\omega) = \mathscr{F}[f(t)] = \int_{-\infty}^{+\infty} f(t) e^{-j\omega t} dt = \int_{-\pi}^{\pi} \sin t e^{-j\omega t} dt$

$$= \int_{-\pi}^{+\pi} \sin t(\cos\omega t - j\sin\omega t) dt = -2j\int_0^{\pi} \sin t\sin\omega t\, dt$$

$$= j\int_0^{\pi} [\cos(\omega+1)t - \cos(\omega-1)t] dt$$

$$= j\left[\frac{\sin(\omega+1)t}{\omega+1} \Big|_0^{\pi} - \frac{\sin(\omega-1)t}{\omega-1} \Big|_0^{\pi} \right]$$

$$= j\left(\frac{-\sin\omega\pi}{\omega+1} - \frac{-\sin\omega\pi}{\omega-1} \right) = \frac{2j\sin\omega\pi}{\omega^2-1},$$

$$\mathscr{F}^{-1}[F(\omega)] = \frac{1}{2\pi}\int_{-\infty}^{+\infty} F(\omega) e^{j\omega t} d\omega = \frac{1}{2\pi}\int_{-\infty}^{+\infty} \frac{2j\sin\omega\pi}{\omega^2-1}(\cos\omega t + j\sin\omega t) d\omega$$

$$= -\frac{1}{\pi}\int_{-\infty}^{+\infty}\frac{\sin\omega\pi\sin\omega t}{\omega^2-1}\mathrm{d}\omega + \frac{\mathrm{j}}{\pi}\int_{-\infty}^{+\infty}\frac{\sin\omega\pi\cos\omega t}{\omega^2-1}\mathrm{d}\omega$$

$$= -\frac{2}{\pi}\int_{0}^{+\infty}\frac{\sin\omega\pi\sin\omega t}{\omega^2-1}\mathrm{d}\omega = \begin{cases}\sin t, & |t|\leqslant\pi,\\ 0, & |t|>\pi.\end{cases}$$

故
$$\int_{0}^{+\infty}\frac{\sin\omega\pi\sin\omega t}{1-\omega^2}\mathrm{d}\omega = \begin{cases}\dfrac{\pi}{2}\sin t, & |t|\leqslant\pi,\\[2mm] 0, & |t|>\pi.\end{cases}$$

例 7.3.6 设 $F(\omega)=\mathscr{F}[f(t)]$，证明：函数 $f(t)$ 为实值函数的充要条件为 $\overline{F(\omega)}=F(-\omega)$.

证 （1）必要性. 若函数 $f(t)$ 为实值函数，由 $F(\omega)=\int_{-\infty}^{+\infty}f(t)\mathrm{e}^{-\mathrm{j}\omega t}\mathrm{d}t$ 有

$$\overline{F(\omega)} = \int_{-\infty}^{+\infty}\overline{f(t)\mathrm{e}^{-\mathrm{j}\omega t}}\mathrm{d}t = \int_{-\infty}^{+\infty}f(t)\,\overline{\mathrm{e}^{-\mathrm{j}\omega t}}\mathrm{d}t$$

$$= \int_{-\infty}^{+\infty}f(t)\mathrm{e}^{\mathrm{j}\omega t}\mathrm{d}t = \int_{-\infty}^{+\infty}f(t)\mathrm{e}^{-\mathrm{j}(-\omega)t}\mathrm{d}t = F(-\omega).$$

（2）充分性. 若 $\overline{F(\omega)}=F(-\omega)$，由 $f(t)=\dfrac{1}{2\pi}\int_{-\infty}^{+\infty}F(\omega)\mathrm{e}^{\mathrm{j}\omega t}\mathrm{d}\omega$，有

$$\overline{f(t)} = \frac{1}{2\pi}\int_{-\infty}^{+\infty}\overline{F(\omega)\mathrm{e}^{\mathrm{j}\omega t}}\mathrm{d}\omega = \frac{1}{2\pi}\int_{-\infty}^{+\infty}F(-\omega)\mathrm{e}^{-\mathrm{j}\omega t}\mathrm{d}\omega.$$

令 $-\omega=\zeta$，则

$$\overline{f(t)} = \frac{1}{2\pi}\int_{-\infty}^{+\infty}F(\zeta)\mathrm{e}^{\mathrm{j}\zeta t}\mathrm{d}\zeta = f(t),$$

即函数 $f(t)$ 为实值函数.

例 7.3.7 求下列函数的卷积

$$f(t)=t^2 u(t), \quad g(t)=\begin{cases}2, & 1\leqslant t\leqslant 2,\\ 0, & \text{其他}.\end{cases}$$

解 如图 7.1 所示，由卷积的定义及性质有

$$f(t)*g(t) = \int_{-\infty}^{+\infty}f(\tau)g(t-\tau)\mathrm{d}\tau = \int_{-\infty}^{+\infty}g(\tau)f(t-\tau)\mathrm{d}\tau.$$

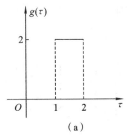

(a)

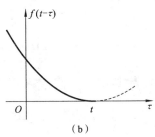

(b)

图 7.1

当 $t \leqslant 1$ 时,

$$f(t) * g(t) = 0.$$

当 $1 < t < 2$ 时,

$$f(t) * g(t) = \int_1^t 2(t - \tau)^2 \mathrm{d}\tau = \frac{2}{3}(t - 1)^3.$$

当 $t \geqslant 2$ 时,

$$f(t) * g(t) = \int_1^2 2(t - \tau)^2 \mathrm{d}\tau = \frac{2}{3}[(t-1)^3 - (t-2)^3].$$

综合可得

$$f(t) * g(t) = \begin{cases} 0, & t \leqslant 1, \\ \dfrac{2}{3}(t-1)^3, & 1 < t < 2, \\ \dfrac{2}{3}[(t-1)^3 - (t-2)^3], & t \geqslant 2. \end{cases}$$

例 7.3.8 求偏微分方程初值问题的解 $u(x, t)$

$$\begin{cases} u_{tt} = a^2 u_{xx} \ (-\infty < x < +\infty, t > 0), \\ \lim\limits_{|x| \to +\infty} u(x, t) = 0, \ \lim\limits_{|x| \to +\infty} u_x(x, t) = 0, \\ u(x, 0) = f(x), u_t(x, 0) = 0. \end{cases}$$

解 分以下几步进行.

第一步:先把自变量 t 看作常数. 设关于变量 x 的函数 $u(x, t)$ 的傅里叶变换为 $U(\omega, t)$,则

$$U(\omega, t) = \mathscr{F}[u(x, t)] = \int_{-\infty}^{+\infty} u(x, t)\mathrm{e}^{-\mathrm{j}\omega x} \mathrm{d}x. \tag{1}$$

$U(\omega, t)$ 是 ω, t 的二元函数. 由傅里叶变换的微分性质及边界条件,可得

$$\mathscr{F}[u_{xx}(x, t)] = (\mathrm{j}\omega)^2 \mathscr{F}[u(x, t)] = -\omega^2 U(\omega, t). \tag{2}$$

第二步:对初始条件 $u(x, 0) = f(x)$ 两边取傅里叶积分变换,可得

$$\mathscr{F}[u(x, 0)] = \int_{-\infty}^{+\infty} u(x, 0)\mathrm{e}^{-\mathrm{j}\omega x} \mathrm{d}x = \mathscr{F}[f(x)] \xlongequal{\text{记做}} F(\omega).$$

与式(1)作比较可知,这个初始条件取得傅里叶变换后为

$$U(\omega, t)|_{t=0} = U(\omega, 0) = F(\omega), \tag{3}$$

而另一个初始条件 $u_t(x, 0) = 0$ 两边取傅里叶变换后为

$$\mathscr{F}[u_t(x, 0)] = \int_{-\infty}^{+\infty} u_t(x, 0)\mathrm{e}^{-\mathrm{j}\omega x} \mathrm{d}x = 0. \tag{4}$$

第三步:式(1)两边对 t 求导数(此时将 ω 看作是固定的),可得

$$\frac{\partial U(\omega, t)}{\partial t} = \int_{-\infty}^{+\infty} u_t(x, t)\mathrm{e}^{-\mathrm{j}\omega x} \mathrm{d}x.$$

与式(4)作比较可知,初始条件 $u_t(x, 0) = 0$,两边取傅里叶变换后为

$$\left.\frac{\partial U(\omega,t)}{\partial t}\right|_{t=0}=0. \tag{5}$$

此外

$$\frac{\partial^2 U(\omega,t)}{\partial t^2}=\int_{-\infty}^{+\infty}\frac{\partial^2 u(x,t)}{\partial t^2}\mathrm{e}^{-\mathrm{j}\omega x}\,\mathrm{d}x. \tag{6}$$

第四步:将所给的偏微分方程两边对自变量 x 取傅里叶变换,并由式(2)和式(6)得

$$\frac{\partial^2 U(\omega,t)}{\partial t^2}=-a^2\omega^2 U(\omega,t).$$

将 ω 看作常数,上式为以 t 为自变量的常微分方程,可以写为

$$\frac{\mathrm{d}^2 U(\omega,t)}{\mathrm{d}t^2}+a^2\omega^2 U(\omega,t)=0,$$

其特征方程为 $r^2+a^2\omega^2=0$,有两根 $r_1=a\omega\mathrm{j},r_2=-a\omega\mathrm{j}$,其通解为

$$U(\omega,t)=C_1\mathrm{e}^{a\omega\mathrm{j}t}+C_2\mathrm{e}^{-a\omega\mathrm{j}t}.$$

代入变换后的初始条件式(3)与式(5),可知

$$\begin{cases}C_1+C_2=F(\omega),\\ C_1-C_2=0\end{cases}\Rightarrow C_1=C_2=\frac{1}{2}F(\omega),$$

所以 $\qquad U(\omega,t)=F(\omega)\cos(a\omega t),\quad$ 其中 $F(\omega)=\mathscr{F}[f(x)]$.

第五步:求像函数 $U(\omega,t)$ 关于 ω 的傅里叶逆变换 $u(x,t)$,即

$$u(x,t)=\mathscr{F}^{-1}[U(\omega,t)]=\frac{1}{2\pi}\int_{-\infty}^{+\infty}F(\omega)\cos(a\omega t)\mathrm{e}^{\mathrm{j}\omega x}\,\mathrm{d}\omega$$

$$=\frac{1}{2\pi}\int_{-\infty}^{+\infty}F(\omega)\frac{\mathrm{e}^{a\omega t\mathrm{j}}+\mathrm{e}^{-a\omega t\mathrm{j}}}{2}\mathrm{e}^{\mathrm{j}\omega x}\,\mathrm{d}\omega$$

$$=\frac{1}{2}\left[\frac{1}{2\pi}\int_{-\infty}^{+\infty}F(\omega)\mathrm{e}^{\mathrm{j}\omega(x+at)}\,\mathrm{d}\omega+\frac{1}{2\pi}\int_{-\infty}^{+\infty}F(\omega)\mathrm{e}^{\mathrm{j}\omega(x-at)}\,\mathrm{d}\omega\right]$$

$$=\frac{1}{2}[f(x+at)+f(x-at)].$$

综上所述,所求的解为

$$u(x,t)=\frac{1}{2}[f(x+at)+f(x-at)].$$

7.4 教材习题全解

练习题 7.1

1. 求下列函数的傅里叶积分.

(1) $f(t)=\begin{cases}1-t^2, & |t|<1,\\ 0, & |t|>1;\end{cases}$ (2) $f(t)=\begin{cases}\sin t, & |t|\leqslant\pi,\\ 0, & |t|>\pi.\end{cases}$

解　(1) 由于 $f(t)$ 为偶函数, 由傅里叶余弦积分公式有

$$f(t) = \frac{2}{\pi} \int_0^{+\infty} \left[\int_0^{+\infty} f(\tau) \cos\omega\tau \, d\tau \right] \cos\omega t \, dt,$$

$$\int_0^{+\infty} f(\tau) \cos\omega\tau \, d\tau = \int_0^1 (1-\tau^2) \cos\omega\tau \, d\tau = \int_0^1 (1-\tau^2) \frac{d\sin\omega\tau}{\omega}$$

$$= (1-\tau^2) \frac{\sin\omega\tau}{\omega} \Big|_{\tau=0}^{\tau=1} - \int_0^1 \frac{\sin\omega\tau}{\omega} (-2\tau) \, d\tau$$

$$= \int_0^1 \frac{2\tau\sin\omega\tau}{\omega} \, d\tau = \int_0^1 \frac{2\tau}{\omega^2} (-1) \, d\cos\omega\tau$$

$$= -\frac{2\tau\cos\omega\tau}{\omega^2} \Big|_{\tau=0}^{\tau=1} + \int_0^1 \frac{2\cos\omega\tau}{\omega^2} \, d\tau$$

$$= -\frac{2\cos\omega}{\omega^2} + \frac{2\sin\omega\tau}{\omega^3} \Big|_{\tau=0}^{\tau=1}$$

$$= \frac{2\sin\omega}{\omega^3} - \frac{2\cos\omega}{\omega^2} = \frac{2[\sin\omega - \omega\cos\omega]}{\omega^3}.$$

所以,

$$f(t) = \frac{4}{\pi} \int_0^{+\infty} \frac{[\sin\omega - \omega\cos\omega]\cos\omega t}{\omega^3} \, d\omega.$$

(2) 由于 $f(t)$ 为奇函数, 利用正弦积分公式得

$$\int_0^{+\infty} f(\tau) \sin\omega\tau \, d\tau = \int_0^\pi \sin\tau \sin\omega\tau \, d\tau = \int_0^\pi \frac{1}{2} [\cos(\tau - \omega\tau) - \cos(\tau + \omega\tau)] \, d\tau$$

$$= \frac{1}{2} \frac{\sin(1-\omega)\tau}{1-\omega} \Big|_0^\pi - \frac{1}{2} \frac{\sin(1+\omega)\tau}{1+\omega} \Big|_{\tau=0}^{\tau=\pi}$$

$$= \frac{1}{2} \cdot \frac{\sin(1-\omega)\pi}{1-\omega} - \frac{1}{2} \frac{\sin(1+\omega)\pi}{1+\omega}$$

$$= \frac{1}{2} \frac{\sin\omega\pi}{1-\omega} + \frac{1}{2} \frac{\sin\omega\pi}{1+\omega} = \frac{\sin\omega\pi}{1-\omega^2}.$$

所以,

$$f(t) = \frac{2}{\pi} \int_0^{+\infty} \frac{\sin\omega\pi}{1-\omega^2} \sin\omega t \, d\omega.$$

2. 求指数衰减函数 $f(t) = \begin{cases} 0, & t < 0, \\ e^{-\beta t}, & t \geq 0 \end{cases}$ $(\beta > 0)$ 的傅里叶积分, 证明:

$$\int_0^{+\infty} \frac{\beta\cos\omega t + \omega\sin\omega t}{\beta^2 + \omega^2} \, d\omega = \begin{cases} 0, & t < 0, \\ \dfrac{\pi}{2}, & t = 0, \\ \pi e^{-\beta t}, & t > 0. \end{cases}$$

解　利用傅里叶积分公式, 先求

$$\int_{-\infty}^{+\infty} f(t) e^{-j\omega t} \, dt = \int_0^{+\infty} e^{-\beta t} \cdot e^{-j\omega t} \, dt = \frac{1}{\beta + j\omega} = \frac{\beta - j\omega}{\beta^2 + \omega^2}.$$

所以,$f(t)$ 的傅里叶积分公式为

$$f(t) = \frac{1}{2\pi}\int_{-\infty}^{+\infty}\frac{\beta - j\omega}{\beta^2 + \omega^2}e^{j\omega t}d\omega = \frac{1}{2\pi}\int_{-\infty}^{+\infty}\frac{\beta - j\omega}{\beta^2 + \omega^2}(\cos\omega t + j\sin\omega t)d\omega$$

$$= \frac{1}{2\pi}\int_{-\infty}^{+\infty}\left(\frac{\beta\cos\omega t + \omega\sin\omega t}{\beta^2 + \omega^2} + j\cdot\frac{\beta\sin\omega t - \omega\cos\omega t}{\beta^2 + \omega^2}\right)d\omega.$$

又因为 $\dfrac{\beta\sin\omega t - \omega\cos\omega t}{\beta^2 + \omega^2}$ 是关于 ω 的奇函数,$\dfrac{\beta\cos\omega t + \omega\sin\omega t}{\beta^2 + \omega^2}$ 是关于 ω 的偶函数,故 $f(t)$ 的傅里叶积分为

$$f(t) = \frac{1}{\pi}\int_0^{+\infty}\frac{\beta\cos\omega t + \omega\sin\omega t}{\beta^2 + \omega^2}d\omega.$$

由积分公式可得

$$\int_0^{+\infty}\frac{\beta\cos\omega t + \omega\sin\omega t}{\beta^2 + \omega^2}d\omega = \pi f(t) = \begin{cases} 0, & t < 0, \\ \pi\dfrac{f(t+0) + f(t-0)}{2} = \dfrac{\pi}{2}, & t = 0, \\ \pi e^{-\beta t} & t > 0. \end{cases}$$

练习题 7.2

1. 求函数 $f(t) = \begin{cases} \sin t, & |t| \leqslant \pi, \\ 0, & |t| > \pi \end{cases}$ 的傅里叶变换,并证明:

$$\int_0^{+\infty}\frac{\sin\omega\,\pi\sin\omega t}{1 - \omega}d\omega = \begin{cases} \dfrac{\pi}{2}\sin t, & |t| \leqslant \pi, \\ 0, & |t| > \pi. \end{cases}$$

解 由傅里叶变换的公式得

$$F(\omega) = \int_{-\infty}^{+\infty}f(t)e^{-j\omega t}dt = \int_{-\pi}^{\pi}\sin t\,e^{-j\omega t}dt$$

$$= \int_{-\pi}^{\pi}\sin t(\cos\omega t - j\sin\omega t)dt = -2j\int_0^{\pi}\sin t\sin\omega t\,dt$$

$$= j\int_0^{\pi}\left[\cos(\omega+1)t - \cos(\omega-1)t\right]dt$$

$$= j\left(\frac{\sin(\omega+1)t}{\omega+1}\bigg|_0^{\pi} - \frac{\sin(\omega-1)t}{\omega-1}\bigg|_0^{\pi}\right)$$

$$= j\left(\frac{-\sin\omega\,\pi}{\omega+1} - \frac{-\sin\omega\,\pi}{\omega-1}\right) = \frac{2j\sin\omega\,\pi}{\omega^2 - 1}.$$

$$\mathscr{F}^{-1}[F(\omega)] = \frac{1}{2\pi}\int_{-\infty}^{+\infty}F(\omega)e^{j\omega t}d\omega = \frac{1}{2\pi}\int_{-\infty}^{+\infty}\frac{2j\sin\omega\,\pi}{\omega^2 - 1}(\cos\omega t + j\sin\omega t)d\omega$$

$$= -\frac{1}{\pi}\int_{-\infty}^{+\infty}\frac{\sin\omega\,\pi\sin\omega t}{\omega^2 - 1}d\omega + \frac{j}{\pi}\int_{-\infty}^{+\infty}\frac{\sin\omega\,\pi\cos\omega t}{\omega^2 - 1}d\omega$$

$$= -\frac{2}{\pi}\int_0^{+\infty}\frac{\sin\omega\,\pi\sin\omega t}{\omega^2 - 1}d\omega = \begin{cases} \sin t, & |t| \leqslant \pi, \\ 0, & |t| > \pi. \end{cases}$$

故
$$\int_0^{+\infty} \frac{\sin\omega\, \pi\sin\omega t}{1-\omega^2} \mathrm{d}\omega = \begin{cases} \dfrac{\pi}{2}\sin t, & |t| \leqslant \pi, \\[2mm] 0, & |t| > \pi. \end{cases}$$

2. 已知 $f(t)=\mathrm{e}^{-t}, t\geqslant 0$,求

(1) $f(t)$ 的正弦傅里叶变换;

(2) $f(t)$ 的余弦傅里叶变换.

解　(1) 由定义 $f(t)$ 的正弦傅里叶变换为

$$Fs(\omega) = \int_0^{+\infty} f(t)\sin\omega t\, \mathrm{d}t = \int_0^{+\infty} \mathrm{e}^{-t} \cdot \frac{\mathrm{e}^{\mathrm{j}\omega t} - \mathrm{e}^{-\mathrm{j}\omega t}}{2\mathrm{j}} \mathrm{d}t$$

$$= \frac{1}{2\mathrm{j}} \int_0^{+\infty} \left[\mathrm{e}^{-(1-\mathrm{j}\omega)t} - \mathrm{e}^{-(1+\mathrm{j}\omega)t} \right] \mathrm{d}t$$

$$= \frac{1}{2\mathrm{j}} \left[\frac{1}{1-\mathrm{j}\omega} - \frac{1}{1+\mathrm{j}\omega} \right] = \frac{\omega}{1+\omega^2}.$$

(2) 由定义 $f(t)$ 的余弦傅里叶变换为

$$Fc(\omega) = \int_0^{+\infty} f(t)\cos\omega t\, \mathrm{d}t = \int_0^{+\infty} \mathrm{e}^{-t} \cdot \frac{\mathrm{e}^{\mathrm{j}\omega t} + \mathrm{e}^{-\mathrm{j}\omega t}}{2} \mathrm{d}t$$

$$= \frac{1}{2} \int_0^{+\infty} \left[\mathrm{e}^{-(1-\mathrm{j}\omega)t} + \mathrm{e}^{-(1+\mathrm{j}\omega)t} \right] \mathrm{d}t$$

$$= \frac{1}{2} \left[\frac{1}{1-\mathrm{j}\omega} + \frac{1}{1+\mathrm{j}\omega} \right] = \frac{1}{1+\omega^2}.$$

3. 已知某函数的傅里叶变换为 $F(\omega) = \dfrac{\sin\omega}{\omega}$,求该函数 $f(t)$.

解　利用傅里叶逆变换式,有

$$f(t) = \frac{1}{2\pi} \int_{-\infty}^{+\infty} F(\omega)\mathrm{e}^{\mathrm{j}\omega t}\, \mathrm{d}\omega = \frac{1}{2\pi} \int_{-\infty}^{+\infty} \frac{\sin\omega}{\omega}(\cos\omega t + \mathrm{j}\sin\omega t)\, \mathrm{d}\omega$$

$$= \frac{1}{\pi} \int_0^{+\infty} \frac{\sin\omega \cos\omega t}{\omega}\, \mathrm{d}\omega = \frac{1}{\pi} \int_0^{+\infty} \frac{1}{\omega} \cdot \frac{1}{2}\left[\sin(1+t)\omega + \sin(1-t)\omega \right]\mathrm{d}\omega$$

$$= \frac{1}{2\pi} \left\{ \int_0^{+\infty} \frac{\sin(1+t)\omega}{\omega}\, \mathrm{d}\omega + \int_0^{+\infty} \frac{\sin(1-t)\omega}{\omega}\, \mathrm{d}\omega \right\}$$

$$= \begin{cases} \dfrac{1}{2\pi}\left(\dfrac{\pi}{2} + \dfrac{\pi}{2} \right) = \dfrac{1}{2}, & 1+t>0, 1-t>0 \text{ 时}, \\[2mm] 0, & 1+t、1-t \text{ 异号时}, \\[2mm] \dfrac{1}{2\pi} \cdot \dfrac{\pi}{2}, & 1+t=0 \text{ 或 } 1-t=0 \end{cases}$$

$$= \begin{cases} \dfrac{1}{2}, & |t|<1, \\[2mm] 0, & |t|>1, \\[2mm] \dfrac{1}{4}, & |t|=1. \end{cases}$$

故该函数 $f(t)$ 为

$$f(t)=\begin{cases}\dfrac{1}{2}, & |t|<1, \\[2mm] \dfrac{1}{4}, & |t|=1, \\[2mm] 0, & |t|>1.\end{cases}$$

4. 求函数 $f(t)=\cos\left(3t+\dfrac{\pi}{6}\right)$ 的傅里叶变换.

解 由傅里叶变换公式得

$$F(\omega)=\int_{-\infty}^{+\infty}\cos\left(3t+\frac{\pi}{6}\right)\mathrm{e}^{-\mathrm{j}\omega t}\mathrm{d}t=\int_{-\infty}^{+\infty}\frac{1}{2}\left[\mathrm{e}^{\mathrm{j}\left(3t+\frac{\pi}{6}\right)}+\mathrm{e}^{-\mathrm{j}\left(3t+\frac{\pi}{6}\right)}\right]\mathrm{e}^{-\mathrm{j}\omega t}\mathrm{d}t$$

$$=\frac{1}{2}\int_{-\infty}^{+\infty}\left[\mathrm{e}^{-\mathrm{j}(\omega-3)t}\cdot\mathrm{e}^{\mathrm{j}\frac{\pi}{6}}+\mathrm{e}^{-\mathrm{j}(\omega+3)t}\cdot\mathrm{e}^{-\mathrm{j}\frac{\pi}{6}}\right]\mathrm{d}t$$

$$=\pi\left[\mathrm{e}^{\mathrm{j}\frac{\pi}{6}}\delta(\omega-3)+\mathrm{e}^{-\mathrm{j}\frac{\pi}{6}}\cdot\delta(\omega+3)\right]$$

$$=\frac{\pi}{2}\left[(\sqrt{3}+\mathrm{j})\delta(\omega-3)+(\sqrt{3}-\mathrm{j})\delta(\omega+3)\right].$$

练习题 7.3

1. 设 $\delta(t)$ 为单位脉冲函数,则 $\displaystyle\int_{-\infty}^{+\infty}\delta(t)\cos^2\left(t+\dfrac{\pi}{3}\right)\mathrm{d}t=$ _____.

解 $$\int_{-\infty}^{+\infty}f(t)\cos^2\left(t+\frac{\pi}{3}\right)\mathrm{d}t=\cos^2\left(t+\frac{\pi}{3}\right)\Big|_{t=0}=\frac{1}{4}.$$

2. 求符号函数 $\mathrm{sgn}(t)=\begin{cases}1, & t>0, \\ 0, & t=0, \\ -1, & t<0\end{cases}$ 的傅里叶变换(提示:$\mathrm{sgn}(t)=2u(t)-1$

或 $\mathrm{sgn}(t)=u(t)-u(-t)$).

解 已知

$$\mathscr{F}[u(t)]=\frac{1}{\mathrm{j}\omega}+\pi\delta(\omega),\quad \mathscr{F}[1]=2\pi\delta(\omega).$$

由 $\mathrm{sgn}t=2u(t)-1$,有

$$\mathscr{F}[\mathrm{sgn}t]=2\left[\frac{1}{\mathrm{j}\omega}+\pi\delta(\omega)\right]-2\pi\delta(\omega)=\frac{2}{\mathrm{j}\omega}.$$

3. 求函数 $f(t)=\cos 2t\cdot\sin 2t$ 的傅里叶变换.

解 已知

$$\mathscr{F}[\sin\omega_0 t]=\mathrm{j}\pi[\delta(\omega+\omega_0)-\delta(\omega-\omega_0)].$$

由 $f(t)=\cos 2t\cdot\sin 2t=\dfrac{1}{2}\sin 4t$,有

$$\mathscr{F}[f(t)]=\frac{\pi j}{2}[\delta(\omega+4)-\delta(\omega-4)].$$

练习题 7.4

1. 求 $f(t)=\sin^2 2t$ 的傅里叶变换.

解　已知

$$\mathscr{F}[\cos\omega_0 t]=\pi[\delta(\omega+\omega_0)+\delta(\omega-\omega_0)],\quad \mathscr{F}[1]=2\pi\cdot\delta(\omega).$$

由 $f(t)=\sin^2 2t=\frac{1}{2}(1-\cos 4t)$,有

$$\mathscr{F}[f(t)]=\frac{1}{2}\{2\pi\delta(\omega)-\pi[\delta(\omega+4)+\delta(\omega-4)]\}$$

$$=\pi\delta(\omega)-\frac{\pi}{2}[\delta(\omega+4)+\delta(\omega-4)].$$

2. 设 $F(\omega)=\mathscr{F}[f(t)]$,证明如下性质.

（1）翻转性质：

$$F(-\omega)=\mathscr{F}[f(-t)];$$

（2）对称性质：

$$\mathscr{F}[F(\mp t)]=2\pi f(\pm\omega).$$

证　（1）由傅里叶变换的定义,有

$$\mathscr{F}[f(-t)]=\int_{-\infty}^{+\infty}f(-t)\mathrm{e}^{-j\omega t}\,\mathrm{d}t \xrightarrow{\text{令}-t=\tau} \int_{+\infty}^{-\infty}f(\tau)\mathrm{e}^{j\omega\tau}\,\mathrm{d}(-\tau)$$

$$=\int_{-\infty}^{+\infty}f(\tau)\mathrm{e}^{-j(-\omega)\tau}\,\mathrm{d}\tau=F(-\omega).$$

即证.

（2）由 $F(\omega)=\mathscr{F}[f(t)]$,有 $f(t)=\mathscr{F}^{-1}[F(\omega)]$,即

$$f(t)=\frac{1}{2\pi}\int_{-\infty}^{+\infty}F(\omega)\mathrm{e}^{j\omega t}\,\mathrm{d}\omega,$$

将上式中积分变量 ω 与变量 t 互换,有

$$f(\omega)=\frac{1}{2\pi}\int_{-\infty}^{+\infty}F(t)\mathrm{e}^{jt\omega}\,\mathrm{d}t.$$

所以,

$$f(\omega)=\frac{1}{2\pi}\int_{-\infty}^{+\infty}F(t)\mathrm{e}^{jt\omega}\,\mathrm{d}t \xrightarrow{t=-\tau} \frac{1}{2\pi}\int_{+\infty}^{-\infty}F(-\tau)\mathrm{e}^{-j\omega\tau}\,(-\mathrm{d}\tau)$$

$$=\frac{1}{2\pi}\int_{-\infty}^{+\infty}F(-\tau)\mathrm{e}^{-j\omega\tau}\,\mathrm{d}\tau \xrightarrow{\tau=t} \frac{1}{2\pi}\int_{-\infty}^{+\infty}F(-t)\mathrm{e}^{-j\omega t}\,\mathrm{d}t,$$

即

$$f(\omega)=\mathscr{F}[F(-t)/2\pi],\quad \mathscr{F}[F(-t)]=2\pi f(\omega).$$

又

$$f(-\omega)=\frac{1}{2\pi}\int_{-\infty}^{+\infty}F(t)\mathrm{e}^{-jt\omega}\,\mathrm{d}t,$$

有 $\qquad f(-\omega)=\mathscr{F}[F(t)/2\pi]$, 即 $\mathscr{F}[F(t)]=2\pi f(-\omega)$.

3. 设 $F(\omega)=\mathscr{F}[f(t)]$,利用傅里叶变换的性质求下列函数的傅里叶变换.

(1) $tf(2t)$; $\qquad$ (2) $(t-2)f(-t)$; $\qquad$ (3) $t^3f(2t)$;

(4) $tf'(t)$; $\qquad$ (5) $f(2t-3)$; $\qquad$ (6) $f(3-2t)$.

解 (1) 由于 $\mathscr{F}[f(2t)]=\dfrac{1}{2}F\left(\dfrac{\omega}{2}\right)$,所以

$$\mathscr{F}[g(t)]=\mathscr{F}[tf(2t)]=\frac{1}{2(-j)}\left[F\left(\frac{\omega}{2}\right)\right]'=\frac{j}{4}F'\left(\frac{\omega}{2}\right).$$

(2) $\mathscr{F}[g(t)]=\mathscr{F}[(t-2)f(-t)]=\mathscr{F}[tf(-t)]-2\mathscr{F}[f(-t)]$.

由第 2 题证明的翻转性质:$F(-\omega)=\mathscr{F}[f(-t)]$,有

$$\mathscr{F}[g(t)]=\frac{1}{-j}\cdot[F(-\omega)]'-2F(-\omega)=-jF'(-\omega)-2F(-\omega).$$

(3) $\mathscr{F}[t^3f(2t)]=\dfrac{1}{(-j)^3}\dfrac{\mathrm{d}^3}{\mathrm{d}t^3}\{\mathscr{F}[f(2t)]\}=-j\left[\dfrac{1}{2}F\left(\dfrac{\omega}{2}\right)\right]'''=-\dfrac{j}{16}F'''\left(\dfrac{\omega}{2}\right)$.

(4) 由于 $\mathscr{F}[f'(t)]=j\omega F(\omega)$,所以

$$\mathscr{F}[tf'(t)]=\frac{1}{(-j)}\cdot\frac{\mathrm{d}}{\mathrm{d}\omega}\mathscr{F}[f'(t)]=\frac{1}{-j}\cdot j[\omega F(\omega)]'$$

$$=-[F(\omega)+\omega F'(\omega)].$$

(5) $\mathscr{F}[f(2t-3)]=\mathscr{F}[f(t-3)|_{2t}]=\dfrac{1}{2}\mathscr{F}[f(t-3)]\Big|_{\frac{\omega}{2}}$

$$=\frac{1}{2}F(\omega)\mathrm{e}^{-3j\omega}\Big|_{\frac{\omega}{2}}=\frac{1}{2}F\left(\frac{\omega}{2}\right)\mathrm{e}^{-\frac{3}{2}j\omega}.$$

(6) 因为 $f(3-2t)=f[-(2t-3)]$,所以由(5)的结果与翻转性质可得

$$\mathscr{F}[3-2t]=\frac{1}{2}\mathrm{e}^{\frac{3}{2}\omega j}F\left(\frac{-\omega}{2}\right).$$

4. 证明 $tu(t)$ 的傅里叶变换为 $j\pi\delta'(\omega)+\dfrac{1}{(j\omega)^2}$.

证 已知 $\mathscr{F}[u(t)]=\pi\delta(\omega)+\dfrac{1}{j\omega}$,则

$$\mathscr{F}[tu(t)]=\frac{1}{(-j)}\left[\pi\delta'(\omega)-\left(\frac{1}{j\omega}\right)'\right]=j\left[\pi\delta'(\omega)-\frac{j}{(j\omega)^2}\right]$$

$$=j\pi\delta'(\omega)+\frac{1}{(j\omega)^2}.$$

即证.

5. 求下列函数的傅里叶变换.

(1) $f(t)=\mathrm{e}^{j\omega_0t}u(t)$; $\qquad$ (2) $f(t)=\mathrm{e}^{j\omega_0t}tu(t)$;

(3) $f(t)=\mathrm{e}^{j\omega_0t}u(t-1)$; $\qquad$ (4) $f(t)=u(t)\sin\omega_0t$.

解　(1) 由 $\mathscr{F}[u(t)]=\dfrac{1}{j\omega}+\pi\delta(\omega)$，根据象函数位移公式，有

$$\mathscr{F}[e^{j\omega_0 t}u(t)]=\frac{1}{j(\omega-\omega_0)}+\pi\delta(\omega-\omega_0).$$

(2) 由(1)与象函数微分性质，有

$$\mathscr{F}[e^{j\omega_0 t}tu(t)]=\frac{1}{(-j)}\frac{d}{d\omega}\mathscr{F}[e^{j\omega_0 t}u(t)]=\frac{1}{(-j)}\frac{d}{d\omega}\left\{\frac{1}{j(\omega-\omega_0)}+\pi\delta(\omega-\omega_0)\right\}$$

$$=-\frac{1}{(\omega-\omega_0)^2}+\pi j\delta'(\omega-\omega_0).$$

(3) 由位移公式，有

$$\mathscr{F}[u(t-1)]=e^{-j\omega}\left[\frac{1}{j\omega}+\pi\delta(\omega)\right]$$

再由象函数位移公式，得

$$\mathscr{F}[e^{j\omega_0 t}u(t-1)]=e^{-j(\omega-\omega_0)}\left[\frac{1}{j(\omega-\omega_0)}+\pi\delta(\omega-\omega_0)\right].$$

(4) 由于 $\mathscr{F}[u(t)]=\dfrac{1}{j\omega}+\pi\delta(\omega)$，所以，有

$$\mathscr{F}[f(t)]=\mathscr{F}[\sin\omega_0 t\cdot u(t)]=\frac{1}{2j}\{\mathscr{F}[e^{j\omega_0 t}u(t)]-\mathscr{F}[e^{-j\omega_0 t}u(t)]\}$$

$$=\frac{1}{2j}\left[\frac{1}{j(\omega-\omega_0)}+\pi\delta(\omega-\omega_0)-\frac{1}{j(\omega+\omega_0)}-\pi\delta(\omega+\omega_0)\right]$$

$$=\frac{1}{2j}\cdot\frac{2\omega_0}{(\omega^2-\omega_0^2)j}+\frac{\pi}{2j}[\delta(\omega-\omega_0)-\delta(\omega+\omega_0)]$$

$$=\frac{\omega_0}{\omega_0^2-\omega^2}+\frac{\pi}{2j}[\delta(\omega-\omega_0)-\delta(\omega+\omega_0)].$$

6. 若 $f_1(t)=\begin{cases}e^{-t}, & t\geq 0,\\ 0, & t<0,\end{cases}$ $f_2(t)=\begin{cases}\sin t, & 0\leq t\leq\dfrac{\pi}{2},\\ 0, & \text{其他}.\end{cases}$ 求 $f_1(t)*f_2(t)$.

解　$f_1(t)*f_2(t)=\displaystyle\int_{-\infty}^{+\infty}f_1(\tau)f_2(t-\tau)d\tau$，

被积函 $f_1(\tau)f_2(t-\tau)$ 仅在 $\begin{cases}\tau\geq 0,\\ 0\leq t-\tau\leq\dfrac{\pi}{2}\end{cases}$ 时才不为 0.

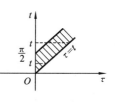

图 7.2

将此不等式的解在 t、τ 平面上做出，如图 7.2 所示的是一条位于第一象限内斜带形.

取定 t 后，积分仅在过 $(0,t)$ 点与 τ 轴平行的直线落在该带形内部的线段上有非 0 部分.

所以，当 $t<0$ 时，$f_1(t)*f_2(t)=0$.

当 $0 \leqslant t \leqslant \dfrac{\pi}{2}$ 时，

$$
\begin{aligned}
f_1(t) * f_2(t) &= \int_0^t f_1(\tau) f_2(t-\tau) \mathrm{d}\tau = \int_0^t \mathrm{e}^{-\tau} \sin(t-\tau) \mathrm{d}\tau \\
&= \int_0^t \frac{1}{2\mathrm{j}} \big[\mathrm{e}^{\mathrm{j}t} \mathrm{e}^{(-1-\mathrm{j})\tau} - \mathrm{e}^{-\mathrm{j}t} \mathrm{e}^{(-1+\mathrm{j})\tau} \big] \mathrm{d}\tau \\
&= \frac{1}{2\mathrm{j}} \left\{ \mathrm{e}^{\mathrm{j}t} \cdot \frac{\mathrm{e}^{(-1-\mathrm{j})\tau}}{-1-\mathrm{j}} - \mathrm{e}^{-\mathrm{j}t} \cdot \frac{\mathrm{e}^{(-1+\mathrm{j})\tau}}{-1+\mathrm{j}} \right\} \Bigg|_{\tau=0}^{\tau=t} \\
&= \frac{1}{2\mathrm{j}} \left\{ \frac{\mathrm{e}^{-t} - \mathrm{e}^{\mathrm{j}t}}{-1-\mathrm{j}} - \frac{\mathrm{e}^{-t} - \mathrm{e}^{-\mathrm{j}t}}{-1+\mathrm{j}} \right\} \\
&= \frac{1}{2\mathrm{j}} \left\{ \mathrm{e}^{-t} \left(\frac{1}{-1-\mathrm{j}} - \frac{1}{-1+\mathrm{j}} \right) + \frac{\mathrm{e}^{-\mathrm{j}t}}{-1+\mathrm{j}} + \frac{\mathrm{e}^{\mathrm{j}t}}{1+\mathrm{j}} \right\} \\
&= \frac{1}{2} \mathrm{e}^{-t} + \mathrm{Im}\left(\frac{1}{1+\mathrm{j}} \mathrm{e}^{\mathrm{j}t} \right) = \frac{1}{2} \mathrm{e}^{-t} + \frac{1}{2} \sin t - \frac{1}{2} \cos t.
\end{aligned}
$$

当 $t \geqslant \dfrac{\pi}{2}$ 时，

$$
\begin{aligned}
f_1(t) * f_2(t) &= \int_{t-\frac{\pi}{2}}^{t} f_1(\tau) f_2(t-\tau) \mathrm{d}\tau = \int_{t-\frac{\pi}{2}}^{t} \mathrm{e}^{-t} \sin(t-\tau) \mathrm{d}\tau \\
&= \frac{1}{2\mathrm{j}} \left\{ \mathrm{e}^{\mathrm{j}t} \cdot \frac{\mathrm{e}^{(-1-\mathrm{j})\tau}}{-1-\mathrm{j}} - \mathrm{e}^{-\mathrm{j}t} \cdot \frac{\mathrm{e}^{(-1+\mathrm{j})\tau}}{-1+\mathrm{j}} \right\} \Bigg|_{\tau=t-\frac{\pi}{2}}^{\tau=t} \\
&= \frac{1}{2\mathrm{j}} \left\{ \frac{\mathrm{e}^{-t}\big[1 - \mathrm{e}^{\frac{1+\mathrm{j}}{2}\pi}\big]}{-1-\mathrm{j}} - \frac{\mathrm{e}^{-t}\big[1 - \mathrm{e}^{\frac{1-\mathrm{j}}{2}\pi}\big]}{-1+\mathrm{j}} \right\} \\
&= \mathrm{Im}\left\{ \frac{\mathrm{e}^{-t}\big[1 - \mathrm{e}^{\frac{1+\mathrm{j}}{2}\pi}\big]}{-1-\mathrm{j}} \right\} = \mathrm{Im}\left\{ \frac{1}{2} \mathrm{e}^{-t}\big[1 - \mathrm{j}\mathrm{e}^{\frac{\pi}{2}}\big][-1+\mathrm{j}] \right\} \\
&= \frac{1}{2}(1 + \mathrm{e}^{\frac{\pi}{2}}) \mathrm{e}^{-t}.
\end{aligned}
$$

综合以上，

$$
f_1(t) * f_2(t) = \begin{cases} 0, & t < 0, \\ \dfrac{1}{2}(\mathrm{e}^{-t} + \sin t - \cos t), & 0 \leqslant t \leqslant \dfrac{\pi}{2}, \\ \dfrac{1}{2}(1 + \mathrm{e}^{\frac{\pi}{2}}) \mathrm{e}^{-t}, & t \geqslant \dfrac{\pi}{2}. \end{cases}
$$

7. 利用卷积求下列函数的傅里叶变换.

(1) $F(\omega) = \dfrac{1}{(1+\mathrm{j}\omega)^2}$；　　　　　　(2) $F(\omega) = \dfrac{\sin 3\omega}{\omega(2+\mathrm{j}\omega)}$.

解　由卷积定理知

$$
\mathscr{F}^{-1}\big[F_1(\omega) \cdot F_2(\omega)\big] = f_1(t) * f_2(t).
$$

(1) 由于

$$\mathscr{F}\left[\mathrm{e}^{-t}u(t)\right]=\frac{1}{1+\mathrm{j}\omega}, \quad 且\ F(\omega)=\frac{1}{(1+\mathrm{j}\omega)^2}=\frac{1}{1+\mathrm{j}\omega}\cdot\frac{1}{1+\mathrm{j}\omega},$$

所以,由卷积定理得

$$\mathscr{F}^{-1}\left[F(\omega)\right]=\mathscr{F}^{-1}\left[\frac{1}{1+\mathrm{j}\omega}\cdot\frac{1}{1+\mathrm{j}\omega}\right]=\left[\mathrm{e}^{-t}u(t)\right]*\left[\mathrm{e}^{-t}u(t)\right].$$

当 $t<0$ 时,

$$\mathscr{F}^{-1}\left[F(\omega)\right]=0.$$

当 $t\geqslant0$ 时,

$$\mathscr{F}^{-1}\left[F(\omega)\right]=\int_0^t\mathrm{e}^{-\tau}\mathrm{e}^{-(t-\tau)}\,\mathrm{d}\tau=\mathrm{e}^{-t}\int_0^t\mathrm{d}\tau=t\mathrm{e}^{-t}.$$

所以,

$$\mathscr{F}^{-1}\left[F(\omega)\right]=\begin{cases}t\mathrm{e}^{-t}, & t\geqslant0,\\ 0, & t<0.\end{cases}$$

(2) 因为 $F(\omega)=\dfrac{\sin3\omega}{\omega}\cdot\dfrac{1}{2+\mathrm{j}\omega}$. 由傅里叶变换简表可得

$$f_1(t)=\mathscr{F}^{-1}\left[\frac{\sin3\omega}{\omega}\right]=\begin{cases}\dfrac{1}{2}, & |t|\leqslant3,\\[2mm] 0, & |t|>3;\end{cases}$$

$$f_2(t)=\mathscr{F}^{-1}\left[\frac{1}{2+\mathrm{j}\omega}\right]=\begin{cases}\mathrm{e}^{-2t}, & t\geqslant0,\\ 0, & t<0.\end{cases}$$

所以由卷积定理得

$$\mathscr{F}^{-1}\left[F(\omega)\right]=f_1(t)*f_2(t)=\int_{-\infty}^{+\infty}f_1(\tau)\cdot f_2(t-\tau)\mathrm{d}\tau.$$

当 $t<-3$ 时,

$$f_1(t)*f_2(t)=0.$$

当 $-3\leqslant t\leqslant3$ 时,

$$f_1(t)*f_2(t)=\int_{-3}^t\frac{1}{2}\mathrm{e}^{2(t-\tau)}\,\mathrm{d}\tau=\frac{1}{4}(\mathrm{e}^{2(t+3)}-1).$$

当 $t>3$ 时,

$$f_1(t)*f_2(t)=\int_{-3}^3\frac{1}{2}\mathrm{e}^{2(t-\tau)}\,\mathrm{d}\tau=\frac{1}{4}\left[\mathrm{e}^{2(t+3)}-\mathrm{e}^{2(t-3)}\right].$$

综合练习题 7

1. 求函数 $f(t)=\begin{cases}\mathrm{e}^t, & t\leqslant0,\\ 0, & t>0\end{cases}$ 的傅里叶变换.

解 由傅里叶变换公式,得

$$F(\omega)=\mathscr{F}\left[f(t)\right]=\int_{-\infty}^{+\infty}f(t)\mathrm{e}^{-\mathrm{j}\omega t}\,\mathrm{d}t=\int_{-\infty}^0\mathrm{e}^t\cdot\mathrm{e}^{-\mathrm{j}\omega t}\,\mathrm{d}t$$

$$= \int_{-\infty}^{0} e^{(1-j\omega)t} dt = \frac{1}{1-j\omega} e^{(1-j\omega)t} \Big|_{-\infty}^{0} = \frac{1}{1-j\omega}.$$

2. 求函数 $f(t) = \begin{cases} 1-t^2, & |t| \leqslant 1, \\ 0, & |t| > 1 \end{cases}$ 的傅里叶变换.

解 由本章练习题 7.1 第 1 题的解题可知

$$F(\omega) = \mathscr{F}[f(t)] = \int_{-\infty}^{+\infty} f(t) e^{-j\omega t} dt = \int_{-1}^{1} (1-t^2) e^{-j\omega t} dt$$

$$= \int_{-1}^{1} e^{-j\omega t} dt - \int_{-1}^{1} t^2 (\cos\omega t - j\sin\omega t) dt$$

$$= \frac{1}{-j\omega} e^{-j\omega t} \Big|_{-1}^{1} - 2 \int_{0}^{1} t^2 \cos\omega t \, dt$$

$$= \frac{2\sin\omega}{\omega} - \frac{2}{\omega} \left[t^2 \sin\omega t \Big|_{0}^{1} - \int_{0}^{1} 2t\sin\omega t \, dt \right]$$

$$= \frac{4}{\omega} \int_{0}^{1} t\sin\omega t \, dt = -\frac{4}{\omega^2} \left[t\cos\omega t \Big|_{0}^{1} - \int_{0}^{1} \cos\omega t \, dt \right]$$

$$= -\frac{4}{\omega^2} \left(\cos\omega - \frac{1}{\omega} \sin\omega \right).$$

3. 求下列函数的傅里叶逆变换.

(1) $F(\omega) = \dfrac{2}{(3+j\omega)(5+j\omega)}$;   (2) $F(\omega) = \dfrac{1}{(2+j\omega)(1-j\omega)}$.

解 (1) $F(\omega) = \dfrac{2}{(3+j\omega)(5+j\omega)} = \dfrac{1}{3+j\omega} - \dfrac{1}{5+j\omega}$.

由 $\mathscr{F}^{-1}\left[\dfrac{1}{\beta+j\omega}\right] = e^{-\beta t} u(t)$ 及线性性质得

$$\mathscr{F}^{-1}[F(\omega)] = \mathscr{F}^{-1}\left[\frac{1}{3+j\omega}\right] - \mathscr{F}^{-1}\left[\frac{1}{5+j\omega}\right]$$

$$= e^{-3t} u(t) - e^{-5t} u(t).$$

(2) $F(\omega) = \dfrac{1}{(2+j\omega)(1-j\omega)} = \dfrac{1}{3}\left[\dfrac{1}{2+j\omega} + \dfrac{1}{1-j\omega}\right]$, 则由线性性质及第 1 题结果得

$$f(t) = \mathscr{F}^{-1}[F(\omega)] = \frac{1}{3}\left\{ \mathscr{F}^{-1}\left[\frac{1}{2+j\omega}\right] + \mathscr{F}^{-1}\left[\frac{1}{1-j\omega}\right] \right\}$$

$$= \begin{cases} \dfrac{1}{3} e^{-2t}, & t \geqslant 0, \\ \dfrac{1}{3} e^{t}, & t < 0. \end{cases}$$

4. 已知 $\mathscr{F}[f(t)] = F(\omega)$, 且 $f(t)$、$F(\omega)$ 在无穷远处都趋于 0, 求下列函数的傅里叶变换.

(1) $tf(t)$;   (2) $(1-t)f(1-t)$;   (3) $tf(2t)$;

（4）$f(2t-2)$；　　（5）$tf'(t)$.

解　（1）由微分性质得

$$\mathscr{F}[tf(t)]=\frac{1}{(-\mathrm{j})}F'(\omega)=\mathrm{j}F'(\omega).$$

（2）由相似、位移性质得

$$\mathscr{F}[(1-t)f(1-t)]=\mathscr{F}[f(1+t)\,|_{-t}]=\mathscr{F}[f(1+t)]\,|_{-\omega}$$
$$=F(\omega)\mathrm{e}^{\mathrm{j}\omega}\,|_{-\omega}=F(-\omega)\mathrm{e}^{-\mathrm{j}\omega}.$$

再由线性、微分性质得

$$\mathscr{F}[(1-t)f(1-t)]=\mathscr{F}[f(1-t)]-\mathscr{F}[tf(1-t)]$$
$$=F(-\omega)\mathrm{e}^{-\mathrm{j}\omega}-\frac{1}{(-\mathrm{j})}[F(-\omega)\mathrm{e}^{-\mathrm{j}\omega}]'$$
$$=F(-\omega)\mathrm{e}^{-\mathrm{j}\omega}-\mathrm{j}[-F'(-\omega)\mathrm{e}^{-\mathrm{j}\omega}-\mathrm{j}\mathrm{e}^{-\mathrm{j}\omega}F(-\omega)]$$
$$=F(-\omega)\mathrm{e}^{-\mathrm{j}\omega}+\mathrm{j}F'(-\omega)\mathrm{e}^{-\mathrm{j}\omega}-F(-\omega)\mathrm{e}^{-\mathrm{j}\omega}=\mathrm{j}F'(-\omega)\mathrm{e}^{-\mathrm{j}\omega}.$$

（3）由相似性质得

$$\mathscr{F}[f(2t)]=\frac{1}{2}F\left(\frac{\omega}{2}\right).$$

再由微分性质得

$$\mathscr{F}[tf(2t)]=\frac{1}{-2\mathrm{j}}\left[F\left(\frac{\omega}{2}\right)\right]'=\frac{1}{4}\mathrm{j}F'\left(\frac{\omega}{2}\right).$$

（4）由（3）中所得 $\mathscr{F}[f(2t)]=\dfrac{1}{2}F\left(\dfrac{\omega}{2}\right)$，又由位移性质得

$$\mathscr{F}[f(2t-2)]=\mathscr{F}[f[2(t-1)]]=\frac{1}{2}\mathrm{e}^{\mathrm{j}\omega}\mathscr{F}[f(2t)]=\frac{1}{2}\mathrm{e}^{\mathrm{j}\omega}F\left(\frac{\omega}{2}\right).$$

（5）由微分性质得

$$\mathscr{F}[f'(t)]=\mathrm{j}\omega F(\omega),$$
$$\mathscr{F}[tf'(t)]=\frac{1}{-\mathrm{j}}[\mathrm{j}\omega F(\omega)]'=-[F(\omega)+\omega F'(\omega)].$$

5. 求函数

$$f(t)=\begin{cases}0,&t<1,\\1,&t\geqslant1\end{cases}\quad\text{和}\quad g(t)=\begin{cases}0,&t<1,\\\mathrm{e}^{-t},&t\geqslant1\end{cases}$$

的卷积 $f(t)*g(t)$.

解　当 $t<1$ 时，$f(t)*g(t)=0$.

当 $t\geqslant1$ 时，

$$f(t)*g(t)=\int_{-\infty}^{+\infty}f(\tau)\cdot f(t-\tau)\mathrm{d}\tau=\int_{1}^{t}\mathrm{e}^{-(t-\tau)}\mathrm{d}\tau$$
$$=\mathrm{e}^{\tau-t}\bigg|_{1}^{t}=1-\mathrm{e}^{1-t}.$$

故
$$f(t) * g(t) = \begin{cases} 1 - e^{-t}, & t \geqslant 1, \\ 0, & t < 1. \end{cases}$$

6. 设函数 $f(t) = u(t) \cdot e^{-at} (a > 0)$，$g(t) = u(t)\sin t$，利用傅里叶变换的卷积定理，求卷积 $f(t) * g(t)$.

解 $f_1(t) * f_2(t) = \displaystyle\int_{-\infty}^{+\infty} f_1(\tau) f_2(t-\tau) \mathrm{d}\tau = \int_{-\infty}^{+\infty} e^{-a\tau} u(\tau) \sin(t-\tau) u(t-\tau) \mathrm{d}\tau.$

由于被积函数中含因子 $u(\tau)u(t-\tau)$，它在 $\begin{cases} \tau > 0, \\ t-\tau > 0 \end{cases}$ 时为 1，其余为 0.

所以，$t < 0$ 时，上式为 0.

$t > 0$ 时，

$$\text{上式} = \int_0^t e^{-a\tau} \sin(t-\tau) \mathrm{d}\tau = \int_0^t e^{-a\tau} \cdot \frac{e^{j(t-\tau)} - e^{-j(t-\tau)}}{2j} \mathrm{d}\tau$$

$$= \int_0^t \frac{1}{2j} \{ e^{jt} \cdot e^{-(j+a)\tau} - e^{-jt} \cdot e^{(j-a)\tau} \} \mathrm{d}\tau$$

$$= \frac{1}{2j} \left\{ e^{jt} \cdot \frac{e^{-(j+a)\tau}}{-(j+a)} - e^{-jt} \cdot \frac{e^{(j-a)\tau}}{j-a} \right\} \Bigg|_{\tau=0}^{\tau=t}$$

$$= \frac{1}{2j} \left\{ \frac{e^{-at} - e^{jt}}{-(j+a)} - \frac{e^{-at} - e^{-jt}}{j-a} \right\}$$

$$= \frac{1}{2j} \left\{ \frac{e^{jt} - e^{-at}}{-(a+j)} - \frac{e^{-jt} - e^{-at}}{a-j} \right\}$$

$$= \frac{1}{2j} \cdot \frac{(a-j)(e^{jt} - e^{-at}) - (a+j)(e^{-jt} - e^{-at})}{(a+j)(a-j)}$$

$$= \frac{1}{2j} \cdot \frac{2je^{-at} + (a-j)e^{jt} - (a+j)e^{-jt}}{a^2 + 1}$$

$$= \frac{1}{a^2 + 1} \{ e^{-at} + \mathrm{Im}[(a-j)(\cos t + j\sin t)] \}$$

$$= \frac{1}{a^2 + 1} \{ e^{-at} - \cos t + a\sin t \}.$$

综合以上，有

$$f_1(t) * f_2(t) = \begin{cases} \dfrac{1}{1+a^2} (e^{-at} + a\sin t - \cos t), & t > 0, \\ 0, & t < 0. \end{cases}$$

7. 求解微分方程 $x'(t) + x(t) = \delta(t)$，$-\infty < t < +\infty$ 的解.

解 设 $\mathscr{F}[x(t)] = X(\omega)$，对方程两边同取傅里叶变换得

$$j\omega X(\omega) + X(\omega) = 1.$$

解之得

$$X(\omega) = \frac{1}{1+j\omega}.$$

由逆变换可得

$$x(t) = \mathscr{F}^{-1}[X(\omega)] = \mathscr{F}^{-1}\left[\frac{1}{1+j\omega}\right] = e^{-t}u(t).$$

8. 设 $f(t) = e^{-\beta t}u(t)\cos\omega_0 t\,(\beta>0)$，求 $\mathscr{F}[f(t)]$.

解　由卷积定理可得

$$\mathscr{F}[f(t)] = \frac{1}{2\pi}\mathscr{F}[e^{-\beta t}u(t)] * \mathscr{F}[\cos\omega_0 t].$$

由于

$$\mathscr{F}[e^{-\beta t}u(t)] = \frac{1}{\beta+j\omega},$$

$$\mathscr{F}[\cos\omega_0 t] = \pi[\delta(\omega+\omega_0)+\delta(\omega-\omega_0)].$$

因此，考虑到 δ 函数的筛选性质有

$$\mathscr{F}[f(t)] = \frac{1}{2\pi}\int_{-\infty}^{+\infty}\frac{\pi}{\beta+j\tau}[\delta(\omega+\omega_0-\tau)+\delta(\omega-\omega_0-\tau)]d\tau$$

$$= \frac{1}{2}\left[\frac{1}{\beta+j(\omega+\omega_0)}+\frac{1}{\beta+j(\omega-\omega_0)}\right] = \frac{\beta+j\omega}{\omega_0^2+(\beta+j\omega)^2}.$$

9. 求函数 $f(t) = \sin\omega_0 t \cdot u(t)$ 的傅里叶变换.

解　已知 $\mathscr{F}[u(t)] = \pi\delta(\omega)+\dfrac{1}{j\omega}$，又

$$f(t) = \sin\omega_0 t \cdot u(t) = \frac{1}{2j}(e^{j\omega_0 t}u(t)-e^{-j\omega_0 t}u(t)).$$

由位移性质有

$$\mathscr{F}[f(t)] = \frac{1}{2j}\left[\pi\delta(\omega-\omega_0)+\frac{1}{j(\omega-\omega_0)}-\pi(\omega+\omega_0)-\frac{1}{j(\omega+\omega_0)}\right]$$

$$= \frac{\pi}{2j}[\delta(\omega-\omega_0)-\delta(\omega+\omega_0)]-\frac{\omega_0}{\omega^2-\omega_0^2}.$$

第8章 拉普拉斯变换

8.1 内容提要

8.1.1 拉普拉斯变换的概念

拉普拉斯(Laplace)变换所考虑的对象通常是定义在区间$[0,+\infty)$上的实值函数 $f(t)$.

(1) 拉普拉斯(正)变换:

$$F(s) = \mathscr{L}[f(t)] = \int_0^{+\infty} f(t)\mathrm{e}^{-st}\,\mathrm{d}t \quad (其中\ s = \beta + \mathrm{j}\omega\ 为复参数) \tag{8-1}$$

(2) 拉普拉斯逆变换:

$$f(t) = \mathscr{L}^{-1}[F(s)] \tag{8-2}$$

其中,$F(s)$称为函数 $f(t)$ 的像函数,$f(t)$称为 $F(s)$ 的像原函数.

注1. 函数 $f(t)$ 的拉普拉斯变换就是函数 $f(t)u(t)\mathrm{e}^{-\beta t}$ 的傅里叶变换.

注2. 由于拉普拉斯变换只用到了函数 $f(t)$ 在 $t \geqslant 0$ 的部分,为方便起见,在拉普拉斯变换中所提到的函数一般均约定在 $t<0$ 的部分为零. 换言之,函数 $f(t)$ 等价于 $f(t)u(t)$.

8.1.2 拉普拉斯变换的性质

下面是拉普拉斯变换的一些基本性质,其中

$$F(s) = \mathscr{L}[f(t)] \tag{8-3}$$

$$G(s) = \mathscr{L}[g(t)] \tag{8-4}$$

(1) 线性性质: $\quad \mathscr{L}[af(t)+bg(t)] = aF(s)+bG(s) \tag{8-5}$

(2) 相似性质: $\quad \mathscr{L}[f(at)] = \dfrac{1}{a}F\left(\dfrac{s}{a}\right)(a\ 为正实数) \tag{8-6}$

(3) 延迟性质: $\quad \mathscr{L}[f(t-\tau)u(t-\tau)] = \mathrm{e}^{-s\tau}F(s) \tag{8-7}$

(4) 位移性质: $\quad \mathscr{L}[\mathrm{e}^{at}f(t)] = F(s-a) \tag{8-8}$

(5) 微分性质: $\quad \mathscr{L}[f^{(n)}(t)] = s^n F(s) - s^{n-1}f(0) - \cdots - f^{(n-1)}(0) \tag{8-9}$

$$\mathscr{L}^{-1}[F^{(n)}(s)] = (-1)^n t^n f(t) \tag{8-10}$$

(6) 积分性质: $\quad \mathscr{L}\left[\int_0^t f(t)\,\mathrm{d}t\right] = \dfrac{1}{s}F(s) \tag{8-11}$

$$\mathscr{L}^{-1}\left[\int_s^{\infty} F(s)\mathrm{d}s\right] = \frac{f(t)}{t} \tag{8-12}$$

（7）周期函数的像函数性质：设 $f(t)$ 是 $[0,+\infty)$ 内以 T 为周期的函数，且 $f(t)$ 在一个周期内逐段光滑，则

$$\mathscr{L}[f(t)] = \frac{1}{1-\mathrm{e}^{-st}}\int_0^T f(t)\mathrm{e}^{-st}\mathrm{d}t \tag{8-13}$$

8.1.3 卷积与卷积定理

下面是卷积与卷积定理.

（1）卷积定义： $\quad f_1(t) * f_2(t) = \int_0^t f_1(\tau)f_2(t-\tau)\mathrm{d}\tau \tag{8-14}$

（2）卷积定理： $\quad \mathscr{L}[f_1(t) * f_2(t)] = F_1(s)F_2(s) \tag{8-15}$

注：前面已约定函数 $f(t)$ 等价于函数 $f(t)u(t)$，因此，这里所给的卷积实际上与傅里叶变换中的卷积是一致的.

8.1.4 几个常用函数的拉普拉斯变换

拉普拉斯变换的几个常用函数.

$$\mathscr{L}[\delta(t)] = 1 \tag{8-16}$$

$$\mathscr{L}[u(t)] = \frac{1}{s} \tag{8-17}$$

$$\mathscr{L}[1] = \frac{1}{s} \tag{8-18}$$

$$\mathscr{L}[t^m] = \frac{m!}{s^{m+1}} \tag{8-19}$$

$$\mathscr{L}[\mathrm{e}^{at}] = \frac{1}{s-a} \tag{8-20}$$

$$\mathscr{L}[\sin bt] = \frac{b}{s^2+b^2} \tag{8-21}$$

$$\mathscr{L}[\cos bt] = \frac{s}{s^2+b^2} \tag{8-22}$$

8.1.5 拉普拉斯逆变换

1. 反演积分公式

$$f(t) = \mathscr{L}^{-1}[F(s)] = \frac{1}{2\pi\mathrm{j}}\int_{\beta-\mathrm{j}\infty}^{\beta+\mathrm{j}\infty} F(s)\mathrm{e}^{st}\mathrm{d}s \quad (t>0) \tag{8-23}$$

2. 利用留数计算反演积分

定理 8.1 设函数 $F(s)$ 除去半平面 $\mathrm{Res} \leqslant c$ 内有限个孤立奇点 $s_1, s_2, \cdots, s_n$ 外是

解析的,且当 $s \to \infty$ 时, $F(s) \to 0$,则有

$$f(t) = \mathscr{L}^{-1}[F(s)] = \frac{1}{2\pi \mathrm{j}} \int_{\beta-\mathrm{j}\infty}^{\beta+\mathrm{j}\infty} F(s) \mathrm{e}^{st} \, \mathrm{d}s = \sum_{k=1}^{n} \mathrm{Res}[F(s) \mathrm{e}^{st}, s_k] \quad (t > 0)$$

$$(8\text{-}24)$$

8.1.6 几个常用函数的拉普拉斯逆变换

拉普拉斯逆变换的几个常用函数.

$$\mathscr{L}^{-1}[1] = \delta(t) \tag{8-25}$$

$$\mathscr{L}^{-1}\left[\frac{1}{\sqrt{s}}\right] = \frac{1}{\sqrt{\pi t}} \tag{8-26}$$

$$\mathscr{L}^{-1}\left[\frac{1}{s}\right] = 1 \tag{8-27}$$

$$\mathscr{L}^{-1}\left[\frac{m!}{s^{m+1}}\right] = t^m \tag{8-28}$$

$$\mathscr{L}^{-1}\left[\frac{1}{s-a}\right] = \mathrm{e}^{at} \tag{8-29}$$

$$\mathscr{L}^{-1}\left[\frac{b}{(s-a)^2 + b^2}\right] = \mathrm{e}^{at} \sin bt \tag{8-30}$$

$$\mathscr{L}^{-1}\left[\frac{s-a}{(s-a)^2 + b^2}\right] = \mathrm{e}^{at} \cos bt \tag{8-31}$$

$$\mathscr{L}^{-1}\left[\frac{b}{s^2 + b^2}\right] = \sin bt \tag{8-32}$$

$$\mathscr{L}^{-1}\left[\frac{s}{s^2 + b^2}\right] = \cos bt \tag{8-33}$$

$$\mathscr{L}^{-1}\left[\frac{m!}{(s-a)^{m+1}}\right] = t^m \mathrm{e}^{at} \tag{8-34}$$

8.1.7 几个常用的拉普拉斯逆变换的性质

下面是拉普拉斯逆变换的一些常用性质.

$$\mathscr{L}^{-1}[F(s-a)] = \mathrm{e}^{at} f(t) \tag{8-35}$$

$$\mathscr{L}^{-1}[\mathrm{e}^{-s\tau} F(s)] = f(t-\tau) \tag{8-36}$$

$$\mathscr{L}^{-1}\left[\frac{F(s)}{s}\right] = \int_0^t f(t) \, \mathrm{d}t \tag{8-37}$$

$$\mathscr{L}^{-1}[F_1(s) F_2(s)] = f_1(t) * f_2(t) \tag{8-38}$$

8.2 疑难解析

问题 1 像函数 $F(s)$ 通常在什么情况下存在?

答　像函数 $F(s)$ 通常仅在复平面 s 上的某个区域存在,称该区域为存在域,该区域一般是一个右半平面.当函数 $f(t)$ 只要不比某个指数函数增长得快时,则该函数的拉普拉斯变换一定存在,因此我们所接触到的绝大多数函数的拉普拉斯变换都是存在的.在进行拉普拉斯变换时,常常略去存在域.

问题 2　求函数拉普拉斯变换的方法有哪些?

答　求函数拉普拉斯变换的方法,一是用拉普拉斯变换的定义(直接法),二是用拉普拉斯变换的性质(间接法).间接法要求掌握拉普拉斯变换的几个重要的性质(包括卷积定理)以及一些常见函数(如 $u(t)$,$\delta(t)$,$\sin kt$,$\cos kt$,e^{at} 等)的拉普拉斯变换.拉普拉斯变换的性质各有其特点,函数若能写成 $t^n f(t)$ 或 $e^{at}f(t)$ 的形式,那么求拉普拉斯变换时就要考虑用微分性质或位移性质(求拉普拉斯逆变换也同样).熟悉这些性质的特点,对于拉普拉斯变换应用也很重要.

问题 3　求函数拉普拉斯逆变换的方法有哪些?

答　常用的拉普拉斯变换有下面几种方法.

(1) 留数法:设像函数 $F(s)$ 除有限个孤立奇点 s_1,s_2,$\cdots$,s_n 外是解析的,且 $\lim\limits_{s\to\infty}F(s)=0$,则有

$$f(t) = \frac{1}{2\pi j}\int_{\beta-j\infty}^{\beta+j\infty} F(s)e^{st}\,ds = \sum_{k=1}^{n}\mathrm{Res}[F(s)e^{st},s_k].$$

(2) 部分分式分解法:在许多实际问题中,像函数 $F(s)$ 常常为有理真分式,因此可以先分解为若干个简单的部分分式之和,再利用一些已知的变换得到其像原函数.

(3) 利用拉普拉斯逆变换的性质及其常用函数的逆变换公式求像函数 $F(s)$.

(4) 对于某些像函数 $F(s)$ 则可以直接利用卷积定理来求像原函数.

问题 4　如何利用拉普拉斯变换求解常微分方程(组)?

答　如图 8.1 所示,利用拉普拉斯变换求解常微分方程(组)分三步完成,先通过拉普拉斯变换将常微分方程(组)化为像函数的代数方程(组),再由代数方程求出像函数,最后求拉普拉斯逆变换得到微分方程(组)的解.

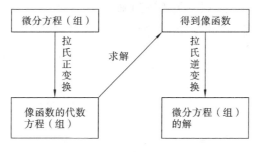

图 8.1

8.3 典型例题

例 8.3.1 已知函数 $f(t) = \begin{cases} 2, & 0 \leq t < 2 \\ 3, & t \geq 2 \end{cases}$,求函数 $f(t)$ 的拉普拉斯变换.

解 方法 1. 利用定义求解,有

$$F(s) = \mathscr{L}[f(t)] = \int_0^{+\infty} f(t) e^{-st} dt = \int_0^2 2e^{-st} dt + \int_2^{+\infty} 3e^{-st} dt$$

$$= -\frac{2}{s} e^{-st} \Big|_0^2 - \frac{3}{s} e^{-st} \Big|_2^{+\infty} = \frac{2}{s}(1 - e^{-2s}) + \frac{3}{s} e^{-2s} = \frac{1}{s}(2 + e^{-2s}).$$

方法 2. 利用单位阶跃函数来求解.

函数 $f(t)$ 可以表示为 $f(t) = 2u(t) + u(t-2)$,由 $\mathscr{L}[u(t)] = \dfrac{1}{s}$ 以及延迟性质得

$$F(s) = \mathscr{L}[f(t)] = \frac{2}{s} + \frac{1}{s} e^{-2s}.$$

例 8.3.2 求下列函数的拉普拉斯变换.

(1) $\delta(t)\cos t - u(t)\sin t$;   (2) $|\sin t|$;   (3) $t^2 u(t-2)$.

解 (1) 用直接法及单位脉冲函数的性质,有

$$\int_{-\infty}^{+\infty} f(t)\delta(t) dt = f(0),$$

$$\mathscr{L}[\delta(t)\cos t - u(t)\sin t] = \int_0^{+\infty} [\delta(t)\cos t - u(t)\sin t] e^{-st} dt$$

$$= \int_{-\infty}^{+\infty} \delta(t)\cos t e^{-st} dt - \int_0^{+\infty} u(t)\sin t e^{-st} dt$$

$$= \cos t e^{-st} \Big|_{t=0} - \frac{e^{-st}}{s^2+1}(-s\sin t - \cos t) \Big|_0^{+\infty}$$

$$= 1 - \frac{1}{s^2+1} = \frac{s^2}{s^2+1}.$$

(2) 容易看出,$|\sin t|$ 是以 π 为周期的函数. 而以 T 为周期的函数 $f(t)$,当 $f(t)$ 在一个周期上分段连续时,其拉普拉斯变换为

$$\mathscr{L}[f(t)] = \frac{1}{1 - e^{-st}} \int_0^T f(t) e^{-st} dt \quad (\text{Re}(s) > 0).$$

于是由此公式,得

$$\mathscr{L}[|\sin t|] = \frac{1}{1 - e^{-s\pi}} \int_0^\pi |\sin t| e^{-st} dt = \frac{1}{1 - e^{-s\pi}} \int_0^\pi \sin t e^{-st} dt$$

$$= \frac{1}{1 - e^{-s\pi}} \left[\frac{e^{-st}}{1+s^2}(-s\sin t - \cos t) \right]_0^\pi = \frac{1}{1 - e^{-s\pi}} \cdot \frac{e^{-s\pi} + 1}{s^2+1}.$$

(3) 由 $\mathscr{L}[u(t)] = \dfrac{1}{s}$ 及延迟性质可知

$$\mathscr{L}[u(t-2)]=\frac{1}{s}\mathrm{e}^{-2s},$$

再由微分性质得

$$\mathscr{L}[t^2 u(t-2)]=(-1)^2\frac{\mathrm{d}^2}{\mathrm{d}s^2}\left(\frac{1}{s}\mathrm{e}^{-2s}\right)=\frac{4s^2+4s+2}{s^3}\mathrm{e}^{-2s}.$$

例 8.3.3　求函数 $f(t)=(t-1)\mathrm{e}^{-at}u(t-1)$ 的拉普拉斯变换.

解　已知 $\mathscr{L}[t]=\dfrac{1}{s^2}$,由延迟性质有

$$\mathscr{L}[(t-1)u(t-1)]=\frac{\mathrm{e}^{-s}}{s^2},$$

再由位移性质得

$$F(s)=\mathscr{L}[f(t)]=\frac{\mathrm{e}^{-(s+a)}}{(s+a)^2}.$$

例 8.3.4　求函数 $f(t)=\dfrac{1-\mathrm{e}^{at}}{t}$ 的拉普拉斯变换.

解　由 $\mathscr{L}[1]=\dfrac{1}{s}$ 以及 $\mathscr{L}[\mathrm{e}^{at}]=\dfrac{1}{s-a}$ 有 $\mathscr{L}[1-\mathrm{e}^{at}]=\dfrac{1}{s}-\dfrac{1}{s-a}$,再由积分性质得

$$F(s)=\mathscr{L}[f(t)]=\mathscr{L}\left[\frac{1-\mathrm{e}^{at}}{t}\right]=\int_0^\infty\left(\frac{1}{s}-\frac{1}{s-a}\right)\mathrm{d}s=\ln\frac{s}{s-a}\Big|_0^\infty=\ln\frac{s-a}{s}.$$

例 8.3.5　已知 $f(t)=\displaystyle\int_0^t t\sin 2t\,\mathrm{d}t$,求 $\mathscr{L}[f(t)]$.

解　由 $\mathscr{L}[\sin 2t]=\dfrac{2}{s^2+4}$ 以及微分性质有

$$\mathscr{L}[t\sin 2t]=-\left(\frac{2}{s^2+4}\right)'=\frac{4s}{(s^2+4)^2},$$

再由积分性质得

$$F(s)=\mathscr{L}[f(t)]=\mathscr{L}\left[\int_0^t t\sin 2t\,\mathrm{d}t\right]=\frac{1}{s}\mathscr{L}[t\sin 2t]=\frac{4}{(s^2+4)^2}.$$

例 8.3.6　已知 $F(s)=\dfrac{s+1}{s^2+2s-6}$,求 $F(s)$ 的拉普拉斯逆变换.

解　方法 1.利用部分分式求解.将函数 $F(s)$ 分解为部分分式得

$$F(s)=\frac{s+1}{(s+1)^2-7}=\frac{1}{2}\left(\frac{1}{s+1+\sqrt{7}}+\frac{1}{s+1-\sqrt{7}}\right),$$

再由 $\mathscr{L}^{-1}\left[\dfrac{1}{s-a}\right]=\mathrm{e}^{at}$ 有

$$f(t)=\mathscr{L}^{-1}[F(s)]=\frac{1}{2}(\mathrm{e}^{-(1+\sqrt{7})t}+\mathrm{e}^{-(1-\sqrt{7})t})=\mathrm{e}^{-t}\mathrm{ch}\sqrt{7}t.$$

方法 2.利用留数求解.$F(s)$ 有两个极点 $s_1=-(1+\sqrt{7})$ 和 $s_2=-(1-\sqrt{7})$,且均为一阶极点,它们的留数分别为

$$\mathrm{Res}[F(s)\mathrm{e}^{st},s_1]=\frac{(s+1)\mathrm{e}^{st}}{(s^2+2s-6)'}\Big|_{s=s_1}=\frac{\mathrm{e}^{st}}{2}\Big|_{s=s_1}=\frac{\mathrm{e}^{-(1+\sqrt{7})t}}{2},$$

$$\mathrm{Res}[F(s)\mathrm{e}^{st},s_2]=\frac{(s+1)\mathrm{e}^{st}}{(s^2+2s-6)'}\Big|_{s=s_2}=\frac{\mathrm{e}^{st}}{2}\Big|_{s=s_2}=\frac{\mathrm{e}^{-(1-\sqrt{7})t}}{2}.$$

故有
$$f(t)=\mathscr{L}^{-1}[F(s)]=\mathrm{Res}[F(s)\mathrm{e}^{st},s_1]+\mathrm{Res}[F(s)\mathrm{e}^{st},s_2]$$

$$=\frac{1}{2}(\mathrm{e}^{-(1+\sqrt{7})t}+\mathrm{e}^{-(1-\sqrt{7})t})=\mathrm{e}^{-t}\mathrm{ch}\sqrt{7}t.$$

例 8.3.7 已知 $F(s)=\dfrac{s^2+2s+1}{(s^2-2s+5)(s-3)}$,求函数 $F(s)$ 的像原函数.

分析 本题中像函数 $F(s)$ 的分母中含有一阶复零点,如果在复数域里进行分解,则待定系数为复数,比较烦琐.实际上,对分母中含有复零点的二阶因子可以不再分解,这样在对像函数 $F(s)$ 进行部分分式分解时,待定系数为实数.在下面的解题过程中,对二阶因子这一项的待定系数作了处理,读者可以思考为什么这样处理.

解 首先将像函数 $F(s)$ 分解为部分分式.设

$$F(s)=\frac{s^2+2s+1}{(s^2-2s+5)(s-3)}=\frac{C(s-1)+2D}{(s-1)^2+4}+\frac{E}{s-3},$$

两边同乘以 $(s-3)$,并令 $s=3$ 得

$$E=\frac{s^2+2s+1}{s^2-2s+5}\Big|_{s=3}=2.$$

两边同乘以 $(s-1)^2+4$,得

$$\frac{s^2+2s+1}{s-3}=C(s-1)+2D+\frac{E}{s-3}[(s-1)^2+4].$$

将 $s=1+2\mathrm{j}$ 代入上式得

$$2D+2\mathrm{j}C=2-2\mathrm{j},\quad C=-1,\quad D=1.$$

从而有

$$F(s)=-\frac{s-1}{(s-1)^2+2^2}+\frac{2}{(s-1)^2+2^2}+\frac{2}{s-3},$$

再由 $\mathscr{L}^{-1}\Big[\dfrac{s}{s^2+b^2}\Big]=\cos bt,\mathscr{L}^{-1}\Big[\dfrac{b}{s^2+b^2}\Big]=\sin bt,\mathscr{L}^{-1}\Big[\dfrac{1}{s-a}\Big]=\mathrm{e}^{at}$,以及位移性质得

$$f(t)=\mathscr{L}^{-1}[F(s)]=\mathrm{e}^t(-\cos 2t+\sin 2t)+2\mathrm{e}^{3t}.$$

例 8.3.8 分别求下列函数的拉普拉斯逆变换 $f(t)=\mathscr{L}^{-1}[F(s)]$.

(1) $F(s)=\dfrac{s}{(s^2+a^2)^2}$;

(2) $F(s)=\dfrac{\mathrm{e}^{-5s}}{s^2-9}$;

(3) $F(s)=\ln\dfrac{s^2+1}{s^2}$;

(4) $F(s)=\arctan\dfrac{a}{s}$.

解 (1) 用卷积定理,由

$$F(s)=\frac{s}{(s^2+a^2)^2}=\frac{s}{s^2+a^2}\frac{1}{s^2+a^2}=F_1(s)F_2(s),$$

其中 $F_1(s) = \dfrac{s}{s^2+a^2}$，$F_2(s) = \dfrac{1}{s^2+a^2}$，不难看出

$$\mathscr{L}^{-1}[F_1(s)] = f_1(t) = \cos at,$$

$$\mathscr{L}^{-1}[F_2(s)] = f_2(t) = \frac{1}{a}\sin at.$$

于是由卷积定理，得

$$\mathscr{L}^{-1}\left[\frac{s}{(s^2+a^2)^2}\right] = \mathscr{L}^{-1}[F_1(s)F_2(s)] = f_1(t) * f_2(t)$$

$$= \frac{1}{a}\int_0^t \cos ax \sin a(t-x)\,\mathrm{d}x = \frac{t}{2a}\sin at.$$

（2）注意到 $F(s) = \dfrac{\mathrm{e}^{-5s}}{s^2-9}$ 中有函数 e^{-5s}，可以利用延迟性质，即

$$\mathscr{L}^{-1}[\mathrm{e}^{-as}F(s)] = f(t-a)u(t-a),$$

因　　　$$\mathscr{L}^{-1}\left[\frac{1}{s^2-9}\right] = \operatorname{Res}\left[\frac{\mathrm{e}^{st}}{s^2-9}, 3\right] + \operatorname{Res}\left[\frac{\mathrm{e}^{st}}{s^2-9}, -3\right] = \frac{1}{6}\mathrm{e}^{3t} - \frac{1}{6}\mathrm{e}^{-3t},$$

所以由延迟性质可知

$$\mathscr{L}^{-1}\left[\frac{\mathrm{e}^{-5s}}{s^2-9}\right] = \frac{1}{6}\mathrm{e}^{3(t-5)} - \frac{1}{6}\mathrm{e}^{-3(t-5)}.$$

（3）先将函数 $F(s)$ 求导变为有理分式并进行部分分式分解得

$$F'(s) = \left(\ln\frac{s^2+1}{s^2}\right)' = -\frac{2}{(s^2+1)s} = 2\left(\frac{s}{s^2+1} - \frac{1}{s}\right),$$

再由微分性质有

$$f(t) = -\frac{1}{t}\mathscr{L}^{-1}[F'(s)] = -\frac{2}{t}\mathscr{L}^{-1}\left[\frac{s}{s^2+1} - \frac{1}{s}\right] = -\frac{2}{t}(\cos t - u(t)).$$

（4）按上面同样的方法有

$$f(t) = -\frac{1}{t}\mathscr{L}^{-1}[F'(s)] = -\frac{2}{t}\mathscr{L}^{-1}\left[\left(\arctan\frac{a}{s}\right)'\right]$$

$$= -\frac{1}{t}\mathscr{L}^{-1}\left[-\frac{a}{s^2+a^2}\right] = \frac{\sin at}{t}.$$

例 8.3.9　已知 $F(s) = \dfrac{1}{s(s-1)^2}$，求 $f(t) = \mathscr{L}^{-1}[F(s)]$.

分析　本题可以用多种方法求解，希望通过本题的求解，对各种解题方法作一个总结和比较.

解　方法 1. 利用部分分式求解. 由 $F(s) = \dfrac{1}{s} - \dfrac{1}{s-1} + \dfrac{1}{(s-1)^2}$ 得

$$f(t) = \mathscr{L}^{-1}[F(s)] = 1 - \mathrm{e}^t + t\mathrm{e}^t.$$

方法 2. 利用卷积求解，根据卷积定理有

$$f(t) = \mathscr{L}^{-1}\left[\frac{1}{s(s-1)^2}\right] = \mathscr{L}^{-1}\left[\frac{1}{(s-1)^2}\right] * \mathscr{L}^{-1}\left[\frac{1}{s}\right]$$

$$= t\mathrm{e}^t * 1 = \int_0^t \tau \mathrm{e}^\tau \mathrm{d}\tau = 1 - \mathrm{e}^t + t\mathrm{e}^t.$$

方法 3. 利用留数求解，由 $F(s)$ 有一阶极点 $s_1 = 0$ 和二阶极点 $s_2 = 1$，得

$$\mathrm{Res}[F(s)\mathrm{e}^{st}, 0] = \frac{\mathrm{e}^{st}}{(s-1)^2}\bigg|_{s=0} = 1,$$

$$\mathrm{Res}[F(s)\mathrm{e}^{st}, 1] = \left(\frac{\mathrm{e}^{st}}{s}\right)'\bigg|_{s=1} = t\mathrm{e}^t - \mathrm{e}^t.$$

故

$$f(t) = \mathscr{L}^{-1}\left[\frac{1}{s(s-1)^2}\right] = 1 - \mathrm{e}^t + t\mathrm{e}^t.$$

方法 4. 利用积分性质求解，即

$$f(t) = \mathscr{L}^{-1}\left[\frac{1}{s(s-1)^2}\right] = \int_0^t \mathscr{L}^{-1}\left[\frac{1}{(s-1)^2}\right] \mathrm{d}t = \int_0^t t\mathrm{e}^t \mathrm{d}t = 1 - \mathrm{e}^t + t\mathrm{e}^t.$$

例 8.3.10　求解常微分方程 $x'' + 4x' + 3x = \mathrm{e}^t, x(0) = x'(0) = 1$.

解　令 $X(s) = \mathscr{L}[x(t)]$，在方程两边取拉普拉斯变换，并应用初始条件得

$$s^2 X(s) - s - 1 + 4(sX(s) - 1) + 3X(s) = \frac{1}{s+1}.$$

求解上述方程得

$$X(s) = \frac{s^2 + 6s + 6}{(s+1)^2(s+3)} = \frac{7}{4(s+1)} + \frac{1}{2(s+1)^2} - \frac{3}{4(s+3)}.$$

求拉普拉斯逆变换得

$$x(t) = \left(\frac{7}{4} + \frac{1}{2}t\right)\mathrm{e}^{-t} - \frac{3}{4}\mathrm{e}^{-3t}.$$

例 8.3.11　求解常微分方程 $x''' + 3x'' + 3x' + x = 6\mathrm{e}^{-t}, x(0) = x'(0) = x''(0) = 0$.

解　令 $X(s) = \mathscr{L}[x(t)]$，在方程两边取拉普拉斯变换，并应用初始条件得

$$s^3 X(s) + 3s^2 X(s) + 3sX(s) + X(s) = \frac{6}{s+1}.$$

求解上述方程得

$$X(s) = \frac{3!}{(s+1)^4}.$$

求拉普拉斯逆变换得

$$x(t) = \mathscr{L}^{-1}[X(s)] = \mathscr{L}^{-1}\left[\frac{3!}{(s+1)^4}\right] = t^3 \mathrm{e}^{-t}.$$

例 8.3.12　求微分方程组

$$\begin{cases} x' + y + z' = 1, \\ x + y' + z = 0, \\ y + 4z' = 0 \end{cases}$$

满足 $x(0) = 0, y(0) = 0, z(0) = 0$ 的解.

　　解　对方程组中的每个方程两边取拉普拉斯变换,设 $\mathscr{L}[x(t)]=X(s),\mathscr{L}[y(t)]=Y(s),\mathscr{L}[z(t)]=Z(s)$,并考虑到初始条件 $x(0)=y(0)=z(0)=0$,由微分性质可得像函数满足的方程组为

$$\begin{cases} sX(s)+Y(s)+sZ(s)=\dfrac{1}{s}, \\ X(s)+sY(s)+Z(s)=0, \\ Y(s)+4sZ(s)=0. \end{cases}$$

解上述代数方程组得

$$X(s)=\frac{4s^2-1}{4s^2(s^2-1)},\quad Y(s)=\frac{-1}{s(s^2-1)},\quad Z(s)=\frac{1}{4s^2(s^2-1)}.$$

对每一像函数取拉普拉斯逆变换,可得

$$x(t)=\mathscr{L}^{-1}\left[\frac{4s^2-1}{4s^2(s^2-1)}\right]=\frac{1}{4}\mathscr{L}^{-1}\left[\frac{3}{s^2-1}+\frac{1}{s^2}\right]=\frac{1}{4}\left(\frac{3}{2}\mathrm{e}^t-\frac{3}{2}\mathrm{e}^{-t}+t\right),$$

$$y(t)=\mathscr{L}^{-1}\left[\frac{-1}{s(s^2-1)}\right]=\mathscr{L}^{-1}\left[\frac{1}{s}-\frac{s}{s^2-1}\right]=1-\frac{1}{2}(\mathrm{e}^t+\mathrm{e}^{-t}),$$

$$x(t)=\mathscr{L}^{-1}\left[\frac{1}{4s^2(s^2-1)}\right]=\frac{1}{4}\mathscr{L}^{-1}\left[\frac{1}{s^2-1}-\frac{1}{s^2}\right]=\frac{1}{4}\left(\frac{1}{2}\mathrm{e}^t-\frac{1}{2}\mathrm{e}^{-t}-t\right).$$

故所给微分方程组满足 $x(0)=y(0)=z(0)=0$ 的解为

$$x(t)=\frac{1}{4}\left(\frac{3}{2}\mathrm{e}^t-\frac{3}{2}\mathrm{e}^{-t}+t\right),\quad y(t)=1-\frac{1}{2}(\mathrm{e}^t+\mathrm{e}^{-t}),\quad z(t)=\frac{1}{4}\left(\frac{1}{2}\mathrm{e}^t-\frac{1}{2}\mathrm{e}^{-t}-t\right).$$

　　例 8.3.13　求解常微分方程组

$$\begin{cases} x''-x-2y'=\mathrm{e}^t,x(0)=-\dfrac{3}{2},x'(0)=\dfrac{1}{2}; \\ x'-y''-2y=t^2,y(0)=1,y'(0)=-\dfrac{1}{2}. \end{cases}$$

　　解　令 $X(s)=\mathscr{L}[x(t)],Y(s)=\mathscr{L}[y(t)]$,在方程组两边取拉普拉斯变换,并应用初始条件得

$$\begin{cases} s^2X(s)+\dfrac{3}{2}s-\dfrac{1}{2}-X(s)-2sY(s)+2=\dfrac{1}{s-1}, \\ sX(s)+\dfrac{3}{2}-s^2Y(s)+s-\dfrac{1}{2}-2Y(s)=\dfrac{2}{s^3}. \end{cases}$$

求解得

$$\begin{cases} X(s)=-\dfrac{3}{2(s-1)}+\dfrac{2}{s^2}, \\ Y(s)=-\dfrac{1}{2(s-1)}-\dfrac{1}{s^3}+\dfrac{3}{2s}. \end{cases}$$

取拉普拉斯逆变换得原方程组的解为

$$\begin{cases} x(t) = -\dfrac{3}{2}e^t + 2t, \\ y(t) = -\dfrac{1}{2}e^t - \dfrac{1}{2}t^2 + \dfrac{3}{2}. \end{cases}$$

例 8.3.14　求当 $x>0, t>0$ 时，偏微分方程

$$\frac{\partial^2 u(x,t)}{\partial t^2} = a^2 \frac{\partial^2 u(x,t)}{\partial x^2} \quad (a>0)$$

满足边界条件

$$u(0,t) = \varphi(t), \quad \lim_{x\to+\infty} u(x,t) = 0,$$

以及初始条件

$$u(x,0) = 0, \quad u_t(x,0) = 0$$

的解 $u(x,t)$.

分析　所给的方程是由未知函数 $u(x,t)$ 偏导数构成的（称为偏微分方程）. 注意到 $\dfrac{\partial u(x,t)}{\partial t}$ 其实就是把 x 看作常数（固定）时 $u(x,t)$ 对 t 的导数，我们可以用拉普拉斯变换求解这一问题.

解　分以下几步进行.

第一步：先将 x 看作常数，设关于变量 t 的函数 $u(x,t)$ 的拉普拉斯变换为 $U(x,s)$，即

$$U(x,s) = \mathscr{L}[u(x,t)] = \int_0^{+\infty} u(x,t)e^{-st}\,dt, \tag{1}$$

$U(x,s)$ 显然是 x,s 的二元函数. 由拉普拉斯变换的微分性质及初始条件可得

$$\mathscr{L}\left[\frac{\partial^2 u(x,t)}{\partial t^2}\right] = \mathscr{L}\left[\frac{d^2 u(x,t)}{dt^2}\right] = s^2 U(x,s) - s u(x,0) - u_t(x,0) = s^2 U(x,s). \tag{2}$$

第二步：对边界条件 $u(0,t) = \varphi(t)$ 两边取拉普拉斯变换得

$$\mathscr{L}[u(0,t)] = \int_0^{+\infty} u(0,t)e^{-st}\,dt = \mathscr{L}[\varphi(t)] \xlongequal{\text{def}} \Phi(s),$$

与式(1)作比较可知此边界条件取拉普拉斯变换后为

$$U(x,s)|_{x=0} = U(0,s) = \Phi(s). \tag{3}$$

又 $\lim\limits_{x\to+\infty} u(x,t) = 0$，可知当 x 充分大时，对所有 $t>0$，有

$$|u(x,t) - 0| = |u(x,t)| < \varepsilon,$$

其中 ε 为任意给定的正数，所以

$$|U(x,s) - 0| = \left|\int_0^{+\infty} u(x,t)e^{-st}\,dt\right| \leqslant \varepsilon \int_0^{+\infty} |e^{-st}|\,dt$$

$$= \frac{\varepsilon}{\operatorname{Re}(s)} \quad (\operatorname{Re}(s) > 0),$$

即

$$\lim_{x\to+\infty} U(x,s) = 0 \tag{4}$$

第三步:由式(1)两边对 x 求导数(此时将 s 看作是固定的,求导运算不妨设可以在积分号下进行)得

$$\frac{\partial^2 U(x,s)}{\partial x^2} = \int_0^{+\infty} \frac{\partial^2 u(x,t)}{\partial x^2} e^{-st} \, dt. \tag{5}$$

不难看出,式(5)右边正是关于 t 的函数 $\dfrac{\partial^2 u(x,t)}{\partial x^2}$ 的拉普拉斯变换.

第四步:将所给的偏微分方程两边对自变量 t 取拉普拉斯变换,并由式(2)与式(5)得

$$s^2 U(x,s) = a^2 \frac{\partial^2 U(x,s)}{\partial x^2}. \tag{6}$$

若将 s 暂时看作常数,那么式(6)就是以 x 为自变量的常微分方程(二阶常系数线性微分方程),其通解为

$$U(x,s) = C_1 e^{\frac{s}{a}x} + C_2 e^{-\frac{s}{a}x}.$$

而由条件式(4)可知 $C_1 = 0$,由条件式(3)中知 $C_2 = \Phi(s)$,故

$$U(x,s) = \Phi(s) e^{-\frac{s}{a}x}.$$

第五步:由 $U(x,s) = \Phi(s) e^{-\frac{s}{a}x}$,求关于 s 的函数的拉普拉斯逆变换得

$$u(x,t) = \mathcal{L}^{-1}\left[\Phi(s) e^{-\frac{s}{a}x}\right].$$

注意到 $\mathcal{L}[\varphi(t)] = \Phi(s)$,那么由拉普拉斯变换的延迟性质可知所给问题的解为

$$u(x,t) = \varphi\left(t - \frac{x}{a}\right) u\left(t - \frac{x}{a}\right).$$

注1. 将 s 看作常数时,方程(6)可以写为

$$\frac{d^2 U(x,t)}{dx^2} - \left(\frac{s}{a}\right)^2 U(x,s) = 0,$$

其特征方程为

$$r^2 - \left(\frac{s}{a}\right)^2 = 0,$$

其根为 $r_1 = \dfrac{s}{a}, r_2 = -\dfrac{s}{a}$. 通解为 $U(x,s) = C_1 e^{\frac{s}{a}x} + C_2 e^{-\frac{s}{a}x}$,其中 C_1、C_2 是与 s 有关的任意常数.

注2. 边界条件 $\lim\limits_{x \to +\infty} u(x,t) = 0$ 应理解为:对于任意给定的 $\varepsilon > 0$,总存在正数 $M = M(\varepsilon)$,当 $x > M$ 时,不等式 $|u(x,t) - 0| < \varepsilon$ 对一切 $t > 0$ 成立.

8.4　教材习题全解

练习题 8.1

1. 用定义求下列函数的拉普拉斯变换,并给出其收敛域.

(1) $f(t)=e^{-2t}$;　　　　　(2) $f(t)=t^2$;

(3) $f(t)=\sin2t$;　　　　　(4) $f(t)=\cos^2 t$.

解　先建立一个常用结果：$\mathscr{L}[e^{kt}]=\dfrac{1}{s-k}$，$k$ 为复数，收敛域 $\mathrm{Re}(s)>\mathrm{Re}(k)$. 则

$$\mathscr{L}[e^{kt}]=\int_0^{+\infty}e^{kt}\cdot e^{-st}\mathrm{d}t=\int_0^{+\infty}e^{-(s-k)t}\mathrm{d}t.$$

当 $\mathrm{Re}(s)>\mathrm{Re}(k)$时，$|e^{-(s-k)t}|=e^{-\mathrm{Re}(s-k)t}\to0$，$t\to+\infty$.

所以这个积分绝对收敛，且有

$$\int_0^{+\infty}e^{-(s-k)t}\mathrm{d}t=\frac{e^{-(s-k)t}}{-(s-k)}\bigg|_0^{+\infty}=\frac{1}{s-k}.$$

注：本题所有的计算都建立在这个结果和欧拉公式之上.

(1) $\mathscr{L}[e^{-2t}]=\dfrac{1}{s+2}$，$\mathrm{Re}(s)>-2$.

(2) $\mathscr{L}[t^2]=\displaystyle\int_0^{+\infty}t^2 e^{-st}\mathrm{d}t=\int_0^{+\infty}t^2\cdot\frac{1}{-s}\mathrm{d}e^{-st}=\frac{t^2e^{-st}}{-s}\bigg|_{t=0}^{t=+\infty}+\int_0^{+\infty}\frac{1}{s}e^{-st}\cdot2t\mathrm{d}t$

$\qquad=\displaystyle\int_0^{+\infty}\frac{2}{s}e^{-st}t\mathrm{d}t=\frac{2}{s}\int_0^{+\infty}\frac{1}{s}e^{-st}\mathrm{d}t=\frac{2}{s^3}(-e^{-st})\bigg|_0^{+\infty}$

$\qquad=\dfrac{2}{s^3}$，　$\mathrm{Re}(s)>0$.

所以，

$$\mathscr{L}[t^2]=\frac{2}{s^3},\quad \mathrm{Re}(s)>0.$$

(3) $f(t)=\sin2t=\dfrac{1}{2\mathrm{j}}(e^{2\mathrm{j}t}-e^{-2\mathrm{j}t})$，

$$\mathscr{L}[f(t)]=\frac{1}{2\mathrm{j}}(\mathscr{L}[e^{2\mathrm{j}t}]-\mathscr{L}[e^{-2\mathrm{j}t}])=\frac{1}{2\mathrm{j}}\left(\frac{1}{s-2\mathrm{j}}-\frac{1}{s+2\mathrm{j}}\right)=\frac{2}{s^2+4},\quad \mathrm{Re}(s)>0.$$

(4) $f(t)=\cos^2 t=\dfrac{1}{2}(1+\cos2t)$.

由 $\mathscr{L}[1]=\mathscr{L}[e^{0\cdot t}]=\dfrac{1}{s-0}=\dfrac{1}{s}$，　$\mathrm{Re}(s)>0$.

$$\mathscr{L}[\cos2t]=\mathscr{L}\left[\frac{1}{2}(e^{2\mathrm{j}t}+e^{-2\mathrm{j}t})\right]=\frac{1}{2}\left(\frac{1}{s-2\mathrm{j}}+\frac{1}{s+2\mathrm{j}}\right)=\frac{s}{s^2+4},\quad \mathrm{Re}(s)>0.$$

所以，　　　　　$$\mathscr{L}[\cos^2 t]=\frac{1}{2s}+\frac{s}{2(s^2+4)},\quad \mathrm{Re}(s)>0.$$

2. 求下列函数的拉普拉斯变换.

(1) $f(t)=e^{2t}+5\delta(t)$;　　　　　(2) $f(t)=\cos t\cdot\delta(t)-\sin t\cdot u(t)$;

(3) $f(t)=\begin{cases}3, & 0\leqslant t<2,\\-1, & 2\leqslant t<4,\\0, & t\geqslant4;\end{cases}$　　　　　(4) $f(t)=\begin{cases}3, & t<\dfrac{\pi}{2},\\[2mm]\cos t, & t\geqslant\dfrac{\pi}{2}.\end{cases}$

解　(1) $\mathscr{L}[f(t)] = \mathscr{L}[e^{2t}] + 5\mathscr{L}[\delta(t)] = \dfrac{1}{s-2} + 5 = \dfrac{5s-9}{s-2}.$

注：一般约定 $\mathscr{L}[\delta(t)] = 1$，即 $\mathscr{L}$ 取积分下限为 0_- 的 $\mathscr{L}_-$.

(2) $\mathscr{L}[f(t)] = \mathscr{L}[\cos t \cdot \delta(t) - \sin t \cdot u(t)]$

$\qquad\qquad = \displaystyle\int_{0_-}^{+\infty} \cos t \cdot \delta(t) \cdot e^{-st}\,dt - \mathscr{L}[\sin t]$

$\qquad\qquad = 1 - \dfrac{1}{s^2+1} = \dfrac{s^2}{s^2+1}.$

(3) $\mathscr{L}[f(t)] = \displaystyle\int_0^{+\infty} f(t)e^{-st}\,dt = \int_0^2 3e^{-st}\,dt + \int_2^4 (-1)e^{-st}\,dt$

$\qquad\qquad = \dfrac{3e^{-st}}{-s}\bigg|_0^{t=2} + \dfrac{e^{-st}}{s}\bigg|_2^{t=4} = \dfrac{3}{s} - \dfrac{3}{s}e^{-2s} + \dfrac{e^{-4s}}{s} - \dfrac{e^{-2s}}{s}$

$\qquad\qquad = \dfrac{3}{s} - \dfrac{4e^{-2s}}{s} + \dfrac{e^{-4s}}{s} = \dfrac{1}{s}(e^{-4s} - 4e^{-2s} + 3).$

(4) $\mathscr{L}[f(t)] = \displaystyle\int_0^{+\infty} f(t)e^{-st}\,dt = \int_0^{\frac{\pi}{2}} 3 \cdot e^{-st}\,dt + \int_{\frac{\pi}{2}}^{+\infty} \cos t \cdot e^{-st}\,dt$

$\qquad\qquad = \dfrac{3e^{-st}}{-s}\bigg|_{t=0}^{t=\frac{\pi}{2}} + \displaystyle\int_{\frac{\pi}{2}}^{+\infty} \dfrac{1}{2}[e^{jt} + e^{-jt}]e^{-st}\,dt$

$\qquad\qquad = \dfrac{3}{s}(1 - e^{-\frac{\pi}{2}s}) + \dfrac{1}{2}\displaystyle\int_{\frac{\pi}{2}}^{+\infty}[e^{-(s-j)t} + e^{(-s-j)t}]\,dt$

$\qquad\qquad = \dfrac{3}{s}(1 - e^{-\frac{\pi}{2}s}) + \dfrac{1}{2} \cdot \dfrac{e^{-\frac{\pi}{2}(s-j)}}{(s-j)} + \dfrac{1}{2} \cdot \dfrac{e^{-(s+j)\frac{\pi}{2}}}{s+j}$

$\qquad\qquad = \dfrac{3}{s}(1 - e^{-\frac{\pi}{2}s}) + \dfrac{1}{2}e^{-\frac{\pi}{2}s}\left(\dfrac{j}{s-j} + \dfrac{-j}{s+j}\right)$

$\qquad\qquad = \dfrac{3}{s}(1 - e^{-\frac{\pi}{2}s}) - \dfrac{1}{s^2+1}e^{-\frac{\pi}{2}s}.$

注：作拉普拉斯变换时，约定在 $t<0$ 时，$f(t)=0$，从而 $f(t) = u(t)f(t)$. 因此 $u(t)$ 可以加上，也可以省去，不改变拉普拉斯变换像. 我们说，$u(t)$ 是作拉普拉斯变换的函数的乘法单位，以概括这一事实.

3. 设 $f(t)$ 是以 6 为周期的函数，且在一个周期内的表达式为

$$f(t) = \begin{cases} 5, & 0 \leqslant t < 3, \\ 0, & 3 \leqslant t < 6. \end{cases}$$

求 $f(t)$ 的拉普拉斯变换.

解　对以 T 为周期的周期函数 $f(t)$，有

$$\mathscr{L}[f(t)] = \dfrac{1}{1 - e^{-st}}\int_0^T f(t)e^{-st}\,dt, \quad \mathrm{Re}(s) > 0,$$

所以

$$\mathscr{L}[f(t)] = \frac{1}{1-e^{-6s}}\int_0^6 f(t)e^{-st}\,dt = \frac{1}{1-e^{-6s}}\int_0^3 5e^{-st}\,dt$$

$$= \frac{5}{1-e^{-6s}} \cdot \left(-\frac{1}{s}e^{-st}\right)\Big|_0^3 = \frac{5}{1-e^{-6s}} \cdot \left(-\frac{1}{s}e^{-3s}+\frac{1}{s}\right)$$

$$= \frac{5(1-e^{-3s})}{s(1-e^{-6s})} = \frac{5}{s(1+e^{-3s})}.$$

练习题 8.2

求下列函数的拉普拉斯逆变换.

(1) $F(s)=\dfrac{s}{s^2+9}$;

(2) $F(s)=\dfrac{1}{(s+5)^3}$;

(3) $F(s)=\dfrac{1}{(s-2)^2(s+4)}$;

(4) $F(s)=\dfrac{1}{s^2+a^2}$;

(5) $F(s)=\dfrac{s}{(s-a)(s-b)}$;

(6) $F(s)=\dfrac{1}{s(s-a)(s-b)}$;

(7) $F(s)=\dfrac{1}{s^4+1}$;

(8) $F(s)=\dfrac{s^2+2s-1}{s(s-1)^2}$;

(9) $F(s)=\dfrac{1}{s^4+5s^2+4}$;

(10) $F(s)=\dfrac{s+1}{9s^2+6s+5}$.

解 (1) $F(s)$ 的奇点为 $\pm 3j$,且都为一阶极点,故

$$\mathscr{L}^{-1}[F(s)]=\text{Res}[F(s)e^{st},3j]+\text{Res}[F(s)e^{st},-3j]$$

$$=\frac{se^{st}}{s+3j}\Big|_{3j}+\frac{se^{st}}{s-3j}\Big|_{-3j}$$

$$=\frac{1}{2}(e^{3jt}+e^{-3jt})=\cos 3t.$$

(2) $F(s)$ 的奇点为 -5,且为三阶极点,故

$$\mathscr{L}^{-1}[F(s)]=\text{Res}[F(s)e^{st},-5]=\frac{1}{2!}\lim_{s\to-5}\left[(s+5)^3 \cdot \frac{e^{st}}{(s+5)^3}\right]''$$

$$=\frac{1}{2}\lim_{s\to-5}t^2e^{st}=\frac{1}{2}t^2e^{-5s}.$$

(3) $F(s)$ 的奇点为 $2,-4$,其中 2 为二阶极点,-4 为一阶极点,故

$$\mathscr{L}^{-1}[F(s)]=\text{Res}[F(s)e^{st},2]+\text{Res}[F(s)e^{st},-4]$$

$$=\left(\frac{e^{st}}{s+4}\right)'\Big|_{s=2}+\frac{e^{st}}{(s-2)^2}\Big|_{s=-4}$$

$$=\frac{1}{6}te^{2t}-\frac{1}{36}e^{2t}+\frac{1}{36}e^{-4t}.$$

(4) $F(s)$ 的奇点为 $\pm aj$,都为一阶极点,故

$$\mathscr{L}^{-1}[F(s)]=\text{Res}[F(s)e^{st},aj]+\text{Res}[F(s)e^{st},-aj]$$

$$= \frac{e^{st}}{s+aj}\bigg|_{s=aj} + \frac{e^{st}}{s-aj}\bigg|_{s=-aj}$$

$$= \frac{1}{2aj}(e^{ajt}+e^{-ajt}) = \frac{1}{a}\cos at.$$

(5) $F(s)$ 的奇点为 a,b，都为一阶极点，故

$$\mathscr{L}^{-1}[F(s)] = \text{Res}[F(s)e^{st},a] + \text{Res}[F(s)e^{st},b]$$

$$= \frac{se^{st}}{s-b}\bigg|_{s=a} + \frac{se^{st}}{s-a}\bigg|_{s=b} = \frac{ae^{at}-be^{bt}}{a-b}.$$

(6) $F(s)$ 的奇点为 $0,a,b$，都为一阶极点，故

$$\mathscr{L}^{-1}[F(s)] = \sum_{k=1}^{3}\text{Res}[F(s)e^{st},s_k]$$

$$= \frac{e^{st}}{(s-a)(s-b)}\bigg|_{s=0} + \frac{e^{st}}{s(s-b)}\bigg|_{s=a} + \frac{e^{st}}{s(s-a)}\bigg|_{s=b}$$

$$= \frac{1}{ab} + \frac{1}{a-b}\left[\frac{e^{at}}{a} - \frac{e^{bt}}{b}\right].$$

(7) $F(s)$ 的奇点为 $\frac{1}{\sqrt{2}}(1\pm j), -\frac{1}{\sqrt{2}}(1\pm j)$，都为一阶极点，故

$$\mathscr{L}^{-1}[F(s)] = \sum_{k=1}^{4}\text{Res}[F(s)e^{st},s_k] = \frac{e^{st}}{(s^4+1)'}\bigg|_{\frac{1}{\sqrt{2}}(1+j)} + \frac{e^{st}}{(s^4+1)'}\bigg|_{\frac{1}{\sqrt{2}}(1-j)}$$

$$+ \frac{e^{st}}{(s^4+1)'}\bigg|_{-\frac{1}{\sqrt{2}}(1+j)} + \frac{e^{st}}{(s^4+1)'}\bigg|_{-\frac{1}{\sqrt{2}}(1-j)}$$

$$= \frac{e^{\frac{1}{\sqrt{2}}(1+j)t}}{\sqrt{2}(1+j)^3} + \frac{e^{\frac{1}{\sqrt{2}}(1-j)t}}{\sqrt{2}(1-j)^3} - \frac{e^{-\frac{1}{\sqrt{2}}(1+j)t}}{\sqrt{2}(1+j)^3} - \frac{e^{-\frac{1}{\sqrt{2}}(1-j)t}}{\sqrt{2}(1-j)^3}$$

$$= \frac{1}{\sqrt{2}}\left(\sin\frac{t}{\sqrt{2}}\cosh\frac{1}{\sqrt{2}} - \cos\frac{t}{\sqrt{2}}\sinh\frac{1}{\sqrt{2}}\right).$$

(8) $F(s)$ 的奇点为 $0,1$，其中 0 为一阶极点，1 为二阶极点，故

$$\text{Res}[F(s)e^{st},0] = \frac{s^2+2s-1}{(s-1)^2} \cdot e^{st}\bigg|_{s=0} = -1,$$

$$\text{Res}[F(s)e^{st},1] = \frac{d}{ds}\left[\frac{s^2+2s-1}{s} \cdot e^{st}\right]\bigg|_{s=1} = 2e^t + 2te^t.$$

故　　　　　　　　　　$$\mathscr{L}^{-1}[F(s)] = 2te^t + 2e^t - 1.$$

(9) 由 $F(s) = \frac{1}{(s^2+4)(s^2+1)}$ 可知，$F(s)$ 的奇点为 $\pm 2j, \pm j$，都为一阶极点，故

$$\text{Res}[F(s)e^{st},2j] = \frac{e^{st}}{(s^4+5s^2+4)'}\bigg|_{s=2j} = \frac{j}{12}e^{2jt},$$

$$\text{Res}[F(s)e^{st},-2j] = \frac{e^{st}}{(s^4+5s^2+4)'}\bigg|_{s=-2j} = \frac{-j}{12}e^{-2jt},$$

$$\operatorname{Res}[F(s)\mathrm{e}^{st},\mathrm{j}]=\frac{\mathrm{e}^{st}}{(s^4+5s^2+4)'}\bigg|_{s=\mathrm{j}}=-\frac{\mathrm{j}}{6}\mathrm{e}^{\mathrm{j}t},$$

$$\operatorname{Res}[F(s)\mathrm{e}^{st},\pm\mathrm{j}]=\frac{\mathrm{e}^{st}}{(s^4+5s^2+4)'}\bigg|_{s=-\mathrm{j}}=\mp\frac{\mathrm{j}}{6}\mathrm{e}^{-\mathrm{j}t}.$$

故

$$\mathscr{L}^{-1}[F(s)]=\frac{\mathrm{j}}{12}(\mathrm{e}^{2\mathrm{j}t}-\mathrm{e}^{-2\mathrm{j}t})-\frac{\mathrm{j}}{6}(\mathrm{e}^{\mathrm{j}t}-\mathrm{e}^{-\mathrm{j}t})=-\frac{1}{6}\sin2t+\frac{1}{3}\sin t.$$

(10) $F(s)$ 的奇点为 $9s^2+6s+5=0$ 的根,解得

$$s_{1,2}=\frac{-1\pm2\mathrm{j}}{3}.$$

由于 s_1,s_2 都为一阶极点,则有

$$\operatorname{Res}[F(s)\mathrm{e}^{st},s_1]=\frac{(s+1)\mathrm{e}^{st}}{(9s^2+6s+5)'}\bigg|_{s=s_1}=\frac{(s+1)\mathrm{e}^{st}}{6(3s+1)}\bigg|_{s=s_1}$$

$$=\frac{\frac{2}{3}(1+\mathrm{j})\mathrm{e}^{-\frac{1}{3}+\frac{2}{3}\mathrm{j}}}{6\cdot2\mathrm{j}}=\frac{1}{18}(1-\mathrm{j})\mathrm{e}^{-\frac{1}{3}t}\cdot\mathrm{e}^{\frac{2}{3}\mathrm{j}t}.$$

同理可得

$$\operatorname{Res}[F(s)\mathrm{e}^{st},s_2]=\frac{1}{18}(1+\mathrm{j})\mathrm{e}^{-\frac{1}{3}t}\mathrm{e}^{-\frac{2}{3}\mathrm{j}t}.$$

故

$$\mathscr{L}^{-1}[F(s)]=\frac{1}{18}\mathrm{e}^{-\frac{1}{3}t}[(1-\mathrm{j})\mathrm{e}^{\frac{2}{3}\mathrm{j}t}+(1+\mathrm{j})\mathrm{e}^{-\frac{2}{3}\mathrm{j}t}]$$

$$=\frac{1}{9}\mathrm{e}^{-\frac{1}{3}t}\operatorname{Re}[(1-\mathrm{j})\mathrm{e}^{\frac{2}{3}\mathrm{j}t}]$$

$$=\frac{1}{9}\mathrm{e}^{-\frac{1}{3}t}\left(\cos\frac{2}{3}t+\sin\frac{2}{3}t\right).$$

练习题 8.3

1. 求下列函数的拉普拉斯变换.

(1) $f(t)=2\sinh t-4$;

(2) $f(t)=4t\sin2t-4$;

(3) $f(t)=t-5\cos t$;

(4) $f(t)=(t+4)^2$;

(5) $f(t)=t^3-3t-\cos4t$;

(6) $f(t)=(t^3-3t+2)\mathrm{e}^{-2t}$;

(7) $f(t)=\begin{cases}1, & 0\leqslant t<7, \\ \cos t, & t\geqslant7;\end{cases}$

(8) $f(t)=\begin{cases}t, & 0\leqslant t<3, \\ 1-3t, & t\geqslant3;\end{cases}$

(9) $f(t)=\begin{cases}\cos t, & 0\leqslant t<2\pi, \\ 2-\sin t, & t\geqslant2\pi;\end{cases}$

(10) $f(t)=\begin{cases}t-2, & 0\leqslant t<16, \\ -1, & t\geqslant16;\end{cases}$

(11) $f(t)=\mathrm{e}^{-t}(1-t^2+\sin t)$;

(12) $f(t)=\mathrm{e}^{-5t}(t^4+2t^2+t)$;

(13) $f(t)=t\mathrm{e}^{-2t}\cos3t$;

(14) $f(t)=t\displaystyle\int_0^t\mathrm{e}^{-3t}\sin2t\mathrm{d}t$;

(15) $f(t) = \dfrac{e^{-3t}\sin 2t}{t}$;

(16) $f(t) = \displaystyle\int_0^t \dfrac{e^{-3t}\sin 2t}{t}\mathrm{d}t.$

解 (1) 由 $f(t) = 2\sinh t - 4 = e^t - e^{-t} - 4$ 及线性性质,得

$$\mathscr{L}[f(t)] = \mathscr{L}[e^t] - \mathscr{L}[e^{-t}] - \mathscr{L}[4] = \frac{1}{s-1} - \frac{1}{s+1} - \frac{4}{s}.$$

(2) 由 $\mathscr{L}[\sin at] = \dfrac{a}{s^2 + a^2}$ 及微分性质,得

$$\mathscr{L}[t\sin 2t] = -\frac{\mathrm{d}}{\mathrm{d}s}\left[\frac{2}{s^2 + 4}\right] = \frac{4s}{(s^2 + 4)^2}.$$

所以 $\qquad\qquad \mathscr{L}[f(t)] = 4\mathscr{L}[t\sin t] - \mathscr{L}[4] = \dfrac{16s}{(s^2+4)^2} - \dfrac{4}{s}.$

(3) $\mathscr{L}[f(t)] = \mathscr{L}[t] - 5\mathscr{L}[\cos t] = \dfrac{1}{s^2} - \dfrac{5s}{s^2+1}.$

(4) 由于 $f(t) = t^2 + 8t + 16$,故

$$\mathscr{L}[f(t)] = \mathscr{L}[t^2] + 8\mathscr{L}[t] + 16\mathscr{L}[1] = \frac{2}{s^3} + \frac{8}{s^2} + \frac{16}{s}.$$

(5) $\mathscr{L}[f(t)] = \mathscr{L}[t^3] - 3\mathscr{L}[t] - \mathscr{L}[\cos 4t] = \dfrac{6}{s^4} - \dfrac{3}{s^2} - \dfrac{s}{s^2+16}.$

(6) $f(t) = t^3 e^{-2t} - 3te^{-2t} + 2e^{-2t}$,由 $\mathscr{L}[e^{-2t}] = \dfrac{1}{s+2}$ 及微分性质,得

$$\mathscr{L}[f(t)] = \mathscr{L}[t^3 e^{-2t}] - 3\mathscr{L}[te^{-2t}] + 2\mathscr{L}[e^{-2t}]$$

$$= (-1)^3 \cdot \frac{\mathrm{d}^3}{\mathrm{d}s^3}\left[\frac{1}{s+2}\right] - 3 \cdot (-1) \cdot \frac{\mathrm{d}}{\mathrm{d}s}\left[\frac{1}{s+2}\right] + \frac{2}{s+2}$$

$$= \frac{6}{(s+2)^4} - \frac{3}{(s+2)^2} + \frac{2}{s+2}.$$

(7) 由拉普拉斯变换的定义,得

$$\mathscr{L}[f(t)] = \int_0^{+\infty} f(t)e^{-st}\,\mathrm{d}t = \int_0^7 e^{-st}\,\mathrm{d}t + \int_7^{+\infty} \cos t\, e^{-st}\,\mathrm{d}t$$

$$= -\frac{1}{s}e^{-st}\Big|_0^7 + \frac{1}{2}\int_7^{+\infty}(e^{jt} + e^{-jt})e^{-st}\,\mathrm{d}t$$

$$= \frac{1}{s}(1 - e^{-7s}) + \frac{1}{2}\left[\int_7^{+\infty} e^{(j-s)t}\,\mathrm{d}t + \int_7^{+\infty} e^{-(j+s)t}\,\mathrm{d}t\right]$$

$$= \frac{1}{s}(1 - e^{-7s}) + \frac{1}{2}\left[\frac{1}{j-s}\cdot e^{-(s-j)t}\Big|_7^{+\infty} + \frac{1}{-(j+s)}e^{-(j+s)t}\Big|_7^{+\infty}\right]$$

$$= \frac{1}{s}(1 - e^{-7s}) + \frac{1}{2}\left[\frac{1}{s-j}e^{-7(s-j)} + \frac{1}{s+j}e^{-7(s+j)}\right]$$

$$= \frac{1}{s}(1 - e^{-7s}) + \frac{se^{-7s}}{s^2+1}\cos 7 - \frac{e^{-7s}}{s^2+1}\sin 7.$$

(8) 由拉普拉斯变换的定义,得

$$\mathscr{L}[f(t)] = \int_0^{+\infty} f(t)\mathrm{e}^{-st}\,\mathrm{d}t = \int_0^3 t\mathrm{e}^{-st}\,\mathrm{d}t + \int_3^{+\infty}(1-3t)\mathrm{e}^{-st}\,\mathrm{d}t$$

$$= \frac{1}{s^2} - \left(\frac{1}{s^2} + \frac{3}{s}\right)\mathrm{e}^{-3s} + \int_3^{+\infty}\mathrm{e}^{-st} - 3\int_3^{+\infty} t\mathrm{e}^{-st}\,\mathrm{d}t$$

$$= \frac{1}{s^2} - \frac{1+3s}{s^2}\mathrm{e}^{-3s} + \frac{1}{s}\mathrm{e}^{-3s} - \left(\frac{9}{s} + \frac{3}{s^2}\right)\mathrm{e}^{-3s}$$

$$= \frac{1}{s^2} - \frac{11}{s}\mathrm{e}^{-3s} - \frac{4}{s^2}\mathrm{e}^{-3s}.$$

（9）由拉普拉斯变换的定义，得

$$\mathscr{L}[f(t)] = \int_0^{+\infty} f(t) \cdot \mathrm{e}^{-st}\,\mathrm{d}t = \int_0^{2\pi}\cos t \cdot \mathrm{e}^{-st}\,\mathrm{d}t + \int_{2\pi}^{+\infty}(2-\sin t)\mathrm{e}^{-st}\,\mathrm{d}t$$

$$= \int_0^{2\pi}\frac{1}{2}(\mathrm{e}^{jt}+\mathrm{e}^{-jt})\mathrm{e}^{-st}\,\mathrm{d}t + 2\int_{2\pi}^{+\infty}\mathrm{e}^{-st}\,\mathrm{d}t - \int_{2\pi}^{+\infty}\frac{1}{2j}(\mathrm{e}^{jt}-\mathrm{e}^{-jt})\mathrm{e}^{-st}\,\mathrm{d}t$$

$$= \frac{1}{2}\left[\int_0^{2\pi}\mathrm{e}^{-(s-j)t}\,\mathrm{d}t + \int_0^{2\pi}\mathrm{e}^{-(s+j)t}\,\mathrm{d}t\right] + 2\left(-\frac{1}{s}\mathrm{e}^{-st}\right)\Big|_{2\pi}^{+\infty}$$

$$-\frac{1}{2j}\left[\int_{2\pi}^{+\infty}\mathrm{e}^{-(s-j)t}\,\mathrm{d}t - \int_{2\pi}^{+\infty}\mathrm{e}^{-(s+j)t}\,\mathrm{d}t\right]$$

$$= \frac{1}{2}\left[\frac{1}{s-j} - \frac{1}{s-j}\mathrm{e}^{-2\pi(s-j)} + \frac{1}{s+j} - \frac{1}{s+j}\mathrm{e}^{-2\pi(s+j)}\right]$$

$$+\frac{2}{s}\mathrm{e}^{-2\pi s} - \frac{1}{2j}\left[\frac{1}{s-j}\mathrm{e}^{-2\pi(s-j)} - \frac{1}{s+j}\mathrm{e}^{-2\pi(s+j)}\right]$$

$$= \frac{s}{s^2+1} - \frac{1}{2(s-j)}\mathrm{e}^{-2\pi s} - \frac{1}{2(s+j)}\mathrm{e}^{-2\pi s} + \frac{2}{s}\mathrm{e}^{-2\pi s}$$

$$+\frac{j}{2(s-j)}\mathrm{e}^{-2\pi s} - \frac{j}{2(s+j)}\mathrm{e}^{-2\pi s}$$

$$= \frac{s}{s^2+1} + \left(\frac{2}{s} - \frac{s}{s^2+1} - \frac{1}{s^2+1}\right)\mathrm{e}^{-2\pi s}.$$

（10）由拉普拉斯变换的定义，得

$$\mathscr{L}[f(t)] = \int_0^{+\infty} f(t)\mathrm{e}^{-st}\,\mathrm{d}t = \int_0^{16}(t-2)\mathrm{e}^{-st}\,\mathrm{d}t + \int_{16}^{+\infty}(-1)\mathrm{e}^{-st}\,\mathrm{d}t$$

$$= \int_0^{16} t\mathrm{e}^{-st}\,\mathrm{d}t - 2\int_0^{16}\mathrm{e}^{-st}\,\mathrm{d}t - \int_{16}^{+\infty}\mathrm{e}^{-st}\,\mathrm{d}t$$

$$= \frac{1}{s^2} - \frac{16}{s}\mathrm{e}^{-16s} - \frac{1}{s^2}\mathrm{e}^{-16s} + \frac{2}{s}\mathrm{e}^{-16s} - \frac{2}{s} - \frac{1}{s}\mathrm{e}^{-16s}$$

$$= \frac{1}{s^2} - \frac{2}{s} - \left(\frac{15}{s} + \frac{1}{s^2}\right)\mathrm{e}^{-16s}.$$

（11）因为 $f(t) = \mathrm{e}^{-t} - t^2\mathrm{e}^{-t} + \dfrac{1}{2j}(\mathrm{e}^{jt} - \mathrm{e}^{-jt})\mathrm{e}^{-t}$

$$= \mathrm{e}^{-t} - t^2\mathrm{e}^{-t} + \frac{1}{2j}\left[\mathrm{e}^{-(1-j)t} - \mathrm{e}^{-(1+j)t}\right].$$

所以

$$\mathscr{L}[f(t)] = \mathscr{L}[e^{-t}] - \mathscr{L}[t^2 e^{-t}] + \frac{1}{2j}\{\mathscr{L}[e^{-(1-j)t}] - \mathscr{L}[e^{-(1+j)t}]\}$$

$$= \frac{1}{s+1} - (-1)^2 \cdot \frac{d^2}{ds^2}\left[\frac{1}{s+1}\right] + \frac{1}{2j}\left(\frac{1}{s+1-j} - \frac{1}{s+1+j}\right)$$

$$= \frac{1}{s+1} - \frac{2}{(s+1)^3} + \frac{1}{(s+1)^2+1}.$$

(12) $\mathscr{L}[f(t)] = \mathscr{L}[e^{-5t}(t^4 + 2t^2 + t)] = \mathscr{L}[t^4 e^{-5t}] + 2\mathscr{L}[t^2 e^{-5t}] + \mathscr{L}[te^{-5t}]$

$$= (-1)^4 \cdot \frac{d^4}{ds^4}\left[\frac{1}{s+5}\right] + (-1)^2 \cdot 2\frac{d^2}{ds^2}\left[\frac{1}{s+5}\right]$$

$$+ (-1) \cdot \frac{d}{ds}\left[\frac{1}{s+5}\right]$$

$$= \frac{24}{(s+5)^5} + \frac{4}{(s+5)^3} + \frac{1}{(s+5)^2}.$$

(13) 由位移性质,得

$$\mathscr{L}[e^{-2t}\cos 3t] = \frac{s+2}{(s+2)^2+9}.$$

所以

$$\mathscr{L}[f(t)] = \mathscr{L}[te^{-2t}\cos 3t] = -\frac{d}{ds}\left[\frac{s+2}{(s+2)^2+9}\right] = \frac{s^2+4s-5}{(s^2+4s+13)^2}.$$

(14) 因为 $\mathscr{L}[e^{-3t}\sin 2t] = \dfrac{2}{(s+3)^2+4}$,故

$$\mathscr{L}\left[\int_0^t e^{-3t}\sin 2t\right] = \frac{1}{s} \cdot \frac{2}{(s+3)^2+4}.$$

所以

$$\mathscr{L}[f(t)] = \mathscr{L}\left[t\int_0^t e^{-3t}\sin 2t\right] = -\frac{d}{ds}\left[\frac{2}{s(s+3)^2+4s}\right] = \frac{2(3s^2+12s-13)}{s^2[(s+3)^2+4]^2}.$$

(15) 由 $\mathscr{L}[e^{-3t}\sin 2t] = \dfrac{2}{(s+3)^2+4}$,得

$$\mathscr{L}[f(t)] = \mathscr{L}\left[\frac{1}{t} \cdot e^{-3t}\sin 2t\right] = \int_s^\infty \frac{2}{(\tau+3)^2+4}d\tau$$

$$= \int_s^\infty \frac{1}{1+\left(\frac{\tau+3}{2}\right)^2}d\left(\frac{\tau+3}{2}\right) = \arctan\frac{\tau+3}{2}\Bigg|_s^\infty$$

$$= \frac{\pi}{2} - \arctan\frac{s+3}{2} = \operatorname{arccot}\frac{s+3}{2}.$$

(16) 由(15)的结果,得

$$\mathscr{L}[f(t)] = \frac{1}{s}\operatorname{arccot}\frac{s+3}{2}.$$

2. 求下列函数的拉普拉斯逆变换.

(1) $F(s) = \dfrac{-2}{s+16}$;

(2) $F(s) = \dfrac{2s-5}{s^2+16}$;

(3) $F(s) = \dfrac{3}{s-7} + \dfrac{1}{s^2}$;

(4) $F(s) = \dfrac{1}{s-4} + \dfrac{6}{(s-4)^2}$;

(5) $F(s) = \dfrac{1}{s^2-4s+5}$;

(6) $F(s) = \dfrac{s\mathrm{e}^{-2s}}{s^2+9}$;

(7) $F(s) = \dfrac{s+2}{s^2+6s+1}$;

(8) $F(s) = \dfrac{\mathrm{e}^{-21s}}{s(s^2+16)}$;

(9) $F(s) = \dfrac{1}{(s^2+4)(s^2-4)}$;

(10) $F(s) = \dfrac{s}{(s^2+a^2)(s^2+b^2)}$;

(11) $F(s) = \dfrac{1}{s(s^2+a^2)^2}$;

(12) $F(s) = \dfrac{1}{s(s+2)}\mathrm{e}^{4s}$.

解 (1) $\mathscr{L}^{-1}[F(s)] = \mathscr{L}^{-1}\left[\dfrac{-2}{s+16}\right] = -2\mathscr{L}^{-1}\left[\dfrac{1}{s-(-16)}\right] = -2\mathrm{e}^{-16t}$.

(2) $\mathscr{L}^{-1}[F(s)] = \mathscr{L}^{-1}\left[\dfrac{2s-5}{s^2+16}\right] = 2\mathscr{L}^{-1}\left[\dfrac{s}{s^2+4^2}\right] - \dfrac{5}{4}\mathscr{L}^{-1}\left[\dfrac{4}{s^2+4^2}\right]$

$\qquad = 2\cos 4t - \dfrac{5}{4}\sin 4t$.

(3) $\mathscr{L}^{-1}[F(s)] = 3\mathscr{L}^{-1}\left[\dfrac{1}{s-7}\right] + \mathscr{L}^{-1}\left[\dfrac{1}{s^2}\right] = 3\mathrm{e}^{7t} + t$.

(4) $\mathscr{L}^{-1}[F(s)] = \mathscr{L}^{-1}\left[\dfrac{1}{s-4}\right] + 6\mathscr{L}^{-1}\left[\dfrac{1}{(s-4)^2}\right]$

$\qquad = \mathrm{e}^{4t} + 6\mathscr{L}^{-1}\left[-\left(\dfrac{1}{s-4}\right)'\right] = \mathrm{e}^{4t} - 6t \cdot \mathrm{e}^{4t}$.

(5) 由于 $F(s) = \dfrac{1}{s^2-4s+5} = \dfrac{1}{(s-2)^2+1}$,故

$\qquad \mathscr{L}^{-1}[F(s)] = \mathscr{L}^{-1}\left[\dfrac{1}{(s-2)^2+1}\right] = \mathrm{e}^{2t}\mathscr{L}^{-1}\left[\dfrac{1}{s^2+1}\right] = \mathrm{e}^{2t}\sin t$

(6) 因为 $\mathscr{L}^{-1}\left[\dfrac{s}{s^2+9}\right] = \cos 3t$,故由延迟性质得

$\qquad \mathscr{L}^{-1}[F(s)] = \mathscr{L}^{-1}\left[\dfrac{s\mathrm{e}^{-2s}}{s^2+9}\right] = \cos 3(t-2)u(t-2)$.

(7) 因为 $F(s) = \dfrac{s+2}{s^2+6s+1} = \dfrac{s+2}{(s+3)^2-8} = \dfrac{s+3}{(s+3)^2-8} - \dfrac{1}{(s+3)^2-8}$,

所以

$\qquad \mathscr{L}^{-1}[F(s)] = \mathscr{L}^{-1}\left[\dfrac{s+3}{(s+3)^2-8}\right] - \mathscr{L}^{-1}\left[\dfrac{1}{(s+3)^2-8}\right]$

$\qquad = \mathrm{e}^{-3t}\mathscr{L}^{-1}\left[\dfrac{s}{s^2-(2\sqrt{2})^2}\right] - \dfrac{\mathrm{e}^{-3t}}{2\sqrt{2}} \cdot \mathscr{L}^{-1}\left[\dfrac{2\sqrt{2}}{s^2-(2\sqrt{2})^2}\right]$

$$= \mathrm{e}^{-3t}\cosh(2\sqrt{2}t) - \frac{1}{2\sqrt{2}}\mathrm{e}^{-3t}\sinh(2\sqrt{2}t).$$

(8) 由 $\mathscr{L}^{-1}\left[\dfrac{1}{s^2+16}\right] = \dfrac{1}{4}\sin4t$,得

$$\mathscr{L}^{-1}\left[\frac{1}{s(s^2+16)}\right] = \int_0^t \frac{1}{4}\sin4\tau\,\mathrm{d}\tau = \frac{1}{16}\left[-\cos4\tau\right]_0^t = \frac{1}{16}(1-\cos4t),$$

所以

$$\mathscr{L}^{-1}[F(s)] = \mathscr{L}^{-1}\left[\frac{\mathrm{e}^{-21s}}{s(s^2+16)}\right] = \frac{1}{16}[1-\cos4(t-21)]u(t-21).$$

(9) $F(s) = \dfrac{1}{(s^2+4)(s^2-4)} = \dfrac{1}{8}\left(\dfrac{1}{s^2-4} - \dfrac{1}{s^2+4}\right)$,故

$$\mathscr{L}^{-1}[F(s)] = \frac{1}{8}\mathscr{L}^{-1}\left[\frac{1}{s^2-4}\right] - \frac{1}{8}\mathscr{L}^{-1}\left[\frac{1}{s^2+4}\right] = \frac{1}{16}\sinh2t - \frac{1}{16}\sin2t.$$

(10) 当 $a^2=b^2$ 时,$F(s) = \dfrac{s}{(s^2+a^2)^2} = -\dfrac{1}{2}\dfrac{\mathrm{d}}{\mathrm{d}s}\left[\dfrac{1}{s^2+a^2}\right]$,故

$$\mathscr{L}^{-1}[F(s)] = -\frac{1}{2}\mathscr{L}^{-1}\left[\frac{\mathrm{d}}{\mathrm{d}s}\left(\frac{1}{s^2+a^2}\right)\right] = -\frac{1}{2}t\mathscr{L}^{-1}\left[\frac{1}{s^2+a^2}\right] = -\frac{t}{2a}\cdot\sin at.$$

当 $a^2\neq b^2$ 时,

$$F(s) = \frac{s}{(s^2+a^2)(s^2+b^2)} = \frac{s}{a^2-b^2}\left(\frac{1}{s^2+b^2} - \frac{1}{s^2+a^2}\right),$$

所以

$$\mathscr{L}^{-1}[F(s)] = \frac{1}{a^2-b^2}\left(\mathscr{L}^{-1}\left[\frac{s}{s^2+b^2}\right] - \mathscr{L}^{-1}\left[\frac{s}{s^2+a^2}\right]\right)$$

$$= \frac{1}{a^2-b^2}(\cos bt - \cos at).$$

(11) 因为 $F(s) = \dfrac{1}{s(s^2+a^2)^2} = \dfrac{1}{a^2}\left(\dfrac{1}{s(s^2+a^2)} - \dfrac{s}{(s^2+a^2)^2}\right)$,

所以

$$\mathscr{L}^{-1}[F(s)] = \frac{1}{a^2}\left(\mathscr{L}^{-1}\left[\frac{1}{s(s^2+a^2)}\right] - \mathscr{L}^{-1}\left[\frac{s}{(s^2+a^2)^2}\right]\right)$$

$$= \frac{1}{a^2}\left(\frac{1}{a}\int_0^t\sin a\tau\,\mathrm{d}\tau + \frac{1}{2}\mathscr{L}^{-1}\left[\left(\frac{1}{s^2+a^2}\right)'\right]\right)$$

$$= \frac{1}{a^2}\left(\frac{1}{a^2}(-\cos a\tau)\Big|_0^t + \frac{1}{2}t\mathscr{L}^{-1}\left[\frac{1}{s^2+a^2}\right]\right)$$

$$= \frac{1}{a^4}(1-\cos at) + \frac{t}{2a^3}\cdot\sin at.$$

(12) 由 $\dfrac{1}{s(s+2)} = \dfrac{1}{2}\left(\dfrac{1}{s} - \dfrac{1}{s+2}\right)$ 得

$$\mathscr{L}^{-1}\left[\frac{1}{s(s+2)}\right]=\frac{1}{2}\mathscr{L}^{-1}\left[\frac{1}{s}\right]-\frac{1}{2}\mathscr{L}^{-1}\left[\frac{1}{s+2}\right]=\frac{1}{2}(1-\mathrm{e}^{-2t}),$$

所以

$$\mathscr{L}^{-1}[F(s)]=\mathscr{L}^{-1}\left[\frac{1}{s(s+2)}\mathrm{e}^{4s}\right]=\frac{1}{2}[1-\mathrm{e}^{-2(t+4)}]u(t+4).$$

练习题 8.4

求下列微分方程的解.

(1) $y'+4y=\cos t, y(0)=0$;

(2) $y'-2y=1-t, y(0)=4$;

(3) $y''-4y'+4y=\cos t, y(0)=1, y'(0)=-1$;

(4) $y''+4y=f(t), y(0)=1, y'(0)=0$,其中 $f(t)=\begin{cases}0, & 0\leqslant t<4,\\ 3, & t\geqslant4;\end{cases}$

(5) $y'''-y''+4y'-4y=f(t), y(0)=y'(0)=0, y''(0)=1$,其中:

$$f(t)=\begin{cases}1, & 0\leqslant t<5,\\ 2, & t\geqslant5;\end{cases}$$

(6) $\begin{cases}x'-2y'=1,\\ x'+y-x=0,\end{cases} \quad x(0)=y(0)=0$;

(7) $\begin{cases}x''+2x'+\int_0^t y(\alpha)\mathrm{d}\alpha=0,\\ 4x''-x'+y=\mathrm{e}^{-t},\end{cases} \quad x(0)=0, x'(0)=-1$;

(8) $\begin{cases}\dfrac{\partial^2 u}{\partial t^2}=a^2\dfrac{\partial^2 u}{\partial x^2}+2 \quad (x>0, t>0),\\ u|_{t=0}=0, \dfrac{\partial u}{\partial t}\Big|_{t=0}=0, u|_{x=0}=0.\end{cases}$

解 (1) 记 $\mathscr{L}[y(t)]=Y(s)$,方程两边取拉普拉斯变换有

$$sY(s)-y(0)+4Y(s)=\frac{s}{s^2+1}.$$

代入初始条件得

$$(s+4)Y(s)=\frac{s}{s^2+1},$$

解出 $Y(s)$ 得

$$Y(s)=\frac{s}{(s^2+1)(s+4)}.$$

利用留数求 $Y(s)$ 的拉普拉斯逆变换,由于 $Y(s)$ 有三个一阶极点,即 $\pm\mathrm{i}, -4$,则有

$$\operatorname{Res}[Y(s)\mathrm{e}^{st},\mathrm{i}]=\frac{s\mathrm{e}^{st}}{(s+\mathrm{i})(s+4)}\bigg|_{s=\mathrm{i}}=\frac{\mathrm{e}^{\mathrm{i}t}}{2(\mathrm{i}+4)},$$

$$\operatorname{Res}[Y(s)\mathrm{e}^{st},-\mathrm{i}]=\frac{s\mathrm{e}^{st}}{(s-\mathrm{i})(s+4)}\bigg|_{s=-\mathrm{i}}=\frac{\mathrm{e}^{-\mathrm{i}t}}{2(4-\mathrm{i})},$$

$$\operatorname{Res}[Y(s)\mathrm{e}^{st},-4]=\frac{s\mathrm{e}^{st}}{s^2+1}\bigg|_{s=-4}=-\frac{4}{17}\mathrm{e}^{-4t},$$

所以

$$y(t)=\mathscr{L}^{-1}[Y(s)]=-\frac{4}{17}\mathrm{e}^{-4t}+\frac{\mathrm{e}^{\mathrm{i}t}}{2(\mathrm{i}+4)}+\frac{\mathrm{e}^{-\mathrm{i}t}}{2(4-\mathrm{i})}$$

$$=-\frac{4}{17}\mathrm{e}^{-4t}+\frac{1}{17}\Big[\frac{1}{2}\mathrm{e}^{\mathrm{i}t}(4-\mathrm{i})+\frac{1}{2}\mathrm{e}^{-\mathrm{i}t}(4+\mathrm{i})\Big]$$

$$=-\frac{4}{17}\mathrm{e}^{-4t}+\frac{1}{17}\Big[4\cdot\frac{\mathrm{e}^{\mathrm{i}t}+\mathrm{e}^{-\mathrm{i}t}}{2}-\mathrm{i}\cdot\frac{\mathrm{e}^{\mathrm{i}t}-\mathrm{e}^{-\mathrm{i}t}}{2}\Big)$$

$$=-\frac{4}{17}\mathrm{e}^{-4t}+\frac{4}{17}\cos t+\frac{1}{17}\sin t.$$

（2）设 $\mathscr{L}[y(t)]=Y(s)$，方程两边取拉普拉斯变换有

$$sY(s)-y(0)-2Y(s)=\frac{1}{s}-\frac{1}{s^2},$$

代入初始条件 $y(0)=4$ 得

$$(s-2)Y(s)-4=\frac{s-1}{s^2},$$

解出 $Y(s)$ 有

$$Y(s)=\frac{4s^2+s-1}{s^2(s-2)}.$$

利用留数求逆变换，由于 $Y(s)$ 的奇点有 $s=0$，$s=2$，其中 $s=0$ 为二阶极点，$s=2$ 为一阶极点，则有

$$\operatorname{Res}[Y(s)\mathrm{e}^{st},0]=\frac{\mathrm{d}}{\mathrm{d}s}\Big[\frac{(4s^2+s-1)\mathrm{e}^{st}}{s-2}\Big]\bigg|_{s=0}$$

$$=\frac{[(8s+1)\mathrm{e}^{st}+t\mathrm{e}^{st}(4s^2+s-1)](s-2)-(4s^2+s-1)\mathrm{e}^{st}}{(s-2)^2}\bigg|_{s=0}$$

$$=\frac{1}{2}t-\frac{1}{4},$$

$$\operatorname{Res}[Y(s)\mathrm{e}^{st},2]=\frac{4s^2+s-1}{s^2}\mathrm{e}^{st}\bigg|_{s=2}=\frac{17}{4}\mathrm{e}^{2t},$$

所以

$$y(t)=\mathscr{L}^{-1}[Y(s)]=\frac{1}{2}t-\frac{1}{4}+\frac{17}{4}\mathrm{e}^{2t}.$$

（3）记 $\mathscr{L}[y(t)]=Y(s)$，方程两边取拉普拉斯变换有

$$s^2 Y(s) - s y(0) - y'(0) - 4[s Y(s) - y(0)] + 4 Y(s) = \frac{s}{s^2 + 1}.$$

代入初始条件 $y(0) = 1, y'(0) = -1$,得

$$s^2 Y(s) - s + 1 - 4[s Y(s) - 1] + 4 Y(s) = \frac{s}{s^2 + 1},$$

解出 $Y(s)$ 有

$$Y(s) = \frac{s^3 - 5s^2 + 2s - 5}{(s^2 + 1)(s - 2)^2}.$$

由于 $Y(s)$ 的奇点有 $s = \pm i, s = 2$,其中 $s = \pm i$ 为一阶极点,$s = 2$ 为二阶极点, 则有

$$\mathrm{Res}[Y(s) \mathrm{e}^{st}, \mathrm{i}] = \frac{s^3 - 5s^2 + 2s - 5}{(s + \mathrm{i})(s - 2)^2} \mathrm{e}^{st} \bigg|_{s = \mathrm{i}} = \frac{1}{50}(3 + 4\mathrm{i}) \mathrm{e}^{\mathrm{i}t},$$

$$\mathrm{Res}[Y(s) \mathrm{e}^{st}, -\mathrm{i}] = \frac{s^3 - 5s^2 + 2s - 5}{(s - \mathrm{i})(s - 2)^2} \mathrm{e}^{st} \bigg|_{s = -\mathrm{i}} = -\frac{1}{50}(3 - 4\mathrm{i}) \mathrm{e}^{-\mathrm{i}t},$$

$$\mathrm{Res}[Y(s) \mathrm{e}^{st}, 2] = \frac{\mathrm{d}}{\mathrm{d}s}\left[\frac{s^3 - 5s^2 + 2s - 5}{s^2 + 1} \mathrm{e}^{st}\right] \bigg|_{s = 2} = \frac{22}{25} \mathrm{e}^{2t} - \frac{13}{5} t \mathrm{e}^{2t},$$

所以

$$y(t) = \mathscr{L}^{-1}[F(s)] = \frac{22}{25} \mathrm{e}^{2t} - \frac{13}{5} t \mathrm{e}^{2t} + \frac{1}{50}(3 + 4\mathrm{i}) \mathrm{e}^{\mathrm{i}t} - \frac{1}{50}(3 - 4\mathrm{i}) \mathrm{e}^{-\mathrm{i}t}$$

$$= \frac{22}{25} \mathrm{e}^{2t} - \frac{13}{5} t \cdot \mathrm{e}^{2t} + \frac{3}{25} \cos t - \frac{4}{25} \sin t.$$

(4) 记 $\mathscr{L}[y(t)] = Y(s)$,又因为

$$\mathscr{L}[f(t)] = \int_0^{+\infty} f(t) \mathrm{e}^{-st} \mathrm{d}t = \int_4^{+\infty} 3 \mathrm{e}^{-st} \mathrm{d}t = \frac{3}{s} \mathrm{e}^{-4s},$$

所以对方程两边取拉普拉斯变换有

$$s^2 Y(s) - s y(0) - y'(0) + 4 Y(s) = \frac{3}{s} \mathrm{e}^{-4s}.$$

代入初始条件 $y(0) = 1, y'(0) = 0$ 有

$$s^2 Y(s) - s + 4 Y(s) = \frac{3}{s} \mathrm{e}^{-4s},$$

解出 $Y(s)$ 得

$$Y(s) = \frac{3 \mathrm{e}^{-4s}}{s(s^2 + 4)} + \frac{s}{s^2 + 4}.$$

故

$$y(t) = \mathscr{L}^{-1}[Y(s)] = \mathscr{L}^{-1}\left[\frac{3 \mathrm{e}^{-4s}}{s(s^2 + 4)}\right] + \mathscr{L}^{-1}\left[\frac{s}{s^2 + 4}\right]$$

$$= \frac{3}{4}[1 - \cos 2(t - 4)] u(t - 4) + \cos 2t.$$

(5) 记 $\mathscr{L}[y(t)]=Y(s)$，由于

$$\mathscr{L}[f(t)] = \int_0^{+\infty} f(t)\mathrm{e}^{-st}\,\mathrm{d}t = \int_0^5 \mathrm{e}^{-st}\,\mathrm{d}t + \int_5^{+\infty} 2\mathrm{e}^{-st}\,\mathrm{d}t$$

$$= \frac{1}{s} - \frac{1}{s}\mathrm{e}^{-5s} + \frac{2}{s}\mathrm{e}^{-5s} = \frac{1}{s} + \frac{1}{s}\mathrm{e}^{-5s}.$$

所以对方程两边取拉普拉斯变换有

$$s^3 Y(s) - s^2 y(0) - s y'(0) - y''(0) - (s^2 Y(s) - y(0) - y'(0))$$

$$+ 4(s Y(s) - y(0)) - 4Y(s) = \frac{1}{s} + \frac{1}{s}\mathrm{e}^{-5s}.$$

代入初始条件 $y(0) = y'(0) = 0, y''(0) = 1$ 有

$$s^3 Y(s) - 1 - s^2 Y(s) + 4s Y(s) - 4Y(s) = \frac{1}{s} + \frac{1}{s}\mathrm{e}^{-5s},$$

解出 $Y(s)$ 有

$$Y(s) = \frac{s+1+\mathrm{e}^{-5s}}{s(s-1)(s^2+4)}.$$

又因为

$$\mathscr{L}^{-1}\left[\frac{1}{(s-1)(s^2+4)}\right] = \mathscr{L}^{-1}\left[\frac{1}{5(s-1)} - \frac{s}{5(s^2+4)} - \frac{1}{5(s^2+4)}\right]$$

$$= \frac{1}{5}\mathrm{e}^t - \frac{1}{5}\cos2t - \frac{1}{10}\sin2t.$$

故

$$y(t) = \mathscr{L}^{-1}[Y(s)] = \mathscr{L}^{-1}\left[\frac{1}{(s-1)(s^2+4)}\right]$$

$$+ \mathscr{L}^{-1}\left[\frac{1}{s(s-1)(s^2+4)}\right] + \mathscr{L}^{-1}\left[\frac{\mathrm{e}^{-5s}}{s(s-1)(s^2+4)}\right]$$

$$= \frac{1}{5}\mathrm{e}^t - \frac{1}{5}\cos2t - \frac{1}{10}\sin2t + \int_0^t \left(\frac{1}{5}\mathrm{e}^\tau - \frac{1}{5}\cos2\tau - \frac{1}{10}\sin2\tau\right)\mathrm{d}\tau$$

$$+ \mathscr{L}^{-1}\left[\frac{\mathrm{e}^{-5s}}{s(s-1)(s^2+4)}\right]$$

$$= \frac{1}{5}\left(\mathrm{e}^t - \cos2t - \frac{1}{2}\sin2t\right) + \frac{1}{5}\mathrm{e}^t - \frac{1}{10}\sin2t + \frac{1}{20}\cos2t - \frac{1}{4}$$

$$+ \left[\frac{1}{5}\mathrm{e}^{t-5} - \frac{1}{10}\sin2(t-5) + \frac{1}{20}\cos2(t-5) - \frac{1}{4}\right]u(t-5)$$

$$= -\frac{1}{4} + \frac{2}{5}\mathrm{e}^t - \frac{3}{20}\cos2t - \frac{1}{5}\sin2t$$

$$+ \left[\frac{1}{5}\mathrm{e}^{t-5} - \frac{1}{10}\sin2(t-5) + \frac{1}{20}\cos2(t-5) - \frac{1}{4}\right]u(t-5).$$

(6) 记 $\mathscr{L}[x(t)]=X(s), \mathscr{L}[y(t)]=Y(s)$，对方程组两边取拉普拉斯变换有

$$
\begin{cases}
sX(s)-x(0)-2(sY(s)-y(0))=\dfrac{1}{s}, \\
sX(s)-x(0)+Y(s)-X(s)=0.
\end{cases}
$$

代入初始条件 $x(0)=y(0)=0$ 有

$$
\begin{cases}
sX(s)-2sY(s)=\dfrac{1}{s}, \\
(s-1)X(s)+Y(s)=0,
\end{cases}
$$

解出 $X(s),Y(s)$ 有

$$
\begin{cases}
X(s)=\dfrac{1}{s^2(2s-1)}, \\
Y(s)=-\dfrac{s-1}{s^2(2s-1)}.
\end{cases}
$$

故

$$
\begin{cases}
x(t)=\mathscr{L}^{-1}\left[\dfrac{1}{s^2(2s-1)}\right]=\mathscr{L}^{-1}\left[\dfrac{4}{2s-1}-\dfrac{2}{s}-\dfrac{1}{s^2}\right]=2\mathrm{e}^{\frac{t}{2}}-2-t, \\
\begin{aligned}
y(t)&=\mathscr{L}^{-1}\left[-\dfrac{s-1}{s^2(2s-1)}\right]=\mathscr{L}^{-1}\left[\dfrac{1}{s^2(2s-1)}-\dfrac{1}{s(2s-1)}\right] \\
&=\mathscr{L}^{-1}\left[\dfrac{1}{s^2(2s-1)}\right]-\mathscr{L}^{-1}\left[\dfrac{2}{2s-1}-\dfrac{1}{s}\right] \\
&=2\mathrm{e}^{\frac{t}{2}}-2-t-\mathrm{e}^{\frac{t}{2}}+1=\mathrm{e}^{\frac{t}{2}}-t-1.
\end{aligned}
\end{cases}
$$

(7) 记 $\mathscr{L}[x(t)]=X(s)$, $\mathscr{L}[y(t)]=Y(s)$, 则由积分性质得 $\mathscr{L}\left[\displaystyle\int_0^t y(\alpha)\mathrm{d}\alpha\right]=$ $\dfrac{1}{s}Y(s)$, 所以对方程组两边取拉普拉斯变换得

$$
\begin{cases}
s^2X(s)-sx(0)-x'(0)+2(sX(s)-x(0))+\dfrac{1}{s}Y(s)=0, \\
4(s^2X(s)-sx(0)-x'(0))-(sX(s)-x(0))+Y(s)=\dfrac{1}{s+1}.
\end{cases}
$$

代入初始条件 $x(0)=0$, $x'(0)=-1$, 得

$$
\begin{cases}
s^2X(s)+1+2sX(s)+\dfrac{1}{s}Y(s)=0, \\
4s^2X(s)+4-sX(s)+Y(s)=\dfrac{1}{s+1},
\end{cases}
$$

解方程组得

$$
\begin{cases}
X(s)=\dfrac{3+3s-s^2}{s(s+1)(s-1)^2}, \\
Y(s)=\dfrac{-s(8s+7)}{(s+1)(s-1)^2}.
\end{cases}
$$

利用留数计算拉普拉斯逆变换. 由于 $X(s)$ 的奇点有一阶极点 $s=0, s=-1$, 二阶极点 $s=1$, $Y(s)$ 的奇点有一阶极点 $s=-1$, 二阶极点 $s=1$, 故

$$\mathrm{Res}[X(s)\mathrm{e}^{st}, 0] = \frac{3+3s-s^2}{(s+1)(s-1)^2}\mathrm{e}^{st}\Big|_{s=0} = 3,$$

$$\mathrm{Res}[X(s)\mathrm{e}^{st}, -1] = \frac{3+3s-s^2}{s(s-1)^2}\mathrm{e}^{st}\Big|_{s=-1} = \frac{1}{4}\mathrm{e}^{-t},$$

$$\mathrm{Res}[X(s)\mathrm{e}^{st}, 1] = \frac{\mathrm{d}}{\mathrm{d}s}\left(\frac{3+3s-s^2}{s(s+1)}\mathrm{e}^{st}\right)\Big|_{s=1} = -\frac{13}{4}\mathrm{e}^t + \frac{5}{2}t\mathrm{e}^t,$$

$$\mathrm{Res}[Y(s)\mathrm{e}^{st}, -1] = \frac{-s(8s+7)}{(s-1)^2}\mathrm{e}^{st}\Big|_{s=-1} = -\frac{1}{4}\mathrm{e}^{-t},$$

$$\mathrm{Res}[Y(s)\mathrm{e}^{st}, 1] = \frac{\mathrm{d}}{\mathrm{d}s}\left[\frac{-s(8s+7)}{s+1}\mathrm{e}^{st}\right]\Big|_{s=1} = -\frac{15}{2}t\mathrm{e}^t - \frac{31}{4}\mathrm{e}^t.$$

所以

$$x(t) = \mathscr{L}^{-1}[X(s)] = 3 + \frac{1}{4}\mathrm{e}^{-t} - \frac{13}{4}\mathrm{e}^t + \frac{5}{2}t\mathrm{e}^t,$$

$$y(t) = \mathscr{L}^{-1}[Y(s)] = -\frac{1}{4}\mathrm{e}^{-t} - \frac{15}{2}t\mathrm{e}^t - \frac{31}{4}\mathrm{e}^t.$$

(8) 对定解问题关于 t 作拉普拉斯变换, 令 $\mathscr{L}[u(x,t)] = U(x,s)$, 有

$$\begin{cases} \dfrac{\mathrm{d}^2}{\mathrm{d}x^2}U(x,s) - \dfrac{s^2}{a^2}U(x,s) + \dfrac{2}{a^2 s} = 0, \\ U|_{x=0} = 0, \end{cases}$$

关于 U 的常微方程有一与 x 无关特解: $U(x,s) = \dfrac{2}{s^3}$, 所以, 通解为

$$U(x,s) = C_1(s)\mathrm{e}^{\frac{s}{a}x} + C_2(s)\mathrm{e}^{-\frac{s}{a}x} + \frac{2}{s^3}.$$

代入 $U|_{x=0} = 0$, $C_1 + C_2 + \dfrac{2}{s^3} = 0$. 所以

$$U(x,s) = C_1(s)\left\{\mathrm{e}^{\frac{s}{a}x} - \mathrm{e}^{-\frac{s}{a}x} + \frac{2}{s^3}\left[1 - \mathrm{e}^{-\frac{s}{a}x}\right]\right\}.$$

利用 $U(x,s)$ 有界, 取 $C_1(s) = 0$ (从物理背景出发, $x \to +\infty$ 时, $U \to 0$).

$$U(x,s) = \frac{2}{s^3}(1 - \mathrm{e}^{-\frac{s}{a}x}),$$

$$u(x,t) = \mathscr{L}^{-1}[U(x,s)] = \mathscr{L}^{-1}\left[\frac{2}{s^3}\right] - \mathscr{L}^{-1}\left[\frac{2}{s^3}\mathrm{e}^{-\frac{x}{a}s}\right]$$

$$= t^2 - \left(t - \frac{x}{a}\right)^2 u\left(t - \frac{x}{a}\right) \quad (\text{延迟性质})$$

$$= \begin{cases} t^2, & t < \dfrac{x}{a}, \\ \dfrac{x}{a^2}(2at - x), & t > \dfrac{x}{a}. \end{cases}$$

综合练习题 8

1. 求下列函数的拉普拉斯变换.

(1) $f(t)=t^2+3t$;　　　　　　(2) $f(t)=1-e^t$;

(3) $f(t)=5\sin 2t-3\cos 2t$;　　(4) $f(t)=te^{-3t}\sin 2t$;

(5) $f(t)=t^n e^{at}$, $n\in\mathbf{N}$;　　(6) $f(t)=t\cos at$.

解　(1) $\mathscr{L}[f(t)]=\mathscr{L}[t^2]+3\mathscr{L}[t]=\dfrac{2}{s^3}+\dfrac{3}{s^2}$.

(2) $\mathscr{L}[f(t)]=\mathscr{L}[1]-\mathscr{L}[e^t]=\dfrac{1}{s}-\dfrac{1}{s-1}$.

(3) $\mathscr{L}[f(t)]=5\mathscr{L}[\sin 2t]-3\mathscr{L}[\cos 2t]=\dfrac{10}{s^2+4}-\dfrac{3s}{s^2+4}=\dfrac{10-3s}{s^2+4}$.

(4) 因为 $\mathscr{L}[t\sin 2t]=\dfrac{\mathrm{d}}{\mathrm{d}s}\left[\dfrac{2}{s^2+4}\right]\cdot(-1)=\dfrac{4s}{(s^2+4)^2}$,

所以

$$\mathscr{L}[f(t)]=\mathscr{L}[e^{-3t}t\sin 2t]=\dfrac{4(s+3)}{[(s+3)^2+4]^2}.$$

(5) 因为 $\mathscr{L}[t^n]=\dfrac{n!}{s^{n+1}}$,所以

$$\mathscr{L}[f(t)]=\mathscr{L}[t^n e^{at}]=\dfrac{n!}{(s-a)^{n+1}}.$$

(6) $\mathscr{L}[f(t)]=-\dfrac{\mathrm{d}}{\mathrm{d}s}\left[\dfrac{s}{s^2+a^2}\right]=\dfrac{s^2-a^2}{(s^2+a^2)^2}$.

2. 利用拉普拉斯变换计算下列积分.

(1) $\displaystyle\int_0^{+\infty}\dfrac{e^t-e^{-2t}}{t}\mathrm{d}t$;　　(2) $\displaystyle\int_0^{+\infty}\dfrac{e^{-t}\sin^2 t}{t}\mathrm{d}t$;　　(3) $\displaystyle\int_0^{+\infty}\dfrac{\sin^2 t}{t^2}\mathrm{d}t$.

解　(1) 由 $\mathscr{L}[e^{-t}-e^{-2t}]=\dfrac{1}{s+1}-\dfrac{1}{s+2}=\dfrac{1}{(s+1)(s+2)}$,有

$$\int_0^{+\infty}\dfrac{e^t-e^{-2t}}{t}\mathrm{d}t=\int_0^\infty\dfrac{1}{(s+1)(s+2)}\mathrm{d}s=\ln\dfrac{s+1}{s+2}\bigg|_0^\infty=-\ln\dfrac{1}{2}=\ln 2.$$

(2) $\mathscr{L}[e^{-t}\sin^2 t]=\mathscr{L}[e^{-t}(1-\cos 2t)/2]=\dfrac{1}{2}\mathscr{L}[1-\cos 2t]\bigg|_{s+1}$

$$=\dfrac{1}{2}\left[\dfrac{1}{s}-\dfrac{s}{s^2+4}\right]\bigg|_{s+1}=\dfrac{1}{2}\left[\dfrac{1}{s+1}-\dfrac{s+1}{(s+1)^2+4}\right].$$

$$\int_0^{+\infty}\dfrac{e^{-t}\sin^2 t}{t}\mathrm{d}t=\dfrac{1}{2}\int_0^\infty\left[\dfrac{1}{s+1}-\dfrac{s+1}{(s+1)^2+4}\right]\mathrm{d}s=\dfrac{1}{2}\cdot\ln\dfrac{s+1}{\sqrt{(s+1)^2+4}}\bigg|_{s=0}^{s=\infty}$$

$$=-\dfrac{1}{2}\ln\dfrac{1}{\sqrt{5}}=\dfrac{1}{4}\ln 5.$$

（3）$\mathscr{L}\left[\dfrac{\sin^2 t}{t}\right]=\mathscr{L}\left[\dfrac{1-\cos 2t}{2t}\right]=\dfrac{1}{2}\displaystyle\int_s^\infty\left[\dfrac{1}{s}-\dfrac{s}{s^2+4}\right]\mathrm{d}s$

$$=\dfrac{1}{4}\left[2\ln s-\ln(s^2+4)\right]\Big|_s^\infty=\dfrac{1}{4}\ln\dfrac{s^2}{s^2+4}\Big|_s^\infty$$

$$=-\dfrac{1}{4}\ln\dfrac{s^2}{s^2+4}=\dfrac{1}{4}\ln\dfrac{s^2+4}{s^2}$$

$\displaystyle\int_0^{+\infty}\dfrac{\sin^2 t}{t^2}\mathrm{d}t=\dfrac{1}{4}\int_0^\infty\ln\dfrac{s^2+4}{s^2}\mathrm{d}s=\dfrac{1}{4}\left[s\ln\left(1+\dfrac{4}{s^2}\right)\Big|_0^\infty-\int_0^\infty s\left[\ln\left(1+\dfrac{4}{s^2}\right)\right]'\mathrm{d}s\right]$

$$=\dfrac{1}{4}\int_0^\infty s\cdot\dfrac{1}{1+\dfrac{4}{s^2}}\cdot\dfrac{8}{s^3}\mathrm{d}s=\int_0^\infty\dfrac{2}{s^2+4}\mathrm{d}s$$

$$=\int_0^\infty\dfrac{1}{1+\left(\dfrac{s}{2}\right)^2}\mathrm{d}\left(\dfrac{s}{2}\right)=\arctan\dfrac{s}{2}\Big|_0^\infty=\dfrac{\pi}{2}.$$

注：本题主要依据于公式 $\displaystyle\int_0^{+\infty}\dfrac{f(t)}{t}\mathrm{d}t=\int_0^\infty F(s)\mathrm{d}s.$

3. 求下列函数的拉普拉斯逆变换.

（1）$F(s)=\dfrac{1}{s^2+a^2}$；　　　　　　（2）$F(s)=\dfrac{s}{(s-a)(s-b)}$；

（3）$F(s)=\dfrac{1}{s^2-a^2}$；　　　　　　（4）$F(s)=\dfrac{1}{s^2(s^2-1)}$；

（5）$F(s)=\dfrac{s}{s+2}$；　　　　　　　（6）$F(s)=\ln\dfrac{s^2-1}{s^2}.$

解　（1）$F(s)$ 奇点：$s=\pm a\mathrm{j}$，为一阶极点.

$$\mathscr{L}^{-1}\left[F(s)\right]=\mathrm{Res}\left[F(s)\mathrm{e}^{st},a\mathrm{j}\right]+\mathrm{Res}\left[F(s)^{st},-a\mathrm{j}\right]$$

$$=\dfrac{\mathrm{e}^{st}}{(s^2+a^2)'}\Big|_{s=a\mathrm{j}}+\dfrac{\mathrm{e}^{st}}{(s^2+a^2)'}\Big|_{s=-a\mathrm{j}}$$

$$=\dfrac{1}{2a\mathrm{j}}\left[\mathrm{e}^{a\mathrm{j}t}-\mathrm{e}^{-a\mathrm{j}t}\right]=\dfrac{1}{a}\sin at.$$

$$\left[\text{部分分式分解为}\dfrac{1}{s^2+a^2}=\dfrac{(2a\mathrm{j})^{-1}}{s-a\mathrm{j}}+\dfrac{(-2a\mathrm{j})^{-1}}{s+a\mathrm{j}}\right].$$

（2）奇点 $s_1=a,s_2=b$，均为一阶极点.

$$\mathscr{L}^{-1}\left[F(s)\right]=\mathrm{Res}\left[F(s)\mathrm{e}^{st},a\right]+\mathrm{Res}\left[F(s)\mathrm{e}^{st},b\right]=\dfrac{s\mathrm{e}^{st}}{s-b}\Big|_{s=a}+\dfrac{s\mathrm{e}^{st}}{s-a}\Big|_{s=b}$$

$$=\dfrac{1}{a-b}(a\mathrm{e}^{at}-b\mathrm{e}^{bt}).$$

$$\left[\dfrac{s}{(s-a)(s-b)}=\dfrac{\dfrac{a}{a-b}}{s-a}+\dfrac{\dfrac{b}{b-a}}{s-b}\right].$$

（3）$F(s)$ 的奇点：$s = \pm a$，为一阶极点.

$$\mathscr{L}^{-1}[F(s)] = \text{Res}[F(s)e^{st}, a] + \text{Res}[F(s)e^{st}, -a] = \frac{e^{st}}{s+a}\bigg|_{s=a} + \frac{e^{st}}{s-a}\bigg|_{s=-a}$$

$$= \frac{1}{2a}e^{at} - \frac{1}{2a}e^{-at} = \frac{1}{a}\sinh at.$$

（4）$F(s)$ 奇点：$s = 0$，为二阶极点，$s = \pm 1$，为一阶极点.

$$\text{Res}[F(s)e^{st}, \pm 1] = \frac{1}{s^2(s\pm 1)}e^{st}\bigg|_{\pm 1} = \pm\frac{1}{2}e^{\pm t},$$

$$\text{Res}[F(s)e^{st}, 0] = \frac{\mathrm{d}}{\mathrm{d}s}\left[\frac{e^{st}}{s^2-1}\right]_{s=0} = -t,$$

$$\mathscr{L}^{-1}[F(s)] = \frac{1}{2}(e^t - e^{-t}) - t = \sinh t - t.$$

检验：由 $\mathscr{L}^{-1}\left[\dfrac{1}{s^2-1}\right] = \sinh t$，有

$$\mathscr{L}^{-1}\left[\frac{1}{s^2(s^2-1)}\right] = \int_0^t\left(\int_0^t \sinh t\,\mathrm{d}t\right)\mathrm{d}t = \int_0^t(\cosh t - 1)\mathrm{d}t = \sinh t - t.$$

（5）由 $s \to \infty$ 时，$F(s)$ 不趋于 0，不能用留数和公式. 则有

$$\mathscr{L}^{-1}\left[\frac{s}{s+2}\right] = \mathscr{L}^{-1}\left[1 - \frac{2}{s+2}\right] = \mathscr{L}^{-1}[1] - \mathscr{L}^{-1}\left[\frac{2}{s+2}\right] = \delta(t) - 2e^{-2t}.$$

（6）由于 $F(s) = \ln\dfrac{s^2-1}{s^2} = \ln\left(1 - \dfrac{1}{s^2}\right)$，

$$F'(s) = \frac{1}{1 - \dfrac{1}{s^2}} \cdot (-1) \cdot \left(-\frac{2}{s^3}\right) = \frac{2}{s(s^2-1)} = \frac{(s+1)-(s-1)}{s(s^2-1)}$$

$$= \frac{1}{s(s-1)} - \frac{1}{s(s+1)} = \frac{1}{s-1} - \frac{2}{s} + \frac{1}{s+1}.$$

则
$$\mathscr{L}^{-1}[F'(s)] = e^t + e^{-t} - 2 = 2(\cosh t - 1),$$

$$\mathscr{L}^{-1}[F(s)] = (-t)^{-1}\mathscr{L}^{-1}[F'(s)] = 2t^{-1}(1 - \cosh t).$$

4. 设 $f(t) = e^{-\beta t}u(t)\cos s_0 t, \beta > 0$，求 $\mathscr{L}[f(t)]$.

解　（1）$\mathscr{L}[u(t)\cos s_0 t] = \dfrac{s}{s^2 + s_0^2}$，则有

$$\mathscr{L}[f(t)] = \mathscr{L}[e^{-\beta t}u(t)\cos s_0 t] = \frac{s+\beta}{(s+\beta)^2 + s_0^2}.$$

5. 设函数 $f(t) = u(t)e^{-at}, g(t) = u(t)\sin t$，利用拉普拉斯变换的卷积定理，求卷积 $f(t) * g(t)$.

解　因为 $\mathscr{L}[f(t)] = \dfrac{1}{s+a}, \mathscr{L}[g(t)] = \dfrac{1}{s^2+1}$，又由拉普拉斯变换的卷积定理有

$$f(t) * g(t) = \mathscr{L}^{-1}[F(s) \cdot G(s)] = \mathscr{L}^{-1}\left[\frac{1}{(s+a)(s^2+1)}\right].$$

利用留数计算逆变换，$\dfrac{1}{(s+a)(s^2+1)}$ 有一阶极点 $s=-a, s=\pm i$，则有

$$\text{Res}\left[\frac{e^{st}}{(s+a)(s^2+1)},-a\right]=\frac{e^{st}}{s^2+1}\bigg|_{s=-a}=\frac{e^{-at}}{a^2+1},$$

$$\text{Res}\left[\frac{e^{st}}{(s+a)(s^2+1)},i\right]=\frac{e^{st}}{(s+a)(s+i)}\bigg|_{s=i}=\frac{e^{it}}{2(-1+ai)},$$

$$\text{Res}\left[\frac{e^{st}}{(s+a)(s^2+1)},-i\right]=\frac{e^{st}}{(s+a)(s-i)}\bigg|_{s=-i}=\frac{e^{-it}}{-2(-1+ai)},$$

所以

$$f(t)*g(t)=\mathscr{L}^{-1}\left[\frac{1}{(s+a)(s^2+1)}\right]=\frac{e^{-at}}{a^2+1}+\frac{1}{2}\left(\frac{e^{it}}{-1+ai}-\frac{e^{-it}}{-1+ai}\right)$$

$$=\frac{e^{-at}}{a^2+1}+\frac{a\sin t-\cos t}{a^2+1},$$

即

$$f(t)*g(t)=\begin{cases}0, & t<0,\\[2mm]\dfrac{e^{-at}+a\sin t-\cos t}{a^2+1}, & t\geqslant 0.\end{cases}$$

6. 求下列函数卷积.

(1) $1*1$；　　　　(2) $t*t$；　　　　(3) $\sin t*\cos t$；

(4) $t*e^t$；　　　　(5) $\delta(t-2)*f(t)$.

解　(1) $1*1=\displaystyle\int_0^t d\tau=t.$

(2) $t*t=\displaystyle\int_0^t t(t-\tau)d\tau=t\cdot\frac{1}{2}\tau^2\bigg|_0^t-\frac{1}{3}\tau^3\bigg|_0^t=\frac{1}{2}t^3-\frac{1}{3}t^3=\frac{1}{6}t^3.$

(3) 由于 $\mathscr{L}[\sin t]=\dfrac{1}{s^2+1}$，$\mathscr{L}[\cos t]=\dfrac{s}{s^2+1}$，有

$$\mathscr{L}[\sin t*\cos t]=\frac{s}{(s^2+1)^2}=-\frac{1}{2}\frac{d}{ds}\left[\frac{1}{s^2+1}\right].$$

由于对象作 $-\dfrac{d}{ds}$，等价于对象原乘以 t（像微分性质），所以

$$\sin t*\cos t=\mathscr{L}^{-1}\left[\frac{s}{(s^2+1)^2}\right]=\frac{1}{2}t\cdot\mathscr{L}^{-1}\left[\frac{1}{s^2+1}\right]=\frac{1}{2}t\sin t.$$

(4) $t*e^t=\displaystyle\int_0^t \tau e^{t-\tau}d\tau=e^t\int_0^t \tau e^{-\tau}d\tau=e^t\left\{-\tau e^{-\tau}\bigg|_{\tau=0}^{\tau=t}+\int_0^t e^{-\tau}d\tau\right\}$

$$=e^t\left\{-te^{-t}+(-e^{-\tau})\bigg|_{\tau=0}^{\tau=t}\right\}=e^t(-te^{-t}-e^{-t}+1)=e^t-t-1.$$

(5) 当 $t<2$ 时，$\delta(t-2)*f(t)=0.$

当 $t\geqslant 2$ 时，

$$\delta(t-2)*f(t)=\int_0^t \delta(\tau-2)\cdot f(t-\tau)d\tau=\int_{-\infty}^{+\infty}\delta(t-2)\cdot f(t-\tau)d\tau$$

$$= f(t-\tau)\mid_{\tau=2} = f(t-2).$$

故

$$\delta(t-2)*f(t)=\begin{cases}0, & t<2,\\ f(t-2), & t\geqslant2.\end{cases}$$

7. 求下列常系数或变系数微分方程的解.

(1) $\begin{cases}y''-2y'+2y=2e^t\cos t,\\ y(0)=0,y'(0)=0;\end{cases}$ (2) $\begin{cases}y''-2y'+y=0,\\ y(0)=0,y(1)=2;\end{cases}$

(3) $\begin{cases}ty''+2y'+ty=0,\\ y(0)=1,y'(0)=1;\end{cases}$ (4) $\begin{cases}ty''+(t-1)y'-y=0,\\ y(0)=5,y'(+\infty)=0.\end{cases}$

解 (1) 记 $\mathscr{L}[y(t)]=Y(s)$,方程两边同取拉普拉斯变换有

$$s^2Y(s)-sy(0)-y'(0)-2(sY(s)-y(0))+2Y(s)=2\mathscr{L}[e^t\cos t].$$

由 $\mathscr{L}[e^t\cos t]=\dfrac{s-1}{(s-1)^2+1}$,及初始条件得

$$Y(s)=\frac{2(s-1)}{[(s-1)^2+1]^2}.$$

由于 $Y(s)=-\dfrac{d}{ds}\left[\dfrac{1}{(s-1)^2+1}\right]$,而 $\mathscr{L}^{-1}\left[\dfrac{1}{(s-1)^2+1}\right]=e^t\cdot\sin t$,所以有

$$y(t)=\mathscr{L}^{-1}[Y(s)]=t\cdot e^t\cdot\sin t.$$

(2) 记 $\mathscr{L}[y(t)]=Y(s)$,由初值不定,故设 $y'(0)=C$.方程两边同取拉普拉斯变换有

$$(s^2-2s+1)Y(s)-C=0,$$

即

$$Y(s)=\frac{C}{(s-1)^2},$$

所以

$$y(t)=\mathscr{L}^{-1}[Y(s)]=\mathscr{L}^{-1}\left[\frac{C}{(s-1)^2}\right]=C\cdot t\cdot e^t,$$

代入初始条件 $y(1)=2$ 得 $C=\dfrac{2}{e}$.

故 $$y(t)=2te^{t-1}.$$

(3) 令 $\mathscr{L}[y(t)]=Y(s)$,作拉普拉斯变换,有

$$-\frac{d}{ds}[s^2Y-1-s]+2[sY-1]+\left(-\frac{d}{ds}Y\right)=0,$$

整理为 $Y'=-\dfrac{1}{s^2+1}$,由此 $\mathscr{L}[-ty]=Y'=-\dfrac{1}{s^2+1}$,

$$-ty=\mathscr{L}^{-1}\left[-\frac{1}{s^2+1}\right]=-\sin t.$$

故
$$y(t) = \frac{\sin t}{t}.$$

(4) 令 $\mathcal{L}[y(t)] = Y(s)$，方程两边同取拉普拉斯变换，有

$$-\frac{\mathrm{d}}{\mathrm{d}s}[s^2 Y - 5s - y'(0)] + \left(-\frac{\mathrm{d}}{\mathrm{d}s} - 1\right)[sY - 5] - Y = 0,$$

整理为

$$s(s+1)Y' + (3s+2)Y - 10 = 0.$$

若 $s(s+1)Y' + (3s+2) = 0$，则

$$\frac{Y'}{Y} = \frac{-(3s+2)}{s(s+1)} = \frac{-2}{s} + \frac{-1}{s+1}, \quad Y = \frac{c}{s^2(s+1)}.$$

令 $c = c(s)$ 变易，有

$$c' = 10s, \quad c = 5s^2 + c_1,$$

所以

$$Y = \frac{5s^2 + c_1}{s^2(s+1)} = \frac{5}{s+1} + \frac{c_1}{s^2(s+1)} = \frac{5}{s+1} + c_1\left(\frac{1}{s^2} - \frac{1}{s} + \frac{1}{s+1}\right),$$

$$y(t) = \mathcal{L}^{-1}[Y(s)] = 5\mathrm{e}^{-t} + c_1[t - 1 + \mathrm{e}^{-t}],$$

又由 $y'(+\infty) = 0$，有 $c_1 = 0$. 故 $y(t) = 5\mathrm{e}^{-t}$.

8. 求下列方程组的解.

(1) $\begin{cases} x' + x - y = \mathrm{e}^t, \\ y' + 3x - 2y = 2\mathrm{e}^t, \\ x(0) = y(0) = 1; \end{cases}$

(2) $\begin{cases} y'' + 2y + \int_0^t z(\tau)\mathrm{d}\tau = t, \\ y'' + 2y' + z = \sin 2t, \\ y(0) = 1, y'(0) = -1; \end{cases}$

(3) $\begin{cases} ty + z + tz' = (t-1)\mathrm{e}^{-t}, \\ y' - z = \mathrm{e}^{-t}, \\ y(0) = 1, z(0) = -1; \end{cases}$

(4) $\begin{cases} x'' + 2x' + \int_0^t y(\tau)\mathrm{d}\tau = 0, \\ 4x'' - x' + y = \mathrm{e}^{-t}, \\ x(0) = 1, x'(0) = -1. \end{cases}$

解　(1) 设 $\mathcal{L}[x(t)] = x(s)$，$\mathcal{L}[y(t)] = Y(s)$，则

$$\begin{cases} sX - 1 + X - Y = \dfrac{1}{s-1}, \\ sY - 1 + 3X - 2Y = \dfrac{2}{s-1}, \end{cases} \qquad \begin{cases} (s+1)X - Y = \dfrac{1}{s-1} + 1, \\ 3X + (s-2)Y = \dfrac{2}{s-1} + 1. \end{cases}$$

解出 $X(s)$、$Y(s)$ 为 $X(s) = Y(s) = \dfrac{1}{s-1}$. 故

$$x(t) = y(t) = \mathcal{L}^{-1}\left[\frac{1}{s-1}\right] = \mathrm{e}^t.$$

(2) 设 $\mathcal{L}[y(t)] = Y(s)$，$\mathcal{L}[z(t)] = Z(s)$，则有

$$
\begin{cases}
(s^2Y - s + 1) + 2Y + \dfrac{1}{s}Z = \dfrac{1}{s^2}, & ① \\[3mm]
(s^2Y - s + 1) + 2(sY - 1) + Z = \dfrac{2}{s^2 + 4}, & ②
\end{cases}
$$

由 ② − ①，有 $Z = -2sY + \dfrac{s}{s-1}\left[2 - \dfrac{1}{s^2} + \dfrac{2}{s^2+4}\right]$，代入②中，整理得

$$
Y = -\frac{1}{s(s-1)}\left[2 - \frac{1}{s^2} + \frac{2}{s^2+4}\right] + \frac{2}{s^2(s^2+4)} + \frac{s+1}{s^2}.
$$

令

$$
H(s) = 2 - \frac{1}{s^2} + \frac{2}{s^2+4},
$$

则

$$
\mathcal{L}^{-1}\left[\frac{H(s)}{s-1}\right] = \mathcal{L}^{-1}\left[\frac{2}{s-1} - \frac{1}{s^2(s-1)} + \frac{2}{(s-1)(s^2+4)}\right]
$$

$$
= 2e^t - \left[e^t - (1+t)\right] + \frac{2}{5}e^t - \frac{2}{5}\cos 2t - \frac{1}{5}\sin 2t
$$

$$
= \frac{7}{5}e^t + (1+t) - \frac{2}{5}\cos 2t - \frac{1}{5}\sin 2t.
$$

查表，$\mathcal{L}^{-1}\left[\dfrac{H(s)}{s}\right] = \mathcal{L}^{-1}\left[\dfrac{2}{s} - \dfrac{1}{s^3} + \dfrac{2}{s(s^2+4)}\right] = 2 - \dfrac{1}{2}t^2 + \dfrac{1}{2}(1 - \cos 2t)$，

所以，

$$
y(t) = \mathcal{L}^{-1}[Y] = \mathcal{L}^{-1}\left[\frac{H(s)}{s}\right] - \mathcal{L}^{-1}\left[\frac{H(s)}{s-1}\right] + 2\mathcal{L}^{-1}\left[\frac{1}{s^2(s^2+4)}\right] + \mathcal{L}^{-1}\left[\frac{1}{s} + \frac{1}{s^2}\right]
$$

$$
= \mathcal{L}^{-1}\left[\frac{H(s)}{s}\right] - \mathcal{L}^{-1}\left[\frac{H(s)}{s-1}\right] + \frac{2}{8}(2t - \sin 2t) + (1+t)
$$

$$
= \frac{5}{2} + \frac{1}{2}t - \frac{1}{2}t^2 - \frac{1}{10}\cos 2t - \frac{1}{20}\sin 2t - \frac{7}{5}e^t
$$

$$
= \frac{1}{2}(5 + t - t^2) - \frac{1}{20}(\sin 2t + 2\cos 2t) - \frac{7}{5}e^t,
$$

由于 $y(0) = 1$ 而 $\mathcal{L}^{-1}\left[\dfrac{H(s)}{s-1}\right]_{t=0} = 2$，所以可推出

$$
Z = -2[sY - y(0)] + \left(s \cdot \frac{H(s)}{s-1} - 2\right),
$$

即

$$
Z = \mathcal{L}[z(t)] = \mathcal{L}\left[-2y'(t) + \frac{\mathrm{d}}{\mathrm{d}t}\left(\mathcal{L}^{-1}\left[\frac{H(s)}{s-1}\right]\right)\right],
$$

$$
z(t) = -2y' + \frac{\mathrm{d}}{\mathrm{d}t}\left(\mathcal{L}^{-1}\left[\frac{H(s)}{s-1}\right]\right) = 2t + \frac{1}{5}(2\sin 2t - \cos 2t) + \frac{21}{5}e^t.
$$

注：若 $\mathcal{L}[f_2(t)] = s \cdot \mathcal{L}[f_1(t)]$，则由 $\mathcal{L}[f_1'(t)] = s\mathcal{L}[f_1(t)] - f_1(0)$，有 $f_2(t) = f_1'(t)$，或者

$$
f_2(t) - f_1'(t) = \mathcal{L}^{-1}[-f_1(0)] = -f_1(0)\delta(t).
$$

所以在不出现广义函数情形,象函数乘以 s 等价于象原函数求导. 本题目中,解答内关于 $z=-2y'(t)-\dfrac{\mathrm{d}}{\mathrm{d}t}\mathscr{L}^{-1}\left[\dfrac{H(s)}{s-1}\right]$ 的说明在直观上是显然的.

(3) 令 $\mathscr{L}[y(t)]=Y(s)$,$\mathscr{L}[z(t)]=Z(s)$,则有

$$\begin{cases} -Y'(s)+Z(s)+\left(-\dfrac{\mathrm{d}}{\mathrm{d}s}\right)[sZ(s)+1]=\dfrac{1}{(s+1)^2}-\dfrac{1}{s+1}, & ① \\[3mm] (sY(s)-1)-Z(s)=\dfrac{1}{s+1}, & ② \end{cases}$$

由②知,

$$Z(s)=sY(s)-1-\frac{1}{s+1},\quad Z'(s)=sY'(s)+Y(s)+\frac{1}{(s+1)^2},$$

则①展开为

$$-Y'(s)-sZ'(s)=\frac{1}{(s+1)^2}-\frac{1}{s+1},$$

将上式代入后,有

$$(s^2+1)Y'(s)+sY(s)=0.$$

故

$$\frac{Y'(s)}{Y(s)}=-\frac{s}{s^2+1}=-\frac{1}{2}\frac{(s^2)'}{s^2+1}=-\frac{1}{2}\left[\ln(s^2+1)\right]'=\left(\ln\frac{1}{\sqrt{s^2+1}}\right)',$$

所以

$$Y(s)=\frac{C}{\sqrt{s^2+1}}.$$

利用初值定理,$y(0)=1=\lim\limits_{s\to\infty}\dfrac{sC}{\sqrt{s^2+1}}=C$,有 $C=1$,即 $Y(s)=\dfrac{1}{\sqrt{s^2+1}}$,代入②,则

$$Z(s)=[1-sY(s)](-1)-\frac{1}{s+1}=(-1)\left[1-\frac{s}{\sqrt{s^2+1}}\right]-\frac{1}{s+1}.$$

查表,公式 74、82,有

$$y(t)=\mathscr{L}^{-1}[Y(s)]=\mathrm{J}_0(t),$$
$$z(t)=\mathscr{L}^{-1}[Z(s)]=-\mathrm{J}_1(t)-\mathrm{e}^{-t}.$$

(4) 令 $\mathscr{L}[x(t)]=X(s)$,$\mathscr{L}[y(t)]=Y(s)$,则有

$$\begin{cases} s^2X(s)+1+2sX(s)+\dfrac{1}{s}Y(s)=0, \\[3mm] 4(s^2X(s)+1)-sX(s)+Y(s)=\dfrac{1}{s+1}, \end{cases}$$

即

$$\begin{cases} s(s^2+2s)X(s)+Y(s)=-s, & ① \\[3mm] (4s^2-s)X(s)+Y(s)=\dfrac{1}{s+1}-4, & ② \end{cases}$$

由①－②得

$$(s^3 - 2s^2 + s)X(s) = -s + 4 - \frac{1}{s+1},$$

$$X(s) = \frac{1}{(s-1)^2 s}\left[-s + 4 - \frac{1}{s+1}\right] = \frac{-1}{(s-1)^2} + \frac{4}{s(s-1)^2} - \frac{1}{s(s-1)^2(s+1)},$$

又由于

$$-\frac{1}{s(s-1)^2(s+1)} = \frac{-1}{s} + \frac{3/4}{s-1} + \frac{-1/2}{(s-1)^2} + \frac{1/4}{s+1},\qquad ③$$

$$\frac{4}{s(s-1)^2} = \frac{4}{s} - \frac{4}{s-1} + \frac{4}{(s-1)^2},\qquad ④$$

可求出

$$X(s) = \frac{3}{s} + \frac{1}{4(s+1)} - \frac{13}{4(s-1)} + \frac{5}{2(s-1)^2}$$

所以

$$\mathcal{L}^{-1}[X(s)] = x(t) = 3 + \frac{1}{4}e^{-t} - \frac{13}{4}e^{t} + \frac{5}{2}te^{t}.$$

由题中方程,有

$$y(t) = e^{-t} + x' - 4x'' = -\frac{1}{4}e^{-t} - \frac{15}{2}te^{t} - \frac{31}{4}e^{t}.$$

注:在③中,$\frac{1}{s}$、$\frac{1}{s+1}$、$\frac{1}{(s-1)^2}$ 都是在分式两边乘以 s、$s+1$、$(s-1)^2$ 后令 $s \to 0$,$s \to -1$,$s \to 1$ 得到,唯有 $\frac{1}{s-1}$ 系数 $\frac{3}{4}$ 由留数和为 0 得到. 同理,在④中,$\frac{1}{s-1}$ 的系数与 $\frac{1}{s}$ 系数相反(见复变函数补充规则).

9. 求下列积分方程的解.

(1) $y(t) = at + \displaystyle\int_0^t \sin(t-\tau)y(\tau)\mathrm{d}\tau$;　　　　(2) $y(t) = e^{-t} - \displaystyle\int_0^t y(\tau)\mathrm{d}\tau$;

(3) $\displaystyle\int_0^t y(\tau)y(t-\tau)\mathrm{d}\tau = t^2 e^{-t}$.

解　(1) 方程为 $y(t) = at + \sin t * y(t)$.

令 $y(t)$ 的拉普拉斯变换为 $Y(s)$,两边求 $\mathcal{L}$,则

$$Y(s) = a \cdot \frac{1}{s^2} + \frac{1}{s^2+1} \cdot Y(s),$$

$$Y(s) = \frac{a(s^2+1)}{s^4} = a\left(\frac{1}{s^2} + \frac{1}{s^4}\right),$$

$$y(t) = \mathcal{L}^{-1}[Y(s)] = a\left(t + \frac{1}{6}t^3\right).$$

(2) 设 $\mathcal{L}[y(t)] = Y(s)$,对方程作拉普拉斯变换有

$$Y(s) = \frac{1}{s+1} - s^{-1} \cdot Y(s), \quad Y(s) = \frac{s}{(s+1)^2},$$

$$y(t) = \mathscr{L}^{-1} \left[\frac{s}{(s+1)^2} \right] = \mathscr{L}^{-1} \left[\frac{1}{s+1} - \frac{1}{(s+1)^2} \right] = (1-t)\mathrm{e}^{-t}.$$

(3) 令 $\mathscr{L}[y(t)] = Y(s)$，对方程作拉普拉斯变换，有

$$Y^2(s) = \frac{2}{(s+1)^3}, \quad Y(s) = \pm \frac{\sqrt{2}}{(s+1)^{3/2}}.$$

由 $\mathscr{L}[t^{\frac{1}{2}}] = \frac{1}{2}\sqrt{\pi} \cdot s^{-\frac{3}{2}}$，有 $\left(\Gamma\left(\frac{3}{2}\right) = \frac{1}{2} \Gamma\left(\frac{1}{2}\right) = \frac{1}{2}\sqrt{\pi} \right)$，

$$y(t) = \pm 2 \sqrt{\frac{2t}{\pi}} \mathrm{e}^{-t} = \pm 4 \sqrt{\frac{t}{2\pi}} \mathrm{e}^{-t}.$$